国外计算机科学教材系列

UNIX 初级教程

(第五版)

UNIX Unbounded: A Beginning Approach
Fifth Edition

[美] Amir Afzal 著

李石君 曾 平 等译

電子工業出版社
Publishing House of Electronics Industry
北京·BEIJING

内容简介

UNIX是一类功能强大的主流操作系统。本书从初学者的角度介绍了UNIX的系统概念及其命令的使用。阐述的内容都是针对初学者完成日常工作所必需的各个方面，涉及UNIX系统的常用命令、UNIX文件系统、vi编辑器和Emacs编辑器、UNIX通信工具、shell命令和程序开发，以及一些更为深入的UNIX命令。书中还介绍了Linux操作系统以及Bourne Again Shell命令等。本书帮助读者由浅入深、循序渐进地学习UNIX，形成清晰的概念，并且避免了直接罗列复杂的命令格式。

本书可作为UNIX课程的教学用书或参考书，也可供使用UNIX的科技工作者阅读和参考。

版权贸易合同登记号　图字：01-2007-3247

图书在版编目(CIP)数据

UNIX初级教程：第五版/(美)阿米尔•阿夫扎尔(Amir Afzal)著，李石君等译. —北京：电子工业出版社，2016.8
书名原文：UNIX Unbounded: A Beginning Approach, Fifth Edition
国外计算机科学教材系列
ISBN 978-7-121-29641-3

I. ①U…　II. ①阿…　②李…　III. ①UNIX操作系统－高等学校－教材　IV. ①TP316.81

中国版本图书馆CIP数据核字(2016)第185904号

策划编辑：冯小贝
责任编辑：冯小贝
印　　刷：三河市兴达印务有限公司
装　　订：三河市兴达印务有限公司
出版发行：电子工业出版社
　　　　　北京市海淀区万寿路173信箱　邮编　100036
开　　本：787×1092　1/16　印张：26　字数：672千字
版　　次：2001年4月第1版(原著第3版)
　　　　　2016年8月第3版(原著第5版)
印　　次：2021年4月第3次印刷
定　　价：69.00元

凡所购买电子工业出版社图书有缺损问题，请向购买书店调换。若书店售缺，请与本社发行部联系，联系及邮购电话：(010)88254888，88258888。

质量投诉请发邮件至zlts@phei.com.cn，盗版侵权举报请发邮件至dbqq@phei.com.cn。

本书咨询联系方式：fengxiaobei@phei.com.cn。

译　者　序

UNIX 是当今世界上广泛使用的主流操作系统，具有安全可靠、功能强大、开放性、可移植性好，以及对网络良好支持等优点，普遍用于微机、小型机、大型机乃至巨型机。随着 UNIX 的普及，学习和使用 UNIX 的需求越来越高。本书是一本由浅入深介绍 UNIX 基本概念和使用方法的优秀教材。

作者从初学者学习 UNIX 系统概念和使用命令的角度对内容加以组织，涵盖了初学者完成日常工作所必需的各个方面。在介绍了 UNIX 系统的背景和基本特征之后，书中从易到难地讲解了 UNIX 系统的常用命令、vi 编辑器和 Emacs 编辑器、文件操作、shell 命令解释器、UNIX 通信工具、程序开发工具，以及一些更为深入的 UNIX 命令。

Amir Afzal 在大学长期从事 UNIX 系统的教学工作，本书是作者多年教学经验的总结，具有如下特点：

1. 本书是按教材形式编写的，其中的章节安排和实例都是作者在其 UNIX 课程中所使用的。各章的组织架构基本相同，首先是内容概要，然后通过具体实例讲解基本概念和命令的使用方法。从而使读者在学习本书的同时便于上机实践，得以加深对所学内容的理解。每章最后均有习题，大多数章后附有上机练习，以使读者巩固所学知识。合理的组织使读者可由简入繁、逐步递进地学习并掌握 UNIX 的基本概念和使用方法，形成清晰的概念体系。
2. 本书是针对初学者学习 UNIX 系统的基本概念和命令而写的，重点放在初学者常用的基本命令、文件操作及 shell 编程，省略了很少使用的命令和选项，并且避免了直接罗列所有的命令及其繁杂的选项。这种做法有利于读者快速掌握 UNIX 的基本概念和命令，并增强读者进一步学习 UNIX 高级课程的信心和兴趣。
3. 从本书的第四版开始，包含 Linux 操作系统的命令及其 Bourne Again Shell（bash）的内容，并指出学习 Linux 是学习 UNIX 最方便、最低价的方式。因此，本书的学习也使读者能学习和了解 Linux 及其使用。
4. 本书的第五版在 vi 编辑器的基础上增加了 Emacs 编辑器，为编辑器提供了另一种选择，也给更喜欢 Emacs 编辑器的读者提供了方便。读者可学习这两者中的任何一种，也可同时学习两种。

本书适合作为大专院校相关专业 UNIX 课程的教学用书或参考书，以及各种 UNIX 培训班的教材。对于那些在工作中使用 UNIX 系统的用户以及进行 UNIX 开发和编程的人员，也是很好的初级教程和入门性参考读物。本书完全可满足广大读者学习 UNIX 使用的需求。

本书由武汉大学计算机学院李石君教授组织翻译。翻译工作如下：李石君（前言、第 1～10 章、附录 A、B、D、E、F）；曾平（第 11～14 章、附录 C）。郑鹏、郭远丽、肖芬、张乃州、田建伟、余伟等人参与了翻译工作，进行了部分书稿的初译和译文整理、程序验证等工作，在此一并表示感谢。尽管译者在翻译的过程中尽了最大努力，但限于译者水平，译文中难免有疏漏和错误。欢迎读者批评指正，并将更正反馈给我们。

前　言

UNIX 操作系统价格的下降和近期硬件性能的提高推动了 UNIX 和 Linux 系统的流行和普及。因此,许多有计算机技能但没有 UNIX 操作系统经验的学生和新用户都需要学习 UNIX。本书正是为这些学生和新用户而写的。

书中并不介绍操作系统原理,也不是 UNIX 参考书,而是按教学方式组织的教材。其目的在于提供一个在课堂和实验室环境下教与学的工具。本书是一本引导读者的入门书,但本书并不简单。本书覆盖了 UNIX 用户独立完成大部分日常工作所必需的内容,也为读者进一步学习更高深的课程打下了良好的知识基础,使他们使用 UNIX 参考书时得心应手。

本书主要依据作者从事 UNIX 教学的经验编写,其中的章节安排和实例都是作者在讲授 UNIX 课程时使用的。

本书的每一章都较短,需要更多讨论的内容被分成两章,每章的格式尽量保持一致。但当这种格式不宜表述内容时,则加以改换。每一章都从简要说明概念和主题开始,通过简单具体的实例阐明概念或者说明命令的用法。随后是更详细、更复杂的命令和实例。每章的最后则是用于复习的习题,并在适当或必要的章节中安排了上机练习。

第 1 章:绪论

本章简要介绍计算机硬件和软件的功能,解释计算机的基本概念和术语。详细讨论软件的类型并将重点放在系统软件上,解释操作系统的重要性并探讨其基本功能。

第 2 章:UNIX 操作系统

本章探讨 UNIX 的发展历史,讨论主要的 UNIX 版本,说明 UNIX 系统的一些重要特征。

第 3 章:UNIX 入门

本章介绍怎样登录和退出 UNIX 系统。介绍修改密码、输出系统的时间或日期这些简单的 UNIX 命令及其应用,讨论 UNIX 的登录过程和 UNIX 的一些内部操作。

第 4 章:vi 编辑器入门

第 4 章和第 6 章介绍 UNIX 操作系统的 vi 文本编辑器。第 4 章在简要讨论编辑器之后,引入 UNIX 系统支持的 vi 文本编辑器,讨论完成简单的编辑任务所必需的 vi 基本命令。第 6 章通过一些高级 vi 命令展示 vi 编辑器的更多编辑功能及其灵活性,并解释定制 vi 编辑器的各种方法。

第 5 章:UNIX 文件系统介绍

本章是讨论 UNIX 文件系统和相关命令两章中的第 1 章。具体讨论文件和目录的基本概念以及文件系统的层次树结构,给出文件系统操作的命令。这些命令为第 6 章将要介绍的 vi 编辑器中一些命令的使用打下了基础。

第 6 章:vi 编辑器的高级用法

本章介绍高级 vi 命令,并解释定制 vi 编辑环境和在 vi 编辑器中利用缓冲机制,同时打开多个文件进行编辑并执行 UNIX 命令的方式。

第 7 章:Emacs 编辑器

Emacs 编辑器可以替代 vi 编辑器。由于很多 UNIX 版本都支持并提供 vi 文本编辑器,因而 vi 编辑器的使用很重要。但很多 UNIX 用户更青睐 Emacs 编辑器。如果系统上没有 Emacs 编辑器,安装一个 Emacs 也很容易。本章的目的在于为文本编辑器提供另一种选择。

本章介绍 Emacs 编辑器。先解释基本概念和命令,然后介绍 UNIX 用户日常工作必需的 Emacs 基本命令。前面的章节中介绍了帮助功能,以便获取在此没提到的命令和选项的解释信息。

第 8 章:UNIX 文件系统高级操作

本章是讨论 UNIX 文件系统和相关命令的第 2 章。提供更多的文件操作命令,讨论 shell 的输入/输出重定向操作符,并介绍文件名通配符。

第 9 章:探索 shell

本章介绍 shell 命令解释程序及其在 UNIX 系统中的功能。重点讨论 shell 的特征和功能、shell 变量以及 shell 元字符,还阐明 UNIX 系统中的启动文件和进程管理。

第 10 章:UNIX 通信

本章集中讨论 UNIX 通信工具。介绍 UNIX 系统中的电子邮件程序及其可用的命令和选项,讨论影响电子邮件程序环境的 shell 变量及其他变量,并说明如何利用启动文件来定制电子邮件程序。

第 11 章:程序开发

本章介绍程序开发的要点。讨论开发程序的步骤,通过一个简单的 C++ 语言程序实例,说明从编写源程序、进行编译到生成可执行程序的全过程。

第 12 章:shell 编程

本章集中讨论 shell 编程。介绍 shell 作为高级解释性语言的功能,讨论 shell 编程的构造和细节,演示 shell 程序的创建、调试和运行。

第 13 章:shell 脚本:编写应用程序

在前一章所介绍的命令和概念的基础上,本章讨论更多的 shell 编程命令和技巧。通过一个简单的应用程序实例,说明用 shell 语言开发程序的过程。

第 14 章:告别 UNIX

本章给出了其他一些重要的 UNIX 命令,主要介绍独立的命令和主题,这些内容出于种种原因而不适合放在前面章节。磁盘命令、文件操作命令、远程计算命令和系统安全是本章的主要论题。

致谢

如果没有许多学术界和业界朋友的帮助,本书的第五版是不可能问世的。在此,我逐一向所有为本书得以出版提供帮助的朋友们表示感谢。

感谢参加我教授的 C/C++ 和 UNIX 课程的同学们提供建议和反馈信息。

感谢我在 Strayer 大学的同事。

感谢我在 General Dynamics 的同事。

感谢 Tom Swanson,我即将出版的另一本书"UNIX Administration Unbounded"的合作者所慷慨付出的时间。

感谢 Prentice Hall 出版公司的 Charles Stewart 对我的写作给予的耐心和长期支持。

阅读指南

如果读者是第一次学习 UNIX 操作系统,建议从第 1 章开始,按本书章节顺序阅读本书。如果读者对 UNIX 操作系统已有了一定了解,建议浏览已了解的内容并复习其要点,以帮助理解本书的其他章节。书中的大多数章节前后相关,学习前面的章节有利于理解后续章节或打下必要基础。

本书使用大量实例阐明概念或说明命令的不同使用方法,建议读者在系统上试用这些实例。UNIX 系统有很多变体且易于修改,这意味着读者可能会发现本书与你的系统之间存在不一致,本书中的一些屏幕显示或命令序列也可能与读者的系统并不完全一致。

印刷符号说明

本书使用特殊字体来强调某些词语。例如,用黑体表示用户从键盘输入的 UNIX 命令或特殊字符;用方体字表示路径名、文件夹名或文件名。

下面是一个终端显示实例,它是读者练习命令时在系统屏幕上看到的。

```
UNIX System V release 4.0
login:david
password:
```

下面是一个命令序列实例。用户输入的字符用黑体表示,右侧的文字是对左侧所执行操作的注释,这种格式在需要逐行解释命令或输出时很有用。

```
$pwd [Return]............ 显示当前目录
    /usr/david ........... 当前目录为 david
$cd source [Return]........ 进入目录 source
```

提示

本书使用不同的提示符和文字来引起读者的注意、列出某些特征或表示所采取的动作。本书使用以下 4 种说明方式:

说明:
- 列出要点
- 引起读者对命令或屏幕显示的某个特定方面的注意

注意:
- 引起读者对常见错误的注意
- 警告读者操作的后果

实例:
- 演示命令在系统中的工作过程
- 让读者在自己的系统上练习命令的使用

□:
- 说明执行特定任务时必须进行的键盘输入步骤

键盘输入约定

[Return]:表示回车键,有时称为 CR 键或 Enter 键,通常在命令或输入行的结尾使用该键。

[Ctrl-d]:表示同时按下 Ctrl 控制键和字符键 d。包括 Ctrl 键在内的各控制键与各字符组合可用同样的方法表示。

目　　录

尊敬的老师：

您好！

为了确保您及时有效地申请培生整体教学资源，请您务必完整填写如下表格，加盖学院的公章后传真给我们，我们将会在 2-3 个工作日内为您处理。

请填写所需教辅的开课信息：

采用教材			□中文版 □英文版 □双语版
作　　者		出版社	
版　　次		ISBN	
课程时间	始于　年　月　日	学生人数	
	止于　年　月　日	学生年级	□专 科　□本科 1/2 年级 □研究生　□本科 3/4 年级

请填写您的个人信息：

学　　校			
院系/专业			
姓　　名		职　　称	□助教 □讲师 □副教授 □教授
通信地址/邮编			
手　　机		电　　话	
传　　真			
official email(必填) (eg:XXX@ruc.edu.cn)		email (eg:XXX@163.com)	
是否愿意接受我们定期的新书讯息通知：	□是　□否		

系 / 院主任：＿＿＿＿＿＿＿＿（签字）

（系 / 院办公室章）

＿＿年＿＿月＿＿日

资源介绍：

—教材、常规教辅（PPT、教师手册、题库等）资源：请访问www.pearsonhighered.com/educator；（免费）

—MyLabs/Mastering 系列在线平台：适合老师和学生共同使用；访问需要 Access Code；（付费）

100013　北京市东城区北三环东路 36 号环球贸易中心 D 座 1208 室
电话：（8610）57355003　传真：（8610）58257961

Please send this form to:

第 1 章 绪　　论

本章简要介绍计算机硬件和软件的基础知识，解释计算机的基本术语和概念。本章将讨论软件的类型，论述操作系统的重要性，并探讨操作系统的主要功能。

1.1 引言

大多数人是通过计算机课程，或在工作和家庭环境中使用计算机而获得了计算机的基础知识。针对没有参加过任何计算机课程(或者已学过但忘记)的读者，本章首先对计算机进行简要介绍，并解释一些通用的软件和硬件术语，再进一步讨论操作系统软件。

1.2 计算机简介

什么是计算机？Merriam Webster 的 Collegiate 词典将计算机定义为“可以存储、检索和处理数据的可编程的电子设备”。本章将该定义进行了扩展，并探讨了计算机系统的各个组成部分。

根据计算机的大小、性能和速度可以将计算机分为以下 4 类：

- 巨型计算机
- 大型计算机
- 小型计算机
- 微型计算机

说明：以上分类很不明确，某一类的低端系统都可能会与另一类的高端系统重叠。

巨型计算机：巨型计算机是运行速度最快且最昂贵的计算机，比大型计算机要快上千倍。巨型计算机主要是为天气预报、三维模型和计算机动画等复杂的计算型应用而设计的。所有这些任务都需要异常大量的复杂计算，这些计算需要巨型机来执行。巨型机通常包含几百个处理器，并配备最新和最昂贵的硬件设备。

说明：巨型计算机还适于许多其他应用，甚至好莱坞也使用巨型计算机强大的图像处理功能来制作电影特技。

大型计算机：大型计算机是为大型机构的信息处理而设计的大型且快速的计算机。大型机可支持几百个用户，并可以同时执行几百个程序。它们有强大的输入/输出(I/O，Input/Output)能力，支持大容量的内存和磁盘存储空间。大型机主要应用于大型商业环境，如银行和医院等，以及其他一些大型机构，如大学等。大型机费用昂贵，而且通常需要受过培训的人员加以操作和维护。

说明：I/O 设备是计算机与外界(人或其他计算机)交流的工具。各种 I/O 设备在速度和通信介质方面的差异很大。

小型计算机: 直到 20 世纪 60 年代后期,所有计算机都还是大型机,而且只有大型机构才使用得起。随后开始研制小型机。小型机的最初功能是执行特定的任务,主要用于大学和科研机构。小型机迅速广泛地在小型和中型机构中用于数据处理。今天,某些"小型计算机"的性能甚至与大型机相当,并且大多数小型计算机是通用计算机。如大型机一样,小型机也能为多个用户提供信息处理服务,能并行执行许多应用程序。但它们比大型机便宜,而且更易于安装和维护。

微型计算机: 也称为个人计算机(PC,Personal Computer)。微型计算机最便宜,是市场上最流行的计算机。由于体积很小,因而能放在桌面上或手提箱中。不同微型计算机的价格和性能差异很大,某些型号的微型计算机甚至与小型机和老式大型机相当。微型计算机可满足很多商业应用,而且既可以单独使用,也可以与其他计算机连在一起,以扩展其功能。

表 1.1 列出了计算机的类型、典型配置(存储容量、用户数等)和大致的速度。

表 1.1　计算机的分类

类型	典型配置	大致速度
微型计算机	64 MB 内存、4 GB 磁盘存储空间、单用户	每秒处理 1000 万条指令
小型计算机	128 MB 内存、10 GB 磁盘存储空间、1 个磁带机、128 个用户	每秒处理 3000 万条指令
大型计算机	1 GB 内存、100 GB 磁盘存储空间、多个磁带机、几百个用户、4 个以上处理器	每秒处理 5000 万条指令
巨型计算机	1 GB 内存、100 GB 磁盘存储空间、64 个以上处理器	每秒处理 20 亿个浮点运算操作

1.3　计算机硬件

无论计算机系统是简单还是复杂,都具有 4 项基本功能:输入、处理、输出和存储。计算机也可分成两部分:硬件和软件。这两个部分互为补充,软、硬件的结合使计算机能实现其基本功能。

图 1.1 给出了计算机系统的 4 项功能,以及与每项功能相关的典型硬件设备。

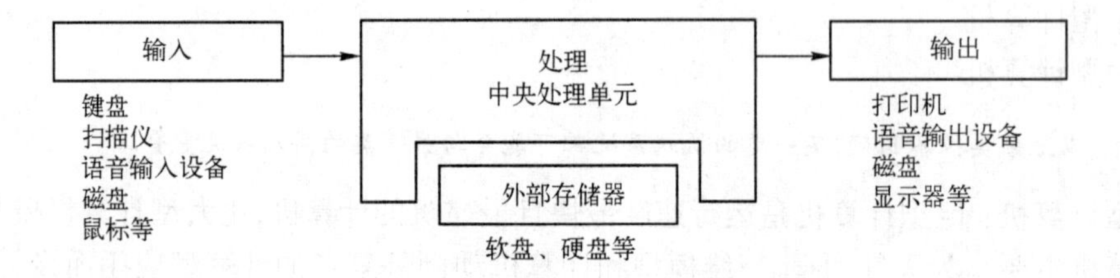

图 1.1　计算机系统的 4 项基本功能

大多数计算机系统都包括 5 个基本硬件组件,它们共同完成计算机的任务。在不同的计算机系统中,组件的数目、实现方式、复杂性以及性能都不同。但是,每个组件执行的功能通常是类似的。这 5 个组件是:

- 输入设备
- 处理器单元
- 内存
- 外部存储器
- 输出设备

这 5 个组件连接的方式称为系统硬件配置。例如,在一个系统中,处理器单元和外部存储器有可能放在一个组件中;而在另一个系统中,它们可能是分离的。

1.3.1 输入设备

输入设备用于向计算机输入指令或数据。目前有许多输入设备,其种类还在增加。键盘、光笔、扫描仪和鼠标是最常用的输入设备,而键盘几乎各处都在使用。

说明: 某些设备既可以当做输入设备,也可以当做输出设备,例如磁盘和触摸屏。

1.3.2 处理器单元

处理器单元是计算机系统的智能部分,通常称为中央处理单元(CPU,Central Processing Unit),控制计算机的行为。CPU控制任务的执行,如将键盘的输入送到内存、处理存储的数据或将操作结果送到打印机。CPU包括以下3个基本组成部分:

- 算术和逻辑运算单元(ALU,Arithmetic and Logic Unit)
- 寄存器
- 控制单元(CU,Control Unit)

说明: CPU也称为计算机的大脑、心脏或思维部件。

算术和逻辑运算单元: 算术和逻辑运算单元(ALU)是CPU中控制所有算术和逻辑运算的电子电路部分。算术运算包括加、减、乘、除。许多更复杂的运算,如乘方和取对数也可以实现。逻辑运算包括对字符、数字或特殊符号的比较,以判断是否相等、大于或者小于。

总之,ALU负责以下运算:

- 执行算术运算
- 执行逻辑运算

寄存器: CPU中一般包含小部分临时存储单元,这些临时存储单元称为寄存器。一个寄存器可以保存一个指令或一个数据项。寄存器用来存储需要立即、快速而又频繁访问的指令和数据。例如,可将两个即将相加的数存放在寄存器中。ALU读取这些数据,将其相加,然后将结果存储到另一个寄存器中。由于寄存器在CPU中,所以其中的内容可以很快地被其他CPU组件访问。

总之,寄存器的作用如下:

- 在CPU中存储指令和数据

控制单元: 控制单元是CPU中控制和协调系统其他部分的动作,以执行程序指令的电子电路单元。其自身并不执行指令,而是沿相应的电路发送电子信号来激活其他部分。其主要职责是从内存中存取数据和指令,并且负责控制ALU。当CPU需要程序指令和数据时,控制单元将其从内存送到寄存器。

总之,控制单元负责以下操作:

- 激活其他组件
- 将指令和数据从内存送到寄存器

1.3.3 内存

计算机有两种状态,可以解释为0或1、真或假、上或下,等等。几乎任何可保存两种状态的设备都可用做存储器。但是,大多数计算机使用可存储二进制数字或位的集成电路存储器。每位可以是 0 或 1,因此可以代表两种状态中的一种。小型机的内存足以存储数百万位,而大型机可以存储数十亿位。各种机型的区别在于存储容量的大小,而存储功能并无差异。

内存(也称为主存或基本内存)可存储如下内容:

- 保存当前程序指令
- 保存程序处理的数据
- 保存执行程序指令时产生的中间结果

说明: 内存只保存程序执行期间的临时数据。

内存所保存的内容由当前正在执行的程序和与之相关的数据两部分组成。程序执行过程中需要在内存和 CPU 之间进行大量的数据交换。

CPU 是快速设备,因此需要可快速访问的设备作为内存。当前的计算机硬件中,内存是一种称为内存芯片的硅半导体器件。计算机通常有两种内存:

- 随机存储器(RAM,Random Access Memory)
- 只读存储器(ROM,Read Only Memory)

随机存储器: 随机存储器(RAM)是计算机的工作存储器。能够提供 CPU 需要的访问速度,并且允许 CPU 按存储单元的地址读写指定的存储单元。当计算机工作时,程序和数据临时存放在 RAM 中。RAM 中的数据可以修改和删除。

说明: RAM 是不稳定的存储器,并不提供持久存储。一旦用户关闭计算机(或以其他方式切断 RAM 的电源),则 RAM 中存储的内容将丢失。

只读存储器: 第二类存储器是只读存储器(ROM),用于永久保存计算机生产厂家放置在系统中的程序和数据。CPU 只能从 ROM 中读取指令,而不能加以更改、删除或覆盖。当关掉计算机电源时,ROM 中存储的内容不会丢失。ROM 中的程序有时称为固件,介于软件和硬件之间。

数据表示

人们习惯了使用十进制数据系统,并且熟知十进制系统(基数为 10)包含从 0 到 9 这十个数字。而计算机使用的是二进制(基数为 2),包含 0 和 1 两个数字。

位(二进制数字): 每个位可能是 0,也可能是 1。位是计算机所能识别的最小信息单元。

字节: 计算机的存储器必须能存储字母、数字和符号,而单独一位是不能完成该任务的。多个位组合在一起可以表示有意义的数据。一个 8 位的组合称为一个字节,而一个字节能表示一个字符。字符可以是大写字母、小写字母、数字、标点符号或特殊符号。

ASCII 码: 当数据输入到计算机时,系统必须将用户能识别的数据(字母、数字和符号)转换成计算机所能理解的格式。美国信息交换标准码(ASCII,American Standard Code for Information Interchange,读为 ask-ee)是一种用 8 位字节表示字符的编码方案。

说明: ASCII 码最多可以表示 256 个字符,包括所有大小写字母、数字、标点符号和特殊符号。

字: 用字节存储字符虽然好,但是对较大的数据而言,字节就太小了。事实上,256 是一个字节所能存储的最大整数。的确,计算机需要存储大的整数才能满足需求。大多数计算机能处理一组字节,而这组字节称为字。字的大小随系统的不同而不同, 可以是 16 位(2 字节)或

32位(4字节),甚至可以是64位(8字节)。

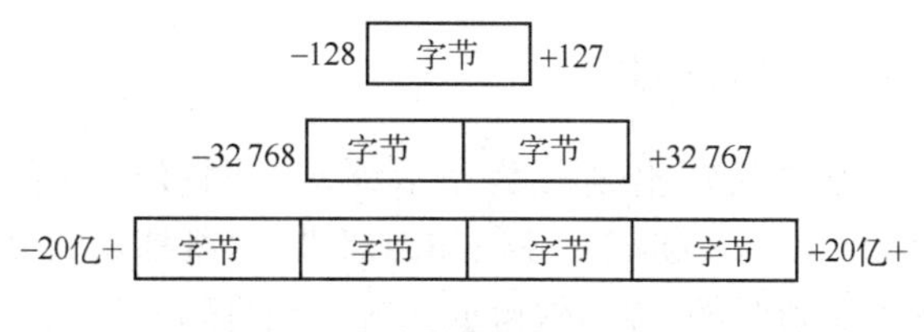

图1.2 存储器的层次结构

存储器的层次结构

如上所述,计算机的基本存储单元是位。8位是一个字节。进一步讲,字节可以组成字。图1.2描述了存储器的层次结构,并指出了每个层次可表示的整数范围。

存储器的大小:字母K用来表示内存或磁盘空间的大小。K代表千,即米制长度单位中的千,但在形容计算机存储器容量时,K表示千字节,即1024字节存储空间(2^{10})。例如,32 K等于32 768(32×1024)字节。还有其他表示计算机容量单位的符号:

- 兆字节(MB)表示大约100万字节
- 千兆字节(GB)表示大约10亿字节

存储器寻址

可以认为内存(基本存储器)是连续或相邻的存储单元系列。每个物理存储单元分配有一个唯一代表其所在存储单元序列中位置的地址。在以字节编址的计算机中,存储器中的每个字节都有各自的地址,即一个标识其所在存储器中准确位置的编号。

大多数计算机中,字节或字地址是从0开始顺序指派的,依次为0、1,等等。CPU用这些地址来指定需要装入(读入)CPU的指令或数据,以及需要写到内存的数据。例如,当从键盘输入字母H时,该字符被读入内存并存储在特定的地址上,如地址1000。地址1000指的是内存中的一个字节,系统在任何时候都可以访问和处理存储在该地址的数据。

CPU需要访问内存中多个位置的指令和数据。因此,内存必须是直接或随机访问设备,即必须能指定读和写的特定位置。

1.3.4 外部存储器

外部存储器是内存的非易失性扩展。内存很昂贵,对大多数计算机而言属稀缺资源。主存内容是易失的,当计算机电源关掉后,其中的内容就丢失了。因此,将程序和数据保存在其他介质上是很有必要的。外部存储器可以是软盘、硬盘或磁带。

1. 外部存储器是内存的扩展,但不能取代内存。计算机只有首先将磁盘上的程序或数据复制到内存之后,才能执行程序或处理数据。

2. 内存存储当前执行的程序和正在处理的数据,而外部存储器长期存储程序和数据。

表1.2总结了计算机的各种存储设备类型及其通常存储的内容。

表1.2 不同存储器类型的总结

存储器类型	在系统中的位置	用途
寄存器	在CPU内部 最快速访问设备	当前执行指令;指令;部分相关数据
内存	在CPU外部 快速访问设备(RAM)	当前执行程序的全部或部分;部分相关数据
外部存储器	低速设备 电磁介质或光介质	当前未执行的程序;大量数据

1.3.5 输出设备

基本的输出设备是显示终端。阴极射线管(CRT,Cathode Ray Tube)、视频显示终端(VDT,Video Display Terminal)和显示器都是指显示字符图像的电视类设备。屏幕上显示的图像是暂时的,称为软拷贝。输出到打印机后,就是永久拷贝了,称为硬拷贝。当然,还有其他可用的输出设备,包括输出声音的设备或生成图形硬拷贝的绘图仪等。

1.4 处理操作

当计算机执行一个程序时,会发生一系列复杂的事件。首先,程序和相关数据被载入内存。控制单元(CU)将第一条指令和它的数据从内存读到 CPU。如果这条指令是计算(或比较)指令,控制单元会给算术和逻辑运算单元(ALU)发信号,通知它要执行哪一种运算以及输入数据和输出数据的存放位置。有些指令,如输入或输出到外部存储器或 I/O 设备的指令是由控制单元自己执行的。这个过程将一直进行,直到程序的最后一条指令从内存读到 CPU 的寄存器中并被执行。

说明: ALU 通过称为指令码或操作码(op code)的唯一整数来识别不同的指令。

执行指令的步骤可分为两个阶段:指令周期和执行周期。指令周期和执行周期的执行步骤如图 1.3 所示。

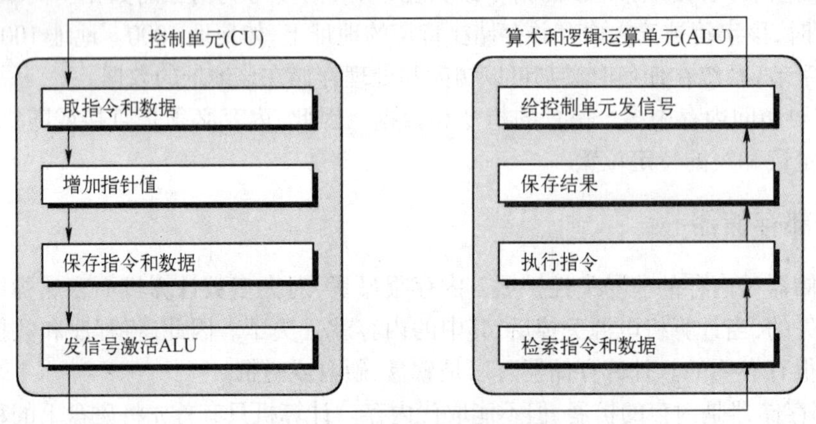

图 1.3 处理器的指令执行步骤

事件序列的解释如下:

指令周期: 指令周期(也称为取指令期)的事件序列如下:

第 1 步:控制单元将指令从内存读到 CPU 的寄存器(称为指令寄存器);
第 2 步:控制单元增加指令指针寄存器的值,以指向内存中下一条指令的位置;
第 3 步:控制单元给 ALU 发信号,通知 ALU 执行该指令。

执行周期: 执行周期的事件序列如下:

第 1 步:ALU 访问指令寄存器中的指令操作码,以确定要执行的功能并得到指令的输入数据;
第 2 步:ALU 执行指令;
第 3 步:指令执行结果存储在寄存器中,或交由控制单元写入内存单元。

说明： 取指令期在控制单元中执行，执行期在算术和逻辑运算单元中执行。

1.4.1 性能指标

大多数计算机被设计成通用计算机，可支持多种应用程序。计算机厂家或销售商不可能了解每个用户计算机的工作量并向用户提供相应的性能分析。但计算机厂家提供计算机各种操作（如执行指令、访问内存或从磁盘读数据等方面）的性能特征分析。性能指标通常是针对每台计算机的组成部件、各部件间的通信能力和所有性能指标的综合测量。

CPU速度： 对于CPU，基本的性能指标是指令的执行速度。通常以每秒执行多少百万条指令（MIPS，Millions of Instructions Per Second）来描述。遗憾的是，不是所有指令都执行相同长的时间。某些指令（如加法指令）的执行速度很快，而其他运算（如浮点除法运算）可能比较慢。浮点运算的计算性能指标以每秒执行多少百万条浮点运算（MFLOPS，Millions of Floating-Point Operations Per Second）来描述。

说明： MFLOPS指标通常用来衡量工作站和巨型机的速度。在这些机器上运行的应用程序通常执行浮点运算。

访问时间： 访问时间反映CPU从存储器或I/O设备检索数据的速度。访问时间的测定单位通常是微秒（百万分之一秒）或纳秒（十亿分之一秒）。

通道容量： 访问时间只描述了指定的设备，并不保证该设备和CPU之间的通道能支持相应速率的数据传送。数据传输率反映CPU与设备间的通信通道支持的数据传输能力。数据传输率指在一定时间内通过通道传送的数据总量，如每秒100万条数据。

总体性能指标： 计算机系统的总体性能指标是指CPU速度、存储器和I/O设备的访问时间，以及存储器和I/O设备与CPU间通信通道的数据传输率之综合。不同的应用对计算机各部件的要求是不同的。因此，总体性能指标只对特定的实例或特定的应用程序有效。

1.5 计算机软件

刚从生产线上生产出来的计算机没有装软件，仅仅是一台机器（硬件），并不能做任何事情，而实际上是计算机的软件赋予了计算机多种多样的功能。通过软件，计算机能够表现出许多特性。装上相应的软件，计算机可以成为字处理器、计算器、数据库管理员或者复杂的通信设备——甚至同时扮演以上所有角色。

说明： 通常，计算机程序称为计算机软件。一台机器（硬件）上可以运行许多程序，执行不同的任务。

程序： 程序是控制计算机系统行为的指令集合。具体由一组按逻辑顺序执行特定操作的指令序列组成。程序由计算机编程语言写成。计算机编程语言是开发应用程序所必不可少的工具。有大量程序开发工具能够帮助程序员开发应用程序和系统程序。

软件分类： 计算机软件可分为系统软件和应用软件两类。操作系统是最重要的系统软件，是使计算机运行的唯一绝对必需的软件。然而，是应用软件使计算机在不同的环境得以完成多种有用的工作。图1.4给出了软件的总分类，并给出了每种软件的实例。

通常，与用户打交道的是应用软件和部分系统软件。图1.5给出了软件的层次关系。这种划分的好处在于用户和应用程序编写者不需要理解和处理物理过程的技术细节。基于这种划分,对用户屏蔽了在系统软件中的机器物理特性和许多基本处理任务。

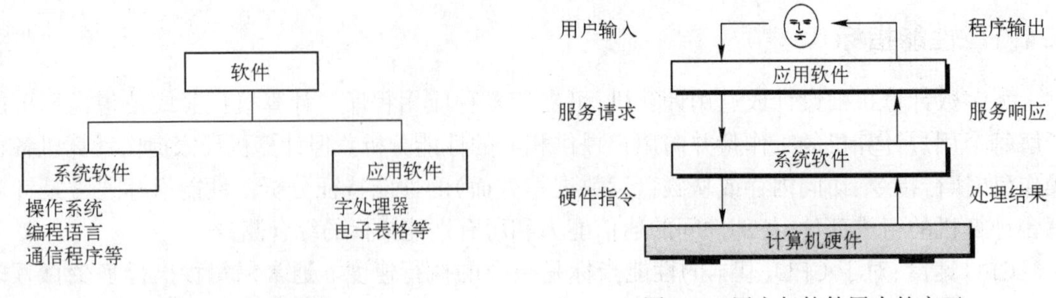

图 1.4　软件分类　　图 1.5　用户与软件层次的交互

1.5.1　系统软件

系统软件是控制计算机内部功能的程序集合。系统软件中最重要的软件是操作系统,用于控制计算机的基本功能,并给应用程序提供一个平台。其他系统软件包括数据库管理系统(DBMS,Database Management System)和通信软件等。

谁是系统控制者

操作系统是系统控制者,是计算机中最重要的系统软件组件,是控制计算机所有软件和硬件的程序集。操作系统的必要部分在计算机开机后载入内存,并一直保留着,直到关机。操作系统扮演着服务提供者、硬件管理者和用户接口实现者等多种角色。我们不打算寻求能得到广泛接受的操作系统定义,而只是探讨其角色和任务。操作系统的基本功能有:

- 为用户和应用程序与底层硬件功能之间提供控制接口
- 为用户和应用程序分配硬件资源
- 按用户要求加载和执行应用程序

说明: 操作系统的基本部分总是驻留在内存中。

操作系统是资源管理者

操作系统控制着计算机的资源:内存、CPU 时间片和外围设备。在典型的计算机系统中,几个作业并发执行,竞争使用资源。在竞争资源时,操作系统根据资源的状态和运行程序的优先级给程序分配资源。操作系统负责分配 CPU 时间片,因为只有一个 CPU,却有多个用户,而任何时刻只有一个用户占用 CPU。

操作系统在程序大小和内存需求都不同的程序之间进行监控并分配内存,防止用户程序与内存中的其他程序相互混淆。操作系统还协调外围设备的使用,比如该由哪个程序来读磁盘或写磁盘,或者哪个作业应该先送到打印机,等等。

说明: 操作系统不停地响应程序的资源请求,解决资源冲突和优化资源分配。

操作系统是用户接口

操作系统提供用户与计算机通信的手段。每个操作系统都有一个控制计算机操作的命令集,该命令集称为命令驱动式用户接口。命令的语法难于学习、记忆和使用。另外还有菜单驱动式用户接口,提供菜单让用户选择需要的功能。还有一种流行的图标驱动方式,是基于图形方式的用户接口,称为图形用户接口(GUI,Graphic User Interface)。用户可以通过操作屏幕上的图形来执行大多数操作系统命令。例如，文件夹图形(图标)可以代表文件，打字机图形可以代表文字处理程序。这种用可视图标表示命令的方法提供了简单易学的用户接口。有了GUI,用户可以用指针设备(如鼠标)选择图标,然后激活程序。

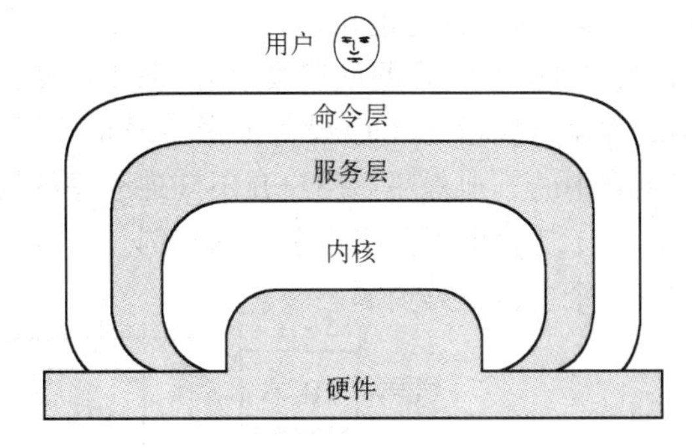

图1.6　操作系统的分层结构

操作系统模型

依据软件的分层结构,可以将操作系统看成一个分层的软件集合。图1.6给出了操作系统的层次模型。用户或应用程序的输入经过各层到达硬件,而结果从硬件经过相同的各层反馈到用户。我们来看看每层的功能。

内核: 内核是操作系统的最内层,它是唯一直接与硬件打交道的一层。它使得操作系统和机器硬件相互独立。至少从理论上讲,只要改变内核就可以使同一操作系统在不同的硬件环境下运行。内核提供了操作系统最基本的功能,包括载入和执行程序并给各程序分配硬件资源(CPU时间片、访问磁盘驱动器,等等)。将软件与硬件的信息交流限制在内核层,可实现应用层用户与硬件层的隔离,这样用户就不必掌握硬件细节。

服务层: 服务层接受来自应用程序或命令层的服务请求,并将它们转换成传送给内核的详细指令。如果有处理结果,它将被送回到请求服务的程序。服务层由一组程序组成,提供下列服务:

- 访问I/O设备,如数据从应用程序传送到打印机或终端。
- 访问存储设备,如数据从磁带或磁盘设备传送到应用程序。
- 文件操作,如打开和关闭文件、读写文件。
- 其他服务,如窗口管理、通信网络的访问和基本数据库服务。

命令层: 命令层也称为shell(因为它是最外层),它提供用户接口界面,而且是操作系统中唯一直接与用户打交道的部分。命令层对每一个操作系统支持的特定的命令集进行响应。命令集及其语法规范称为命令语言。有多种命令语言可以选择。

操作系统环境

可通过许多途径实现操作系统的功能。在单用户环境中,像大多数微机一样,所有可用的资源都分配给单个程序,该程序是计算机中唯一的程序。在较大的计算机(或计算机网络)中,多个用户共享计算机资源,操作系统必须解决由多个程序请求同一资源而引发的冲突。下面讨论一些描述不同的操作系统和环境的概念和术语。

说明: 虽然在计算机机内存中可以装入多个程序,但是一次只能激活一个程序。

单任务: 单任务(单程序)操作系统设计成一次只执行一个进程。它通常使用在单用户环境下,并且一般局限于微机和某些特定的应用程序。

多任务: 多任务(多程序)操作系统一次能执行一个用户的多个程序。当前台在执行程序时,后台可以同时执行多个程序。例如,当用户在前台用字处理软件输入备忘录时,操作系统可以在后台对一个大文件排序。后台任务完成后,操作系统会提示用户。多任务就是能让一个用户(终端)并发执行多个程序的能力。

多用户: 多用户环境中,多个用户(终端)可以使用同一台主机。多用户操作系统是一个复杂软件,它同时为当前的所有用户提供服务。多个用户程序都在内存中,就好像这多个用户程序在同时执行;但是,CPU 只有一个,它在某一时刻只能执行一个程序。利用计算机与外设(磁盘、打印机等)之间的速度差异,多用户操作系统可以使多个用户程序在内存中同时运行。与处理器速度相比,I/O 设备很慢。因此,当一个程序在请求 I/O 设备时,处理器可以转向执行内存中的其他程序。用户并不知道程序的切换过程,而感觉自己是系统中的唯一用户。

图 1.7 给出了多用户系统的实例。它有四个用户、一台打印机和一些 I/O 设备,所有用户共享一个主机及其资源。

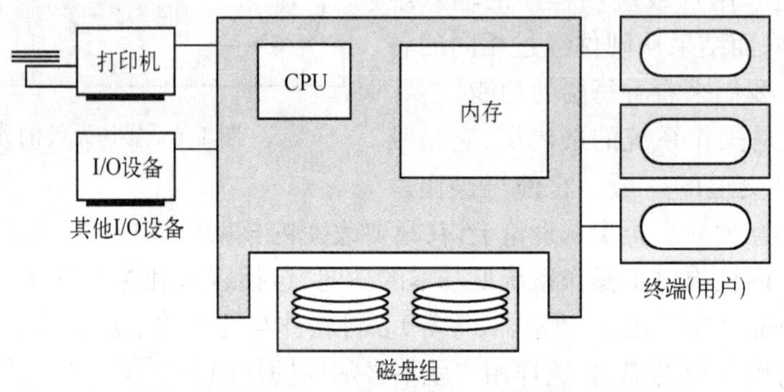

图 1.7 一个多用户计算机系统

说明: 多用户操作系统能使用同一个主机为多个用户(终端)提供服务。

另一种构建多用户系统的方法是将两台以上的计算机连在一起,组成一个网络。图 1.8 给出了由 4 台计算机组成的网络。其中 3 台计算机作为独立的单用户主机,另一台作为服务器,为其他计算机提供磁盘空间。

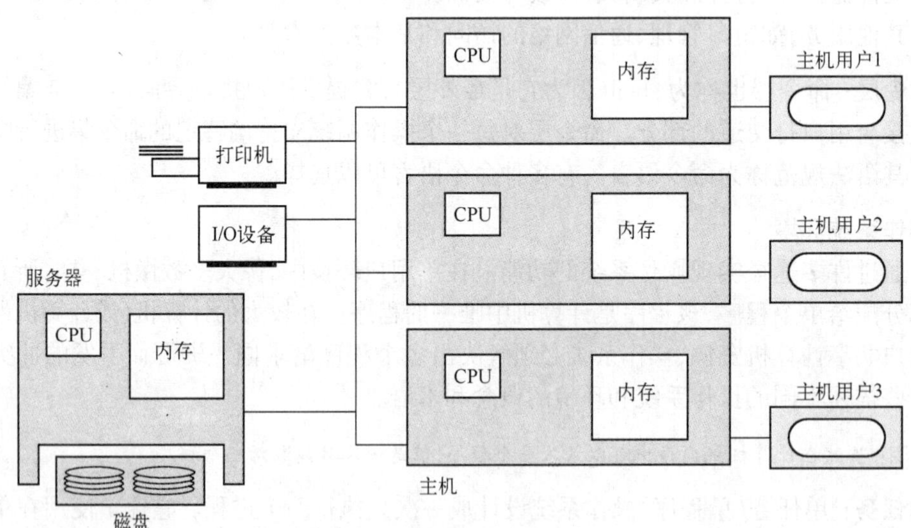

图 1.8 网络环境下的多用户

分时: 分时系统是为正在使用中的用户所要求的在线处理环境而设计的,涉及多用户共享同一主机的处理时间。分时系统给每个用户任务分配时间片,而时间片在多个任务之间快速切换,并且每个时间片只执行任务的一小部分。

批处理：批处理操作系统是为不需要用户干预而执行多个程序(批处理)所设计的。批处理过程通常使用磁盘或扫描仪等非交互式 I/O 设备进行输入,并将结果输出到同一设备。批处理只适用于特别大的事务处理环境,如银行夜间的核查处理。

内存容量限制

一个计算机程序能有多大？如果在执行过程中,整个程序及其相关数据必须载入内存,那么计算机的内存容量是应用程序大小的上限。但实际情况并非如此。计算机是一种顺序处理设备,在每个处理周期一次执行一条指令,因此,没有必要将整个程序一直放在内存中。

虚拟内存：当只有少量的物理 RAM,而要满足大量的内存请求时,操作系统通常使用虚拟内存。使用虚拟内存时,程序必须分割成小块,每一块称为一页。在操作系统控制下,只有程序的基本页读入到内存,以支持运行程序正在执行的处理。操作系统在硬盘上创建了一块交换区域,内存的页存放在磁盘的该保留区域。磁盘上的该区域被看成物理内存的扩展。通过在交换区域和 RAM 之间来回移动页,就好像操作系统的物理内存增加了一样,能够有效运行了。这种方法使得用户可以在内存较小的条件下运行较大的程序。但是,内存效率的获得是以对硬盘的低速访问为代价的。

说明：*在虚拟内存系统中,外部存储器可以看成内存的扩展。*

1.5.2 应用软件

设计和编写应用软件的目的是在个人、商业和科学环境中解决实际问题或者提供自动和有效的服务。应用程序可以满足大多数数据处理的需求。用户可以购买各种现成的程序,如财务软件、仓库管理系统、字处理软件、电子表格,等等。用户所要做的是选择合适的应用程序。如果对现有应用程序不满意,用户还可以采用某一计算机程序设计语言自己编写程序。

习题

1. 什么是 CPU？CPU 的基本组成部分是什么？
2. 什么是寄存器？寄存器的功能是什么？
3. 什么是内存？
4. 分别解释指令周期和执行周期的步骤。
5. 什么是计算机系统的指令集？
6. 解释单任务和多任务的概念。怎样区分它们？
7. 解释单用户和多用户环境。怎样区分它们？
8. 什么是系统软件？
9. 什么是应用软件？
10. 操作系统的基本组件(功能)是什么？
11. 解释操作系统的软件层次结构。
12. 什么是内核层？内核层执行什么功能？
13. 什么是服务层？服务层执行什么功能？
14. 内存和磁盘存储空间的区别是什么？
15. 什么是虚拟内存？为什么要使用虚拟内存？

第 2 章　UNIX 操作系统

本章简要介绍 UNIX 操作系统的历史。探讨 UNIX 历年来的开发情况,讨论主要的 UNIX 版本,并解释一些系统的重要特征。

2.1　UNIX 操作系统:历史简介

在 20 世纪 60 年代初期,许多计算机都采用批处理方式,只能执行单个作业。程序员只能使用穿孔纸带输入程序,然后等待行式打印机输出结果。UNIX 操作系统诞生于 1969 年,其目的是解决程序员的困境,并满足程序员对工程中有用的新型计算工具的需要。

UNIX 操作系统是由贝尔实验室的两位研究人员 Ken Thompson 和 Dennis Ritchie 开发的。当时,Ken Thompson 正在开发一个称为太空旅行的程序,模拟太阳系的行星运动。这个程序运行在 Multics 操作系统下,Multics 是第一批提供多用户环境的操作系统之一,运行在 General Electric 6000 Series 计算机上。但由于 Multics 操作系统庞大且运行起来较慢,而且需要大量的计算机资源,于是 Thompson 找到一台较小的计算机,将太空旅行程序移植到这台机器上运行。这台计算机是很少使用的 PDP-7,是由数字设备公司(DEC, Digital Equipment Corporation)生产的系列计算机中的一种。在这台计算机上,Thompson 开发了一个新的操作系统,并称之为 UNIX,在该系统中他采用了 Multics 的一些先进概念。其他操作系统也或多或少地有类似的功能,但 UNIX 组合了这些操作系统中最有价值的部分,很好地利用了这些操作系统的工作成果。

1970 年,UNIX 被移植到 PDP-11/20 计算机上,随后又被移植到 PDP-11/40 和 PDP-11/45 上,最后移植到 PDP-11/70 上。在这个过程中,随着机器硬件逐渐复杂,UNIX 所支持的功能不断丰富。Dennis Ritchie 和贝尔实验室的其他研究人员继续开发 UNIX,增加了系统工具(如文字处理器)。

与大多数操作系统类似,UNIX 最初是用汇编语言开发的。汇编语言是一种取决于机器体系结构的低级指令集。用汇编语言编写的程序是与机器相关的,只能在一种或一类计算机上运行。因此,将 UNIX 从一种计算机移植到另一种计算机需要重写大量代码。

Multics 是用一种称为 PL/1 的高级编程语言编写的,Thompson 和 Ritchie 是有经验的 Multics 用户,他们意识到用高级编程语言开发操作系统的好处(高级语言比汇编语言更容易使用)。于是,他们决定用高级语言重写 UNIX 操作系统,并且选择了 C 语言。C 语言是一种具有高级命令和结构以及高级语言特征的通用编程语言。1973 年,Ken 和 Dennis 成功地用 C 语言重写了 UNIX 操作系统。

说明: UNIX 操作系统中 95% 的代码是用 C 语言编写的,其中很小的一部分用汇编语言编写,这部分主要集中在系统内核,直接与硬件打交道。

很多大学和学院都在 UNIX 操作系统的推广过程中起到了重要作用。1975 年,贝尔实验室以很低的价格向教育机构提供了UNIX操作系统。而UNIX课程也成为众多大学的计算机专业课程，学生们逐渐熟悉了UNIX及其成熟的编程环境。当这些学生们毕业参加工作后，会将UNIX技术带入商业领域，进而将UNIX引入工业领域。

UNIX操作系统有两个主要版本：

- AT&T UNIX系统V
- Berkeley UNIX

其他UNIX变体都基于这两个版本。

2.1.1 UNIX系统V

1983年，AT&T发布了标准的UNIX系统V，该系统是基于AT&T内部使用的UNIX系统开发的。随着UNIX开发的进行，该系统添加了一些新特性，而现有特性也得到改进。经过多年的发展，UNIX系统V增加了大量工具和应用程序，变得越来越大。许多改进的和新的特性都加入到UNIX操作系统的后续版本中，如1987年发布的UNIX系统V的第3版和1989年发布的UNIX系统V的第4版。

UNIX系统V的第4版融合了Berkeley UNIX和其他UNIX系统的许多流行特性的成果。这次合并简化了UNIX产品，减少了生产厂商开发新的UNIX变体的必要。

2.1.2 Berkeley UNIX

美国加利福尼亚大学伯克利分校的计算机系统研究中心对UNIX操作系统进行了重大改进，引入了许多新特性。这个UNIX版本称为UNIX系统的BSD(Berkeley Software Distribution)版本，被推广到其他学院和大学。1995年，伯克利分校发布最终版，即4.4BSD 2。该版本之后，伯克利的BSD就停止发展了。但从那以后，一些基于4.4BSD的版本，如FreeBSD和OpenBSD版本仍在继续发展。

2.1.3 UNIX标准

UNIX操作系统适用于所有类型的计算机(微机、小型机、大型机和巨型机)，是一种重要的计算机操作系统。随着许多基于UNIX的系统推向市场以及更多应用程序的出现，人们开始对UNIX进行标准化。AT&T的UNIX系统V第4版是UNIX系统标准化的一个结果，推动了可在所有UNIX版本上运行的应用程序的开发。AT&T的UNIX标准称为系统V接口定义(SVID，System V Interface Definition)。其他一些UNIX操作系统或UNIX相关产品厂商联合开发了一个称为计算环境中的可移植操作系统接口(POSIX，Portable Operating System Interface for Computer Environments)。POSIX在很大程度上基于SVID。

2.2 其他UNIX系统

几乎所有主要的UNIX厂商都提供基于UNIX系统V的UNIX版本。而大多数UNIX变体的多数命令和特征都与系统V第4版(SVR4)相似。下面是这些UNIX变体的简要介绍。

2.2.1 Linux

UNIX 是世界上应用最广泛的操作系统之一,并且早就成为工作站和服务器的标准系统。UNIX 是一个商业产品,必须采用能在各种平台上运行的整套产品方式来购买。

UNIX 操作系统的 Linux 变体是芬兰赫尔辛基大学计算机科学专业的学生 Linus Torvalds 开发的。Linux 是为基于 Intel 处理器的个人计算机而设计的。Linux 发布以来,许多人一直在对其加以改进和增强,将原本为商业 UNIX 产品而写的程序和一些特性加入到 Linux 中。与其他 UNIX 版本不同,Linux 是一个可自由发布的 UNIX 版本,并且可免费使用。而一些计算机公司对 Linux 进行集成和测试,然后将其放在光盘上以极低的价格出售。

说明: 由于版权方面的原因,并没有将 Linux 称为 UNIX,但实际上它就是 UNIX。Linux 遵从许多与 UNIX 一样的标准。

2.2.2 Solaris

SunOS,后称为 Solaris,是 Sun 公司基于 UNIX 系统 V 第 2 版和 BSD 4.3 开发的操作系统。Solaris 2.0 是基于 SVR4 的,并在 1990 年发布。以后的很多 Solaris 版本都有非常大的装机量。Sun Solaris 的命名模式经过多次改变。Solaris 2.6 版本以后,Sun 公司用点后面的数字表示 Solaris 版本。因此,Solaris 2.7 被命名为 Solaris 7。现在的 Solaris 版本是 Solaris 10。

2.2.3 UnixWare

Novell 公司的 UNIX 版本是基于 UNIX 系统 V 的,其商业名称为 UnixWare。Novell 将 UnixWare 卖给了 Santa Cruz Operation(SCO)公司,现在 UnixWare 及其相关产品是由 SCO 公司提供的。UnixWare 有两个版本:UnixWare 个人版和 UnixWare 应用服务器版;前者是为台式机设计的,后者用于服务器。UnixWare 只用于使用 Intel 处理器的计算机,许多应用程序可以在 UnixWare 上运行。

2.2.4 学习哪一种 UNIX

Linux 除了名字与 UNIX 不同,其他方面都相同。Linux 可运行在绝大多数平台上,而只需要支付相当于 UNIX 系统的一小部分费用。Linux 提供了宽广的实验环境,并且只需要支付合理的费用。因此,学习 Linux 是学习 UNIX 的一个既简单又相当廉价的方式。用户从 Linux 中学到的任何知识都可以直接用于其他 UNIX 系统。

说明: 本书包含 UNIX 的核心命令,它们可应用于包括 Linux 在内的各种 UNIX 系统。在必要时,本书将指出并解释它们之间的差异。

2.2.5 X Window 系统

X Window 系统,也叫 X 或 X11,并不是一个 UNIX 版本。它是一个图形用户接口(GUI, Graphical User Interface),为图形视窗提供平台,通过这种方式,视窗系统可以在大多数 UNIX 平台上移植。该系统在 1984 年研发出来后,就成为 UNIX 视窗系统的标准环境。由于 X Window 没有规定用户接口,导致很多不同的接口存在。通用桌面环境(CDE),在统一

UNIX世界的通用用户接口方面做出了尝试。CDE提供了一个前台面板,该面板通常放置在屏幕底端。通过面板,用户可以调用通用桌面环境的应用程序。X Window系统基于客户/服务器模式,可以使用在UNIX和类UNIX的系统,例如Linux。

2.3 UNIX操作系统概要

如第1章所述,一个典型的计算机系统包括硬件、系统软件和应用软件这三部分。而操作系统是控制和协调计算机行为的系统软件。与其他操作系统一样,UNIX操作系统也是一个包括文本编辑器、编译器和其他系统工具程序的程序集。

图2.1给出了UNIX操作系统的结构。而UNIX操作系统是按分层软件模型实现的。

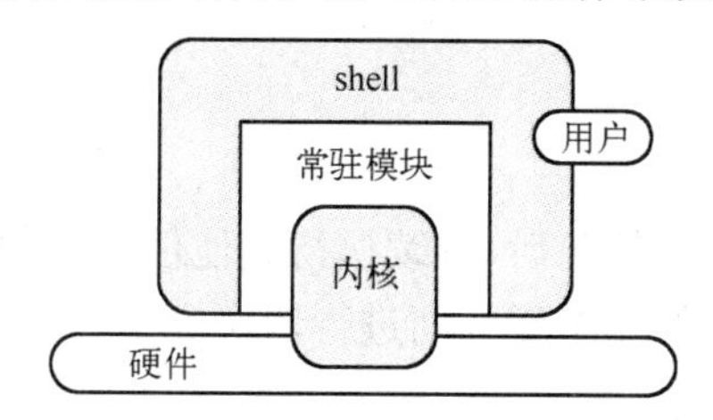

图2.1 UNIX系统组件

内核: UNIX内核,也称为基本操作系统,负责管理所有与硬件相关的功能。这些功能由UNIX内核中的各个模块实现。内核包括直接控制硬件的各个模块,这样能够在极大程度上保护这些硬件,以避免应用程序直接操作硬件而导致混乱。用户不能直接访问内核。

说明: 1. 系统工具和UNIX命令都不是内核的组件。
2. 用户应用程序得到保护,避免被其他用户的无意写操作破坏。

常驻模块层: 常驻模块层提供执行用户请求服务的例程。这些服务包括输入/输出控制服务、文件/磁盘访问服务(称为文件系统)以及进程创建和中止服务。应用程序通过系统调用访问常驻模块层。

工具层: 工具层是UNIX的用户接口,通常称为shell。shell和其他UNIX命令及工具都是独立的程序,是UNIX系统软件的组成部分,但不是内核的组成部分。UNIX中有100多个命令和工具,能够向用户和应用程序提供各种类型的服务。

虚拟计算机: UNIX操作系统向系统中的每个用户指定一个执行环境。这个环境又称为虚拟计算机,包括一个用户接口终端和共享的其他计算机资源,如内存、磁盘驱动器以及最重要的CPU。UNIX是一个多用户操作系统,可视为虚拟计算机的集合。对用户而言,每个用户都有自己的专用虚拟计算机。由于与其他虚拟计算机共享CPU以及其他硬件资源,因此虚拟计算机比真实的计算机要慢。

进程: UNIX操作系统通过进程向用户和程序分配资源。每个进程都有一个进程标识号和一组与之相关的资源。进程在虚拟计算机环境下执行,就好像在一个专用的CPU上执行一样。

2.4 UNIX系统特征

本节简要介绍UNIX操作系统的一些特征。UNIX具有大多数操作系统所共有的一些特征,此外,也有一些独有的特征。

2.4.1 可移植性

C 语言的应用使 UNIX 成为一种可移植操作系统。今天,UNIX 操作系统可运行在从微型机到巨型机的各种计算机上。可移植特征缩短了用户更换系统的学习时间,也提供了选择硬件的更多机会。

2.4.2 多用户性能

在 UNIX 中,许多用户可同时共享计算机资源。取决于所使用的机器,UNIX 可支持 100 个以上的用户同时使用,而各用户可执行不同的程序。UNIX 提供安全机制,使各用户仅能访问各自有权限访问的数据和程序。

2.4.3 多任务性能

UNIX 允许用户在启动一个任务后,继续执行其他任务,同时原任务还在后台执行。并且 UNIX 允许用户在前台和后台的多个任务间进行切换。

2.4.4 分级文件系统

UNIX 提供了对数据和程序进行分组的功能,以便于对数据进行管理。用户可方便地定位要查找的数据和程序。

2.4.5 与设备独立的输入和输出操作

UNIX 将所有设备(打印机、终端和磁盘)都视为文件,所以输入和输出操作是与设备独立的。UNIX 中,用户可将命令输出重定向到任何设备或文件。重定向也可用于数据输入,用户则可将终端输入重定向成从磁盘读入。

2.4.6 用户界面:shell

UNIX 用户界面最初是为开发程序的用户设计的。有经验的程序员会发现 UNIX 简单、精练、优雅。相反,初学者会觉得 UNIX 过于简练、不友好并且很难学。此外,还没有反馈、警告或确认。例如,命令 rm * 会直接删除所有文件而不给出任何警告。

用户与 UNIX 系统的交互是由 shell 控制的。shell 是一个功能强大的命令解释程序,是 UNIX 系统对外的接口界面,并且是与用户交互最多的部分。但 shell 只是操作系统的一部分,是用户与 UNIX 系统交互的一种方式。shell 不是操作系统的核心组成部分,因而可对其进行改动。用户可选用一个命令式用户界面,也可从菜单(菜单式用户界面)中选择命令,或者用鼠标单击图标(图形用户界面)。用户甚至可以开发自己的用户界面。

UNIX shell 是一个复杂而成熟的用户界面,支持许多富有创意的特性。用户可以通过已有的命令组合形成新的功能。例如,由两个命令“date”和“lp”组合而成的命令“date ¦ lp”,可将当前的日期输出到行式打印机上。

shell 脚本: 许多数据处理程序都是经常使用的——每天、每周或以其他时间间隔周期性地使用。另一方面,一系列命令要重复输入多次。反复输入相同的命令会令人厌倦,且容易出错。解决这个问题的方法是使用 shell 脚本,而 shell 脚本是包含一系列命令的文件。

UNIX shell 是一种成熟的编程语言,第 12 章和第 13 章将讨论 UNIX shell 脚本功能以及编程方法。

2.4.7 系统工具

UNIX 系统包括 100 多个系统工具程序(也称为命令)。系统工具是标准 UNIX 系统的组成部分,可完成用户所需的各种功能。这些系统工具包括:

- 文本编辑和格式化系统工具(参见第 4 章和第 6 章)
- 文件操作系统工具(参见第 5 章和第 8 章)
- 电子邮件(E-mail)系统工具(参见第 10 章)
- 程序员系统工具(参见第 11 章)

2.4.8 系统服务

UNIX 系统提供许多用于系统管理和维护的系统服务。对这些系统服务的讨论超出了本书的范围。以下是部分 UNIX 系统服务:

- 系统管理服务
- 系统再配置服务
- 文件系统维护服务
- 文件传输服务(称为 UUCP,即 UNIX to UNIX Copy)

习题

1. UNIX 系统的主要版本是哪两种?
2. 什么是内核?
3. 什么是 shell?
4. 简要解释虚拟计算机的概念。
5. 什么是进程?
6. 为什么要重写 UNIX? 重写时使用的是什么编程语言?
7. UNIX 是多用户、多任务操作系统吗?
8. UNIX 可移植吗?
9. 什么是 shell 脚本?
10. 列出一些 UNIX 变体。
11. 你的 UNIX 系统是哪个版本的?

第3章 UNIX入门

本章介绍如何启动和终止(登录和退出)一个UNIX会话,还解释了口令的功能,介绍了如何修改口令。在说明命令行格式时,将给出一些简单的命令,并解释其用途。本章也将介绍如何更正键盘输入错误。最后,将详细介绍与UNIX建立连接的过程和一些UNIX系统内部操作。

3.1 与UNIX建立连接

与UNIX建立连接的过程包括启动和终止一个会话的一系列提示信息显示以及用户输入。而会话是指用户使用计算机的全过程。

3.1.1 登录

UNIX是一个多用户操作系统,而你很可能不是系统的唯一用户。系统识别用户身份并允许用户使用的过程称为登录过程。用户在使用UNIX系统前必须进行登录。

为了使用UNIX操作系统,用户需要一种与系统进行通信的方法。在大多数情况下,这种通信是通过键盘输入和屏幕显示输出来实现的。用户打开计算机的显示器后,按下回车键,便开始了登录过程。当UNIX系统完成登录准备后会显示一些信息(不同系统的显示信息会有所不同),接着给出"login:"提示(参见图3.1)。

```
UNIX System V release 4.0
login:
```

图3.1 登录提示

登录名: 大多数UNIX系统要求用户在使用计算机前建立用户账号。当建立用户账号时,也会建立用户登录名(又称为用户标识或用户名)和口令。用户标识通常是由系统管理员指定的(若用户使用的是大学或学院的计算机系统,那么用户标识通常由导师指定)。用户标识是唯一的,系统用它对用户进行身份确认。

"login:"提示信息出现后,输入用户标识并按[Return]键。用户标识输入后(例子中的用户标识为david),UNIX系统显示"password:"提示(参见图3.2)。

```
UNIX System V release 4.0
login:david
password:
```

图3.2 口令提示

如果用户账号中没有设置口令，系统将不会显示“password:”提示。至此，登录过程完成。

口令： 与用户标识类似，口令是由系统管理员提供的，是一个由字母和数字组成的序列。UNIX 用口令来验证是否允许该用户使用当前的用户标识。

输入口令后按[Return]键。为了避免他人窃取口令，屏幕上不会回显用户输入的口令字符，因此从屏幕上是看不见口令的。然后，UNIX 验证用户标识和口令。若验证无误，系统将为用户初始化系统环境，此时会有一个暂停。

验证完用户标识和口令后，UNIX 会显示一些信息，通常是日期信息和“当日的消息”（包含系统管理员发出的消息）。接着，UNIX 显示系统提示符，表示可以接受用户命令了。标准的提示符通常是一个美元符（$）或百分号（%）。在此，我们假定是美元符（$）。提示符通常显示在一行的开始位置（参见图 3.3）。

```
UNIX System V release 4.0
login:david
password:

Welcome to super duper UNIX system
Sat Nov 29 15:40:30 EDT2001
* This system will be down from 11:00 to 13:00
* This message is from your friendly system administrator!

$_
```

图 3.3　登录过程

输入的用户标识和口令必须是系统已知的。系统区分大小写，并且输入后不能回退，所以用户不能用[Backspace]键或[Del]键来修改输入。如果用户输入错误的用户标识或口令，则系统会显示错误信息并重新给出“login:”提示，等待用户输入（参见图 3.4）。

```
UNIX System V release 4.0
login:David
password:
Login incorrect
login:
```

图 3.4　不正确的登录

3.1.2　修改口令:passwd 命令

passwd 命令用来修改用户当前的口令。如果没有口令，该命令可以创建一个口令。

输入 passwd 并按[Return]键，系统显示“Old password:”（旧口令）提示（参见图 3.5）。

```
$passwd
Changing password for david
Old password:
```

图 3.5　旧口令提示

注意：出于安全考虑，UNIX 不会在屏幕上显示用户口令。

UNIX 验证旧口令是为了确保未经授权的用户不能修改口令。如果用户还没有口令，则系统不会显示“Old password:”提示。输入当前口令并按[Return]键，接着系统会显示“New password:”提示(参见图 3.6)。

```
$ passwd
Changing password for david
Old password:
New password:
```

图 3.6 新口令提示

用户输入新口令后，系统显示“Re-enter new password:”(再次输入新口令)提示，从而再次输入新口令。UNIX 验证用户第一次输入新口令时没有错误(参见图 3.7)。

```
$ passwd
Changing password for david
Old password:
New password:
Re-enter new password:
```

图 3.7 再次输入新口令提示

如果两次输入相同，系统就会修改用户口令。这时，可能会显示一条修改成功的消息，但也可能只有$提示符，而不会显示任何修改成功的反馈消息。无论如何，用户口令已经修改，下次登录时新口令将起作用。

注意：请牢记新口令，下次登录时系统就会要求输入新口令。

口令格式：在 passwd 命令中，不是任何字符串都可以作为用户口令。口令必须遵从以下规则：

- 新口令与旧口令至少有 3 个字符不同。
- 用户口令必须至少有 6 个字符长，其中至少包括 2 个字母和 1 个数字。
- 口令不能与用户标识相同。

如果 UNIX 检测到任何错误，则将显示错误信息，并再次给出“New password:”提示(参见图 3.8)。

```
Password is too short-must be at least 6 digits
New password:

Password must differ by at least 3 positions
New password:
```

图 3.8 错误信息示例

通常,如果用户几次输入口令都不正确,UNIX 将会终止 passwd 命令。并且,可能会有一条确认消息,指出命令已经终止且用户口令没有改变。但也可能只有$提示符,而没有任何反馈消息。当然,用户可以再次输入 passwd 命令并重新执行修改口令的操作。

Linux 系统中提示信息的用词稍有不同,但是命令和提示步骤是相同的。图 3.9 所示为在 Linux 环境下修改口令的示例。

```
$ passwd
Changing password for david
(current) UNIX password:
New UNIX password:
Retype new UNIX password:
passwd:all authentication tokens updated successfully
$_
```

图 3.9　Linux 环境下修改口令

图 3.10 举了几个例子,显示出 Linux 检测到错误口令时的提示消息。

```
$ passwd
Changing password for david
(current) UNIX password:
New UNIX password:
BAD PASSWORD:it's too short
New UNIX password:
BAD PASSWORD:Dictionary word
New UNIX password:
BAD PASSWORD:it is too short
New UNIX password:
Retype new UNIX password:
Sorry,passwords do not match
passwd:Authentication information cannot be recovered
$_
```

图 3.10　错误消息示例

3.1.3　设置用户口令的常用规则

passwd 命令尽量防止用户选用不合适的口令,但口令毕竟由用户决定。设置口令时请注意以下常用规则:

- 不要用字典里的词(无论何种语言)
- 不要用人名、宠物名、地名或某本书上的某个字符串
- 不要用姓名和身份标识/账户名的任何变体
- 不要使用别人知道的用户信息,如用户的电话号码和生日等
- 不要用键盘上字符的简单组合和容易拼凑的系列

关于创建和保护用户口令的提示

如果口令保护不好,会成为重大的安全隐患。虽然这在课堂环境中也许不那么重要,但还

是要遵守以下规则从而养成良好的口令保护习惯:

- 不要写下口令,而要尽量将其记住
- 不要将口令放在某个文件中
- 不要在所有需要口令保护的系统或活动中使用同一个口令
- 不要向任何人透露你的口令
- 输入口令时,不要让任何人看见
- 选择一个难猜测的口令

3.1.4 退出系统

用户完成工作后离开系统的过程称为退出。用户只能在命令提示符出现时才可退出系统,而在进程执行过程中是不能退出的。要退出系统,在命令提示符下按组合键[Ctrl-d](即同时按下控制键Ctrl和字符键d),按键以后屏幕没有任何显示,但是命令已被系统接受。接受命令后,系统首先显示系统管理员预先设置好的退出消息。然后,屏幕显示系统标准的欢迎信息和“login:”提示。此时,用户知道已正常退出系统,系统等待下一个用户登录。

实例:在图3.11中显示的上机练习给出了登录和退出过程。

```
UNIX System V release 4.0
login: david
password:
Welcome to super duper UNIX system
Sat Nov 29 15:40:30 EDT 2005
 * This system will be down from 11:00 to 13:00
 * This message is from your friendly system administrator!

 $[Ctrl-d]

Unix system V release 4.0
login:
```

图3.11 登录和退出过程

注意:如果没有退出系统而直接关闭电源,则用户与UNIX之间的通信并未终止。

3.2 使用一些简单的UNIX命令

UNIX系统中有几百条命令和系统工具供用户使用。有一些基本命令得以频繁使用,而另外一些命令则偶尔用到,还有一些命令则可能从来未使用。UNIX有如此繁多的命令,用户要掌握每个命令的细节非常困难。幸运的是,UNIX的绝大多数命令的基本格式是相同的,而且大部分UNIX系统都提供在线帮助。

3.2.1 命令行

每个操作系统都有便于用户使用系统的命令。通过输入命令,可以告诉系统要做什么。例如,命令date让系统显示日期和时间。为此,需要输入date并按[Return]键。这一行命令称为

命令行。UNIX 将回车键解释为命令行的结束符,随后,在屏幕上显示如下的当前日期和时间:

```
Sat Nov 29 14:00:52 EDT 2005
$_
```

用户每次输入一个 UNIX 命令,系统先执行该命令,然后显示一个新的提示符,表示可以输入下一个命令了。

3.2.2　基本的命令行格式

每个命令行都会分成三个字段:

- 命令名
- 选项
- 参数

图 3.12 给出了 UNIX 命令的常用格式。

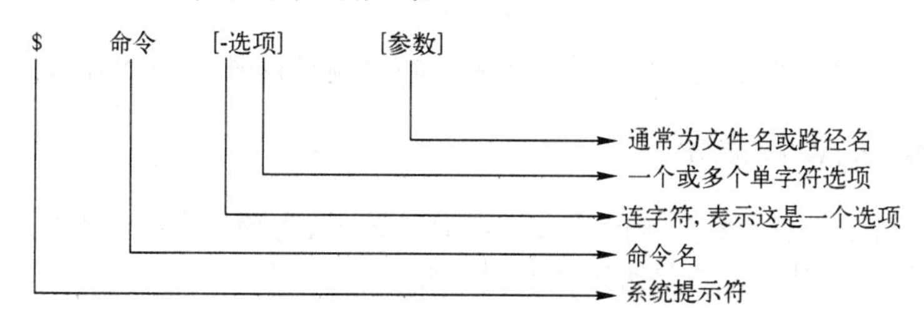

图 3.12　命令行的格式

说明: 1. 字段间用一个或多个空格隔开。
2. 大多数命令中,方括号里面的是命令选项。

注意: 在命令的末尾必须按[Return]键表示命令输入结束。

命令名: 任何有效的 UNIX 命令或系统工具都可以作为命令名。在 UNIX 系统中,命令和系统工具是不同的。但在本书中,二者都被视为命令。

注意: UNIX 是区分大小写的系统,只接受小写的命令名。

选项: 选项表示命令的变化。如果命令行中有选项,则它的前面通常有一个连字符(-)。大多数命令选项用单个小写字母表示,而一个命令行中可出现多个命令选项。本书不会详细讨论每个命令的各个可能选项。

参数: 完成某些类型操作的命令,如打印文件或显示信息等,就需要参数。使用某个命令时通常需要指定操作对象,这意味着用户需要提供额外的信息。这种额外的信息称为参数。例如,在打印命令 print 中,用户需要告诉系统要打印什么(文件名)以及在哪里能找到打印对象(磁盘上的某个位置)。这里,文件名和磁盘路径就是命令参数。

注意: 所有 UNIX 的变体都具有灵活性,这种灵活性使得在安装时以及在以后的使用中,都能为一组用户或单个用户根据系统使用的环境和要求来定制将使用的系统。这意味着没有任何两个 UNIX 系统是相同的。但是,无论安装在用户系统中的 UNIX 版本或变体是什么,本书所介绍的大多数核心命令集都是一样的。

用户系统中提供了man命令(本章后面对其加以解释),这是获得命令的详细帮助信息的最好方式。在查看命令的选项时,man命令特别有用。本书中,为了说明指定的命令如何使用,针对每个命令只讲述了各自的几个选项。在用户UNIX系统的变体版本中,某些命令选项可能与这里所举的例子有所不同。

3.2.3 日期和时间显示:date命令

date命令在屏幕上显示当前的日期和时间。日期和时间是由系统管理员设置的,用户不能修改。

实例: 显示当前的日期和时间(参见图3.13)。

```
$ date
Sat Nov 27 14:00:52 EDT 2005
$_
```

图3.13 date命令

说明: date命令显示星期几、月、日、时间(本例是美国东部时间)和年。UNIX使用24小时制。

3.2.4 用户信息:who命令

who命令列出当前登录到系统的所有用户的登录名、终端号和登录时间。可用who命令检查系统状态,或检查某个用户是否正在使用系统。

实例: 谁登录到系统(参见图3.14)。

```
$ who
david        tty04   Nov 28   08:27
daniel       tty10   Nov 28   08:30
$_
```

图3.14 who命令

说明: 1. 第一列显示用户的登录名。
2. 第二列显示用户正在使用的终端。
3. tty终端号在一定程度上可指示终端位置。
4. 第三列和第四列给出了用户的登录日期和时间。

实例: 若输入who am I或who am i,UNIX系统会显示本终端用户的信息(参见图3.15)。

```
$ who am i
david   tty04   No 28   08:48
$_
```

图3.15 带am i参数的who命令

who命令的选项

表3.1列出了who命令的一些选项。在Linux系统下,某些选项无效或者输出结果略有差别。Linux也提供了一些新的替换选项。例如,可带-H或--heading选项来显示列标题,而

结果是相同的。表3.1中在以Linux为标题的一栏中列出了Linux新的替换选项。

说明：1. 表3.1中，Linux新的替换选项列在以Linux为标题的一栏中。
2. Linux新的替换选项以两个减号(--)开头。

表3.1 who命令的选项

选项	Linux	操作
-q	--count	快速who命令；仅显示用户名和用户数
-H	--heading	在每一列上显示列标题
-b		显示系统的启动日期和时间
	--help	显示使用方法消息

注意：1. 命令名和选项间必须用空格隔开。
2. 选项前有一个减号作为前缀。在Linux系统中，某些选项前有两个减号。
3. 减号和选项字符间没有空格。
4. 选项字符的大小写必须正确。

使用选项实例

下面的例子说明在命令行中怎样使用选项来修改显示输出的格式和详细程度。

实例：用-H选项显示列标题(参见图3.16A)。

```
$ who -H
NAME        LINE        TIME
david       tty04       Nov 28   08:27
daniel      tty10       Nov 28   08:30
$_
```

图3.16A 带-H选项的who命令

实例：用Linux的替换选项--heading显示列标题(参见图3.16B)。

```
$ who --heading
USER        LINE        LOGIN-TIME
david       tty04       Nov  28  08:27
daniel      tty10       Nov  28  08:30
$_
```

图3.16B 带Linux的--heading选项的who命令

实例：用-q选项快速列表以及显示用户数目(参见图3.17A)。

```
$ who -q
david daniel
# users = 2
$_
```

图3.17A 带-q选项的who命令

实例：用 Linux 的替换选项--count 显示用户数目(参见图 3.17B)。

```
$ who --count
david daniel
# users = 2
$_
```

图 3.17B 带 Linux 的--count 选项的 who 命令

实例：用-b 选项显示系统的启动日期和时间(参见图 3.18)。

```
$ who -b
system boot Nov 27 08:37
$_
```

图 3.18 带-b 选项的 who 命令

Linux 的 help 选项

Linux 为大多数命令提供了简短的使用方法说明。用--help 或-? 命令选项可激活该特性。并非所有命令都有这些帮助选项，如果用错命令选项，则 Linux 会显示相应的错误消息。

实例：带--help 选项的 who 命令用法的简短描述(参见图 3.19)。

```
$ who --help
Usage:who [OPTION]... [ FILE | ARG1 ARG2 ]

-H,--heading        print line of column headings
-i,-u,--idle        add user idle time as HOURS:MINUTES, . or old
-l,--lookup         attempt to canonicalize hostnames via DNS
-m                  only hostname and user associated with stdin
-q,--count          all login names and number of users logged on
-s                  (ignored)
-T,-w,--mesg        add user's message status as +,- or ?
 --message          same as -T
 --writable         same as -T
 --help             display this help and exit
 --version          output version information and exit
$_
```

图 3.19 带 Linux 的--help 选项的 who 命令

3.2.5 显示日历：cal 命令

cal 命令显示指定年份的日历表。如果同时指定年和月，则只显示指定月的日历表。年和月都是由命令参数指定的。cal 命令的默认参数为当前月。

实例：显示当前月的日历(参见图 3.20)，假定当前月是 2005 年 11 月。

```
$ cal
November 2005
S   M   Tu  W   Th  F   S
        1   2   3   4   5
6   7   8   9   10  11  12
13  14  15  16  17  18  19
20  21  22  23  24  25  26
27  28  29  30
$_
```

图3.20　不带选项的cal命令

实例：显示2010年11月的日历(参见图3.21)。

```
$ cal 11 2010
November 2010
S   M   Tu  W   Th  F   S
    1   2   3   4   5   6
7   8   9   10  11  12  13
14  15  16  17  18  19  20
21  22  23  24  25  26  27
28  29  30
$_
```

图3.21　cal命令的输出

说明：1. 年份参数必须写全。例如：输入cal 2010(而不能输入cal 10)。

2. 使用数字表示月份(1～12)，而不能使用月份名。

3. 不带选项的cal命令显示当前月份的日历表。

4. 只有年份参数而无月份参数的cal命令显示指定年份的日历表。

3.3　获取帮助信息

UNIX系统并没有忘记对初学者和健忘者提供帮助。learn和help命令就是为使用UNIX提供帮助的辅助程序。它们是为初学者设计的，易于使用。但是，这些命令在不同的UNIX中可能有些区别，也可能有些用户系统并没有安装这些命令。

3.3.1　使用learn命令

learn命令是一个包含若干课程的计算机辅助教学程序。它显示一个课程列表供用户选择，并显示相应的课程内容，等等。

使用learn命令，只需在命令行输入learn，然后按[Return]键。如果系统装有该程序，则learn命令的主菜单就会显示出来(参见图3.22)。否则，系统会显示如下错误信息：

```
learn:not found
```

```
$ learn
These are the available courses
    files
    editor
    vi
    more files
    macros
    eqn
    C
If you want more information about the courses, or if you have never used 'learn' before, press RE-
TURN; otherwise type the name of the course you want followed by RETURN
```

图 3.22 learn 工具主菜单

3.3.2 使用 help 命令

help 命令比 learn 命令更受欢迎,可在大多数 UNIX 系统上使用。而 help 命令提供一个多级菜单,通过一系列菜单来进行选择和提问,从而引导学生学习一些 UNIX 系统中最常用的命令。使用 help 命令,只需在命令行输入 help,然后按[Return]键。如果系统装有该程序,则 help 命令的主菜单会显示出来(参见图 3.23)。否则,系统会显示如下错误信息:

```
help:not found
```

```
$ help

help:UNIX System On-line Help

  Choices        description


      s          starter:general information
      l          locate:find a command with keyword
      u          usage:information about command
      g          glossary:definition of terms
      r          redirect to a file or a command
      q          Quit
      Enter choice
```

图 3.23 help 命令的主菜单

3.3.3 获取更多的帮助信息:UNIX 手册

用户可从一个称为用户手册的文档中找到 UNIX 系统的详细说明。在购买时,用户可得到一本印刷的用户手册。磁盘上有该手册的电子版,称为在线手册。如果系统安装了在线手册,就可方便地在终端上显示。但 UNIX 的用户手册十分简练而难以读懂,并且更像一本参考手册,而不像真正的用户手册。UNIX 手册主要对有经验的用户有帮助,这些用户往往了解命令的基本功能,但忘记了命令的准确使用方法。

3.3.4 使用电子手册:man 命令

man(manual)命令可显示在线系统文档的内容。输入 man 和命令名,可得到相应命令的帮助信息。当用户要学习一个新命令时，可用 man 命令得到该命令的详细使用说明。例如，要知道 cal 命令的更多信息，可输入 man cal 并按[Return]键。系统会显示如图 3.24 所示的内容。系统查找命令的帮助信息时，可能有几秒钟的等待时间。

UNIX 系统的用户手册是按章节组织的，命令名后面圆括号内的数字是指相应内容在手册中的章节号。例如，“cal(1)”是指第 1 节，即用户命令部分。其他各节还有系统管理命令，以及游戏等。

说明：几乎所有 UNIX 系统都提供 man 命令，而且 man 命令是查找命令用法和参数详细信息最受欢迎的方式。

```
cal(1)              User Environment Utilities cal(1)


NAME
    cal - print calendar
SYNOPSIS
    cal [ [ month ] year ]
DESCRIPTION

    cal prints a calendar for the specified year. If a month
    is also specified,a calendar just for that month is
    printed. If neither is specified,a calendar for the present
    month is printed. Year can be between 1 and 9999. The year is
    always considered to start in January even though this is
    historically naive. Beware that "cal 83"refers to the
    early Christian era,not the 20th century.
    The month is a number between 1 and 12.
    The calendar produced is that for England and the United
    States.
EXAMPLES


    An unusual calendar is printed for September 1752. That is
    the month 11 days were skipped to make up for lack of leap
    year adjustments. To see this calendar,type:cal 9 1752
```

图 3.24　用 man 命令显示 cal 命令帮助

3.4　更正键盘输入错误

即使最优秀的打字员也会出错，或者在输入命令时会临时改变主意。只有在用户按[Return]键之后，shell 程序才开始解释命令行。所以，只要在结束命令行（按[Return]键）之前，用户都有机会更正输入的错误或删除整个命令行。

如果输错命令并按了[Return]键，则系统会显示一个通用的错误信息。如果所输入的命令根本没有装入系统，则系统会显示同一个错误信息。

实例：date 命令输入错误（参见图 3.25）。

```
$ daye
daye: not found
$_
```

图3.25 UNIX的错误信息

删除字符：用回退键[Backspace]删除字符。当按回退键时，光标左移并删除经过的字符。另一种删除字符的方法是按[Ctrl-h]键，每次删除一个字符。例如，在输入calendar后按回退键5次，结果光标左移5格，屏幕上只剩下cal。此时按[Return]键，系统会执行cal命令。每次删除命令行上一个字符的按键称为删除键。

删除一行：按[Return]键之前，任何时候都可删除整个命令行。按[Ctrl-u]键可删除整个命令行，并使光标移动到下一行。例如，输入passwd命令后，不想执行该命令，可按[Ctrl-u]键删除这个命令。每次删除一行的按键称为行删除键。

注意：虽然[Ctrl-h]键和[Ctrl-u]键都包含两个按键，但它们都被当做单个字符对待。

中断程序运行：如果正在执行的程序还需要很长时间才能完成，而用户却没有时间等待，则该用户可以中断程序的执行。中断正在执行的程序的按键称为中断键。在大多数系统中，[Del]键或[Ctrl-c]键就是中断键。而中断键的功能就是中断正在执行的程序，然后显示shell命令提示符$。

说明：试着在系统中使用删除键和中断键。如果不能操作，请向系统管理员询问。

3.5 使用shell和系统工具

UNIX shell具有很强的功能和灵活性，负责用户与UNIX系统间的交互。UNIX命令的处理是由位于用户和操作系统的其他部分之间的shell完成的。每次输入一个命令并按[Return]键之后，命令行被传到shell，先进行分析，然后执行。例如，输入date命令后，shell首先查找date程序，然后执行。从技术角度讲，与用户打交道的是shell程序，而非UNIX系统。

shell命令：一些UNIX命令是shell程序的一部分，称为内部命令或shell命令。内部命令由shell程序识别，并在shell内部执行。

系统工具程序：大多数UNIX命令是由shell查找、加载并执行的可执行程序(系统工具)。

注意：本书将shell命令和系统工具统称为命令。

3.5.1 shell的种类

同其他程序一样，shell仅仅是个程序，在UNIX系统中并没有特权。这是有多种风格的shell程序存在的原因之一。专业程序员经过努力甚至可以编写自己的shell程序。SVR4为用户提供了3种不同风格的shell程序：Bourne Shell(sh)，Korn Shell(ksh)和C Shell(csh)。

Bourne Shell：Bourne Shell(sh)是大多数UNIX操作系统的标准shell，也是系统中的默认shell。Bourne Shell的命令提示符是美元符号($)。

Korn Shell：Korn Shell(ksh)是Bourne Shell的一个超集。除了具有Bourne Shell的基本语法和特征外，还有其他一些特征。通常为sh开发的shell程序不需要任何修改就可以在ksh下运行。Korn Shell的命令提示符也是美元符号($)。

C Shell：C Shell(csh)是由美国加利福尼亚大学伯克利分校开发的，是UNIX的BSD(Berkeley Software Distribution)版本的一部分。C Shell脚本语法采用的是C语言风格的语法，所以它不同于sh和ksh。

Bourne Again Shell：如前所述，大多数UNIX系统提供了多个shell，用户可以使用任意一个可用的shell来装入系统。但是，Linux推出了其自身的标准shell，称为Bourne Again shell。Bourne Again shell(bash)是基于Bourne Shell的，而且通常是Linux系统的默认shell。Bourne Again shell的命令提示符也是美元符号($)。

3.5.2　更改用户shell

大多数UNIX系统提供了多个shell。当用户登录UNIX系统时，无论用户使用的是何种shell，都是由系统管理员设置到用户账户的。输入想使用shell的名字，用户可以很容易地更换当前的shell。例如，下面的命令系列将当前的shell从ksh变为bash，然后再改回到ksh。

```
$_.................................... 假定为Linux系统且当前的shell是ksh
$ bash [Return]........................ 将当前的shell改为bash
bash $_................................ 提示符已变成bash的提示符
bash $ exit [Return]................... 退出bash,返回到ksh
$_.................................... 提示符已还原为ksh的提示符
```

当然，更改当前的shell只是临时改变，只在当前起作用。下次登录系统时，尽管在上次登录时已做了修改，但用户当前的shell仍然只是设置到账户中的shell。这一点将在第9章中详细讲述。

说明：通常，用户将当前shell更改为另一种shell时，shell名会作为提示符的一部分显示出来。上例中，提示符是bash $。

3.5.3　本书中的shell

就基本命令和特征而言，所有shell都是类似的。本书假设用户有Bourne Shell或者Korn Shell；如果是在Linux环境下，则假设是Bourne Again shell(bash)。本书针对每个shell中差别很大的命令和系统工具会单独给予解释。

说明：1. 仅适用于Korn Shell的命令将用"ksh"标注。
2. 仅适用于Bourne Again shell的命令将用"bash"标注。

3.6　登录过程

UNIX启动时，操作系统的常驻部分(内核)被载入内存。而操作系统的其余部分仍然保留在磁盘上，只有当用户请求执行这些程序时才会被调入内存。当用户登录时，shell程序也被载入内存。了解登录过程中的系统响应顺序，可以帮助用户更好地理解UNIX操作系统的内部操作。

UNIX完成启动过程之后，init程序为系统中的每个终端激活一个getty程序，而getty程序在相应的终端上显示"login:"提示，并等待用户输入用户名(参见图3.26)。

用户输入用户名时,由 getty 程序读取用户输入并启动 login 程序,由 login 程序完成登录过程。getty 程序将用户输入的字符串传递给 login 程序,而该字符串就是用户标识(也称登录名)。接下来,login 程序就开始执行并在终端显示“password:”提示,等待用户输入用户口令(参见图 3.27)。

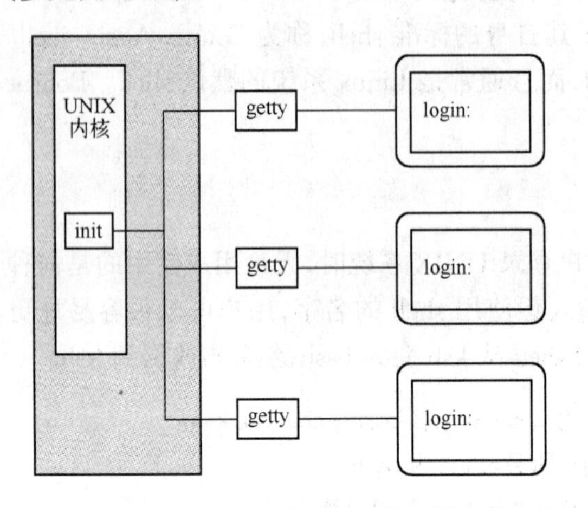

图 3.26　getty 程序显示“login:”提示

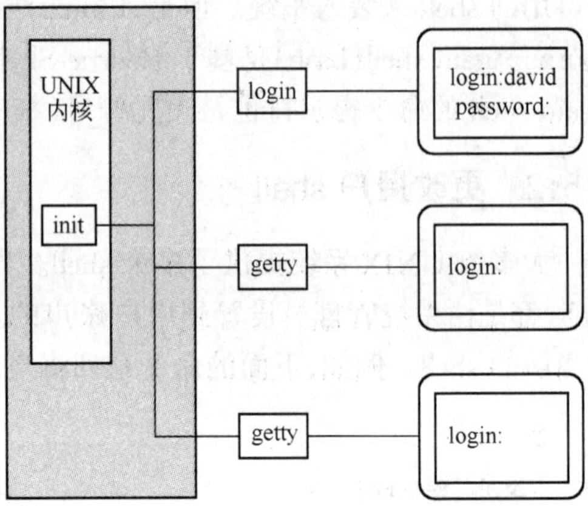

图 3.27　login 程序显示“password:”提示

用户输入口令后,login 程序会验证用户名和口令。随后,login 程序还会检查下一步所要执行的程序名。在大多数情况下,这个程序就是 shell 程序。如果使用的 shell 程序是 Bourne Shell,则会显示$命令提示符。现在,shell 程序已完成准备工作,用户可输入命令(参见图 3.28)。

当用户退出系统时,shell 程序终止执行,UNIX 系统在终端上启动一个新的 getty 程序并等待新的用户登录。只要系统启动运行,这个登录、退出循环过程就会一直进行下去(参见图 3.29)。

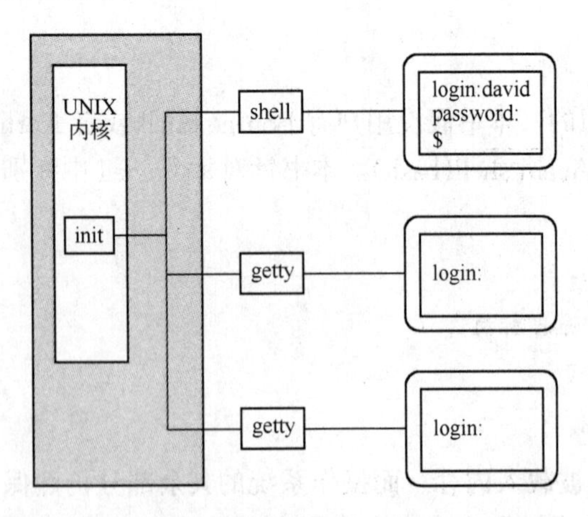

图 3.28　shell 程序显示的$提示

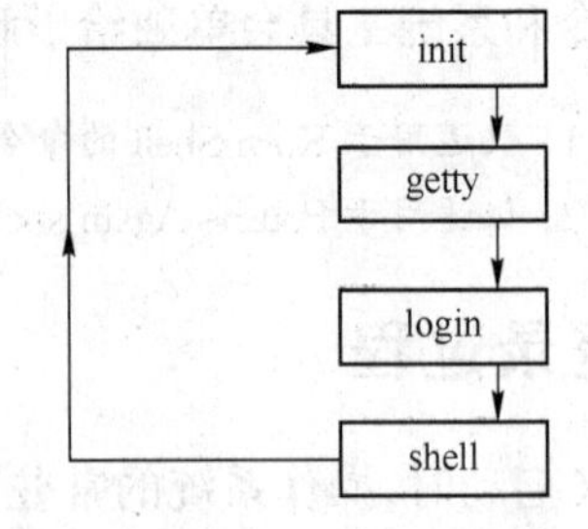

图 3.29　登录和退出循环

命令小结

本章讨论了下列 UNIX 命令。为了加强记忆,图 3.30 重复列出了命令行格式。

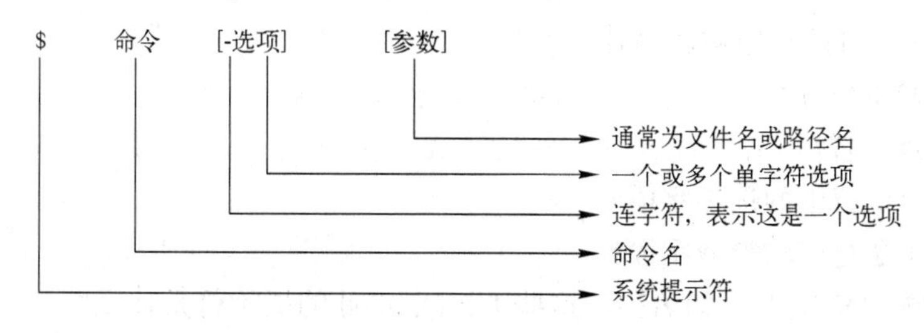

图 3.30　命令行的格式

cal
显示指定年份或指定月份的日历表。

date
显示星期几、月、日和时间。

help
通过显示一系列菜单选择和提问，引导用户学习大多数常用的 UNIX 命令。

learn
包括若干课程的计算机辅助教学程序。它显示一个课程列表，引导用户选择和学习相应课程。

man
该命令可显示在线系统文档的内容。

passwd
该命令可修改用户登录口令。

who
列出当前系统所有用户的登录名、终端号和登录时间。

选项	Linux	操作
-q	--count	快速 who 命令，仅显示用户名和用户数
-H	--heading	在每一列上显示列标题
-b		显示系统的启动日期和时间
	--help	显示使用方法消息

习题

1. 什么是用户登录过程？
2. 什么是用户退出过程？
3. 为什么要给用户分配登录名？
4. 系统启动时，包含 UNIX 内部操作的事件序列有哪些？
5. 什么是 shell 程序？在 UNIX 系统中 shell 起什么作用？
6. 设置用户口令的常用规则有哪些？
7. man 命令提供什么信息？

8. UNIX 命令行的一般格式是什么?
9. 怎样结束命令行?
10. 什么是命令名?
11. 什么是命令行中的选项字段?
12. 什么是命令行中的参数字段?
13. 列出不同 UNIX shell 的名称。这些 UNIX shell 的提示符是什么?
14. 什么是 shell 命令?
15. 什么是系统工具?

上机练习

开始第一次登录前,先用几分钟的时间确定系统的下列信息:

找到你的登录名(用户 ID)。如果系统要求口令,则找到你的口令。
现在,打开终端等待"login:"提示。

1. 用自己的用户 ID 和口令登录到系统。注意一下屏幕上出现的信息。
2. 查看一下提示符,想一想系统用的是哪种 shell。
3. 用 who 命令查看当前有谁登录到了系统。
4. 用带选项的 who 命令查看当前登录到系统的用户总数和系统启动时间。
5. 查看系统工具中可用的帮助程序。
6. 用 date 命令查看当前的日期和时间。
7. 用 cal 命令查看自己的生日是星期几。
8. 查看 2007 年的日历。
9. 用 passwd 命令修改口令。
10. 试用一个不满足口令组成要求的字符串作为新口令,以便了解 UNIX 系统显示的错误信息的类型。
11. 成功修改口令后,退出系统并用新口令重新登录。
12. 下列功能用哪些键来实现:
    - 删除键
    - 行删除键
    - 中断键
13. 试用删除键来更正输入错误。
14. 试用行删除键终止一个命令行输入。
15. 使用带选项的 who 命令。如果为 Linux 系统,则使用--help 及其他 Linux 替换选项。
16. 使用 man 命令查看本章所学命令的详细信息,如 passwd 和 date 命令。
17. 将当前的 shell 改成另一种 shell。例如,如果当前 shell 是 Bourne Shell(sh),将其改成 Korn Shell(ksh);如果是在 Linux 环境下,则将其改成 Bourne Again shell(bash)。观察提示符的变化。最后,改回到原来的 shell。
18. 退出系统,结束练习。

第 4 章　vi 编辑器入门

本章和第 6 章将介绍 vi 编辑器。本章首先解释什么是编辑器，然后，讨论编辑器的类型及其应用。在介绍了 UNIX 支持的编辑器后，将介绍 vi 编辑器。本章的其余部分列出了使用 vi 编辑器完成简单编辑作业所需使用的基本命令。vi 编辑器的基本概念和操作包括：

- vi 编辑器的不同工作模式
- 存储缓冲区
- 打开文件进行编辑
- 保存文件
- 退出 vi

4.1　什么是编辑器

编辑文本文件是经常使用的计算机操作之一。实际上，用户想做的许多事情迟早都需要进行某种文件编辑。

编辑器(文本编辑器)是一个工具，可以方便地创建新文件或修改旧文件。而这些文件可以是笔记、备忘录和程序源代码，等等。文本编辑器是简化的字处理器，但并没有字处理器所具有的一些印刷方面的特征(黑体、居中或下画线等)。

每种操作系统软件至少支持一种编辑器。编辑器一般有两种类型：

- 行编辑器
- 全屏编辑器

行编辑器：在行编辑器中，每次所做的修改只能在一行之中或一组行之间进行。进行修改时，需要先给出文本中的行号，然后再进行修改。行编辑器一般不易使用，因为看不到所编辑任务的范围和上下文，但比较适合于全局操作，如搜索、替换或在文件中复制大块文本。

全屏编辑器：全屏编辑器每次显示一屏用户正在编辑的文本，而用户可以在屏中任意移动光标进行修改，并且所做的修改马上就能在屏幕上显示出来。用户可以很容易地逐屏浏览文本的其余部分。全屏编辑器的界面比行编辑器的界面更友好，比较适合于日常的编辑工作。

4.1.1　UNIX 支持的编辑器

UNIX 操作系统支持很多种行编辑器和全屏编辑器，而用户可以方便有效地创建或修改文件。例如，UNIX 支持行编辑器 Emacs 和 ex，以及全屏编辑器 vi。

ed 是早期 UNIX 操作系统上支持的老版本的行编辑器。目前，大多数 UNIX 操作系统都支持 ex 系列的编辑器。最初，ex 编辑器提供了一种显示特性，可以显示一屏文本，用户可以在整个屏幕上工作而不仅局限于一行。为了使用这一显示特性，用户必须在 ex 中输入 vi (visual)命令。后来，这种全屏模式得到了广泛使用，ex 编辑器的开发者就单独开发了一个全屏编辑器,即 vi。这样用户就可以直接使用 vi 而不需要启动 ex 编辑器了。

文本格式器: UNIX 下的编辑器不是文本格式化程序。不支持行居中、留出页边空白等字处理程序所具有的功能。而 UNIX 提供了一些工具,如 nroff 和 troff 来格式化文本。

文本格式器一般用来准备文档。其输入是用 vi 等编辑器所产生的文本文件,而文本格式器所输出的文件都已加了页码标注,可以在屏幕上显示格式化后的文本或将其传送到打印机上。

表 4.1 列出了 UNIX 操作系统支持的编辑器及其种类。

表 4.1 UNIX 支持的编辑器

编辑器	种类
ed	最初的行编辑器
ex	在 ed 上扩展的更为复杂的编辑器
vi	可视化的全屏编辑器
Emacs	公共域的全屏编辑器

4.2 vi 编辑器

vi 是大多数 UNIX 操作系统都支持的全屏文本编辑器,具有字处理程序的灵活性和简单易用的特性。由于 vi 是基于行编辑器 ex 的,因此在 vi 中使用 ex 的命令成为可能。在使用 vi 时,用户对文件的修改会立即在屏幕上显示出来,屏幕上光标为用户指明了在文件中的位置。vi 有 100 多种命令,提供了强大的功能。要学会这么多命令确实有一定难度,但是不要惊慌,简单的编辑工作只需要用到少数几个命令。

vi 有两个版本:view 编辑器和 vedit 编辑器,它们是为特殊的任务或用户而设计的。这些版本除了一些标志(选项)预先设置以外,其他功能与 vi 的相同。但是,并非所有的系统都提供上述两种版本。第 6 章将介绍如何根据用户的需要定制 vi 的环境变量。

view 编辑器: view 编辑器是设了只读标志的 vi。如果用户只想查看文件的内容而不做任何修改,则使用 view 编辑器就很方便。view 编辑器防止用户对文件所做的不经意修改,从而使文件保持不变。

vedit 编辑器: vedit 编辑器对 vi 的几个标志做了设置。vedit 编辑器是面向初学者的,这些标志的设置是使用户更易于学习如何使用 vi。

4.2.1 vi 的工作模式

vi 有两种基本的工作模式:命令(编辑)模式和文本输入模式。一些命令只能在命令模式下使用,而另一些命令只能在文本输入模式下使用。在使用 vi 的过程中,用户可以在这两种模式间切换。

命令模式: vi 初始启动时进入命令模式。在命令模式下,键的输入(用户按下的任何键或键序列)都被解释为命令,并不会在屏幕上显示,但会被执行。在命令模式下,用户通过按键可以删除几行、查找某个字、在屏幕上移动光标以及执行一些其他有用的操作。

在命令模式下,一些命令以冒号(:)、斜杠(/)或问号(?)开头。用户输入的命令显示在 vi 编辑器屏幕的最后一行上。按[Return]键表示结束命令行。

文本输入模式：在文本输入模式下，键盘成了用户的打字机。vi 显示用户的输入。按键不被解释为命令执行，只是作为文本写入到用户的文件中。

状态行：在屏幕底部的一行，通常为第 24 行，vi 用该行反馈用户编辑操作的结果。错误信息或其他一些信息会在状态行上显示出来，vi 还会在第 24 行上显示那些以冒号、斜杠或问号开头的命令。

4.3　基本的 vi 编辑器命令

简单的编辑任务一般会涉及以下操作：

- 创建一个新文件或修改一个已存在的文件（打开文件操作）
- 输入文本
- 删除文本
- 搜索文本
- 修改文本
- 保存文件并退出编辑（关闭文件操作）

下面通过编辑几项任务来展示 vi 编辑器的工作模式，举例说明在文本输入模式和命令模式下如何使用一些必需的编辑命令。

说明：仅仅依靠本书来学习使用 vi 编辑器（或其他任何一种编辑器）不是一个好的方法。强烈建议读者在初步阅读完本章后，在自己的系统上做一些习题和上机练习。

假设：为了避免重复，下面的假设适用于本章的所有例子。

- 当前行表示光标所在行。
- 双下画线（=）指示光标在该行上的位置。
- myfirst 文件用来展示各种按键和命令的操作。如果必要，会在屏幕上显示例子。有多屏时，最上面的一屏显示文本的当前状态，而接下来的屏幕则显示特定的按键或命令执行完后文本所发生的变化。
- 为节省版面，只显示与屏幕相关的部分。
- 例子之间不具有连续性。也就是说，编辑的变化不是从一个例子延续到另一个例子的。

4.3.1　进入 vi 编辑器

和学习其他软件一样，学习 vi 的第一步是学会如何开始和结束程序。本节介绍如何启动 vi 编辑器来创建一个小的文本文件，然后保存该文件。

启动 vi

要启动 vi，先输入 vi，按空格键，再输入文件名（本例中为 myfirst），然后按[Return]键。

如果 myfirst 文件已经存在，vi 就在屏幕上显示该文件的第 1 页（前 23 行）。如果 myfirst 是新文件，vi 就清屏，显示 vi 空白的屏幕（blank screen），并且光标停在屏幕的左上角。屏幕每行的第 1 列显示代字号（~）。这时，vi 编辑器处于命令模式，准备接收命令。图 4.1 则显示了 vi 空白的屏幕。

```
~
~
~
~
"myfirst" [new file] 0 lines,0 characters
```

图 4.1 vi 编辑器的空白屏幕

说明:1. 状态行显示文件名,并指明这是一个新文件。
2. 为节省版面,本书中的屏幕显示没有显示完整大小(24 行)的屏幕。

为输入文本,必须使 vi 编辑器处于文本输入模式。在确认[Caps Lock]处于关闭状态后,按 i(insert)键。vi 并不显示字母 i,而是进入文本输入模式。现在,输入图 4.2 中显示的文本。vi 编辑器在屏幕上显示输入的所有内容。使用[Backspace]键(或按[Ctrl-h]键)可以删除文本。在每一行的末尾按[Return]键进入下一行。不要过分关注文本的语法和拼写,这里的目的只是创建一个文件并加以保存。

```
The vi history
The vi editor is an interactive text editor that is supported
by most of the UNIX operating systems.
~
~
~
~
~
~
"myfirst" [new file]
```

图 4.2 vi 编辑器的显示屏

注意:保证[Caps Lock]处于关闭状态是因为大写和小写字母在命令模式下有不同的含义。

说明:如果文件没有填充整个屏幕,则 vi 编辑器就用代字号(~)填充剩下行的第 1 列。

退出 vi

为了保存用 vi 创建或编辑的文件,必须使 vi 处于命令模式。要实现这一点,按[Esc]键。如果终端的声音是激活的,就会响起蜂鸣声,表明 vi 现在处于命令模式下。保存文件和退出的 vi 命令都以冒号(:)开头。输入":"将光标放到屏幕的最后一行,然后输入 wq(write 和 quit),再按[Return]键。vi 编辑器就保存文件(称为"myfirst"的文件),并将控制权交回给 shell。shell 显示$提示符。$符表示已退出 vi 编辑器回到 shell,系统则等待下一条命令。图 4.3 显示了输入":wq"后 vi 编辑器所显示的内容。

```
The vi history
The vi editor is an interactive text editor that is supported
by most of the UNIX operating systems.
~
~
~
~
:wq
"myfirst" [new file] 3L, 112C written
$_
```

图 4.3　使用 wq 命令后的 vi 编辑器屏幕

说明： vi 编辑器的反馈显示在屏幕的最后一行，它依次显示文件名、行数、文件中的字符数。

4.3.2　移动光标键：入门

为了完成下一个上机练习，用户必须能够将 vi 编辑器的模式改为命令模式或文本输入模式，并且能够将光标定位到屏幕上的特定位置。下面解释在命令模式下完成这些操作所用到的部分键。

当启动 vi 编辑器时，会进入命令模式。按[Esc]键会使 vi 处于命令模式，而无论它以前处于什么模式。表 4.2 列出了部分光标移动键，这些键用来定位光标。在本章的后面部分，将会解释和练习这些键以及其他一些光标移动键。

表 4.2　部分光标移动键

按键	功能
h 或[←]	将光标向左移动一格
j 或[↓]	将光标向下移动一行
k 或[↑]	将光标向上移动一行
l 或[→]	将光标向右移动一格

注意： 1. 注意，如果想使用光标移动键，就必须使 vi 处于命令模式。如果不确定，就在使用这些键之前按[Esc]键。

2. 保证[Caps Lock]处于关闭状态，因为大写和小写字母在命令模式下有不同的含义。

3. 当 vi 编辑器处于命令模式时，大部分命令在按下键时就会启动，因此不需要使用回车键来指明命令行的结束。

4.3.3　文本输入模式

用户为了将文本输入到文件中，必须使 vi 处于文本输入模式。但是，可以使用几种不同的命令以略微不同的方式进入到文本输入模式。在文件中，输入文本的插入位置，取决于光标在屏幕上的位置以及所选择的进入 vi 文本输入模式的键。

表 4.3 总结了 vi 编辑器从命令模式切换到文本输入模式所用的键。以之前创建的文件 myfirst 为例，假设该文件已显示在屏幕上，而用户想输入 999 到文件中(999 没有特殊的含义，只是用来演示输入文本的位置与屏幕上光标所处位置之间的联系。如果愿意，可以输入任何其他文本)。假设光标在单词 most 的字母 m 上，这可以通过双下画线看出来。选择进入文本输入模式的键不同，而 999 插入到文件中位置也不同。

表 4.3 切换到文本输入模式的命令键

命令键	功能
i	在光标左侧输入正文
I	在光标所在行的开头输入正文
a	在光标的右侧输入正文
A	在光标所在行的末尾输入正文
o	在光标所在行的下一行增添新行,并且光标位于新行的开头
O	在光标所在行的上一行增添新行,并且光标位于新行的开头

正常情况下,当使用任何一种改变模式键进入文本输入模式时,vi 不提供反馈或确认消息,表明已处于文本输入模式。但是,可以通过设置,使 vi 编辑器提供反馈信息,并指明其所处的模式。如果在屏幕上出现 insert,open,append 等单词来指明 vi 所处的模式,则该系统上的 vi 编辑器就已被剪裁,可以显示反馈信息。第 6 章将会介绍怎样根据个人爱好来剪裁 vi 编辑器。

说明: 1. 光标的位置由双下画线(=)标明。
2. 当前行指光标所在的那一行。

下面几节的上机练习需要打开 myfirst 文件。使用下面的命令打开 myfirst:

$vi myfirst [Return]......... 打开 myfirst 文件

如果之前没有创建 myfirst 文件,则现在可以按照图 4.1 所示的输入文本来加以创建。在开始每一个上机练习之前,必须保证光标在指定的字母上。使用键盘上的箭头键(而不是数字键区上的箭头键)将光标放在正确的字母上。也许有的 UNIX 系统不支持用箭头键移动光标,在这种情况下,就用 h、j、k 和 l 来移动和定位光标。

同时,下面的每一个上机练习都要关闭文件而并不保存文件退出 vi。用户需要用最初的 myfirst 文件来进行下一个上机练习。使用下面的键序列来关闭 myfirst 文件:

□ 按[Esc]键,确保 vi 处于命令模式。
□ 输入:将提示符放到屏幕底部的状态行上。
□ 输入 q! [Return],该命令不保存改变并退出 vi。[!]键表示用户确认放弃修改。

说明: 在 vi 上机练习开始和结束时的打开、关闭 myfirst 文件的步骤似乎显得过多,但其目的是使每个练习都有最初的 myfirst 文件,并且使每个练习之间相互独立。当然,如果愿意在同一个文件中练习每个会话,就可以跳过每个练习中的打开和关闭文件步骤。

插入文本:使用 i 或 I 键

按 i 键或 I 键使 vi 编辑器处于文本输入模式。但是,按键不同,输入的文本就会出现在文件中的不同位置。按 i 键,输入的文本将会出现在光标的左侧;而按 I 键,输入的文本将会出现在当前行的行首。

实例: 练习使用 i 键:

□ 输入 vi myfirst [Return],打开 myfirst 文件。

☐ 按[Esc]键,保证 vi 处于命令模式。
☐ 使用光标移动键,将光标放在 most 的字母 m 上。
☐ 按 i 键,使 vi 进入文本输入模式。
☐ 输入 9 三次,999 就会出现在字母 m 前。

这时,光标仍在字母 m 上,vi 编辑器仍然处于文本输入模式,直到用户按[Esc]键回到命令模式。

```
The vi history
The vi editor is an interactive text editor that is supported
by most of the UNIX operating systems.
```

```
The vi history
The vi editor is an interactive text editor that is supported
by 999most of the UNIX operating systems.
```

实例: 练习使用 I 键:

☐ 按[Esc]键,使 vi 处于命令模式。
☐ 使用光标移动键,将光标放在 supported 的字母 s 上。
☐ 按 I 键,vi 进入文本输入模式,并且将光标放到当前行的行首。
☐ 输入 9 三次,999 就会出现在当前行的行首,光标移到 T 上。

```
The vi history
The vi editor is an interactive text editor that is supported
by 999most of the UNIX operating systems.
```

```
The vi history
999The vi editor is an interactive text editor that is supported
by 999most of the UNIX operating systems.
```

这时,光标仍在字母 T 上,vi 编辑器仍然处于文本输入模式,直到用户按[Esc]键回到命令模式。

☐ 按[Esc]键,使 vi 切换到命令模式。
☐ 输入:q! [Return],不保存改变且退出 vi。

添加文本:使用 a 或 A 键

按 a 键或 A 键使 vi 编辑器处于文本输入模式。但是,按不同的键,输入的文本就会出现在文件中的不同位置。按 a 键时,输入的文本将出现在光标的右侧;而按 A 键时,输入的文本将加到当前行的行尾。

实例: 练习使用 a 键:

☐ 输入 vi myfirst [Return],打开 myfirst 文件。
☐ 按[Esc]键,保证 vi 处于命令模式。

□ 使用光标移动键,将光标放在 most 的字母 m 上。

□ 按 a 键,vi 进入文本输入模式,将光标移到 m 右侧的字母 o 上。

□ 输入 9 三次,999 就出现在字母 m 之后。

```
The vi history
The vi editor is an interactive text editor that is supported
by most of the UNIX operating systems.
```

```
The vi history
The vi editor is an interactive text editor that is supported
by m999ost of the UNIX operating systems.
```

这时,光标保持在字母 o 上,而 vi 编辑器仍然处于文本输入模式,直到用户按[Esc]键回到命令模式。

实例: 练习使用 A 键:

□ 按[Esc]键,使 vi 变为命令模式。

□ 使用光标移动键,将光标放在 most 的字母 o 上。

□ 按 A 键,vi 进入文本输入模式,而光标移到当前行的行尾。

□ 输入 9 三次,999 将出现在当前行的最后一个字符 .(点)之后。

```
The vi history
The vi editor is an interactive text editor that is supported
by m999ost of the UNIX operating systems.
```

```
The vi history
The vi editor is an interactive text editor that is supported
by m999ost of the UNIX operating systems.999
```

这时,光标移到行尾,vi 编辑器仍然处于文本输入模式,直到用户按[Esc]键回到命令模式。

□ 按[Esc]键,使 vi 变为命令模式。

□ 输入:q! [Return],不保存改变而退出 vi。

新添一行:使用 o 或 O 键

按 o 键或 O 键使 vi 编辑器处于文本输入模式。按 o 键时,将在当前行的下面添加一个空白行;按 O 键,则在当前行的上面添加一个空白行。

实例: 练习使用 o 键:

□ 输入 vi myfirst [Return],打开 myfirst 文件。

□ 按[Esc]键,保证 vi 处于命令模式。

□ 使用光标移动键,将光标放在单词 supported 的字母 s 上。

□ 按 o 键,vi 进入文本输入模式,在当前行的下面添加一行,并且将光标移到新行的行首。

□ 输入 9 三次,999 出现在新行上。

```
The vi history
The vi editor is an interactive text editor that is supported
by most of the UNIX operating systems.
```

```
The vi history
The vi editor is an interactive text editor that is supported
999 =
by most of the UNIX operating system.
```

这时,光标移到新行行尾,而 vi 编辑器仍然处于文本输入模式,直到用户按[Esc]键回到命令模式。

实例: 练习使用 O 键:

- □ 按[Esc]键,使 vi 变为命令模式。
- □ 使用光标移动键,将光标放在 supported 的字母 s 上。
- □ 按 O 键,vi 进入文本输入模式,并在当前行的上面添加一行,将光标移到新行的行首。
- □ 输入 9 三次,999 就出现在新行上。

```
The vi history
The vi editor is an interactive text editor that is supported
999
by most of the UNIX operating systems.
```

```
The vi history
999 =
The vi editor is an interactive text editor that is supported
999
by most of the UNIX operating systems.
```

这时,光标移到新行行尾,而 vi 编辑器仍然处于文本输入模式,直到用户按[Esc]键回到命令模式。

- □ 按[Esc]键,使 vi 变为命令模式。
- □ 输入:q! [Return],不保存改变而退出 vi。

注意: 在文本输入模式下避免使用光标键(箭头键)。因为在某些系统中,光标键被解释为普通的 ASCII 字符。如果在文本输入模式下使用光标键,它们对应的 ASCII 字符将被插入到文件中。

使用[Spacebar]键、[Tab]键、[Backspace]键和[Return]键

在文本输入模式下,vi 编辑器在屏幕上显示输入的字母,但并不是键盘上的所有键都能产生一个可显示的字符。例如,用户按[Return]键时,不是希望在屏幕上看到[Return]符号,而是希望将光标移到下一行。vi 编辑器的模式不同,键的含义也不同。下面讨论在文本输入模式下各键的具体含义。

[Spacebar]键和[Tab]键: 按[Spacebar]键时,在光标前插入一个空格。按[Tab]键时,通

常插入 8 个空格。[Tab]插入的空格数是可变的,可以设置成任意个空格(见第 6 章)。

[Backspace]键:按[Backspace]键,将光标回退一个字符的位置。

[Return]键:在文本输入模式下,按[Return]键会添加一个新行。根据光标在当前行的位置不同,vi 编辑器会在当前行的上面或下面添加一个新行。

- 如果光标在行尾,或者光标的右边没有文本,则按[Return]键将会在当前行的下面添加一个空行。
- 如果光标正好在当前行的第一个字符上,则按[Return]键将会在当前行的上面添加一个空行。
- 如果光标在本行的其他位置,并且在其右边有文本,则按[Return]键会将该行分成两行,则光标右边的文本将移到新行上。

注意:上面的解释只适用于当 vi 编辑器处于文本输入模式时。

实例:练习使用[Spacebar]键、[Tab]键和[Return]键:

☐ 输入 vi myfirst [Return],打开 myfirst 文件。
☐ 按 i 键,vi 进入文本模式。
☐ 随意输入一些字符,练习使用[Spacebar]键,并观察结果。
☐ 练习使用[Tab]键,并观察结果。
☐ 练习使用[Return]键,并观察结果。
☐ 按[Esc]键,改变 vi 到命令模式。
☐ 输入:q! [Return],不保存改变而退出 vi。

4.3.4 命令模式

当启动 vi 编辑器时,vi 进入命令模式。在文本输入模式下按[Esc]键就会切换到命令模式。如果在命令模式下按[Esc]键,则 vi 仍将处于命令模式。

光标移动键

如果要在正文中删除、修改或插入文本,首先必须将光标移到屏幕上的特定位置。在命令模式下,用户可以使用箭头键(光标控制键)移动光标。在某些终端上,用箭头键不能移动光标或者根本没有箭头键。在这种情况下,可以用 h、j、k 和 l 字母键分别向左、下、上、右移动光标。而按光标移动键,一次可以将光标移动一格、一个字或一行。

表 4.4 总结了光标移动键及其功能。每个键的应用将在后面的实例和上机练习中说明。图 4.4 显示了光标移动键的使用效果。

表 4.4 vi 的光标移动键

按键	功能
h 或[←]	将光标向左移动一格
j 或[↓]	将光标向下移动一行
k 或[↑]	将光标向上移动一行
l 或[→]	将光标向右移动一格
$	将光标移到当前行的行尾
w	将光标向右移动一个字

（续表）

按键	功能
b	将光标向左移动一个字
e	将光标移到字尾
0(零)	将光标移到当前行的行首
[Return]	将光标移到下一行的行首
[Spacebar]	将光标向右移动一格
[Backspace]	将光标向左移动一格

j 和 k 键： 按 j 或[↓]键，将光标移到当前行下面一行的相同位置上。按 k 或[↑]键，光标移到上一行的相同位置。按 j 或[↓]键时，如果当前行下没有行(到达文件尾)，又或者按 k 或[↑]键时当前行是第一行(文件的开头)，都会响起蜂鸣声，而光标仍然停留在当前行上。这些键并不会引起正文回绕。

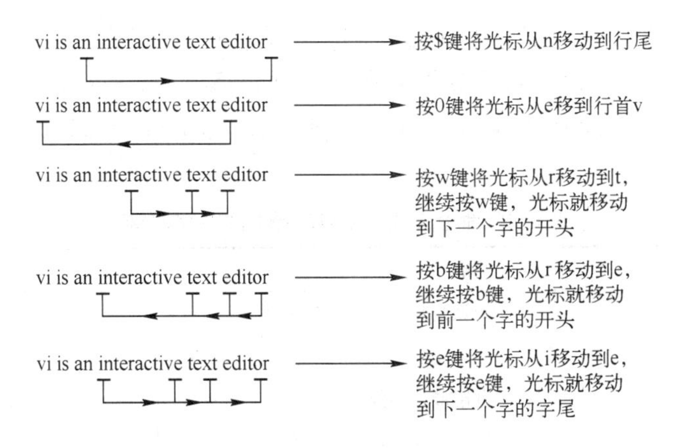

图 4.4　屏幕上的光标移动

h 和 l 键： 每次按 h 或[←]键，光标就向左移动一个字符，直到光标到达当前行行首。如果光标已经到达行首，再按 h 或[←]键就会响起蜂鸣声，表明光标不能再向左移动了。按 l 或[→]键，则光标以类似的方式向右移动。这些键也不会引起正文回绕。

$ 和 0 键： 按$键将光标移到当前行行尾。该键不能连续按多次，当光标已在行尾时，按$键不会导致光标的位置发生改变。按 0(零)键，光标将以类似的方式移到当前行的行首。

w,b 和 e 键： 每次按 w 键，光标将移到下一个字的开头。按 b 键，则光标左移(回)到前一个字的开头。按 e 键，光标移到当前字的末尾。这些键会引起正文回绕，如果必要，将光标移到下一行上。

[Return]键： 在命令模式下，每次按[Return]键，光标会移到当前行下面一行的行首，直至到达文件尾。

实例： 练习使用光标移动键：

- ☐ 输入 vi myfirst [Return]，打开 myfirst 文件。
- ☐ 按 h 或[←]键左移光标。观察光标跳过左边的字符直至停留在行首。
- ☐ 按 l 或[→]键右移光标。观察光标跳过右边的字符直至停留在行尾。

☐ 按 k 或[↑]键,光标将向文件的顶端移动,观察光标向上跳过每一行直至停留在文件的第一行上。

☐ 按 j 或[↓]键,光标将向文件的末尾移动,观察光标向下跳过每一行直至停留在文件的最后一行上。

☐ 按$键,观察光标移到当前行的行尾。

☐ 按 0 键,观察光标移到当前行的行首。

☐ 按 w 键,观察光标向前(右)移动一个字。

☐ 按 b 键,观察光标向后(左)移动一个字。

☐ 按 e 键,观察光标移到当前字的末尾。

☐ 按[Return]键,观察光标移到下一行的行首。

☐ 按[Spacebar]键,观察光标向右移动一格。

☐ 按[Backspace]键,观察光标向左移动一格。

☐ 随意练习使用光标移动键,直到能够熟练使用。

☐ 按[Esc]键,改变 vi 到命令模式。

☐ 输入:q! [Return],不保存改变,退出 vi。

文本修改

当 vi 处于命令模式下,可以替换(覆盖)字符,删除字符、一行或多行,也可以用 undo 命令纠正一些错误。正如 undo 命令名字的含义那样,它可以撤销最近一次的命令。这些文本修改命令只适用于 vi 处于命令模式时,大部分命令并不改变 vi 的模式。表 4.5 总结了文本修改键及其功能。

表 4.5　命令模式下 vi 编辑器的文本修改键

按键	功能
x	删除光标位置指定的字符
dd	删除光标所在的行
u	撤销最近的修改
U	撤销对当前行做的所有修改
r	替换光标位置上的一个字符
R	替换从光标位置开始的字符,同时改变 vi 到文本输入模式
.(点)	重复上一次的修改

删除字符:使用 x 键

实例: 假设 myfirst 文件已打开显示在屏幕上,用户想对文件做一些修改。当前光标定位在 most 的字母 m 上。按 x 键,可以删除从光标位置开始的字符。

☐ 输入 vi myfirst [Return],打开 myfirst 文件。

☐ 按[Esc]键,保证 vi 处于命令模式。

☐ 使用光标移动键,将光标放在 most 的字母 m 上。

☐ 按 x 键,vi 编辑器删除 m,光标移到 m 右边的字母 o 上。vi 编辑器仍然处于命令模式。

```
The vi history
The vi editor is an interactive text editor that is supported
by most of the UNIX operating systems.
```

```
The vi history
The vi editor is an interactive text editor that is supported
by ost of the UNIX operating systems.
```

☐ 按 x 键三次，则 vi 编辑器将会依次删除 o，s 和 t。

```
The vi history
The vi editor is an interactive text editor that is supported
by   of the UNIX operating systems.
```

这时，vi 编辑器仍然处于命令模式，光标移到 o 前面的空格上。如果希望用一个命令删除多个字符，可以使用 nx 命令。其中 n 是一个整数，后面跟着字母 x。例如，命令 5x 删除从光标位置开始的 5 个字符。

☐ 输入 5x，vi 编辑器删除 5 个字符，而光标将移到字母 h 上。

```
The vi history
The vi editor is an interactive test editor that is supported
by he UNIX operating systems.
```

☐ 按[Esc]键，保证 vi 处于命令模式。
☐ 输入：q![Return]，不保存改变退出 vi。

注意： 其他的 vi 命令也可以类似使用。例如，dd 用于删除 1 行，而 3dd 用于删除 3 行。

删除和恢复：使用 dd 和 u 键

按 d 键两次，vi 从当前行开始删除一行。练习下面的操作，学习如何使用 dd 命令：

☐ 输入 vi myfirst [Return]，打开 myfirst 文件。
☐ 按[Esc]键，保证 vi 处于命令模式。
☐ 使用光标移动键，将光标放在 most 的字母 m 上。

```
The vi history
The vi editor is an interactive text editor that is supported
by most of the UNIX operating systems.
```

☐ 按 d 键两次，则 vi 编辑器删除当前行，而无论光标处于该行的哪个位置。

```
The vi history
The vi editor is an interactive text editor that is supported
```

☐ vi 编辑器仍处于命令模式，光标移到上一行的行首。按 u 键，vi 编辑器撤销上一次的删除。

```
The vi history
The vi editor is an interactive text editor that is supported
by most of the UNIX operating systems.
```

vi编辑器仍然处于命令模式,光标移到行首。如果希望用一个命令删除多行,可以用ndd命令,其中n是一个整数,后面跟着dd。例如,3dd命令删除从当前行开始的3行。

□ 使用光标移动键,将光标移到第一行The的字母T上。

□ 输入3dd,删除从当前行开始的3行,vi编辑器仍然处于命令模式。

```
The vi history
The vi editor is an interactive text editor that is supported
by most of the UNIX operating systems.

~
~
~
```

□ 按u键,vi撤销上一次的删除命令,而被删除的行又出现在文件之中。

```
The vi history
The vi editor is an interactive text editor that is supported
by most of the UNIX operating systems.
```

□ 练习使用dd和u命令。

□ 按[Esc]键,保证vi处于命令模式。

□ 输入:q![Return],不保存改变退出vi。

文本替换:使用r,R和U键

使用r或R键可以替换从光标位置开始的一个或一组字符。但是,按R键会使vi编辑器处于文本输入模式,必须按[Esc]键才能回到命令模式。

实例: 练习掌握r键的使用:

□ 输入vi myfirst [Return],打开myfirst文件。

□ 按[Esc]键,保证vi处于命令模式。

□ 使用光标移动键,将光标放在most的字母m上。

□ 按r键,替换(覆盖)光标位置的字符。

□ 输入9,vi编辑器将m替换成9。这时,vi编辑器仍然处于命令模式,光标位置不变。

```
The vi history
The vi editor is an interactive text editor that is supported
by most of the UNIX operating systems.
```

```
The vi history
The vi editor is an interactive text editor that is supported
by 9ost of the UNIX operating systems.
```

练习掌握R和U键的使用:

□ 按R键,替换从光标位置开始的字符,vi编辑器进入文本输入模式。

□ 输入 9 三次，vi 编辑器在光标位置后增加三个 9，覆盖 ost，vi 编辑器仍然处于文本输入模式。

```
The vi history
The vi editor is an interactive text editor that is supported
by 9999 of the UNIX operating systems.
```

□ 按[Esc]键，改变 vi 到命令模式。
□ 按 U 键，撤销对当前行做的所有修改。

vi 编辑器又将当前行恢复到原来的状态。

```
The vi history
The vi editor is an interactive text editor that is supported
by most of the UNIX operating systems.
```

□ 练习使用 r，R 和 u，U 命令。
□ 按[Esc]键，保证 vi 处于命令模式。
□ 输入：q![Return]，不保存改变退出 vi。

搜索字符串：使用/和?键

vi 编辑器提供操作符，在文件中搜索指定的字符串。/和?分别用来在文件中向前和向后搜索。如果用户正在编辑一个较大的文件，就可以用这些操作符将光标定位到文件中指定的位置上。例如，如果希望在文件中查找字符串 UNIX，则按[Esc]键（保证 vi 处于命令模式），然后输入/UNIX，并按[Return]键。

当用户按/键时，vi 在屏幕底部显示/，并等待命令的其他部分。当按了[Return]键后，vi 编辑器就从光标的当前位置开始，向前搜索字符串 UNIX。如果文件中有字符串 UNIX，vi 就将光标定位在第一个找到的 UNIX 上。

按 n 键(表示 next)，光标将移动至找到的下一个 UNIX 上(或者要搜索的其他单词上)。每按一次 n 键，vi 将显示下一个查找到的字符串，直到文件末尾。然后，vi 返回到文件头继续搜索。

如果希望向后搜索文件，输入?UNIX，并按[Return]键。每找到一个 UNIX 之后，只要按 n 键，vi 编辑器就会继续向后搜索单词 UNIX。

重复前一次操作：用 .(点)键

在命令模式下，. 键用来重复最近一次对文本的修改操作。如果希望在同一文件中做大量重复性的操作，这个功能将特别有用。

实例： 练习使用 . 键：

□ 输入 vi myfirst [Return]，打开 myfirst 文件。
□ 按[Esc]键，保证 vi 处于命令模式。
□ 使用光标移动键，将光标放在 most 的字母 m 上。
□ 输入 dd，删除当前行，光标将移到上一行的行首。

```
The vi history
The vi editor is an interactive text editor that is supported
```

```
by most of the UNIX operating systems.

The vi history
The vi editor is an interactive text editor that is supported
```

□ 按 .(点)键,vi 编辑器重复上一次文本修改操作,删除当前行,光标移到上一行行首,而 vi 仍然处于命令模式。

```
The vi history
~
~
~
```

□ 练习使用 . 和 u 键以及 U 键。

□ 按[Esc]键,保证 vi 处于命令模式。

□ 输入:q![Return],不保存改变退出 vi。

退出 vi 编辑器

只有一种方式进入 vi,但是有几种方式退出 vi,退出方式的选择,取决于用户希望如何处理编辑后的文件。表 4.6 总结了 vi 编辑器的退出命令。

表 4.6 vi 编辑器的退出命令

按键	功能
wq	保存文件,退出 vi 编辑器
w	保存文件,但不退出 vi 编辑器
q	退出 vi 编辑器
q!	不保存文件,退出 vi 编辑器
ZZ	保存文件,退出 vi 编辑器

:wq 命令: 大多数时候,用户在结束编辑会话时使用:wq 命令。该命令保存文件并退出 vi 编辑器。UNIX 显示$提示符,表明已回到 shell。ZZ 命令以相同的方式工作。

:q 命令: 用户若仅查看文件的内容而未做修改,可以用:q 命令退出 vi 编辑器。如果用户修改了文件的某些内容,但用这个命令退出 vi 编辑器,vi 就会在屏幕的底行显示如下一条简洁的典型 UNIX 信息,而编辑器仍然保留在屏幕上:

```
No write since last change  (:q! overrides).
```

:q!命令: 如果用户改变了文件的某些地方但又不想保存,就可以用:q!命令退出 vi 编辑器。这样,原文件就会完好保留,所做的修改就被放弃。

:w 命令: 如果编辑任务用时较长,为了避免内容意外丢失,可以用:w 命令来定期保存文件。如果不想覆盖源文件,可以在:w 命令后输入新文件名,从而保存修改到该新文件中。

ZZ 命令: 用 ZZ 命令可以快速保存文件并退出 vi 编辑器。

说明: 用 ZZ 命令时不需要按:(冒号)键,也不需要按[Return]键来结束命令,只要输入 ZZ,任务就自动完成了。

图 4.5 展示了 vi 编辑器的工作模式和切换 vi 编辑器的模式所用的按键或命令。

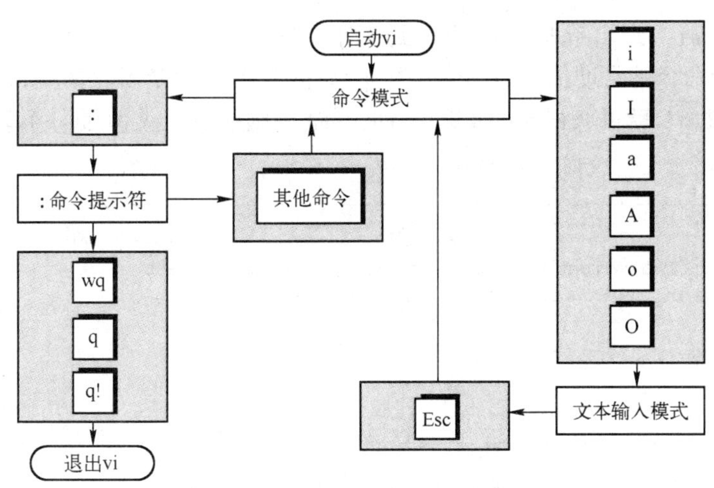

图 4.5　vi 编辑器的工作模式

注意：1. 大多数命令以:(冒号)开始。

2. 按:(冒号)键，将光标定位到屏幕的最后一行。vi 在该行上显示用户输入的命令。

3. 记住，按[Return]键表示命令输入结束。

4.3.5 Linux:vi 在线帮助

Linux 支持一个称为 vim(vi improved)的 vi 增强版本。这个版本向上兼容 vi，提供额外的命令和功能。其中一个功能是这里所描述的在线帮助功能。

在命令模式下，输入:help [Return]，vi 就会显示一个类似于图 4.6 所示的通用帮助命令。

```
 *help.txt*
                VIM - main help file
                                                                k
      Move around:  Use the cursor keys, or "h" to go left,          h   l
                    "j" to go down, "k" to go up, "l" to go right.      j
Close this window:  Use ":q<Enter>".
   Get out of Vim:  Use ":qa!<Enter>" (careful, all changes are lost!).
Jump to a subject:  Position the cursor on a tag between |bars| and hit CTRL-].

   With the mouse:  ":set mouse=a" to enable the mouse (in xterm or GUI).
                    Double-click the left mouse button on a tag between |bars|.

        jump back:  Type CTRL-T or CTRL-O.
Get specific help:  It is possible to go directly to whatever you want help
                    on, by giving an argument to the ":help" command |:help|.

                    It is possible to further specify the context:
                      WHAT                  PREPEND     EXAMPLE      ~
            Normal mode commands            (nothing)   :help x
            Visual mode commands            v_          :help v_u
            Insert mode commands            i_          :help i_<Esc>
            command-line commands           :           :help :quit
~
~
:help
```

图 4.6　vim 的帮助屏幕

输入:q[Return],退出帮助屏幕,返回到文件之中。

为获得指定命令的帮助信息,可输入:help,后面跟着该命令名。例如,在命令模式下,输入:help wq[Return],就可获得 wq 命令的帮助。而 vi 则显示了类似于图 4.7 所示的 wq 命令的描述。

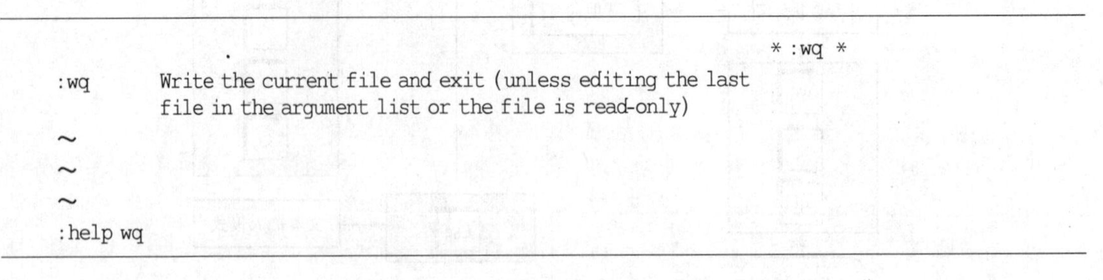

```
                                                          *:wq*
:wq        Write the current file and exit (unless editing the last
           file in the argument list or the file is read-only)
~
~
~
:help wq
```

图 4.7　vim 的 wq 命令的帮助屏幕

输入:q [Return],退出帮助屏幕,返回到文件之中。

4.4　存储缓冲区

vi 编辑器为用户所要创建或修改的文件建立一个临时的工作区。如果用户创建新文件,则 vi 为新文件打开了一个临时的工作区。如果指定的文件已存在,则 vi 将源文件复制到临时工作区,用户对文件所做的修改只作用于工作区中文件的副本而不是源文件。这种临时的工作区称为缓冲区或工作缓冲区。在编辑会话过程中,vi 编辑器使用几个不同的缓冲区来管理文件。如果用户希望保存所做的修改,必须用保存的已修改文件(缓冲区中的副本)替换源文件。对源文件所做的修改不会自动保存,用户必须发出写命令才能保存文件。

当用户打开一个文件进行编辑时,vi 将文件复制到一个临时的缓冲区,并在屏幕上显示文件的前 23 行。缓冲区中的 23 行文本所组成的窗口就是用户在屏幕上所看到的[见图 4.8(a)]。通过在缓冲区中上下移动窗口,vi 显示文本的其他部分。当用户用箭头键或其他命令将窗口向下移动时,比如移到第 10 行,那么屏幕上的前 9 行就滚动上去(从屏幕上消失),而用户看到的文本是从第 10 行到第 32 行[见图 4.8(b)]。使用箭头键和其他命令,可以将窗口上下移动到文件的任何部分。

注意: 在退出 vi 编辑器之前,将修改保存到文件中,否则修改将被丢弃。

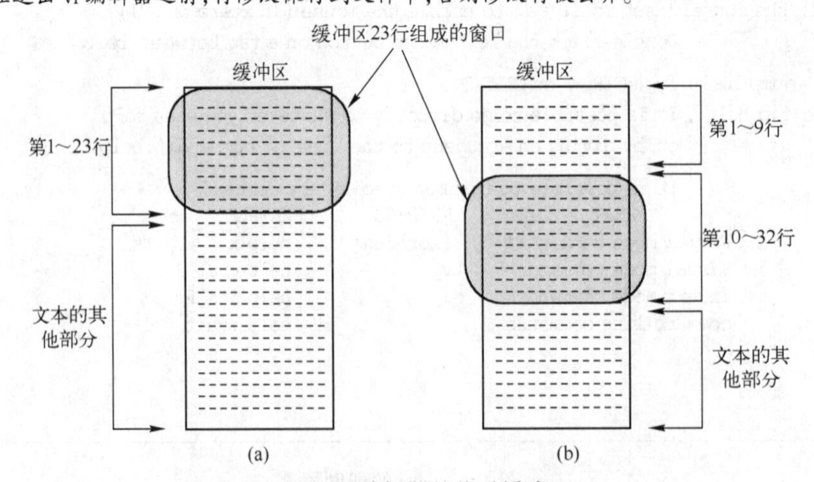

图 4.8　vi 编辑器的临时缓冲区

命令小结

以下的 vi 编辑器命令和操作符已在本章讨论过了。为了加深印象，图 4.9 显示了 vi 编辑器的工作模式。

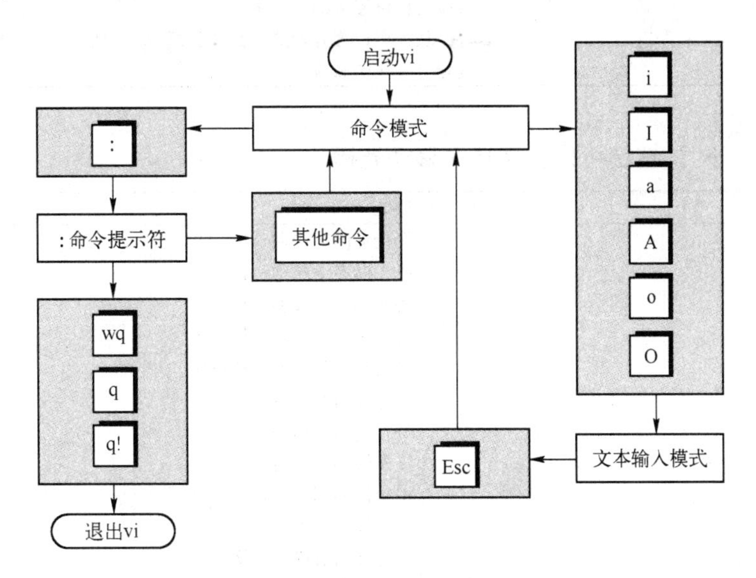

图 4.9　vi 编辑器的工作模式

vi 编辑器

vi 是屏幕编辑器，用户可以用它创建文件。vi 有两种模式：命令模式和文本输入模式。启动 vi，需输入 vi，按[Spacebar]键并输入文件名。有几个键可使 vi 进入文件输入模式，而按[Esc]键可使 vi 回到命令模式。

切换模式键

这些键使 vi 从命令模式切换到文本输入模式。每个键以不同的方式使 vi 进入文本输入模式。按[Esc]键 vi 回到命令模式。

命令键	功能
i	在光标的左侧输入正文
I	在光标所在行的开头输入正文
a	在光标的右侧输入正文
A	在光标所在行的末尾输入正文
o	在光标所在行的下一行增添新行，并且光标位于新行的开头
O	在光标所在行的上一行增添新行，并且光标位于新行的开头

文本修改键

这些键只适用于命令模式。

按键	功能
x	删除光标位置指定的字符
dd	删除光标所在的行
u	撤销最近的修改
U	撤销对当前行做的所有修改
r	替换光标位置上的一个字符
R	替换从光标位置开始的字符,同时改变 vi 到文本输入模式
.(点)	重复上一次的修改

光标移动键

在命令模式下,这些键可以在文档中移动光标。

按键	功能
h 或[←]	将光标向左移动一格
j 或[↓]	将光标向下移动一行
k 或[↑]	将光标向上移动一行
l 或[→]	将光标向右移动一格
$	将光标移到当前行的行尾
w	将光标向右移动一个字
b	将光标向左移动一个字
e	将光标移到字尾
0(零)	将光标移到当前行的行首
[Return]	将光标移到下一行的行首
[Spacebar]	将光标向右移动一格
[Backspace]	将光标向左移动一格

退出命令

除了 ZZ 命令外,这些命令都以:开始,用[Return]键结束命令行。

按键	功能
wq	保存文件,退出 vi 编辑器
w	保存文件,但不退出 vi 编辑器
q	退出 vi 编辑器
q!	不保存文件,退出 vi 编辑器
ZZ	保存文件,退出 vi 编辑器

搜索命令

用户用这些键在文件中向前或向后搜索指定的字符串。

按键	功能
/	向前搜索指定的字符串
?	向后搜索指定的字符串

习题

1. 什么是编辑器?
2. 什么是文本格式器?
3. 列出 UNIX 操作系统支持的编辑器。
4. 列出 vi 的几种工作模式。
5. 列出使 vi 进入文本输入模式的键。
6. 说明 vi 编辑器如何使用缓冲区。

7. 列出保存文件并退出 vi 编辑器的命令。
8. 列出保存文件,但不退出 vi 编辑器的命令。
9. 列出使 vi 进入命令模式的键。
10. 列出删除一行文本所用的操作符和删除 5 行文本所用的操作符。
11. 列出删除一个字符所用的操作符和删除 10 个字符所用的操作符。
12. 列出重复用户最近一次文本修改所用的键。
13. 列出移动光标到当前行行尾所用的键。
14. 列出将光标向右移动一个字所用的键。
15. 列出将光标向上、下、左、右移动所用的键。
16. 列出在当前行行尾输入文本所用的键。
17. 列出在当前行上面添加一行所用的键。
18. 列出在当前行下面添加一行所用的键。
19. 列出撤销最近一次修改所用的键。
20. 列出撤销对当前行做的所有修改所用的键。
21. 将左列的命令与右列的解释相匹配。

(1) x	a. 将光标向上移动一行
(2) r	b. 删除光标处的字符
(3) /	c. 将光标移到当前行的行首
(4) ?	d. 将输入文本放在当前行的行尾
(5) h	e. 将光标移到当前行行尾
(6) A	f. 向后搜索指定的字符串
(7) q!	g. 不保存文件,退出 vi
(8) wq	h. 保存文件,退出 vi
(9) a	i. 将输入的文本插到光标位置后
(10) $	j. 将光标向左移动一位
(11) 0(零)	k. 向前搜索指定的字符串
(12) k	l. 替换光标所在位置的字符

上机练习

实例: 这个上机练习要求创建一个小的文本文件,练习使用 vi 提供的编辑键。用户可以发挥想象,不要局限于这个小文件。

尝试使用本章介绍的所有键。

1. 用 vi 编辑器创建一个文件,名为 Chapter4,输入屏幕 1 所显示的文本。
2. 保存文件。

屏幕 1

```
The vi history
The vi editor was developed at the University of california, berkeley
as part of the berkeley unix system.
~
~
"Chapter4" [new file ]
```

3. 重新打开文件,增加一些文本,使文件如屏幕 2 所示。

屏幕 2

```
The vi history
The vi editor was developed at the University of california
berkeley as part of the berkeley unix system.
At the beginning the vi editor was part of another editor
The vi part of the ex editor was often used and became very.
This popularity forced the developers to come up with a separate
vi editor.
now the vi editor is independent of the ex editor and is available on
most of the UNIX operating system.
The vi editor is a good editor for everyday editing jobs.
```

4. 再次保存文件。
5. 再次打开文件,编辑文本,使它如屏幕 3 所示。

屏幕 3

```
The vi history
The vi editor was developed at the University of California
Berkeley as part of the Berkeley UNIX system.
At the beginning the vi (visual) editor was part of the ex editor
and you had to be in the ex editor to use the vi editor.
The vi part of the ex editor was often used and became
very popular. This popularity forced the developers to come up
with a separate vi editor.
   Now the vi editor is independent of the ex editor and is available
   on most of the UNIX operating systems.
   The vi editor is a good,efficient editor for everyday editing jobs
   although it could be more user friendly.
   ~
   ~
   ~
   ~
```

6. 用/(向前搜索)键搜索字 vi。用 n 寻找下一个 vi。
7. 用?(向后搜索)键搜索字 vi。用 n 寻找下一个 vi。
8. 将光标放到文件首,并删除 5 行。然后撤销删除操作。
9. 将光标放到第二行行首,并删除 10 个字符。然后撤销删除操作。
10. 用 r 替换光标位置的字符,然后撤销替换操作。
11. 用 R 将单词 developers 替换为 creators,然后撤销该操作。
12. 在 Linux 系统上,练习以下操作:
    a. 获取 help 命令的帮助。
    b. 获取 ZZ 命令的帮助。
    c. 获取 search 命令的帮助。
13. 用 ZZ 命令保存文件,为后面的上机练习做准备。

第5章　UNIX文件系统介绍

本章和第8章讨论UNIX的文件系统。本章描述文件和目录的基本概念及树形层次目录的组织。下面将介绍UNIX文件系统中使用的术语，讨论一些管理文件系统的命令，解释文件和目录的命名规则。在上机练习中，展示如何使用文件系统及其相关的命令。

5.1　磁盘组织

计算机使用的信息存储在文件中。用户写下的备忘录、创建的程序、编辑的文本都存储在文件中。但是，文件存储在哪里呢？如何找到它们？用户可以给文件取一个名字，而文件通常保存在硬盘上的某个地方。但是磁盘的容量很大，如何知道文件存储在哪里呢？用户可以将磁盘分成更小的单元和子单元，并分别给它们命名，然后将相关信息存储在同一个单元或子单元中。

UNIX在处理磁盘时遵循相同的程序。当用户在计算机上工作时，他工作的文件存储在计算机的随机访问存储器（RAM，或称为内存）中。UNIX将RAM作为临时存储器。但是，如果要长期永久保存文件，通常将文件保存在硬盘上。硬盘是最常见的文件存储媒介。但是，文件也可以保存在其他存储媒介，如软盘、zip盘或磁带上。

UNIX允许用户将硬盘分为许多单元（称为目录）和子单元（称为子目录），这样可以在目录内嵌套目录。UNIX提供命令，可以在磁盘上创建、组织和查找目录和文件。

5.2　UNIX中的文件类型

对于UNIX操作系统来说，文件是字节序列。UNIX不像某些操作系统那样支持其他的结构（如记录或域）。UNIX有三类文件：

普通文件： 普通文件包含字节序列，如程序代码、数据、文本，等等。用vi编辑器创建的文件是普通文件，用户管理使用的大部分文件都属于普通文件。

目录文件： 在很多方面，目录文件和其他文件一样，用户可以像命名其他文件一样来命名目录文件。但是，目录文件不是标准的ASCII文本文件，包含的是关于其他文件的信息（如文件名）。它由许多根据操作系统定义的特殊格式的记录组成。

特殊文件： 特殊文件（设备文件）包含与外部设备，如打印机、磁盘等相联系的特定信息。UNIX将I/O（输入/输出）设备视同文件对待，系统中的每个设备——打印机、软盘、终端等都分别对应一个文件。

5.3　目录详述

目录是UNIX文件系统的一个基本特征。目录系统提供了磁盘组织文件的结构。为了形象地描述磁盘及其目录结构，可以将磁盘看成一个文件柜。文件柜可以有几个抽屉，对应磁盘目录。一个抽屉又可以分成多个部分,对应子目录。

在 UNIX 中,目录结构以层次形式组织,称为层次结构。这种结构允许用户组织文件,因此用户可以很方便地查找任意一个文件。最高层的目录称为根目录(root),其他所有目录直接或间接地从它分支。目录不包含它下面文件的内容,但却提供索引路径,便于用户组织和查找文件。图 5.1 显示了根目录和其他一些目录。

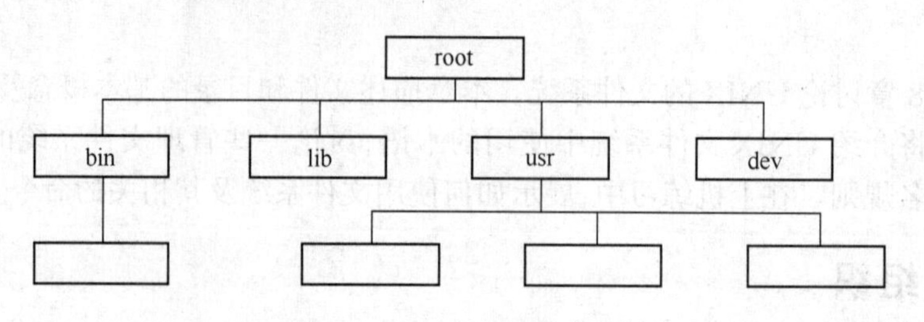

图 5.1 目录结构

层次结构的一个例子是族谱。一对夫妇可能有一个孩子,这个孩子可能有几个后代,每个后代又可能有更多的孩子。术语父和子,描述了层次结构中两层之间的关系。图 5.2 显示了这种关系。其中,只有根目录没有父亲,它是所有其他目录的祖先。

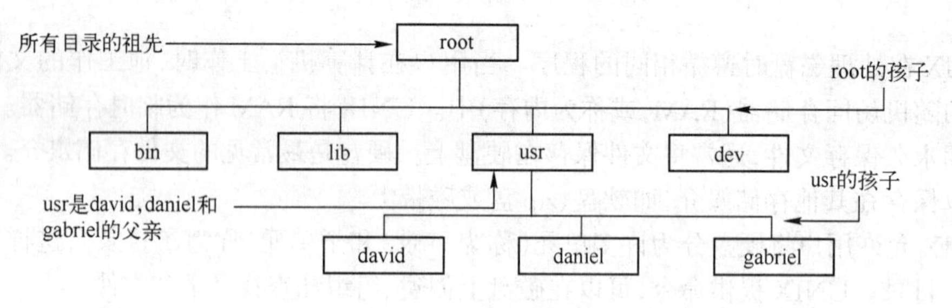

图 5.2 父子关系

我们通常用一棵树来图示说明层次目录结构,代表文件结构的树通常颠倒过来画,它的根在顶部。用树进行类比时,树的根代表根目录,树枝代表其他目录,叶子代表文件。

5.3.1 重要的目录

存放 UNIX 系统文件的目录大部分具有标准的形式,其他的 UNIX 系统(如 Linux)也有内容相似的同名目录。普通用户通常可以访问这些目录,如列表文件或读文件,但是,用户不能编辑、复制或删除它们。对普通用户来说,可以访问其在主目录下创建的目录和文件,但只能受限制地访问其他文件。在本章的后面和第 14 章会讨论这个问题。

以下是 UNIX 系统中一些重要的目录。

/

这是根目录,是最高层的目录,其他所有目录都是它的分支。

/usr

这个目录包含用户的主目录。对于其他 UNIX 系统(包括 Linux)来说,该目录可能是 /home 目录。该目录包含了许多其他的面向用户的目录,如:

/usr/docs
这个目录存放各种文档。

/usr/man
这个目录存放帮助页(在线手册)。

/usr/games
这个目录存放游戏程序。

/usr/bin
这个目录存放面向用户的 UNIX 程序。

/usr/spool
这个目录下有几个子目录,如存放邮件文件的 mail 子目录、存放要打印文件的 spool 子目录。

/usr/sbin
这个目录存放系统管理文件。只有特权用户(超级用户)才有权访问其中的大部分文件。

/bin
这个目录存放许多基本的 UNIX 程序文件,bin 表示 binaries,这些文件都是可执行文件。

/dev
这个目录存放设备文件。这些文件是特殊文件,代表计算机的物理部件,如打印机或磁盘。UNIX 将所有部件都视同文件。如终端是一个/dev/tty 文件。/dev/null 是一个特殊设备,即空设备(有时称为位桶)。所有发送给空设备的信息都被删除。

/sbin
这个目录存放系统文件,通常由 UNIX 系统自动运行。

/etc
这个目录及其下的子目录存放许多 UNIX 配置文件,这些文件通常都是文本文件,可以通过编辑它们来修改系统配置。当然,只有特权用户才有权编辑这些文件。

5.3.2 主目录

系统管理员在系统上创建所有用户的账号,并为每个用户账号分配一个特定的目录。这个目录就是主目录。当用户在系统上登录时,自动进入主目录。从单个目录(主目录)开始,用户可以根据需要扩充目录结构。用户可以增加任意多个子目录,也可以在子目录下建立其他子目录,继续扩充目录。如图 5.3 所示,usr 目录有三个子目录,分别为 david,daniel 和 gabriel。david 目录下有三个文件,而其他两个目录是空的。

说明: 1. 图 5.3 不是标准的 UNIX 文件结构,文件结构的设置随安装程序的不同而不同。
2. 用户登录名和主目录名通常是相同的,并且由系统管理员分配。
3. 根目录在所有 UNIX 文件结构中都存在。
4. 根目录名总是斜杠(/)。

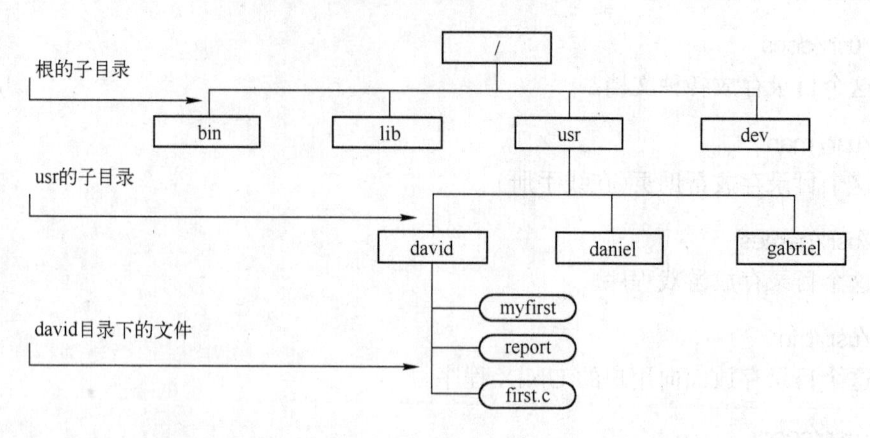

图 5.3 目录、子目录和文件

5.3.3 工作目录

当用户在 UNIX 系统中工作时,总是与某个目录相关联。这个关联目录或正在使用的目录称为工作目录或当前目录。有几个命令允许用户查看或更改工作目录,这些命令将在本章后面讨论。

5.3.4 理解路径和路径名

每个文件都有路径名。在文件系统中路径名用来定位文件。从根目录开始,经过所有中间目录,直到文件,就形成了该文件的路径名。图 5.4 显示了一个层次结构及它的目录和文件的路径名。在图 5.4 中,如果当前目录为 root,则 david 目录下的文件(如 myfirst)的路径为 /usr/david/myfirst。

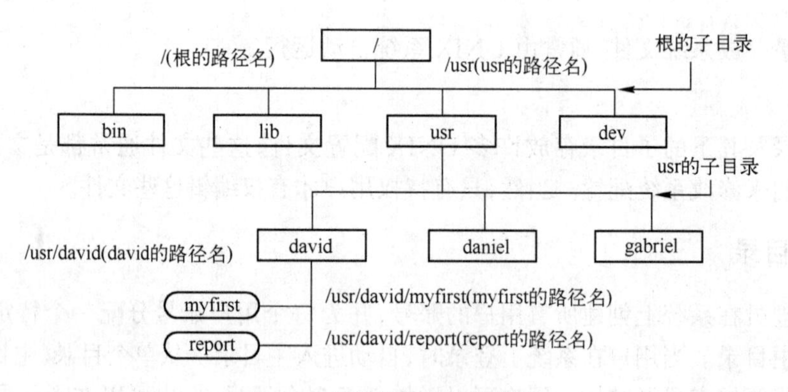

图 5.4 目录结构中的路径名

在每个路径的最后是普通文件(称为文件)或目录文件(称为目录)。普通文件在路径的末尾,它没有子目录。如果以树类比,则树的叶子不能再有分支。目录文件是文件结构中的点,它能支持其他路径,就像树的分支还可以有分支一样。

说明: 1. 路径名开头的斜杠(/)代表根目录。

2. 其他斜杠用来分隔目录和文件名。

3. 工作目录下的文件可以立即访问,但如果要访问另一个目录下的文件,需要用路径名指定该文件。

绝对路径名： 绝对路径名(完整路径名)是从根目录开始到该文件的路径。绝对路径名总是以根目录名，即斜杠(/)开始。例如，工作目录是 usr，david 目录下的 myfirst 文件的绝对路径名为/usr/david/myfirst。

说明： 1. 绝对路径名精确地指明到哪里寻找文件。因此，可以用它来指定工作目录或任何其他目录下的文件位置。
2. 绝对路径名总是从根目录开始，因此在路径名的开头有斜杠(/)。

相对路径名： 相对路径名是路径名的较短形式。它从当前目录开始直到文件。像绝对路径名一样，相对路径名也可以描述经过许多目录的路径。例如，工作目录是 usr，david 目录下的 report 文件的相对路径名为 david/report。

说明： 相对路径名的开头没有斜杠(/)，它总是从当前目录开始。

5.3.5 使用文件名和目录名

每个普通文件和目录文件都有文件名。UNIX 在文件和目录命名上给用户很大的自由。文件名的最大长度取决于 UNIX 的版本和系统生产商。所有的 UNIX 系统至少允许 14 个字符长的文件名，大多数系统支持长达 255 个字符的文件名。

文件名由字符或数字的组合构成。唯一的例外是根目录，它总是用/(斜杠)命名和索引。其他文件不能使用这个名字。

某些字符对使用的 shell 有特殊的含义。如果在文件名中使用这些字符，shell 会将它们解释为命令的一部分并执行。尽管有办法重载特殊字符，但最好还是避免使用它们。特别要避免在文件名中使用以下字符：

字符	说明
< >	小于和大于号
( )	圆括号
[ ]	方括号
{ }	花括号
*	星号
?	问号
"	双引号
'	单引号
-	减号
$	美元符号
^	插入记号

如果从下列字符中选择字符组成文件名，就能避免混乱：

字符	说明
A～Z	大写字母
a～z	小写字母
0～9	数字
_	下画线
.	点

UNIX 用空格表明命令或文件名的开始和结束。所以，文件名中需要用空格的地方就用点

或下画线。例如,想给文件命名为 MYNEWLIST,就可以用 MY_NEW_LIST 或 MY.NEW.LIST 作为该文件的名字。

文件名应该有一定的含义。类似于 junk, whoopee 或 ddxx 这样的名字是正确的文件名,但不是好的文件名,因为它们不能帮助用户记起文件里存储的内容。选择的文件名要尽可能起到描述的作用,并能与文件的内容联系起来。下面的文件名语法正确,并且能够传达文件的内容信息:

```
REPORTS        Jan_list     my_memos
shopping.lis   Phones       edit.c
```

UNIX 操作系统对大小写敏感,即大写字母区别于小写字母。在文件名中可以使用大写字母和小写字母的组合。但是,记住名为 MY_FILE、My_File 和 my_file 是 3 个不同的文件。

UNIX 在分配普通文件名和目录文件名时没有区别。因此,可能存在目录和文件同名的情况。例如,目录 lost+found 下可以有 lost+found 文件。

用父子做类比,在同一个目录下不能有两个文件同名,就像一对父母不能有两个同名的孩子。对父母来说,给他们的孩子取不同的名字是明智的,而在 UNIX 中这是强制性的。但是,就像不同父母的孩子可以同名一样,不同目录下的文件可以有相同的名字。

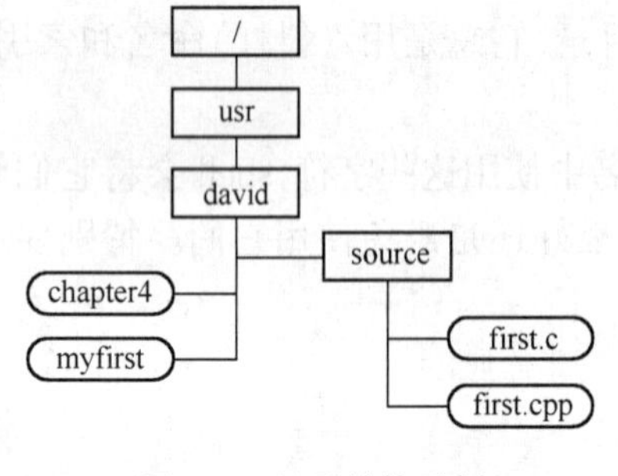

图 5.5 目录结构示例

注意: 在文件名中要避免使用空格。

文件名扩展: 文件名扩展帮助用户进一步分类和描述文件的内容。扩展名是文件名的一部分,跟在点后面,并且在大多数情况下是可选的。某些编程语言的编译器(如 C)依赖于特定的扩展名(编译器在第 11 章介绍)。在图 5.5 中,source 目录中的 first.c 和 first.cpp 文件具有典型的扩展名(.c 和 .cpp 分别对应 C 和 C++ 编程语言)。

下面的例子显示了具有扩展名的文件名:

```
report.c       report.o
memo.04.10
```

注意,在 UNIX 中,扩展名可以使用一个以上的点。

5.4 目录命令

在熟悉了一些基本的文件概念和定义后,现在学习如何操作文件和目录。下面的例子和命令序列展示如何使用命令来操作文件和目录。

在下面的例子中,假设登录名为 david,图 5.5 是其目录结构,主目录为 david。

5.4.1 显示目录路径名:pwd 命令

pwd(print working directory,打印工作目录)命令显示用户工作(当前)目录的绝对路径名。例如,当用户刚登录 UNIX 系统时,进入的是用户的主目录。此时,如果要显示主目录的路径名,也就是当前的工作目录,可以在登录后使用 pwd 命令。

登录并显示主目录的路径名。

```
login:david [Return]............. 输入登录名(david)
password:........................ 输入口令
Welcome to UNIX!
$pwd [Return]....................显示主目录的路径
/usr/david
$_...............................命令提示符
```

说明：1. /usr/david 是主目录的路径名。

2. /usr/david 同时也是用户当前目录或工作目录的路径名。

3. /usr/david 是绝对路径名，因为它以/开头，从根目录开始直到主目录的路径。

4. david 是登录名和主目录名。

定位工作目录下的文件：工作目录为 david，图 5.5 显示 david 有两个文件和一个目录 source，该目录下有两个文件。如果想定位 myfirst 文件，则 david 目录下的 myfirst 文件的路径名为/usr/david/myfirst，这是该文件的绝对路径名。但是，如果文件在工作目录下，就不需要引用路径名。文件名本身(在这个例子中为 myfirst)就足够了。

定位另一个目录下的文件：当文件不在工作目录下，就需要指明该文件在哪个目录下。假设工作目录为 usr，则 source 目录下的 first.c 文件的路径名为 david/source/first.c。

说明：david/source/first.c 就是相对路径名，它不从根目录开始。

5.4.2 改变工作目录:cd 命令

用户不会一直在主目录下工作，有时可能需要改变工作目录。cd(change directory，改变目录)命令将指定的目录作为工作目录。

例如，要改变工作目录为 source 目录，使用下面的命令序列：

```
$pwd [Return].................. 显示当前目录
/usr/david
$cd source [Return]............ 改变目录到 source 目录下
$pwd [Return].................. 显示工作目录
/usr/david/source
$_.............................命令提示符
```

假设用户有权改变工作目录为/dev，使用以下的命令序列：

```
$cd /dev [Return]................... 改变目录为/dev 目录
$pwd [Return].......................显示工作目录
/dev............................... 当前目录为/dev
$_.................................命令提示符
```

返回到主目录：如果用户的目录有几层，而工作目录在目录结构中较深的位置，也能很方便地回到主目录而不需要输入太多字符。用户可以使用 cd 命令，将 $HOME(保存主目录路径名的变量)作为目录名。也可以只输入 cd 命令然后按[Return]键，因为 cd 命令的默认参数为主目录。

实例：使用下面的命令序列，练习使用 cd 命令。

```
$cd $HOME [Return]............回到主目录
$cd /bin [Return]............ 改变目录到/bin
$pwd [Return]................ 显示工作目录
/bin.........................当前工作目录为/bin
$cd [Return].................没有指定目录名；默认为主目录
$pwd [Return]................ 显示工作目录
/usr/david
$cd xyz [Return]............. 改变目录为 xyz 目录，它不存在，因此会出现错误信息
xyz:not a directory
$_...........................命令提示符
```

5.4.3 创建目录

当用户第一次登录 UNIX 系统时，从主目录同时也是工作目录开始工作。这时主目录下可能没有文件或子目录，用户需要建立自己的子目录系统。

创建目录的优点

UNIX 系统中对目录结构没有限制。用户可以将所有文件放在主目录下。尽管创建有效的目录需要花费一些时间，但是，它也带来许多好处。特别是当用户拥有大量文件时，这些好处就变得很明显。下面列出了使用目录的优点：

- 将相关的文件放到同一个目录中，使用户容易记住并访问这些文件。
- 在屏幕上显示较短的文件列表，使用户更快地找到文件。
- 不同目录下的文件可以取相同的文件名。
- 目录使多个用户共享一个大容量的磁盘，每个用户分配一个明确的空间。
- 可以利用 UNIX 命令来操作目录。

使用目录应该仔细规划。如果在逻辑上将文件分组到各个目录，则易于管理。如果随意创建并填充目录，那么查找文件将很困难，需要花费更多的时间来找到它们。

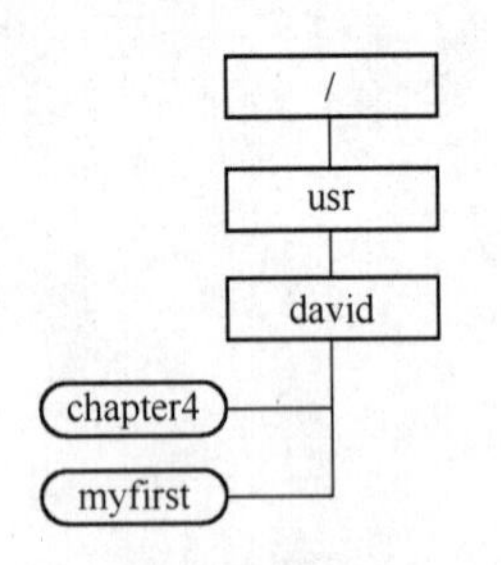

图 5.6 开始时的目录结构

目录结构

如图 5.6 所示的目录结构，此时，这个目录结构应该与用户(david)的目录结构类似。用户在练习操作 vi 编辑器时，已在主目录下创建了 myfirst 和 chapter4 文件，并且主目录下没有子目录。根据用户的系统配置和管理要求，主目录下可能还有其他文件或子目录。这些文件通常是系统管理员提供的默认文件和子目录，不是用户自己创建的文件或子目录。

5.4.4 创建目录：mkdir 命令

mkdir(make directory，创建目录)命令能够在工作目录或任何指定的其他目录下创建一个新的子目录，只要将该目录作为命令的一部分即可。例如，下面的命令序列显示了怎样在主目录或其他目录下创建子目录。图 5.7 所示为增加 memos 子目录后的目录结构。

实例：使用下面的命令序列，在主目录下创建 memos 目录。

```
$cd [Return]........................保证在主目录下
$mkdir memos [Return]................创建 memos 目录
$pwd [Return].......................显示工作目录
/usr/david
$cd memos [Return]..................改变目录到 memos 目录下
$pwd [Return].......................显示工作目录
/usr/david/memos....................当前目录为 memos
$_..................................命令提示符
```

实例：回到主目录，在 memos 目录下创建一个新的子目录 important。

```
$cd [Return]........................保证在主目录下
$mkdir memos/important [Return].......指定 important 目录的路径名
$cd memos/important [Return]..........改变目录到 important 目录下
$pwd [Return].......................显示工作目录
/usr/david/memos/important
$_..................................现在工作目录为 important
```

图 5.8 显示了增加 memos 和 important 子目录后的目录结构。

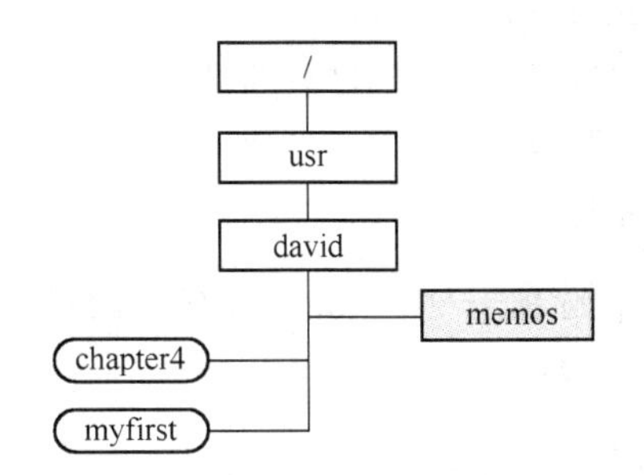

图 5.7 增加 memos 子目录后的目录结构

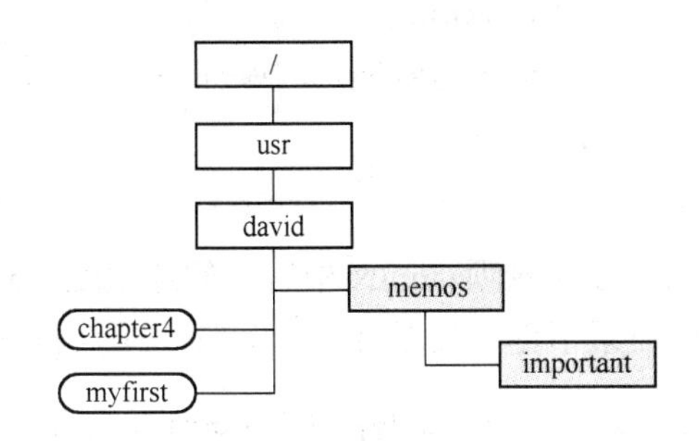

图 5.8 增加 memos 和 important 子目录后的目录结构

使用相同的命令序列，图 5.9 显示怎样在主目录下创建 source 目录。

```
$cd
$mkdir source
$pwd
/usr/david
$cd source
$pwd
/usr/david/source
$_
```

图 5.9 创建 source 目录

图 5.10 显示了增加 source 子目录后的目录结构。

说明: 目录结构可以按照指定的要求创建。

-p 选项: 用一个命令行就可以创建整个目录结构。用-p 选项在当前目录下创建几层目录。假设用户希望从主目录开始创建三层深的目录结构,下面的命令序列显示如何实现这一点,图 5.11 显示命令序列运行后的目录结构。

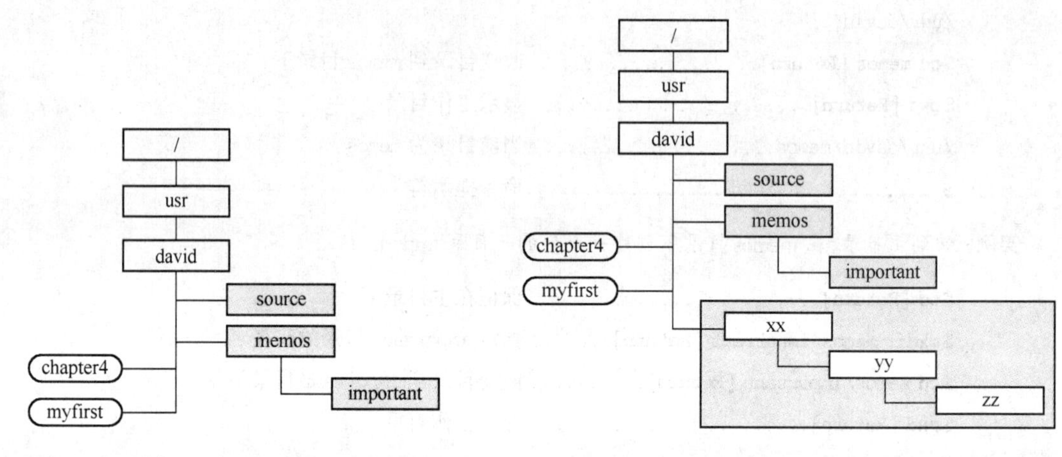

图 5.10 增加 source 目录后的目录结构　　　图 5.11 增加三层深的子目录后的目录结构

实例: 在主目录下,创建三层目录结构。

```
$cd [Return]............................ 保证在主目录下
$mkdir -p xx/yy/zz [Return]............ 创建 xx 目录;在 xx 下创建 yy 目录;
                                         在 yy 下创建 zz 目录
$_...................................... 命令提示符
```

--parents 选项: Linux 中对应的选项是--parents。像-p 选项一样,--parents 在当前目录或指定的目录下创建几层目录。例如,使用--parents 的命令行为:

```
$mkdir --parents xx/yy/zz [Return]............ 创建 xx 目录;在 xx 下创建 yy 目录;
                                                在 yy 下创建 zz 目录
```

图 5.11 显示增加了三层目录 xx,yy 和 zz 后的目录结构。

注意: 1. 创建的父目录必须不存在。在本例中,当前目录下不能已经有 xx 目录。
2. 不必一定在当前目录下创建子目录。只要给定新目录的路径名,就可以在任一级目录下运行该命令。

5.4.5 删除目录:rmdir 命令

有时,用户发现不再需要某个目录,或者误建了一个目录。在这些情况下,要删除不需要的目录,UNIX 提供了 rmdir 命令。

rmdir(remove directory,删除目录)命令删除指定的目录。但是,它只能删除空目录,也就是说,除了本目录(.)和父目录(..)外,该目录不包含其他任何子目录和文件。

实例: 使用下列命令序列,删除 memos 目录下的 important 目录。

$**cd** [**Return**]........................... 保证在主目录下

$**cd memos** [**Return**]...................... 改变工作目录到 memos 目录

$**pwd** [**Return**].......................... 保证在 memos 目录下

/usr/david/memos

$_.................................. 确实在 memos 目录下

$**rmdir important** [**Return**]................. 删除 important 目录

$_.................................. 命令提示符

说明： 1. 因为 important 子目录是空目录，因此可以删除。

2. 必须在父目录下删除子目录。

实例： 在 david 目录下使用以下命令序列，尝试删除 source 子目录。

$**cd** [**Return**]........................... 改变到 david 目录

$**rmdir source** [**Return**].................. 删除 source 目录

rmdir: source: Directory not empty

$**rmdir xyz** [**Return**]...................... 删除 xyz 目录

rmdir: xyz: Directory does not exist

$_.................................. 命令提示符

说明： 1. source 子目录不为空，因为它下面还有文件，不能删除。

2. 如果用户提供错误的目录名，或者在指定的路径中不能定位目录，rmdir 就返回一条错误信息。

3. 必须在父目录或更高层的目录下才能删除子目录。

5.4.6 目录列表：ls 命令

ls(list，列表)命令显示指定目录的内容。它按照文件名的字母顺序列出信息，列出的内容包括文件名和目录名。如果没有指定目录，则列出当前目录的信息。如果指定文件名而不是目录名，则 ls 显示该文件名及其他要求的信息。

在下面的例子和命令序列中要用到图 5.12 所示的目录结构，后续各图显示了示例命令对该目录结构的影响。请观察这些图，以便更好地理解命令示例。

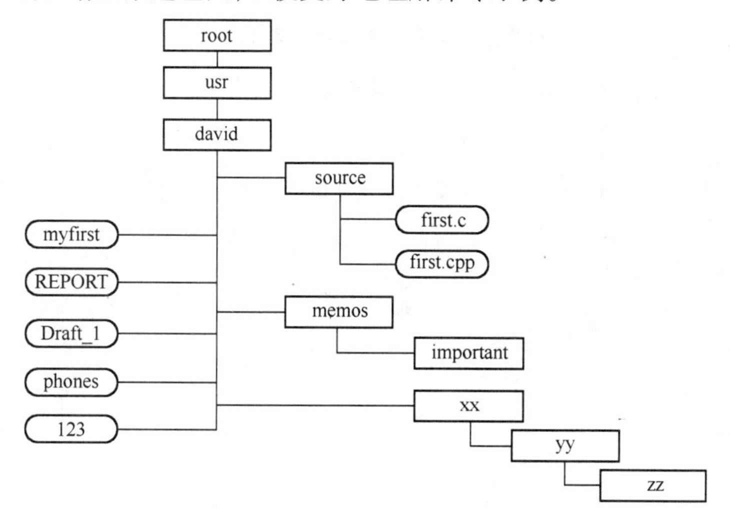

图 5.12　命令示例使用的目录结构

说明: 1. 注意,目录列表只包含文件和子目录名。其他命令允许用户读文件的内容。
2. 如果没有指定目录名,则默认为当前目录。
3. 文件名并不表明它是文件还是目录。
4. 默认情况下,输出以字母顺序排列;数字在字母前,大写字母在小写字母前。

用户的目录结构可能与此不同,也许没有这么多文件和目录。为保证用户的目录结构与这里显示的目录结构相似,需要创建新目录和文件。首先,就像前面介绍的,使用 mkdir 命令创建目录。其次,根据需要用 vi 编辑器创建文件,没有必要在文件里输入任何字符。用户需要用指定的文件名打开和保存文件。例如,要创建 REPORT 文件,输入:

$**vi REPORT**.................. 打开/创建 REPORT 文件

vi 编辑器将打开一个空白的屏幕。

```
~
~
~
"REPORT"[new file] 0 lines,0 characters
```

现在用 wq 命令退出 vi。

□ 按[Esc]键,保证 vi 处于命令模式。
□ 输入:wq[Return],保存文件退出 vi。

```
~
~
~
:wq
"REPORT"[new file] 0L,0C written
$_
```

重复这个命令序列,创建其他文件。如果要在指定目录下创建文件,首先用 cd 命令将工作目录改变到该指定的目录,然后启动 vi 创建文件。

说明: 在后面的章节中还会介绍其他方法来快速创建小文件。

实例: 假设当前目录是 david,输入 ls [Return]显示主目录的内容。

```
$ls
123
Draft_1
REPORT
memos
myfirst
phones
source
xx
$_
```

在某些系统中,ls 命令的输出不是纵向显示的,可能默认为在屏幕上横向显示文件名。

```
$ls
123 Draft_1 REPORT memos myfirst phones source xx
$_
```

实例: 用户可以令其显示当前目录以外的其他目录的内容,也可以列出单个文件以检查指定目录下是否存在该文件。在主目录 david 下,使用下列命令显示 source 目录下的文件。

```
$cd [Return]...................保证在 david 目录下
$ls source [Return]............ 在 david 目录下,列出 source 目录下的文件

first.c
first.cpp
$_.............................命令提示符
```

实例: 在主目录下,检查 source 目录下是否存在 first.c 文件。

```
$ls source/first.c [Return].......显示目录 source 下的文件名 first.c,看它是否存在。如果
                                  存在,将显示文件名
source/first.c
$ls xyz [Return].................如果 xyz 存在,则显示 xyz,否则就输出错误信息
xyz:No such a file or directory
$_............................命令提示符
```

ls 的选项

当需要文件的更多信息,或者想以不同的格式列表,可以在 ls 命令后带选项,这些通用的选项提供以下功能:按照列格式、显示文件的大小或区分文件名和目录名。

表 5.1 显示了 ls 命令的大部分选项。使用这些选项观察其输出。

表 5.1 ls 命令的选项

选项		功能
UNIX	Linux 选项	
-a	--all	列出所有文件,包括隐藏文件
-C	--format=vertical --format=horizontal	用多列格式列出文件,按列排序
-F	--classify	在每个目录文件名后加斜杠(/),在可执行文件后加星号(*)
-l	--format=single-column	以长格式列出文件,显示文件的详细信息
-m	--format=commas	按页宽列文件,以逗号隔开
-p		在目录文件名后加斜杠(/)
-r	--reverse	以字母反序列出文件
-R	--recursive	循环列出子目录的内容
-s	--size	以块为单位显示每个文件的大小
-x	--format=horizontal --format=across	以多列格式列出文件,按行排序
	--help	显示帮助信息

说明：1. 每个选项字母前有一个减号。

2. 在命令名和选项之间，必须有一个空格。

3. 可以使用路径名列出工作目录以外的其他目录下的文件。

4. 在一个命令行中，可以使用多个选项。

提供最多信息的选项是-l(长格式)选项。ls 命令加-l 选项的输出是，每行显示一个文件或者子目录的多列信息。

实例：使用下列命令，以长格式列出当前目录下的文件。

☐ 输入 cd，并按[Return]键。

☐ 输入 ls -l，并按[Return]键。

在图 5.13 中，输出的第一行"total 11"显示了列出的文件的总体大小。文件的大小用块数表示，通常每块为 512 个字节。用户的输出可能显示不同的"total"，这取决于目录下文件的数量和大小。

```
$cd
$ls -l
total 11
-rw-r--r--    1    david    student    1026    Jun 25    12:28    123
-rw-r--r--    1    david    student    684     Jun 25    12:28    Draft_1
-rw r--r--    1    david    student    342     Jun 25    12:28    REPORT
drw-r--r--    1    david    student    48      Jun 25    12:28    memos
-rw-r--r--    1    david    student    342     Jun 25    12:28    myfirst
-rw r--r--    1    david    student    342     Jun 25    12:28    phones
drw-r--r--    1    david    student    48      Jun 25    12:28    source
drw-r--r--    1    david    student    48      Jun 25    12:28    xx
$_
```

图 5.13 ls 命令和-l 选项

图 5.14 给出了每一列表示的信息，请注意每一列表示的信息类型。

```
     1          2      3          4          5      6            7
-rwx rw----    1     david     student     342  Jun 25 12:28   myfirst
Column 1............. Consists of 10 characters. The first character
                      indicates the file type and the rest indicate
                      the file access mode.
Column 2............. Consists of a number indicating the number of links.
Column 3............. Indicates the owner's name.
Column 4............. Indicates the group name.
Column 5............. Indicates the size of the file in bytes.
Column 6............. Shows the date and time of last modification.
Column 7............. Shows the name of the file.
```

图 5.14 长格式的 ls 命令

文件类型：第 1 列由 10 个字符组成，每行的第一个字符表示文件的类型。下面总结了文件的类型：

-	表示普通文件
d	表示目录文件
b	表示面向块的特殊(设备)文件,如磁盘
c	表示面向字符的特殊(设备)文件,如打印机
I	表示面向另一文件的键接

文件访问模式: 第 1 列接下来的 9 个字符由三组 r、w、x 和/或连字符(-)组成,用于描述每个文件的访问模式。这 9 个字符告诉系统中的每个用户,可以怎样访问指定的文件,它们被称为文件访问或权限模式。在每组内,字母 r、w、x 和连字符(-)的含义见表 5.2。

表 5.2　文件权限字符

按键	权限设定
r	拥有读的权限
w	拥有写的权限
x	拥有执行的权限(将文件作为程序运行的权限)
-(连字符)	没有权限

说明: 1. 如果文件是可执行文件(程序),可执行权限(x)才有意义。
2. 如果用连字符代替字母,则权限被拒绝。
3. 如果是目录文件,x 解释为:允许搜索该目录查找特定的文件。

每一组字母授予或拒绝不同用户组的访问权限。第一组 rwx 字母授予文件所有者(用户)读、写和执行的权限;第二组 rwx 授予同组用户权限;第三组授予其他用户权限。通过设置不同用户组的访问字符,用户可以控制哪个用户有权访问该文件和该用户拥有的访问权限。例如,假设在 david 目录下,运行以下命令:

```
$ls -l myfirst [Return].......... 以长格式列出 myfirst
-rwx rw----   1 david student 342 Jun 25 12:28 myfirst
```

输出显示 myfirst 是普通文件,因为第 1 个字符是连字符。第一组字符(rwx)表示文件所有者有读、写和执行的权限。第二组字符(rw-)表示同组用户有读和写的权限,但没有执行的权限。最后三个字符(---)是三个连字符,表示其他用户没有任何访问权。

链接数: 第 2 列的数字表示链接数。链接(ln 命令)将在第 8 章讨论。在本例中,myfirst 的链接数为 1。

文件所有者: 第 3 列显示文件所有者。通常这个名字与创建文件的用户 ID 是相同的。在本例中,文件所有者为 david。

文件组: 第 4 列显示用户组。每个 UNIX 用户有一个用户 ID 和组 ID,它们都由系统管理员分配。例如,同一个项目中的人有相同的组 ID。在本例中,文件组为 student。

文件大小: 第 5 列显示文件的大小,指文件的字节(字符)数。在本例中,文件的大小为 342 字节。

日期和时间: 第 6 列显示上一次修改的日期和时间。在本例中,myfirst 上一次修改的日期和时间是 6 月 25 日 12 点 28 分。

文件名: 第 7 列(最后 1 列)显示文件名。在本例中为 myfirst。

在 david 目录下,使用下列命令以长格式列出 source 目录下的文件:

```
$cd [Return].............................. 保证在主目录下
$ls -l source [Return]..................... 列出 source 目录下的文件
-rwx rw----   1 david student 342 Jun 25 12:28 first.c
$_......................................... 命令提示符
```

说明：1. 这是在主目录下，列出 source 目录下的文件。
2. source 目录下只有 1 个文件。
3. 文件 first.c 是普通文件，由连字符(-)表示。
4. 文件所有者有读、写和执行的权限(rwx)。同组用户有读和写的权限(rw-)，其他用户没有权限(---)。
5. first.c 有 1 个链接。
6. 文件所有者是 david，组名为 student。
7. first.c 文件大小为 342 字节。
8. first.c 上一次修改时间为 6 月 25 日 12 点 28 分。

实例：输入 ls -r，按[Return]键，以字母反序列出主目录下的文件名(见图 5.15)。

```
$ls -r
xx
source
memos
myfirst
phones
REPORT
Draft_1
123
$_
```

图 5.15 ls 命令和-r 选项

注意：选项为小写字母 r。

实例：输入 ls -C，按[Return]键，以列格式显示当前目录下的内容(见图 5.16)。

```
$ls -C
123       REPORT    myfirst    source
Draft_1   memos     phones     xx
$_
```

图 5.16 ls 命令和-C 选项

说明：每列按字母顺序排序。这是默认的输出格式。

实例：输入 ls -m，按[Return]键以逗号分隔显示当前目录下的内容(见图 5.17)。

```
$ls -m
123, Draft_1, REPORT, memos, myfirst, phones, source, xx
$_
```

图 5.17 ls 命令和-m 选项

5.4.7　隐藏文件

文件名以点开始的文件,称为不可见文件或隐藏文件,在正常情况下,目录列表命令不显示它们。启动文件(文件名以点开始)通常不可见,以免弄乱目录(启动文件将在第 8 章讨论)。

用户可以在主目录或其他任何子目录下创建自己的隐藏文件,只要文件名以 .(点号)开始即可。在除了根目录以外的每个目录中,有两个特殊的不可见文件项:单点和双点(. 和 ..)。

. 和 .. 目录项: mkdir 命令自动将两项放到创建的每个目录中。它们是单点和双点,分别代表当前目录和上一级目录。用父子类比,点点(..)代表父目录,点(.)代表子目录。

这些目录的简写可以在 UNIX 命令中使用,分别代表父目录和当前目录。

实例: 使用下列命令,列出 source 目录下的所有文件,包括隐藏文件。

- ☐ 输入 cd source,按[Return]键改变到 source 目录下。
- ☐ 输入 ls -a,按[Return]键列出所有文件,包括隐藏文件。

```
.
..
first.c
```

说明: 1. 在这里,点(.)表示当前目录(/usr/david/source)。
2. 点点(..)表示父目录(/usr/david)。

实例: 使用下列命令,将工作目录改变到父目录。

```
$cd ..[Return]........................改变目录到父目录(/usr/david)下
$pwd [Return].........................显示当前目录
/usr/david............................在/usr/david 目录下
$_....................................命令提示符
```

说明: 1. 此时,点(.)表示当前目录,即/usr/david。
2. 点点(..)表示父目录,即/usr。

实例: 使用下列命令,列出 david 父目录下的文件,文件之间用逗号隔开。

```
$cd [Return]..........................回到 david 目录下
$ls -m ..[Return].....................列出 david 父目录,即 usr 下的文件;
                                      在屏幕上按页宽列文件名,由逗号隔开
david,daniel,gabriel
$_....................................命令提示符
```

说明: 在用户的系统上可能列出一长列用户 ID,而不是本例中显示的 3 个用户。

使用多个选项

在一个命令行中可以使用多个选项。例如,如果希望按以下方式列出所有文件,包括隐藏(-a 选项)文件、长格式(-l 选项)、以字母反序排列(-r 选项),可以输入 ls-alr 或者 ls -a -l -r,并按[Return]键。

说明: 1. 可以用单个连字符开始选项,但是选项字母之间不能有空格。

2. 命令行中选项字母的顺序不重要。

3. 每个选项也可以用单个连字符,但是选项之间必须有空格。

实例: 在屏幕上按页宽列出主目录的内容,在目录文件名后加斜杠(/)。

```
$cd
$ls -m -p
123, Draft_1, REPORT, memos/, myfirst, phones, source/, xx/
$_
```

说明: 这里使用了两个选项:-m在屏幕上逐行满屏列出文件名,-p在目录文件名后加斜杠(/)。

使用下列命令,以此格式显示所有文件名:以逗号隔开、用斜杠指明目录文件、用星号指明可执行文件:

```
$cd
$ls -amF
./, ../, 123, Draft_1, REPORT, memos/, myfirst, phones, source/, xx/
$_
```

说明: 1. 这里使用了三个选项:-a显示隐藏文件,-m满屏显示文件名,-F在文件名后用斜杠(/)和星号分别指明目录文件和可执行文件。

2. 两个隐藏文件是目录文件,因为在文件名后有斜杠。

实例: 以列格式,反序列出主目录下的所有文件。

```
$ls -arC
xx       phones     memos     REPORT     123     ..
source   myfirst    Draft_1   .
$_
```

实例: 列出david下的文件,用逗号隔开,并显示每个文件的大小。

```
$ls -s -m
total 11, 3 123, 2 Draft_1, 1 REPORT, 1 memos, 1 myfirst, 1 phones,
1 source, 1 xx
$_
```

说明: 1. 第1个字段(total 11)显示文件总的大小,通常以块为单位,每块512字节。

2. 选项-s显示文件大小;每个文件至少有1块(512字节),无论该文件有多小。

以列格式列出david下的所有文件(包括隐藏文件),并显示文件大小。

```
$ls -a -x -s
Total 15      1.           1..        3 123
3 Draft_1     1 REPORTS    1 memo     1 myfirst
1 phones      1 source     2 xx
$_
```

说明: 1. 总大小为15块,因为加入了两个隐藏文件。
2. -x选项与-C选项略微不同。每行按字母顺序排列。

实例: 以列格式显示david下的目录结构。

```
$cd
$ls -R -C
123     Draft_1  REPORT  memos  myfirst  phones
source    xx
./memos:
./source:
first.c
./xx:
yy
./xx/yy:
zz
./xx/yy/zz:
$_
```

注意: 本例中,命令选项是大写字母R和C。

说明: 1. -R选项列出当前目录david下的文件名,它有三个子目录:memos,source和xx。
2. 每个子目录的路径名后跟冒号(如./memos:),然后列出该目录下的文件。
3. 路径名是相对路径名,从当前目录开始(当前目录的标志是路径名前的点)。

就像许多其他的Linux命令一样,可以使用--help选项获得ls命令的选项列表。

```
$ls --help [Return]......................... 显示选项列表
                                             将会显示选项表
$_..........................................命令提示符
```

注意表5.1中Linux下对应的选项。选项--format需要如horizontal或commas这样的参数,在=两边没有空格。使用man命令可查看Linux下更多对应的选项。

实例: 下面的命令序列显示了使用Linux对应选项的例子:

```
$ls --all [Return]..................... 同 ls -a
$ls --classify [Return]................ 同 ls -F
$ls --format=single-column [Return].... 同 ls -l
$ls --format=commas [Return].......... 同 ls-m
$_.....................................命令提示符
```

5.5　显示文件内容

到目前为止,我们学习了如何用文件操作命令,查看目录、定位文件及查看文件名列表等。那么怎样查看文件内容呢?用户可以打印文件获得文件内容的硬拷贝,或者用vi编辑器打开文件在屏幕上查看,也可以用cat命令查看文件内容。

5.5.1 显示文件:cat 命令

cat(concatenate,连接)命令可以显示一个或多个文件、创建文件和连接文件。在本章,只讨论 cat 命令的显示功能。例如,输入下面的命令行显示 myfirst 文件:

$**cat myfirst [Return]**...................... 显示 myfirst 文件

如果用户的当前目录(如果没有指定路径名,则默认为当前目录)下存在 myfirst 文件,cat 命令就在屏幕(标准输出设备)上显示 myfirst 的内容。

如果指定了两个文件名,就会相继看到两个文件的内容,显示的顺序同命令行中文件名的顺序相同。例如,输入下面的命令行,在屏幕上显示 myfirst 和 yourfirst 两个文件的内容。注意,文件名间用空格隔开。

$**cat myfirst yourfirst [Return]**............. 显示 myfirst 和 yourfirst 文件

说明: 1. 命令行中的文件名之间至少需要用一个空格隔开。
2. cat 命令通常用来显示小(一屏)文件。

如果文件较长,用户在屏幕上看到的将是文件的最后 23 行,其他行已经上翻过去了。除非用户的阅读速度极快,否则这没有多大用处。按[Ctrl-s]键可以停止上翻过程,按[Ctrl-q]键继续上翻。

用这种方法查看文件内容很不方便。不要着急,后面会介绍更好的方法。UNIX 提供了其他命令,可逐页显示长文件。

注意: 每个[Ctrl-s]键必须用一个[Ctrl-q]键取消,否则屏幕保持锁定状态,键盘输入无效。

5.6 打印文件内容

用 vi 编辑器或 cat 命令可以在屏幕上查看文件的内容。但是,有时用户需要文件的硬拷贝。

UNIX 提供了命令,可将用户的文件发送给打印机,并向用户反馈打印作业的状态,如果用户改变主意可以取消打印作业。大部分 UNIX 系统提供 lp 和 lpr 命令打印文件,现在介绍这些命令。

5.6.1 打印:lp 命令

lp 命令将文件发送给打印机产生文件的硬(纸)拷贝。例如,想打印 myfirst 文件的内容,可以输入 lp myfirst,并按[Return]键。

UNIX 通过显示类似于以下信息的请求 ID 来确认用户的请求:

```
request id is lp1-8054 (1 file)
```

注意: 与其他命令相同,命令(lp)和参数(文件名)之间有 1 个空格。

如果指定的文件名不存在,或者 UNIX 找不到该文件,则 lp 返回类似于以下的消息:

```
lp:can't access file "xyz"
lp:request not accepted
```

实例：可以在一个命令行中指定几个文件。

```
$lp myfirst REPORT phone [Return]..........打印 myfirst、REPORT 和 phone 文件

request id is lp1-6877 (3 files)
$_.....................................命令提示符
```

说明：1．文件名之间至少用一个空格隔开。

2．这个请求只产生一个标题页(第1页)。但是,每次开始打印一个文件时都换新页。

3．打印文件的顺序同它们在命令行中的位置顺序相同。

如果命令行中没有指定文件名,则假定为标准输入。在这种情况下,将打印用户输入的信息(假定键盘是标准输入设备)。按[Ctrl-d]键结束键盘输入。

实例：下面的命令序列显示如何使用 lp 命令打印键盘输入。

```
$lp [Return]............................没有指定文件名
_.......................................提示符等待用户输入
```

输入以下文本：

```
Hello,
This is a test for checking the lp command.
[Ctrl-d]
        request id is HP_Printer-1016 (standard input)
$_.....................................命令提示符
```

每个打印请求都对应一个 ID 号。可以用 ID 号表明打印作业,例如取消打印请求时需要 ID 号。

lp 命令的选项

表5.3显示了用户可以使用的打印选项。

表5.3 lp 命令的选项

选项	功能
-d	在指定的打印机上打印
-m	打印请求完成后,向用户邮箱发送邮件
-n	按指定份数打印文件
-s	取消反馈信息
-t	在输出的标题页(第1页)上打印指定的标题
-w	打印请求完成后,向用户终端发消息

-d 选项：系统可能连了多台打印机,用-d 选项指定打印机。如果不指定打印机,则使用默认打印机(系统打印机)。

实例：下面的命令序列显示了-d 选项的例子。

```
$lp -d lp2 myfirst [Return]................在 lp2 打印机上打印 myfirst
request id is lp2-6879 (1 file)
$_.....................................命令提示符
```

说明: 打印机的名字没有标准化,根据安装时的设置不同而不同。

-m 选项: 在打印请求正常完成后,-m 选项向用户邮箱发送邮件,通知用户打印作业已完成(邮件和邮箱将在第 10 章讨论)。

实例: 下面的命令序列显示了-m 选项的例子。

```
$lp -m myfirst [Return]....................打印 myfirst 文件,打印请求完成后发送邮件
request id is lp1-6869 (1 file)
$_.........................................命令提示符
```

打印请求完成后,用户邮箱收到类似于以下消息的邮件:

```
From LOGIN:
Printer request lp1-6869 has been printed on the printer lp1
```

-n 选项: 当需要打印文件的多份副本时,使用-n 选项。默认为打印 1 份副本。

实例: 下面的命令序列显示了-n 选项的例子:

```
$lp -n3 myfirst [Return]...................在默认打印机上打印 3 份 myfirst 文件
request id is lp1-6889 (1 file)
$_.........................................命令提示符
```

-w 选项: -w 选项在打印请求完成后在用户终端上显示消息。如果用户没有登录,就发送邮件到用户邮箱以通知用户。

实例: 下面的命令序列显示了-w 选项的例子:

```
$lp -w myfirst [Return].................. 打印 myfirst,作业完成后显示一条消息
request id is lp1-6872 (1 file)
$_.........................................命令提示符
```

打印作业完成后,系统通常响铃,以引起用户注意,并显示类似于以下内容的消息:

```
lp:printer request lp1-6872 has been printed on the printer lp1.
```

-t 选项: -t 选项在输出的标题页(第 1 页)上打印指定字符串。

实例: 下面的命令序列显示了-t 选项的例子:

```
$lp -t hello myfirst [Return]............. 打印 myfirst,在标题页上打印"hello"

request id is lp1-6889 (1 file)
$_.........................................命令提示符
```

5.6.2 打印:Linux 中的 lpr 命令

Linux 是基于 BSD(Berkeley Software Distribution)的,它提供的一些工具和命令与 UNIX 的不同。例如,Linux 使用 lpr 命令打印指定文件。如果没有指定文件名,则假定为标准输入设备。

lpr 命令的选项

lpr 命令的选项有一部分与 lp 命令的相同，但 lpr 还有其他一些选项。表 5.4 显示了一些可用的选项。使用 man 命令可获得全部选项。

表 5.4　lpr 命令的选项

选项	功能
-p	在指定的打印机上打印
-#	按指定份数打印文件
-T	在输出的标题页(第 1 页)上打印指定的标题
-m	打印请求完成后，向用户邮箱发送邮件

说明：1. 大部分 UNIX 和 Linux 系统都提供 lp 和 lpr 命令。
2. 任何时候，都推荐使用 lp 命令。

实例：下面的命令序列显示了 lpr 选项的例子。

```
$lpr -p lp2 myfirst [Return]............... 在 lp2 打印机上打印 myfirst 文件
$lpr -m myfirst [Return].................. 打印 myfirst 文件，打印请求完成后发送邮件
$lpr -#3 myfirst [Return]................ 打印 3 份 myfirst 文件
$lp -T hello myfirst [Return]............. 打印 myfirst，在标题页上打印“hello”
$_........................................ 命令提示符
```

5.6.3　取消打印请求：cancel 命令

cancel 命令取消 lp 命令生成的打印作业请求。用户可以用 cancel 命令取消不想要的打印请求。如果用户发送了错误的文件给打印机或者不愿等待一个长时间的打印作业，就可以使用 cancel 命令。使用 cancel 命令需要指定 lp 提供的打印作业 ID 或打印机名。

实例：下面的命令序列演示了 cancel 命令的使用方式。

```
$lp myfirst [Return]...................... 在默认打印机上打印 myfirst 文件
request id is lp1-6889 (1 file)
$_........................................ 命令提示符
$cancel lp1-6889 [Return]................. 取消指定的打印请求
request "lp1-6889"canceled
$cancel lp1-85588 [Return]................ 取消打印请求；错误的打印请求 id;
                                           系统显示一条错误消息
cancel request "lp1-85588"nonexistent
$cancel lp1 [Return]...................... 取消打印机 lp1 上的当前请求；如果打
                                           印机上没有打印作业，系统会通知用户
cancel:printer "lp1"was not busy
$_........................................ 命令提示符
```

说明：1. 取消打印作业时，要指定打印的请求 ID，即使正在打印该作业。
2. 指定打印机名只取消该打印机上正在打印作业的请求，队列中的其他打印作业仍将被打印。
3. 这两种情况都不影响打印机打印下一个作业请求。

5.6.4 获取打印机状态:lpstat 命令

lpstat 命令用来获得有关打印请求和打印机状态的信息。用-d 选项找出系统的默认打印机名。

实例: 下面的练习使用 lpstat 命令。

```
$lp source/first.c [Return]............... 打印 source 目录下的 first.c
request id is lp1-6877 (1 file)
$lp REPORT [Return]........................ 在默认打印机上打印 REPORT 文件
request id is lp1-6878 (1 file)
$lpstat [Return]........................... 显示打印请求的状态
lp1-6877   student   4777   jun 11   10:50   on lp1
$cancel lp1-6877 [Return].................. 取消指定的打印请求
request "lp1-6877"cancelled
$lpstat -d [Return]........................ 显示默认打印机名
system default destination:lp1
$cancel lp1 [Return]....................... 取消 lp1 上正在打印的打印请求
```

说明: 如果打印队列中没有打印请求或正在打印的作业,lpstat 不显示任何信息,将会显示 $提示符。

5.7 删除文件

现在用户知道了如何创建文件和目录、删除空目录。但是如果目录不为空怎么办?首先必须删除所有的文件和子目录。那么,怎样删除文件呢?

用 rm(remove)命令删除不想要的文件。如果文件在工作目录下,就给出文件名;如果文件在其他目录下,则指定想要删除的文件的路径名。图 5.18 显示了 rm 命令对文件和目录的影响。

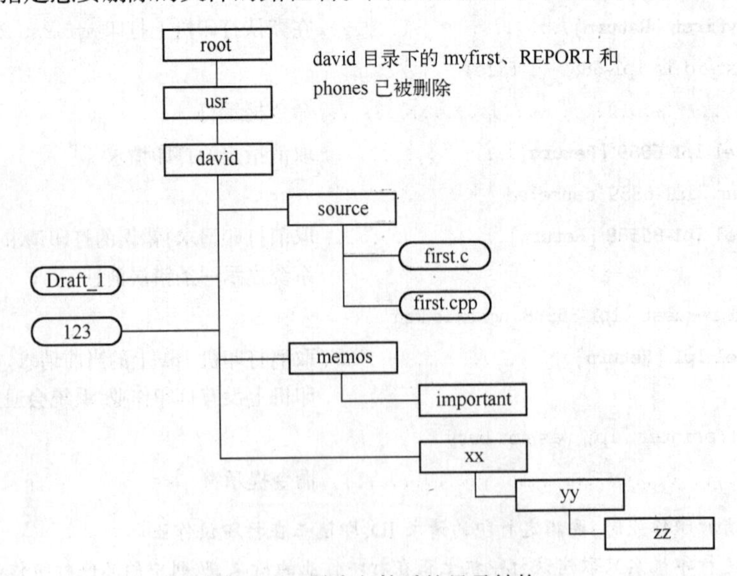

图 5.18 删除文件后的目录结构

实例: 下面的命令序列显示如何使用 rm 命令。

```
$cd [Return]................... 改变到主目录下
$rm myfirst [Return]........... 从主目录删除 myfirst 文件
$rm REPORT phones [Return]..... 删除两个文件:REPORT 和 phones
$rm xyz [Return]............... 删除 xyz 文件;如果该文件不存在,系统显示一条错误信息
rm:file not found
$_............................. 命令提示符
```

注意: rm 命令不给用户任何警告,通常运行删除文件命令时,文件就被删掉了。图 5.18 显示了删除一些文件之后的目录结构。请与图 5.12 比较。

rm 命令的选项

和大多数 UNIX 命令一样,选项用于修改 rm 命令的功能。表 5.5 总结了 rm 命令的选项。

表 5.5　rm 命令的选项

选项		功能
UNIX	Linux 对应的选项	
-i	--interactive	删除文件前,给出确认信息
-r	--recursive	删除指定的目录及目录下的所有文件和子目录
	--help	显示帮助信息

-i 选项: 使用-i 选项可以更大程度地控制删除操作。如果使用了-i 选项,rm 在删除每个文件前提示用户确认。按 y 键表示确认删除指定文件,按 n 键表示不想删除文件。它提供了一种安全的方式来删除文件。

实例: 下面的命令序列显示了使用-i 选项的例子。

```
$pwd [Return]...................................... 显示当前目录
/usr/david
$ls source [Return]................................ 列出 source 目录下的文件
first.c first.cpp
$rm -i source/first.c [Return]..................... 删除 first.c;UNIX 系统在删除前
                                                    显示确认消息。按[y]键表示同意
rm:remove first.c?y
$rm -i source/first.cpp [Return]................... 删除 first.cpp;UNIX 系统在删除前
                                                    显示确认消息。按[y]键表示同意
rm:remove first.cpp?y
$ls source [Return]................................ 检查文件是否已删除
$_.................................................在 source 目录下没有文件
```

图 5.19 显示了删除文件后的目录结构。请与图 5.18 比较。

-r 选项: -r 选项可以删除目录下所有的文件和子目录。用带-r 选项的 rm 命令可以删除整个目录结构。正是这样的命令使 UNIX 操作系统功能不断强大。

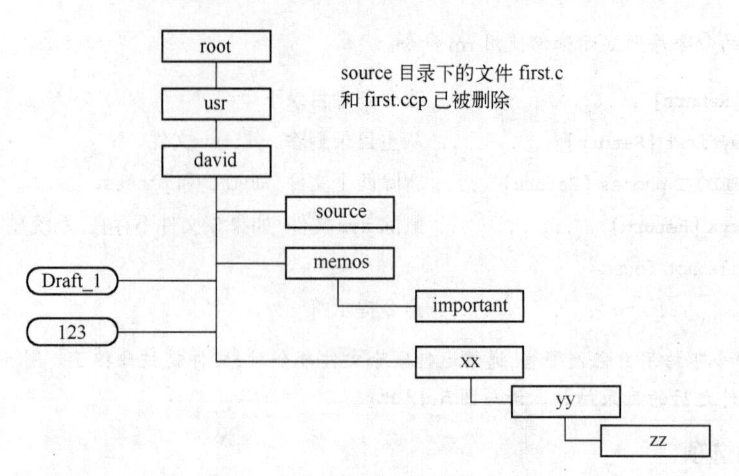

图 5.19　删除文件后的目录结构

注意：1. 请仔细观察下一个命令序列。使用 rm -r * 命令将删除从工作目录开始的所有目录和文件。这里显示这些命令序列是为了显示其惊人的有时甚至是灾难性的影响。

2. 如果用户想尝试 rm -r * 命令，要确保不在高层目录下，并且已将自己的文件复制到其他目录下。

请看下面使用-r 选项的命令序列。图 5.20 显示了操作完成后的目录结构。在本例中，星号(*)是通配符，表示“所有文件”。通配符将在第 8 章解释。

```
$cd [Return]........................... 改变到主目录
$rm -r * [Return]...................... 删除 david(主)目录下的所有文件和子目录
$ls [Return]........................... 列出 david 下的文件
$_.....................................david 下没有文件和子目录，都已被删除
```

说明：1. 用-i 选项获取确认提示。

2. 使用-r 选项要谨慎，只在绝对必要时才用。

3. 用 rmdir 删除目录。

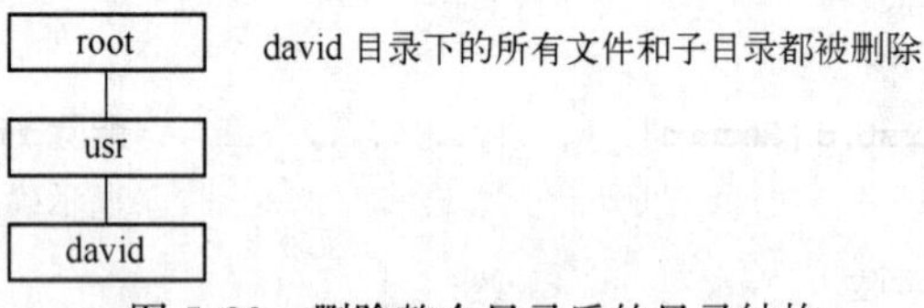

图 5.20　删除整个目录后的目录结构

5.7.1　删除文件之前

在 UNIX 下，删除文件和目录很容易。但是，不像其他的操作系统，UNIX 不给用户提供任何反馈或警告信息。在用户知道以前，文件已被删除，并且删除命令是不可撤销的。因此，在输入 rm 之前，考虑以下几点：

注意：1. 不要在头脑不清晰的时候进行重要的删除操作。

2. 要清楚想要删除的是哪个文件，文件的内容是什么。

3. 按[Return]键之前，请三思。

命令小结

本章介绍的 UNIX 命令如下：

cancel(cancel print requests，取消打印请求)
这条命令取消正在打印或在队列中等待打印的打印请求。

cd(change directory，改变目录)
这条命令将当前目录改变到另一个目录。

lp(line printer，行式打印机)
这条命令打印(提供硬复制)指定文件。

选项	功能
-d	在指定的打印机上打印
-m	打印请求完成后，向用户邮箱发送邮件
-n	按指定份数打印文件
-s	取消反馈信息

lpr(line printer，行式打印机)
这条命令打印(提供硬拷贝)指定文件。如果没有指定文件名，则 lpr 从标准输入读入。

选项	功能
-p	在指定的打印机上打印
-#	按指定份数打印文件
-T	在输出的标题页(第 1 页)上打印指定的标题
-m	打印请求完成后，向用户邮箱发送邮件

lpstat(line printer status，行式打印机状态)
这条命令提供有关打印请求作业的信息，包括打印请求 ID 号，用 ID 号可以取消打印请求。

选项	功能
-d	为打印请求打印系统默认打印机名

ls(list，列表)
这条命令列出当前目录或指定的其他目录的内容。

选项		功能
UNIX	Linux 选项	
-a	--all	列出所有文件，包括隐藏文件
-C	--format = vertical --format = horizontal	用多列格式列出文件，按列排序
-F	--classify	在每个目录文件名后加斜杠(/)，在可执行文件后加星号(*)
-l	--format = single-column	以长格式列出文件，显示文件的详细信息

(续表)

选项		功能
UNIX	Linux 选项	
-m	--format=commas	按页宽列文件,以逗号隔开
-p		在目录文件名后加斜杠(/)
-r	--reverse	以字母反序列出文件
-R	--recursive	循环列出子目录的内容
-s	--size	以块为单位显示每个文件的大小
-x	--format=horizontal --format=across	以多列格式列出文件,按行排序
	--help	显示帮助信息

mkdir(make directory,创建目录)

这条命令在工作目录或指定的其他目录下创建一个新的目录。

选项	功能
-p	用一个命令行创建各层目录

pwd(print working directory,打印工作目录)

这条命令显示用户工作目录或指定的其他目录的路径名。

rm(remove,删除)

这条命令删除当前目录或指定的其他目录下的文件。

选项		功能
UNIX	Linux 对应的选项	
-i	--interactive	删除文件前,给出确认信息
-r	--recursive	删除指定的目录及目录下的所有文件和子目录
	--help	显示帮助信息

rmdir(remove directory,删除目录)

这条命令删除指定目录。该目录必须为空。

习题

1. 目录文件和普通文件的区别是什么?
2. 在文件名中可以使用斜杠(/)吗?
3. 用目录组织文件的优点是什么?
4. 相对路径名和绝对路径名的区别是什么?
5. 将左列的命令和右列的命令解释匹配起来。

(1) ls	a. 在屏幕上显示 xyz 文件的内容
(2) pwd	b. 删除 xyz 文件
(3) cd	c. 在删除文件之前要求确认
(4) mkdir xyz	d. 在默认打印机上打印 xyz 文件

(5) ls-l　　e. 删除 xyz 目录
(6) cd ..　　f. 取消 lp1 打印机上的打印作业
(7) ls -a　　g. 显示默认打印机的状态
(8) cat xyz　　h. 列出当前目录的内容
(9) lp xyz　　i. 在当前目录下创建 xyz 目录
(10) rm xyz　　j. 显示当前目录的路径名
(11) rmdir xyz　　k. 以长格式列出当前目录
(12) cancel lp1　　l. 改变工作目录到当前目录的父目录
(13) lpstat　　m. 列出所有文件,包括隐藏文件
(14) rm-i　　n. 改变当前目录到主目录

6. 判断下列各项分别为绝对路径名、相对路径名或文件名中的哪一个?
a. REPORT　　d. ..(点点)
b. /usr/david/temp　　e. my_first.c
c. david/temp　　f. lists.01.07

7. 写出下列操作使用的命令。
a. 删除文件　　j. 列出所有文件,包括隐藏文件
b. 删除目录　　k. 以长格式列出文件
c. 在删除前获得确认信息　　l. 改变到主目录
d. 打印文件　　m. 改变到另一个目录
e. 取消打印请求　　n. 创建目录
f. 检查打印机状态　　o. 创建两层目录结构
g. 重定向打印作业到另一台打印机　　p. 改变到根目录
h. 打印文档的多份副本　　q. 在屏幕上显示文件
i. 列出文件　　r. 在屏幕上显示两个文件

8. 使用下面的目录结构:

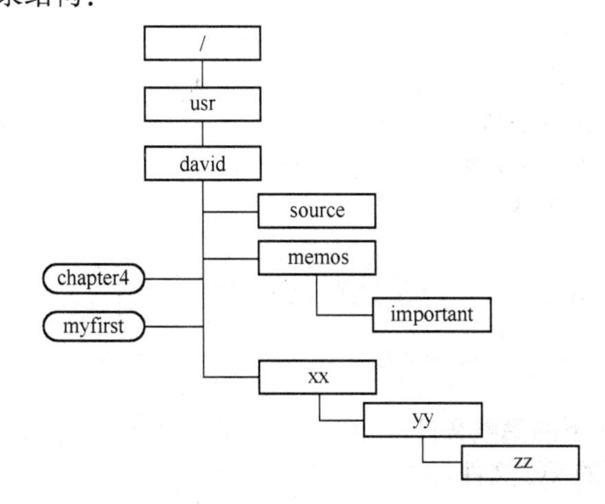

写出下列文件或目录的绝对路径名:
a. chapter4
b. source
c. xx

d. yy

e. zz

假设当前目录是 david,写出下列文件或目录的相对路径名:

f. chapter4

g. source

h. important

i. yy

j. zz

假设当前目录是 xx,写出下列文件或目录的相对路径名:

k. yy

l. zz

9. 说出下面列出的每个文件的访问模式。

```
drwxrwxrwx    11
-rwxrw-rw-    counter
-rw-------    dead.letter
-rw-rw-rw-    enable
-rwxrwxrwx    xyz
-rwx------    HELLO
-rwx--x--x    Memos
```

上机练习

实例:尝试下面的命令。观察屏幕上的输出和命令反馈(错误信息等)。

在主目录下创建目录结构,练习不同的命令直到熟练操作目录和文件命令。

1. 显示当前目录。
2. 改变到主目录。
3. 识别主目录。
4. 列出当前目录的内容。
5. 在当前目录下创建一个新目录 xyz。
6. 在 xyz 目录下创建 xyz 文件。
7. 在工作目录下识别目录。
8. 显示当前目录的内容。
   a. 以字母反序形式
   b. 以长格式
   c. 以水平格式
   d. 显示当前目录下的隐藏文件
9. 打印 xyz 目录下的 xyz 文件。
10. 检查打印机状态。
11. 打印 xyz 文件,然后取消打印请求。
12. 删除 xyz 目录下的 xyz 文件。
13. 删除当前目录下的 xyz 目录。

第6章　vi编辑器的高级用法

第4章讨论了vi编辑器，本章继续讨论这个编辑器。本章描述vi编辑器更多的功能及其灵活性，介绍更多的高级命令，结合其他命令解释这些命令的范围和用途，讨论vi编辑器临时缓冲区的操作，提供了几种根据用户需求定制vi编辑器的方法。学习完本章后，用户就能很好地用vi完成编辑任务。

6.1　更多有关vi编辑器的知识

vi编辑器是ex编辑器系列的一部分，它是ex编辑器中的屏幕编辑器，vi编辑器和ex编辑器之间可以切换。事实上，以:开始的vi命令就是ex编辑器的命令。在vi的命令模式下，按:键，屏幕的底部就会显示冒号提示符，这时vi等待命令。当按[Return]键结束命令行时，ex执行命令并在命令完成后将控制权返还给vi。

要想切换到ex编辑器，需输入:Q，并按[Return]键。如果用户有意或无意地错误切换到了ex编辑器，输入vi就可以返回到vi编辑器，或输入q退出ex编辑器，回到shell提示符。

6.1.1　启动vi编辑器

在第4章，我们已经学习了如何启动vi、保存文件及退出vi。现在扩充这些命令，探讨启动和退出vi编辑器的其他方法。

启动vi编辑器时可以不提供文件名。在这种情况下，使用写(:w)或写退出(:wq)命令命名文件。

实例：下面的命令序列显示怎样不提供文件名而启动vi，之后命名文件并保存该文件。

- ☐ 输入vi并按[Return]键，以不提供文件名的方式启动vi编辑器。
- ☐ 输入:w myfirst并按[Return]键，将临时缓冲区的内容保存到myfirst文件，仍停留在vi编辑器中。
- ☐ 输入:wq myfirst并按[Return]键，将临时缓冲区的内容保存到myfirst文件，并退出vi编辑器。

如果当前编辑的文件没有文件名，用户输入:w或:wq后又不输入文件名，vi就显示以下信息：

```
No current filename
```

vi编辑器通常不允许覆盖已存在的文件。因此，如果输入:w myfirst并按[Return]键，而myfirst文件已经存在，vi就会显示以下警告信息：

```
"myfirst" File exists - use ":w! to overwrite"
```

如果想覆盖已存在的文件，使用:w！命令。

写命令(:w)可以将当前文件的全部或部分内容保存到另一个文件，并保持原文件不变。下面的命令序列显示了命名文件或将当前编辑的文件改名的方法：

□ 输入 vi myfirst 并按[Return]键,启动 vi,将 myfirst 文件的内容复制到临时缓冲区。

□ 输入:w yourfirst 并按[Return]键,将临时缓冲区的内容(myfirst)保存到 yourfirst 文件中。当前编辑的文件仍为 myfirst。屏幕显示如下信息:

```
"yourfirst" [New file] 3 lines, 103 characters
```

□ 输入:wq yourfirst 并按[Return]键,将临时缓冲区的内容保存到 yourfirst 文件并退出 vi 编辑器。原文件 myfirst 保持不变。

6.1.2 使用 vi 的启动选项

vi 编辑器从一开始就提供了灵活性。用户可以在命令行中输入特定的启动选项来启动 vi。

只读选项:-R(read only)选项使文件只读,允许用户逐行查看文件内容,但不能修改文件。如果对 myfirst 文件使用该选项,输入 vi -R myfirst 并按[Return]键。vi 编辑器在屏幕的底行显示如下信息:

```
"myfirst" [Read Only] 3 lines, 106 characters
```

如果尝试用:w 或:wq 命令保存只读文件,vi 就会显示信息,指出它是一个只读文件:

```
"myfirst" File is read only
```

实例:用-R 选项操作 myfirst 文件。

$**vi -R myfirst [Return]**........................ 使用只读选项

vi 编辑器打开 myfirst 文件并显示信息,指出它是一个只读文件:

```
The vi history
=
The vi editor is an interactive text editor that is supported by most of
the UNIX operating systems.
~
~
~
"myfirst" [readonly] 3L, 116C
```

如果尝试用:w 或:wq 命令保存只读文件,vi 就会显示信息,指出它是一个只读文件:

```
The vi history
=
The vi editor is an interactive text editor that is supported by most of
the UNIX operating systems.
~
~
~
:wq
'readonly' option is set (use ! to override)
```

如果希望保存只读文件,必须用! 选项强制执行写操作。在本例中,:wq! 命令使只读选

项无效,并写文件:

```
The vi history
=
The vi editor is an interactive text editor that is supported by most of
the UNIX operating systems.
~
~
:wq!
"myfirst" 3L, 116C written
$
```

说明:被强制修改的只读文件可以是用户自己的文件或有权访问的文件。大部分系统文件是只读文件,但是,普通用户不能使这些文件的只读选项无效。

退出只读文件:一般情况下,用户以只读方式打开文件的目的是阅读文件,而不是编辑和保存文件。要退出只读文件,输入:q [Return];要强制退出,输入:q! [Return]。

查看文件:用户可以使用 view 以只读模式打开 vi 编辑器。view 是 vi 的一个版本,它总是以只读模式启动 vi,不允许写文件。也可以用-R 选项以只读模式启动 vi,就像上一节介绍的一样。

下面的两个命令行都是以只读模式打开 myfirst 文件:

$**view myfirst [Return]**........................ 使用 view 查看文件

$**vi -R myfirst [Return]**........................ 使用 vi 和只读选项查看文件

命令选项:-c(命令)选项允许用户将指定的 vi 命令作为命令行的一部分。这个选项可用来在开始编辑之前定位光标,或在文件中搜索模式。要用该选项操作 myfirst 文件,可输入 vi -c/most myfirst 并按[Return]键。它将搜索命令(/most)作为命令行的一部分。vi 编辑器将 myfirst 文件复制到临时工作缓冲区,并将光标放到字 most 第一次出现的行上。

实例:用-c 选项操作 myfirst 文件。

$**vi -c /most myfirst [Return]**.................. 使用-c 命令选项

-c 表明使用了命令选项。

/most 表明将搜索命令作为命令行的一部分。

vi 编辑器打开 myfirst 文件(将 myfirst 文件复制到临时工作缓冲区)并将光标放到第二行上,因为该行有找到的第一个字 most。

```
The vi history
The vi editor is an interactive text editor that is supported by most of
=
the UNIX operating systems.
~
~
"myfirst" 3L, 116C
```

6.1.3 编辑多个文件

用户启动 vi 时,可以给出多个文件名而不仅仅是一个文件名。这时,每当结束一个文件的编辑时,就可以继续编辑下一个文件而不用重新启动 vi 编辑器。按:n(next)启动下一个编辑文件。当用户发出:n 命令时,vi 用下一个文件的内容替换工作缓冲区的内容。但是,如果当前文件已修改,vi 就会显示类似于以下的信息:

```
No write since last change (:next ! overrides)
```

可以用 n! 命令忽略这个提示信息。在这种情况下,将丢失对当前编辑文件所做的修改。使用:ar 命令查看文件名列表。vi 显示文件名列表,并指出当前编辑的文件名。

下面的上机练习需要使用 file1 和 file2,再下一个上机练习需要使用 yourfirst 文件。用 vi 编辑器快速创建这些文件。下面的屏幕显示了每个文件的内容。

```
$vi file1 [Return]............................. 创建 file1 文件
file1
This is file 1.
~
:wq
"file1" 2L, 22C written
$

$vi file2 [Return]............................. 创建 file2 文件

file2
This is file 2.
~
:wq
"file2" 2L, 22C written
$

$vi yourfirst [Return]......................... 创建 yourfirst 文件

yourfirst
This is "yourfirst" file.
~
:wq
"yourfirst" 2L, 36C written
$
```

实例:下面的命令序列显示在命令行中指定多个文件名的例子。

☐ 输入 vi file1 file2 并按[Return]键,启动 vi,编辑 file1 和 file2 两个文件;vi 响应:

```
2 files to edit
"file1" 2 lines, 22 characters
```

```
file1
This is file 1.
~
~
"file1" 2L, 22C
```

☐ 输入:w 并按[Return]键,保存 file1 文件。

☐ 输入:ar 并按[Return]键,显示文件名,vi 用方括号将当前编辑的文件名括起来:

```
[file1] file2

file1
This is file 1.
~
~
:ar
[file1] file2
```

☐ 输入:n 并按[Return]键,开始编辑 file2 文件;vi 响应:

```
"file2" 2 lines, 22 characters

file2
This is file 2.
~
~
:n
"file2" 2L, 22C
```

☐ 输入:ar 并按[Return]键,显示文件名。这次当前文件是 file2,vi 用方括号将 file2 括起来。

```
file1
This is file 1.
~
~
:ar
file1 [file2]
```

说明: 1. 如果用户输入:n 而命令行上没有要打开的文件,vi 就会显示以下信息:

```
No more files to edit
```

2. 可以使用:n 命令打开下一个文件,但是不能打开前面已编辑的文件。
3. 如果在保存对当前文件所做的修改之前输入:n,vi 显示以下信息:

```
No write since last change(:Next! Overrides)
```

在这种情况下,可以保存文件(:w),或输入:n! 并按[Return]键不保存当前文件而编辑下一个文件。

编辑另一个文件:编辑多个文件的另一种方法是用:e(edit)命令切换到新文件。在 vi 编辑器下,输入:e,后面跟文件名,并按[Return]键。通常在进入新文件之前用户应该保存当前文件,除非没做任何修改,否则,vi 编辑器在切换到下一个文件之前警告用户写(保存)当前文件。

实例:尝试下面的命令序列,练习修改文件。

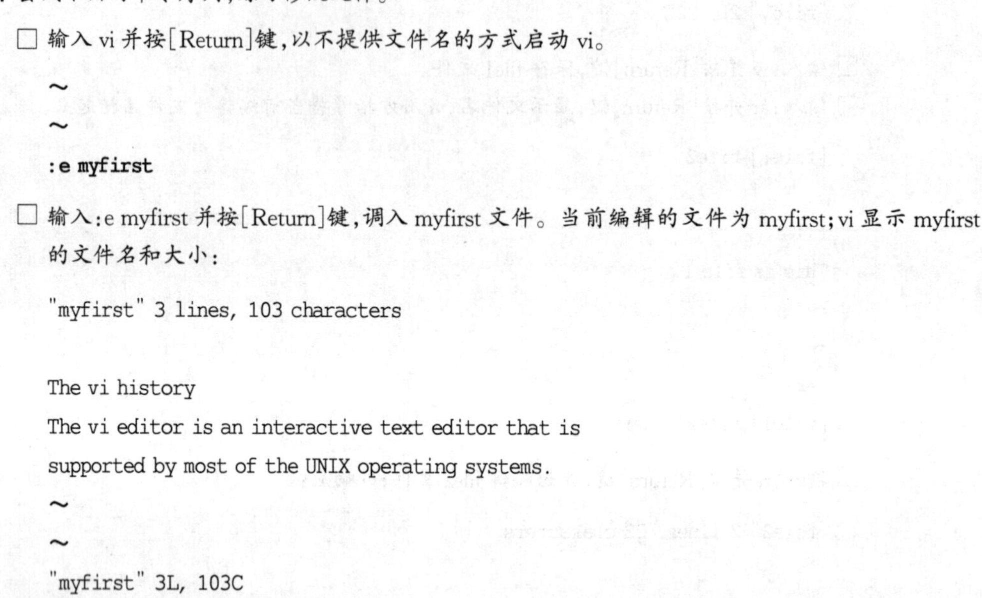

□ 输入 vi 并按[Return]键,以不提供文件名的方式启动 vi。

```
~
~
:e myfirst
```

□ 输入:e myfirst 并按[Return]键,调入 myfirst 文件。当前编辑的文件为 myfirst;vi 显示 myfirst 的文件名和大小:

```
"myfirst" 3 lines, 103 characters

The vi history
The vi editor is an interactive text editor that is
supported by most of the UNIX operating systems.
~
~
"myfirst" 3L, 103C
```

读另一个文件:vi 编辑器允许用户读(引入)另一个文件到当前编辑的文件中。在 vi 编辑器命令模式下,输入:r,后面跟文件名,并按[Return]键。:r 命令将指定文件的副本放到缓冲区中光标位置之后。指定的文件成为当前文件的一部分。

实例:使用下面的命令序列读(引入)另一个文件到当前工作缓冲区。

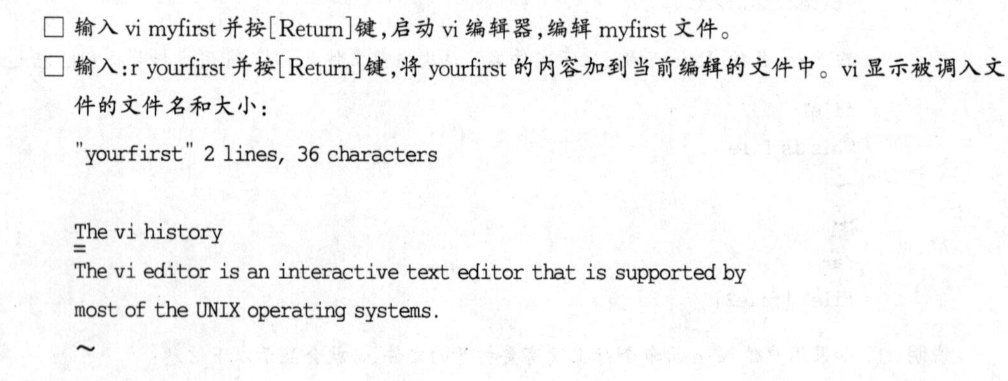

□ 输入 vi myfirst 并按[Return]键,启动 vi 编辑器,编辑 myfirst 文件。

□ 输入:r yourfirst 并按[Return]键,将 yourfirst 的内容加到当前编辑的文件中。vi 显示被调入文件的文件名和大小:

```
"yourfirst" 2 lines, 36 characters

The vi history
The vi editor is an interactive text editor that is supported by
most of the UNIX operating systems.
~
~
:r yourfirst
```

注意,yourfirst 文件的内容正好加到当前行后。现将这两行高亮度显示以引起用户注意。通过将光标放在合适的行上来控制文件插入的位置。例如,如果希望将调入的文件加到文件末尾,就将光标放在最后一行上。

```
The vi history
yourfirst
```

```
This is "yourfirst" file.
The vi editor is an interactive text editor that is supported by most of
the UNIX operating systems.
~
~
"yourfirst" 2L, 36C
```

如果保存这个文件(例如,使用:wq),则 myfirst 文件的内容将如上面这个示例屏幕中显示的,其中 yourfirst 文件的两行已经插入到 myfirst 文件的第 1 行后。

说明: :r 命令只将指定文件的副本加到当前编辑的文件中,指定文件的内容保持不变。

写入另一个文件: vi 编辑器允许用户将当前编辑文件的一部分写(保存)到另一个文件中。首先,用户需要指出希望保存的行的范围,然后用:w 命令写。例如,要将第 5 行到第 100 行的文本保存到 temp 文件中,输入:5,100 w temp,并按[Return]键,vi 就将第 5 行到第 100 行的文本保存到 temp 文件中,并显示类似以下的信息:

```
"temp" [new file] 96 lines, 670 characters
```

如果文件 temp 已经存在,vi 显示一条错误信息。用户可以提供新的文件名或使用:w! 命令覆盖已存在的文件。

实例: 保存 myfirst 文件的前两行到 temp 文件中。

- □ 输入 vi myfirst 并按[Return]键,用 myfirst 文件启动 vi 编辑器。
- □ 输入:1,2 w temp 并按[Return]键,将前两行保存到 temp 文件中。

```
The vi history
=
The vi editor is an interactive text editor that is supported by most of the UNIX operat-
ing systems.
~
~
:1,2 w temp
"temp" [New] 2L, 77C written
```

如果文件名 temp 已经存在,会显示信息:

```
"temp" Use "w!" to write partial buffer
```

在这种情况下,输入:w! 命令覆盖已存在的文件 temp,或重新给出另一个文件名。

- □ 输入:1,2 w! temp 并按[Return]键,将前两行保存到 temp 文件中。如果 temp 文件已存在,就将其覆盖。
- □ 输入:1,2 w xyz 并按[Return]键,将前两行保存到新文件 xyz 中。
- □ 输入:e temp 并按[Return]键,检查 temp 文件的内容。

```
The vi history
The vi editor is an interactive text editor that is supported by most of the
~
```

```
~
:e temp
"temp" 2L, 77C
```

6.2 重排文本

删除、复制、移动和修改文本都可以归类为剪切和粘贴操作。表 6.1 总结了在文件中完成剪切和粘贴操作而组合使用的操作符或命令键。当 vi 在命令模式时,所有的命令都可以使用。除了修改命令外,vi 编辑器在命令完成后仍处于命令模式。修改命令使 vi 编辑器进入文本输入模式,这意味着必须按[Esc]键才能返回到 vi 的命令模式下。

表 6.1 vi 编辑器的剪切和粘贴键

按键	功能
d	删除指定位置的文本,并保存到临时缓冲区中。可以使用 put 操作符(p 或 P)来访问这个缓冲区
y	复制指定位置的文本到临时缓冲区。可以使用 put 操作符(p 或 P)来访问这个缓冲区
P	将指定缓冲区的内容放到当前光标位置之上
p	将指定缓冲区的内容放到当前光标位置之下
c	删除文件并使 vi 进入文本输入模式。这是删除和插入命令的组合

假设用户已将 myfirst 文件显示在屏幕上,光标在 i 上,下面的例子显示了剪切和粘贴的应用。

6.2.1 移动行:dd,p 或 P

实例: 使用删除和 put 操作符,可以将文本从文件的一个位置移到另一个位置。

- ☐ 按 dd,vi 删除当前行,并将删除的行保存到临时缓冲区中,光标移到 s 上。
- ☐ 按 p 键,vi 将前面被删除的行放到当前行下。

```
The vi history
The vi editor is an interactive text editor that is
supported by most of the UNIX operating systems.

The vi history
supported by most of the UNIX operating systems.

The vi history
supported by most of the UNIX operating systems.
The vi editor is an interactive text editor that is
```

- ☐ 使用光标移动键,将光标放到第 1 行的任意字符上。
- ☐ 按 P 键,vi 将被删除的行放到当前行上。

```
The vi editor is an interactive text editor that is
The vi history
supported by most of the UNIX operating systems.
The vi editor is an interactive text editor that is
```

说明：被删除的文本保存在临时缓冲区中，用户可以将它的副本移到文件的不同地方。

6.2.2　复制行：yy，p或P

实例：使用复制和put操作符，可以将文本从文件的一个位置复制到另一个位置。

- ☐ 按yy，vi将当前行复制到临时缓冲区。
- ☐ 使用光标移动键，将光标放到第1行上。
- ☐ 按p键，vi复制临时缓冲区的内容到当前行下。

```
The vi history
The vi editor is an interactive text editor that is
supported by most of the UNIX operating systems.

The vi history
The vi editor is an interactive text editor that is
The vi editor is an interactive text editor that is
supported by most of the UNIX operating systems.
```

- ☐ 使用光标移动键，将光标放到最后1行上。
- ☐ 按P键，vi复制临时缓冲区的内容到当前行上。

```
The vi history
The vi editor is an interactive text editor that is
The vi editor is an interactive text editor that is
The vi editor is an interactive text editor that is
supported by most of the UNIX operating systems.
```

说明：被复制的文本保存在临时缓冲区中，直到被下一个删除或复制操作的文本取代。用户可以将该缓冲区的内容任意多次复制到文件的任何地方。

6.3　vi操作符的域

第4章已经讨论过基本的vi命令；但是，许多vi命令只在一个文本块上操作。一个文本块可以是一个字符、一个字、一行、一句或其他指定的字符集。组合使用vi命令和域控制键可以更好地控制编辑任务。这种类型的命令格式可以表示为：

命令 = 操作符 + 域

没有具体的域控制键表示整行。要想将一行作为命令的域，可以按两次操作符键。例如，按dd删除一行，按yy移出（或复制）一行。表6.2总结了与其他命令组合使用的部分域控制键。

表6.2　部分vi域控制键

域	功能
$	标识域为从光标位置开始到当前行尾
0(零)	标识域为从光标位置前到当前行首
e或w	标识域为从光标位置开始到当前字尾
b	标识域为从光标位置前到当前字首

下面的例子演示了命令和域控制键的组合使用。要练习这些例子，先将myfirst文件显示在屏幕上，然后在这个文件上使用删除、复制和修改操作符，使用户对这些命令有直观的认识。

6.3.1 使用删除操作符和域控制键

实例: 删除从光标位置开始到当前行尾的文本。

☐ 按 d$,vi 删除从光标位置开始到当前行尾的文本,并将光标移到字 by 后面的空格上。

```
The vi history
The vi editor is an interactive text editor that is supported
by most of the UNIX operating systems.
   =
```

说明: 可以使用 u 或 U 键撤销最近的文本修改。

```
The vi history
The vi editor is an interactive text editor that is supported
by=
```

实例: 删除从光标位置之前到当前行首的文本。

☐ 按 d0,vi 删除相应文本,光标停在字母 m 上。

```
The vi history
The vi editor is an interactive text editor that is supported
by most of the UNIX operating systems.
   =

The vi history
The vi editor is an interactive text editor that is supported
most of the UNIX operating systems.
=
```

实例: 删除光标位置后的一个字。

☐ 按 dw,vi 删除字 most 和它后面的空格,光标移到字母 o 上。

```
The vi history
The vi editor is an interactive text editor that is supported
by most of the UNIX operating systems.
   =

The vi history
The vi editor is an interactive text editor that is supported
by of the operating systems.
   =
```

实例: 除光标位置后的多个字(例如,3 个字)。

☐ 按 3dw,vi 删除 3 个字 most、of 和 the 及 the 后面的空格,光标移到字 by 后面的空格上。

```
The vi history
The vi editor is an interactive text editor that is supported
by most of the UNIX operating systems.
   =

The vi history
The vi is an interactive text editor that is supported
```

```
by _ UNIX operating systems.
```

实例：删除到字尾。

☐ 按 de，vi 删除 most，光标移到字母 o 之前的空格上。

```
The vi history
The vi editor is an interactive text editor that is supported
by most of the UNIX operating systems.

The vi history
The vi editor is an interactive text editor that is supported
by_of the operating systems.
```

实例：删除到前一个字的字首。

☐ 按 db，vi 删除字 by，光标仍在字母 o 之前的空格上。

```
The vi history
The vi editor is an interactive text editor that is supported
_of the operating systems.
```

6.3.2 使用复制操作符和域控制键

复制操作符可以同删除操作符一样使用域控制键。p 和 P 操作符用来将复制的文本放到文件的其他地方，并使用域控制键来控制复制文本的哪一部分。

实例：复制从当前光标位置开始到当前行尾的文本。

☐ 按 y$，vi 将从光标位置开始到当前行尾的文本复制到临时缓冲区，光标仍在字母 i 上。
☐ 使用光标移动键，将光标放到最后一行行尾。
☐ 按 p 键，vi 将被复制的文本放到光标位置后。

```
The vi history
The vi editor is an interactive text editor that is supported
by most of the UNIX operating systems.

The vi history
The vi editor is an interactive text editor that is
supported by most of the UNIX operating systems. is supported
```

实例：复制从当前光标位置开始到当前行首的文本。

☐ 按 y0，vi 复制从光标位置开始到当前行首的文本，光标停在字母 e 上。
☐ 使用光标移动键，将光标放到第一行行尾。
☐ 按 P 键，vi 将复制的文本从临时缓冲区复制到光标位置之前。

```
The vi history
The vi editor is an interactive text editor that is supported
by most of the UNIX operating systems.
```

```
The vi historyThe vi_
The vi editor is an interactive text editor that is supported
by most of the UNIX operating systems.
```

6.3.3 使用修改操作符和域控制键

修改操作符 c 可以同删除和复制操作符一样使用域控制键。c 操作符与其他操作符不同的是,它将 vi 从命令模式转换到文本输入模式。按 c 键后,可以从光标位置开始输入文本,文本向右移动。必要的时候文本自动折行以便为输入的文本创造空间。通常,按[Esc]键回到 vi 的命令模式。修改操作符删除由命令的域控制键指出的文本部分,并且使 vi 编辑器进入文本输入模式。

vi 编辑器的某些版本用一个标志来标记将被删除的最后一个字符。这个标志通常是美元符($),它覆盖将被删除的最后一个字符。

实例:下面的例子显示怎样使用修改操作符和域控制键来修改一个字。

- ☐ 按 cw,vi 在当前字尾放置标记,并覆盖字母 t,然后转入文本输入模式。光标仍在准备修改的第一个字符 m 上。
- ☐ 输入 all,将字 most 改为 all。
- ☐ 按[Esc]键,vi 回到命令模式。标记被删除。

```
The vi history
The vi editor is an interactive text editor that is supported
by most of the UNIX operating systems.
   =

The vi history
The vi editor is an interactive text editor that is supported
by mos$ of the UNIX operating systems.
   =

The vi history
The vi editor is an interactive text editor that is supported
by all of the UNIX operating systems.
     =
```

6.4 在 vi 中使用缓冲区

vi 编辑器有多个用做临时存储的缓冲区。保存用户文件副本的临时缓冲区(工作缓冲区)已在第 4 章讨论过了。当使用写命令时,该缓冲区的内容就被复制到一个永久文件中。有两种类型的临时缓冲区:数字编号缓冲区和命名缓冲区(字母编号缓冲区),这两种缓冲区都可用来保存修改和以后再找回变更。

6.4.1 数字编号缓冲区

vi 编辑器使用 9 个临时缓冲区,编号从 1 到 9。每次删除或复制的文本都放在这些缓冲区中,用户指定缓冲区号就可以访问任何一个缓冲区。每次新删除或复制的文本替换缓冲区以前的内容。例如,当用户发出 dd 命令时,vi 将被删除的行存到缓冲区 1。当再次使用 dd 删除另一行时,vi 将以前的内容放到下一个缓冲区,在这里是缓冲区 2,然后将新内容存到缓冲区 1。这意味着缓冲区 1 总是保留最近被修改的内容。每次用户发出删除或复制命令时,数字编号缓冲区的内容都要改变。当然,当对文本进行一些修改之后,用户就不知道每个编号缓冲区存放的内容了。但是，继续读下去，精彩还在后面。

用 put 操作符，并在它前面加上缓冲区号就可以找回数字编号缓冲区的内容。例如，要找回缓冲区 9 的内容，输入"9p。命令"9p 表示将缓冲区 9 的内容复制到光标位置。指定缓冲区的格式可以表示为：

双引号 + *n*(*n* 是缓冲区号，取 1 到 9) + (p 或 P)

图 6.1 到图 6.5 描述了临时数字编号缓冲区。该示例解释了用户在文件中修改文本时 vi 编辑器的事件序列。

下面的上机练习需要创建一个文件，它的内容如下所示。使用 vi，在 Chapter6 目录下创建 buffer 文件。

```
AAAAAAAAAA
22222222222222
BBBBBBBBBBB
33333333333333
CCCCCCCCCCC
```

实例： 假设用户屏幕如图 6.1 所示，有 5 行文本，并且数字编号缓冲区是空的，因为用户还没有做任何编辑操作。

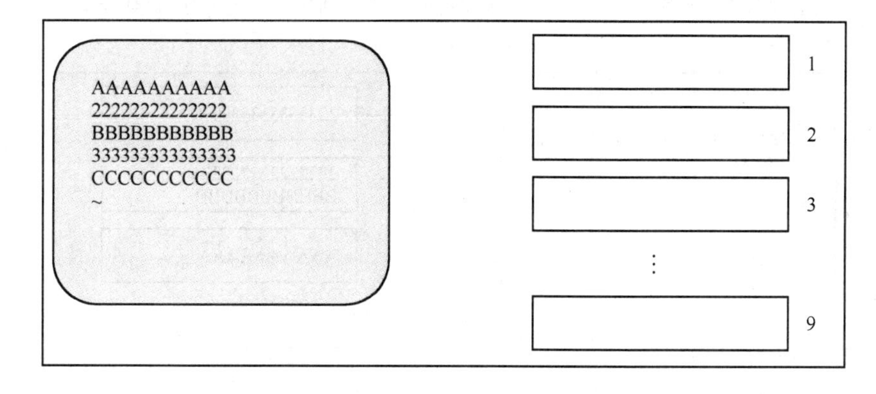

图 6.1　vi 编辑器的 9 个数字编号缓冲区

□ 将光标定位在第一行上，使用删除命令删除当前行。vi 编辑器将被删除的行保存在缓冲区 1，屏幕显示和缓冲区情况如图 6.2 所示。

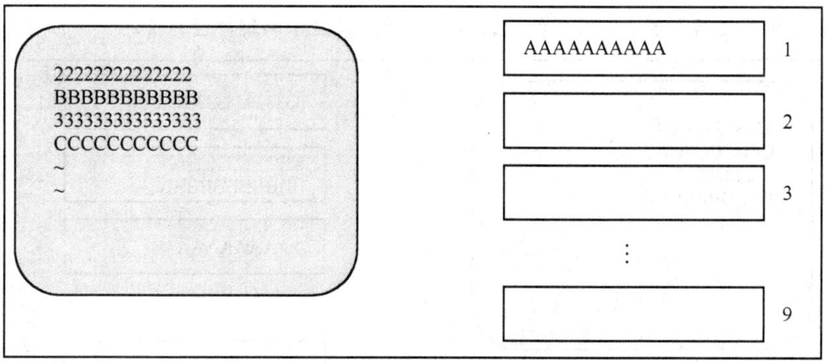

图 6.2　第一次删除后的屏幕显示和缓冲区情况

□ 使用删除命令一次删除两行。vi 编辑器从文本中删除两行,并将临时缓冲区的内容向下移动一个缓冲区,被删除的两行移到空缓冲区 1。屏幕显示和缓冲区情况如图 6.3 所示。

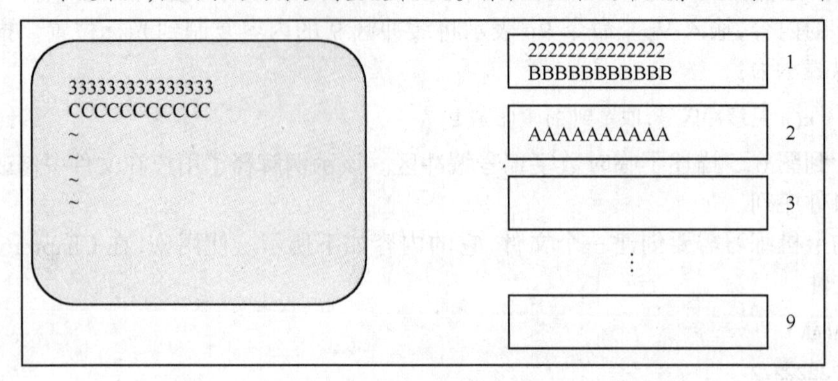

图 6.3　第二次删除后的屏幕显示和缓冲区情况

说明: 1. 被删除的两行保存在一个缓冲区中。数字编号缓冲区可以保存用户修改的任意大小的文本,而不仅仅是 1 行。任何大小的文本,无论是 1 行还是 100 行,都可以保存在一个缓冲区中。

2. 当所有 9 个缓冲区都满了以后,vi 在缓冲区 1 存入新的内容,缓冲区 9 的内容将丢失。

□ 用户复制的文本也存在临时缓冲区中。将光标放在第一行上,然后输入 yy。vi 将复制的行放入缓冲区 1。记住,vi 必须将所有缓冲区的内容移到下一个缓冲区,以便清空缓冲区 1,然后将新的内容复制到缓冲区 1。如图 6.4 所示。

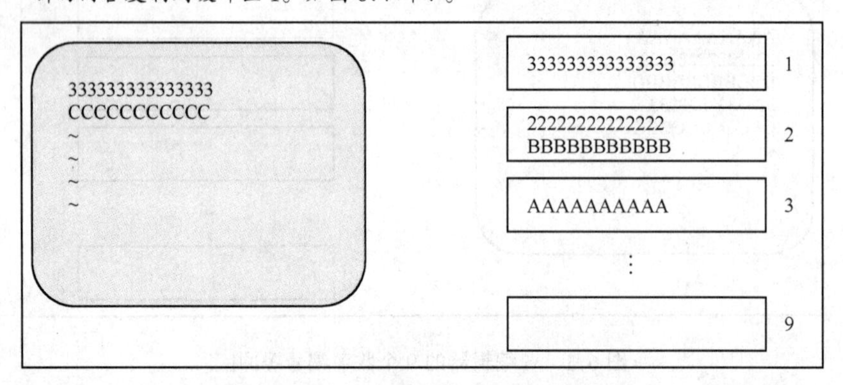

图 6.4　复制后的屏幕显示和缓冲区情况

□ 现在,如果用户还记得数字编号缓冲区的内容,就可以通过在命令中指定缓冲区号来访问任何一个缓冲区。例如,要复制缓冲区 2 的内容到文件尾,可输入"2p,vi 会将缓冲区 2 的内容复制到光标位置之后。图 6.5 显示执行该命令后的屏幕显示和缓冲区的情况。

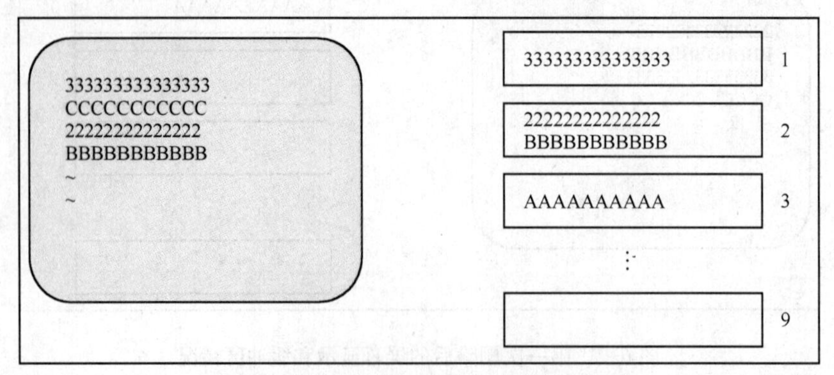

图 6.5　put 命令后的屏幕显示和缓冲区情况

说明：访问缓冲区不会改变缓冲区的内容。

6.4.2 字母编号缓冲区

vi 编辑器还使用 26 个命名缓冲区。这些缓冲区用小写字母 a 到 z 来命名。用户通过指定缓冲区的名字引用它们。这些缓冲区同数字编号缓冲区类似，不同之处在于，每次用户在文件中删除或复制文本时，vi 编辑器不自动改变这些缓冲区的内容。它给用户提供了对操作的更多控制权。用户可以将删除或复制的文本存到指定的缓冲区，然后用 put 操作符将指定缓冲区的文本复制到文件的其他地方。字母编号缓冲区的内容保持不变，直到用户在删除或复制操作中指定了该缓冲区。在命令中引用缓冲区的格式如下：

双引号 + 缓冲区名(从小写字母 a 到 z) + 命令

实例：完成下列操作，练习使用命令对指定的缓冲区进行操作。

- □ 输入"wdd，删除当前行，将它的副本保存到缓冲区 w。
- □ 输入"wp，将缓冲区 w 的内容复制到光标位置。
- □ 输入"z7yy，复制 7 行到缓冲区 z。
- □ 输入"zp，将缓冲区 z 的内容(7 行)复制到光标位置。

注意：1. 这些命令不会显示在屏幕上。
2. 字母编号缓冲区用小写字母 a 到 z 命名。
3. 使用这些命令不需要按[Return]键。

6.5 光标定位键

屏幕一次显示 24 行文本，如果文件包含多于 24 行的文本，用户可以使用光标移动键向上或向下滚动文件来查看。如果文件包含 1000 行文本，则需要大约 999 次按键才能将第 999 行调入屏幕查看。这是很麻烦并且不实际的。要解决这个问题，用户可以使用 vi 编辑器的翻页操作符。表 6.3 总结了翻页操作符及其功能。

表 6.3 vi 的翻页操作符

按键	功能
[Ctrl-d]	将光标向下移动到文件尾，通常每次移动 12 行
[Ctrl-u]	将光标向上移动到文件头，通常每次移动 12 行
[Ctrl-f]	将光标向下移动到文件尾，通常每次移动 24 行
[Ctrl-b]	将光标向上移动到文件头，通常每次移动 24 行

注意：[Ctrl-d]表示同时按下[Ctrl]键和[d]键，这个约定同样适用于其他控制键。

如果用户文件确实很大，以至于使用翻页键来定位光标也不实际，那么还有一种定位光标的方法是使用 G，前面加上希望光标将位于的行号。

实例：完成下列操作，使第 1000 行成为当前行。

- □ 输入 1000G，将光标移到第 1000 行上。
- □ 输入 1G，将光标移到第 1 行上。
- □ 输入 G，将光标移到文件尾。

另一种有用的命令是[Ctrl-g],它告诉用户当前行号。例如,在命令模式下按[Ctrl-g]键,vi 编辑器显示类似于以下的信息:

```
"myfirst" line 30 of 90 - 30%
```

6.6 定制 vi 编辑器

vi 编辑器有许多参数(也称为选项或标志)可供用户设置来控制工作环境。这些参数有默认值,但可调整,包括 tab 设定、右边缘设定,等等。

要想查看完整的参数列表和它们在系统上的当前设置,进入命令模式,输入:set all 并按[Return]键。

终端屏幕显示类似于图 6.6 所示的选项。用户的系统可能还有其他的选项设置。

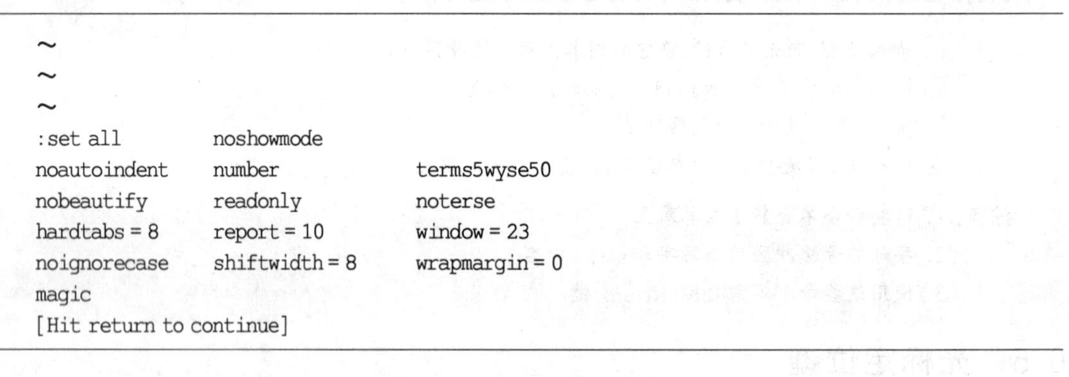

```
~
~
~
:set all          noshowmode
noautoindent      number           terms5wyse50
nobeautify        readonly         noterse
hardtabs = 8      report = 10      window = 23
noignorecase      shiftwidth = 8   wrapmargin = 0
magic
[Hit return to continue]
```

图 6.6 屏幕显示的 vi 选项

6.6.1 选项的格式

set 命令用来设置选项,选项可以分为三类,每类的设置方式不同:

- 布尔(触发器)
- 数字式
- 串

假设有一个选项称为 X,下例显示了如何设置这三类选项。

布尔选项

布尔选项像触发开关一样工作:用户可以打开或关闭它们。这些选项通过输入选项名来设置,通过在选项名前加 no 来禁止。输入 set X 设定选项 X,输入 set noX 禁止选项 X。

注意: no 和选项名之间没有空格。

数字式选项

数字式选项接受数字值,选项不同,数字值的范围也不同。输入 set X=12,将 12 赋予 X。

串选项

串选项同数字式选项类似,但是它接受串值。输入 set X=PP,将 PP 赋予 X。

注意: 在等号两边没有空格。

set 命令

set 命令用来设置不同的 vi 环境选项、列出这些选项或取得指定选项的值。set 命令的基本格式如下所示，按[Return]键结束每个命令：

```
:set all
```

在屏幕上显示所有的选项。

```
:set
```

只显示修改过的选项。

```
:set X?
```

显示选项 X 的值。

6.6.2　设置 vi 的环境

通过给 vi 的编辑参数设置新值可以定制 vi 编辑器的行为。用户可以使用几种不同的方法来设置。最直接的方法是用 vi 的 set 命令设置想要的值。在这种情况下，用户发出 set 命令之前必须使 vi 处于命令模式下。使用这种方法可以设置每个选项；但是，修改是临时的，只在用户当前编辑会话期间有效。当用户退出 vi 编辑器后，选项设置作废。

本小节介绍一些有用的 vi 参数(以字母顺序列出)，表 6.4 总结了这些选项。大多数选项名有缩写形式，在 set 命令中可以使用全名或缩写名。

表 6.4　部分 vi 环境选项

选项	缩写	功能
autoindent	ai	将新行与前一行的行首对齐
ignorecase	ic	在搜索选项中忽略大小写
magic		允许在搜索时使用特殊字符
number	nu	显示行号
report		通知用户上一个命令影响的行号
scroll		设定[Ctrl-d]命令翻动的行数
shiftwidth	sw	设置缩进的空格数，与 autoindent 选项一起使用
showmode	smd	在屏幕的右角显示 vi 编辑器的模式
terse		缩短错误信息
wrapmargin	wm	设置右边界为指定的字符数

autoindent 选项： autoindent(ai)选项将用户在文本模式下输入的每个新行与前一行行首对齐。这个选项对于用 C、Ada 或其他结构化程序设计语言编写计算机程序时很有用。用[Ctrl-d]减少一级缩进。在文本插入模式时，每次按[Ctrl-d]键都将减少由 shiftwidth 选项指定的列数。这个选项的默认值是 noai。

ignorecase 选项： vi 编辑器执行搜索时是大小写敏感的，即它区别大小写字母。为了使 vi 忽略字母的大小写，输入:set ignorecase 并按[Return]键。

要恢复 vi 编辑器的大小写敏感搜索，输入:set noignorecase 并按[Return]键。

magic 选项： 某些字符(如方括号[ ])在用做搜索串时有特殊的含义。当用户将该选项设为 nomagic 时，这些字符不再有特殊的含义。这个选项的默认值是 magic。

要设置 magic 选项,输入:set magic [Return],如果不设置这个选项,输入:set nomagic [Return]。

number 选项: vi 编辑器一般不显示每行的行号。但是也有特殊情况,如用户想用行号引用一行,并且有时屏幕上有行号可以使得用户更清楚地认识到文件的大小和当前编辑的是文件的哪一部分。

要显示行号,输入:set number 并按[Return]键。

下面的屏幕显示了设置 number 选项后的 myfirst 文件。

```
1 The vi history
2 The vi editor is an interactive text editor that is supported
3 by most of the UNIX operating systems.
~
~
:set number
```

如果决定不显示行号,输入:set nonumber 并按[Return]键。

说明: 行号不是文件的一部分,只有使用 vi 编辑器时它们才出现在屏幕上。

report 选项: vi 编辑器在用户编辑作业时不提供任何反馈。例如,输入 5dd,vi 删除从当前行开始的 5 行,但不会在屏幕上显示任何确认信息。如果希望看到与编辑有关的反馈,用 set 命令设置 report 参数。这个参数设为使 vi 编辑器显示受影响的行的最小行数。

要设置 report 选项为影响两行时有效,输入:set report=2 并按[Return]键。如果用户编辑作业影响两行以上时,vi 在状态行上显示报告。例如,删除两行(2dd)和复制两行(2yy)分别在屏幕底部产生下列报告:

```
2 lines deleted
2 lines yanked
```

如果希望在文件每次发生改变时收到反馈,输入:set report=0 [Return]。现在即使文件中只有一个字符发生改变也会收到反馈。

scroll 选项: scroll 选项用来设置使用[Ctrl-d] 键(在命令模式下)时屏幕翻动的行数。例如,要使屏幕翻动 5 行,输入:set scroll=5 并按[Return]键。

shiftwidth 选项: 当 autoindent 选项起作用时,shiftwidth(sw)选项设置按[Ctrl-d]键(在文本输入模式下)缩进的空格数。这个选项的默认设置是 sw=8。如要改变设置为 10,输入:set sw=10 并按[Return]键。

showmode 选项: vi 编辑器不显示任何可见的反馈来指明它是在文本输入模式还是命令模式下。这可能会引起混乱,特别是对初学者。用户可以设置 showmode 选项在屏幕上提供可见反馈。

要设置 showmode 选项,输入:set showmode 并按[Return]键。然后,用户按不同的键将命令模式转换为文本输入模式,vi 就在屏幕的右下角显示不同的信息。如果用户按 A 或 a 键改变模式,vi 显示 APPEND MODE;如果用户按 I 或 i 键,vi 显示 INSERT MODE;如果用户按 O 或 o 键,vi 显示 OPEN MODE,等等。

这些信息一直保留在屏幕上直到用户按[Esc]键改变到命令模式。当屏幕上没有任何信息时,vi 在命令模式下。

要关闭 showmode 选项,输入:set noshowmode 并按[Return]键。

terse 选项: terse 选项使 vi 编辑器显示更简短的错误信息。这个选项的默认值是 noterse。

6.6.3 行长和行回绕

用户的终端屏幕通常有 80 列。当输入文本到达行尾(超过第 80 列)时,开始一个新行,这就是行回绕。当用户按[Return]键时,也开始一个新行。因此,屏幕上一行的行长可以是 1 到 80 个字符之间的任意长度。但是,只有在用户按[Return]键时,vi 编辑器才在文件中开始一个新行。如果在按[Return]键之前输入了 120 个字符,文本在屏幕上以两行出现,但在文件中它是由 120 个字符组成的一行。

长的行在打印文件时存在问题,并且它使屏幕上的行号与文件中实际的行号不符。限制行长的最简单的办法是在每次到达屏幕上的行尾之前按[Return]键。限制行长的另一个办法是设置 wrapmargin 参数,让 vi 编辑器自动插入回车符。

wrapmargin 选项: 当用户输入文本到达距右边界指定的字符数时,wrapmargin 选项使 vi 编辑器断开输入的文本。例如,要设置 wrapmargin 为 10(其中 10 为距离屏幕右边界的字符数),输入:set wrapmargin=10 并按[Return]键。则输入到达第 70(80 减 10)列时,vi 编辑器开始新行,就如同用户按了[Return]键一样。如果用户输入字时超过第 70 列,vi 将整个字移到下一行。这意味着右边界可能会不齐。但是要记住,vi 编辑器不是文本格式化或字处理工具。

wrapmargin 选项的默认值是 0(零)。要关闭 wrapmargin 选项,输入:set wrapmargin=0 并按[Return]键。

6.6.4 缩写和宏

vi 编辑器为用户提供一些捷径使输入更快更简单,:ab 和:map 两个命令就起这个作用。

缩写操作符: ab(abbreviation)命令可以给任何字符串指定缩写。这可以帮助用户加快输入。用户可以为经常输入的文本选择一个容易记住的缩写,在 vi 编辑器中设置该缩写后,就可以使用缩写代替输入完整的文本。例如,要缩写经常在本书中使用的 UNIX Operating System 为 uno,输入:ab uno UNIX Operating System 并按[Return]键。

在本例中,uno 是 UNIX Operating System 的缩写;因此,当 vi 在文本输入模式下,任何时候输入 uno 和一个空格,vi 将 uno 扩展为 UNIX Operating System。如果 uno 是另一个字的一部分,如 unofficial,则不会发生扩展。uno 前面和后面的空格使 vi 编辑器意识到 uno 是缩写,然后扩展它。

要取消缩写,使用 unab(unabbreviate)操作符。例如,要取消 uno 缩写,输入:unab uno 并按[Return]键。

要列出已设置的缩写,输入:ab 并按[Return]键。

说明: 1. 缩写是在 vi 编辑器命令模式下指定的,在文本输入模式下输入时使用。
2. 缩写的设置是临时性的,只在当前编辑会话中才起作用。

实例: 尝试设置如下所示的缩写。

□ 输入:ab ex extraordinary adventure 并按[Return]键,将 ex 指定为 extraordinary adventure 的缩写。

□ 输入:ab 123 one, two, three, etc. 并按[Return]键,将 123 指定为 one, two, three, etc. 的缩写。

□ 输入:ab 并按[Return]键,显示所有指定的缩写:

```
ex extraordinary adventure
123 one, two, three, etc.
```

□ 输入:unab 123 并按[Return]键取消 123 缩写。

宏操作符:宏操作符(map)可以指定单个键代表键序列。就像缩写操作符为用户在文本输入模式下创建了捷径一样,map 在命令模式下创建了捷径。例如,要指定命令 5dd(删除 5 行)为 q,输入:map q 5dd 并按[Return]键。那么,当 vi 在命令模式下,每次按 q 键,vi 都删除 5 行文本。

要取消一个 map 指定,使用 unmap 操作符。输入:unmap q 并按[Return]键。

要查看 map 键列表和各键指定的内容,输入:map 并按[Return]键。

vi 编辑器使用键盘上的大多数键作为命令。只留下有限的键用来指定键序列。可用的键有 K、q、V、[Ctrl-e]和[Ctrl-x]。

用户也可以在 map 命令中指定终端的功能键。在这种情况下,输入 #n 作为键名,其中 n 指功能键号。例如,将 5dd 指定给[F2]键,输入:map #2 5dd 并按[Return]键。

然后,如果用户在命令模式下按[F2]键,vi 删除 5 行文本。

实例:下面的例子显示了一些键指定。

□ 输入:map V /unix 并按[Return]键,将[V]键指定为搜索 unix 的搜索命令。

□ 输入:map #3 yy 并按[Return]键,将[F3]键指定为复制一行命令。

□ 输入:map 并按[Return]键,显示 map 键的指定:

```
V     /unix
#3    yy
```

实例:假设用户希望在文件中查找字 unix 并用 UNIX 替换它,完成下列操作(搜索和替换命令在本章后讨论)。

□ 输入:/unix 并按[Return]键,搜索 unix。

□ 输入 cwUNIX 并按[Esc]键,将 unix 改为 UNIX,返回到 vi 的命令模式。

在 map 键指定中,用户在命令行中按[Ctrl-v][Return]表示[Return],按[Ctrl-v][Esc]表示[Esc]。因此,将前面的命令序列映射为单个键,如 V,输入:map V /unix 并按[Ctrl-v][Return],然后输入 cwUNIX 并按[Ctrl-v][Esc]。该命令行中使用了不能打印的字符([Ctrl-v]和[Esc]),因此用户在屏幕上看到的是如下信息:

```
:map V /unix ^McwUNIX ^[
```

说明:1. 用户在 vi 编辑器中创建的 map 键是临时的,只在当前编辑会话中起作用。

2. 在 vi 的命令模式下进行 map 键的指定和使用。

注意:如果[Return]键和[Esc]键是 map 键赋值的一部分,用户必须在按它们之前按[Ctrl-v]键。

6.6.5 .exrc 文件

用户在 vi 编辑器下设置的所有选项都是临时的,当用户退出 vi 时它们不再起作用。要使选项设置保持不变,从而避免重新设置每个编辑作业,可以在 .exrc 文件中保存选项设置。

说明: 以 .(点)开始的文件称为隐藏文件,第 5 章中已经学习过。

当用户启动 vi 编辑器时,它自动在当前(工作)目录下检查是否存在 .exrc 文件,如果存在就根据该文件的内容设置编辑环境。如果在当前目录下没有找到 .exrc 文件,vi 就检查主目录;如果找到了,就根据文件的内容设置选项。如果 vi 没有找到 .exrc 文件,它就取该选项的默认值。

vi 检查 .exrc 文件是否存在的方式,给用户提供了强有力的工具,用户可以根据不同的编辑需要来创建 .exrc 文件。例如,可以在主目录下创建一个通用的 .exrc 文件,在保存程序的目录下为 C 程序设计创建一个不同的 .exrc 文件。用户可以使用 vi 编辑器创建 .exrc 文件或修改已存在的 .exrc 文件。

实例: 创建 .exrc 文件,输入 vi .exrc 并按[Return]键。然后输入用户想用的设置和其他命令(与以下屏幕显示类似)。

```
set report = 0
set showmode
set nu
set wm = 10
ab uop UNIX Operating System
map q 5dd
```

注意: 不要忘记文件名前的 .(点)。

如果在主目录下创建了这个文件,每次使用 vi 时就会建立编辑环境。根据前面显示的设置,vi 将显示它所处的模式、行号,设置右边界为 10 个字符(行长为 70)。每次用户输入 UOP 加一个空格就插入 UNIX Operating System 到文件中,每次按 q 键就删除 5 行。

说明: 1. .exrc 文件属于启动文件。

2. 还有其他的工具以类似于使用 .exrc 文件的方式使用启动文件。

6.7　其他的 vi 命令

在总结对 vi 编辑器的讨论之前,我们必须考虑另外一些 vi 操作符。用户在了解了足够的 vi 编辑器命令和其他资料后,就可以简单有效地创建或修改文件。但这不是 vi 所能做的全部。vi 编辑器有 100 多条命令和许多变量,再结合域控制,可以使用户更详细地控制编辑作业。

6.7.1　运行 shell 命令

用户可以在 vi 命令行中运行 UNIX 的 shell 命令。这一方便的特性允许用户暂时将 vi 编辑器放在一边,转而执行 shell 命令。!(感叹号)提示 vi 下一个命令是 UNIX 的 shell 命令。例如,要在 vi 编辑器下运行 date 命令,输入:! date 并按[Return]键。vi 编辑器将清屏,执行命令 date,用户在屏幕上就会看到类似于以下的显示:

```
Sat  Nov  27  14:00:52  EDT  2005
```

```
[Hit any key to continue]
```

按任意键返回到vi编辑器,可以在前面暂停的地方继续编辑。如果需要,用户也可以查看shell命令的执行结果并将其加入到文本中。使用:r(read)跟!命令,可将命令的结果插入到编辑文件中。

实例: 输入:r ! date并按[Return]键,读系统的日期和时间;vi将当前日期和时间放在当前行下。

vi编辑器仍在命令模式下。

```
The vi history
The vi editor is an interactive text editor that is supported
by most of the UNIX operating systems.
```

```
The vi history
The vi editor is an interactive text editor that is supported
Sat Nov 27 14:00:52 EDT 2005
by most of the UNIX operating systems.
```

实例: 下面的命令序列显示!的使用方式。

- 输入:! ls并按[Return]键,列出当前目录下的文件。
- 输入:! who并按[Return]键,显示当前谁登录到系统上。
- 输入:! date并按[Return]键,显示日期和时间。
- 输入:! pwd并按[Return]键,列出工作目录的路径。
- 输入:r ! date并按[Return]键,读date命令的结果并放到光标位置之后。
- 输入:r ! cal 1 2005并按[Return]键,读2005年1月的日历并放到光标位置之后。
- 输入:! vi mylast并按[Return]键,启动vi的另一个副本来编辑mylast文件。

6.7.2　行连接

使用J命令连接两行。J命令将当前行下面的一行连接到当前行上,放到光标位置之后。如果两行连接产生一个较长的行,vi将其按屏幕进行折行。

实例: 完成下列操作即可连接两行。

- 使用光标移动键将光标放在第一行行尾。
- 按J键,vi将当前行下面的一行连到当前行上。

```
The vi history
The vi editor is an interactive text editor that is supported by most of the UNIX operating
systems.
```

```
The vi history The vi editor is an interactive text editor that is supported by most of the
UNIX operating systems.
```

6.7.3　搜索和替换

有时,用户想在整个文件中修改某个字。如果文件较长,遍历全文并找到每个要修改的字比较麻烦。另外,也有可能漏掉一个或几个字。较好的办法是使用 vi 的搜索命令(/和?)结合其他命令来完成这项工作。

实例: 下面的命令序列演示 vi 的搜索和替换功能。

- ☐ 输入:/UNIX 并按[Return]键,向下搜索找到第一个 UNIX。
- ☐ 输入 cwunix 并按[Return]键,将 UNIX 替换为 unix。
- ☐ 输入 n,找到下一个 UNIX。
- ☐ 按 .(点)键,重复上一次修改(将 UNIX 替换为 unix)。
- ☐ 输入:? unix 并按[Return]键,从当前行开始向上搜索,找到第一个 unix。
- ☐ 输入 dw,删除单词 unix。
- ☐ 输入 n,找到下一个 unix。
- ☐ 按 .(点),重复上一个命令(dw)删除 unix。

6.7.4　文件恢复选项

当用户正在编辑文件时,如果系统或 vi 崩溃怎么办? 幸运的是,vi 提供了文件恢复选项。当系统或 vi 崩溃时,它可以恢复当时(在缓冲区中)正在编辑的文件,在大多数情况下,恢复很容易。用-r 选项启动 vi 编辑器崩溃时正在编辑的文件。例如,下面的命令行可以恢复 myfirst 文件:

$vi -r myfirst [Return].................... 启动 vi 的恢复选项

如果不提供文件名进行编辑,或不记得当时编辑的文件名,可输入 vi-r 命令,不带命令名参数。

$vi -r [Return]........................... 启动 vi 的恢复选项,不带文件名

在这种情况下,vi 显示已保存的文件列表,类似于图 6.7 所示。

```
$vi -r
/usr/preserve/david:
On Wed Aug 22 at 15:23, saved 2 lines of file "myfirst"
On Mon Oct 06 at 09:12, saved 6 lines of file "yourfirst"
/var/tmp:
No files saved.
$
```

图 6.7　使用 vi 的文件恢复选项

Linux 的 vim 编辑器

就像在第 4 章提到的一样,Linux 提供 vim 编辑器,它向上兼容 vi 编辑器。实际上,用户每次使用 vi,都启动了 vim 编辑器。像 vi 一样,vim 可以用来编辑任何文本文件。但是,vim 在 vi 的基础上增强了很多功能,包括改进的文件恢复和帮助命令。

help 命令:在 vi 编辑器下,输入下面的命令:

:help recovery [Return]..................... 显示文件恢复的用法

将显示文件恢复命令的详细用法。

recover 命令: 当用户启动 vi 编辑文件时,可能会得到"ATTENTION: Found a swap file..."信息。这意味着上一次用户编辑该文件时发生了某件事情造成崩溃,而崩溃之前 vi 保存了该文件的副本。在这种情况下,使用 recover 命令来恢复文件。

: recover [Return]......................... 恢复当前文件

可使用 man 命令获得更多有关 vim 编辑器及其功能的信息。

命令小结

本章讨论了以下的 vi 编辑器命令和操作符。这些命令是用户在第 4 章学习的命令的补充。

剪切和粘贴键

这些键用来重新安排用户文件中的文本,在 vi 的命令模式下可用。

键	功能
d	删除指定位置的文本,并保存到临时缓冲区中。可以使用 put 操作符来访问这个缓冲区
y	复制指定位置的文本到临时缓冲区。可以使用 put 操作符来访问这个缓冲区
P	将指定缓冲区的内容放到当前光标位置之上
p	将指定缓冲区的内容放到当前光标位置之下

翻页键

翻页键用来大块滚动用户的文件。

键	功能
[Ctrl-d]	将光标向下移动到文件尾,通常每次移动 12 行
[Ctrl-u]	将光标向上移动到文件头,通常每次移动 12 行
[Ctrl-f]	将光标向下移动到文件尾,通常每次移动 24 行
[Ctrl-b]	将光标向上移动到文件头,通常每次移动 24 行

域控制键

使用 vi 命令结合域控制键可以使用户更好地控制编辑任务。

域	功能
$	标识域为从光标位置开始到当前行尾
0(零)	标识域为从光标位置前到当前行首
e 或 w	标识域为从光标位置开始到当前字尾
b	标识域为从光标位置前到当前字首

设置 vi 的环境

用户通过设置 vi 的环境选项可以定制 vi 编辑器的行为。用 set 命令改变选项值。

选项	缩写	功能
autoindent	ai	将新行与前一行的行首对齐
ignorecase	ic	在搜索选项中忽略大小写
magic		允许在搜索时使用特殊字符
number	nu	显示行号
report		通知用户上一个命令影响的行号
scroll		设定[Ctrl-d]命令翻动的行数
shiftwidth	sw	设置缩进的空格数,与 autoindent 选项一起使用
showmode	smd	在屏幕的右角显示 vi 编辑器的模式
terse		缩短错误信息
wrapmargin	wm	设置距屏幕右边界为指定的字符数

习题

1. 以只读模式打开 xyz 文件的命令行是什么?
2. 打开 xyz 文件,并将光标放在第 1 字 UNIX 所在行上的命令行是什么?
3. 什么是 view?
4. 什么是数字编号缓冲区?
5. 什么是字母编号缓冲区?
6. 写出下面的 vi 命令。
   a. 删除 1 行
   b. 删除 1 个字
   c. 复制 1 行
   d. 复制 1 个字
   e. 删除到当前行尾
   f. 将两行保存到缓冲区 z
   g. 将缓冲区 z 的内容复制到当前行后
   h. 将缓冲区 2 的内容复制到当前行后
7. 取消 showmode 选项的 vi 命令是什么?
8. 将“one two three”缩写为“123”的 vi 命令是什么?
9. 什么是 .exrc 文件? 什么时候执行 .exrc 文件?
10. 在 vi 中执行 shell 命令(如 date)的命令是什么?
11. 读当前日期并将它放到当前行下的 vi 命令是什么?
12. 要求 vi 显示确认信息的 set 命令是什么?
13. 什么是 vi 的文件恢复选项?
14. 取得崩溃之前保存的文件列表的命令是什么?
15. 什么是 vim 编辑器?
16. 匹配左列的命令和右列的命令解释。所有的命令只适用于命令模式:
    (1) G　　　　a. 用字母 x 替换光标处的字符
    (2) /most　　b. 将光标放到文件的最后一行上

(3) [Ctrl-g]	c. 复制 4 行到缓冲区 x 中
(4) 2dw	d. 将光标向下移动 1 行
(5) j	e. 显示当前行的行号
(6) "x4yy	f. 将光标定位到第 66 行
(7) $	g. 删除光标处的字符
(8) 0(零)	h. 查看缓冲区 1 的内容
(9) 66G	i. 删除两个字
(10) x	j. 将光标定位到当前行尾
(11) rx	k. 查找字 most
(12) "lp	l. 将光标定位到当前行的行首

17. 在使用 vi 编辑器时,下面的操作用什么命令?
    a. 设置行号选项
    b. 保存 5 行到缓冲区 x
    c. 将日期串读入(输入)用户文件中
    d. 列出当前目录
    e. 创建缩写
    f. 取消缩写
    g. 读另一个文件
    h. 写(保存)文件而不退出 vi 编辑器
    i. 删除一个字

上机练习

实例:在这个上机练习中,创建 garden 文件,练习使用本章讨论的编辑键。文件内容如屏幕 1 所示。然后使用剪切和粘贴、光标定位和其他命令使它如屏幕 2 所示。最后,在 garden 文件上执行下列命令。

1. 创建用户名字的缩写并将它加到文件头。
2. 创建 map 键,它查找包含指定字的行并删除该行。
3. 撤销前面的文本修改操作。
4. 在 vi 中列出用户当前目录下的文件。
5. 读日期和时间并将它放到 garden 文件中用户名之后。
6. 读另一个文件(打开它),加到 garden 文件后。
7. 用另一个名字保存文件。
8. 设置 showmode 选项。
9. 设置行号选项。
10. 将光标移到文件尾。
11. 将光标移到文件头。
12. 将光标移到第 10 行。
13. 搜索字 weds。
14. 设置 report 选项为 1。

15. 取消行号选项。
16. 删除 5 行，观察 vi 的反馈信息。使用 U 撤销删除操作。
17. 从文件头复制 5 行到文件尾，观察 vi 的反馈信息。使用 U 撤销最后一次编辑。
18. 使用翻页键、[Ctrl-d]键、[Ctrl-u]键等，观察结果。
19. 在 vi 中复制当前文件的 5 行并保存到另一个文件中。
20. 使用 date 命令在文件头增加当前日期。

屏幕 1

```
Everywhere the trend is toward a simpler, and easy to care garden. Few advises might help you to
have less trouble with your gardening. I am sure you have heard them before, but listen once more.
Gardening: The easy approach visit the plant nurseries, it is good for your soul. Let me tell you
that There is no easy to care garden. Use plants that are suitable for your climate. Native plants
are good CHOICE. Before planting, choose the right site. Use your imagination, plants grow faster
than what you think. Gardening can be made easier and more enjoyable if you hire a gardener to do the
job. Use mulches to reduce weeds and save time in watering the plants. Do not use too much chemicals
to kill every weed insight. You are the only one who sees the weeds, let them grow. They keep the
moisture and prevent soil erosion.
```

屏幕 2

```
Gardening: The easy approach
Everywhere the trend is toward making simpler and easier-to-care-for gardens.
However, let me tell you that there are no easy-to-care-for gardens.
Gardening can be made easier and more enjoyable if you hire a gardener to do the job.
Some advice might help you to have less trouble with your gardening.
I am sure you have heard it before, but listen once more:
1. Before planting, choose the right site.
   Use your imagination. Plants grow faster than you think.
2. Visit the plant nurseries; it is good for your soul.
3. Use mulch to reduce weeds and save time in watering.
4. Use plants that are suitable for your climate.
   Native plants are a good choice.
5. Do not use too many chemicals to kill every weed in sight.
   You are probably the only one who sees the weeds.
   Let them grow.
   They keep moisture and prevent soil erosion.
```

第 7 章 Emacs 编辑器

本章将介绍 Emacs 编辑器。Emacs 编辑器并不是随所有的 UNIX 系统发布的,但在大多数的 Linux 系统上都带有。本章着重于介绍使用 Emacs 所必需的基本命令。本章介绍了 Emacs 编辑器、简单的编辑工作,以及打开文件、编辑文件和退出 Emacs 等命令。本章还详细介绍了帮助命令,通过该命令可了解 Emacs 的工作原理,并描述了 Emacs 常使用的键。

7.1 引言

Emacs 编辑器是面向屏幕的文本编辑器,可以在很多版本的 UNIX 和 Linux 操作系统上使用。它可以替代 vi 编辑器。Emacs 也有几个版本,其中包括由自由软件基金会(FSF,Free Software Foundation)发布的 GNU Emacs。在这里,我们只介绍各个版本都通用的基本命令,并不一一介绍各个版本。

说明: Emacs 是一个综合性的编辑器,它包含数百条命令,并提供多种方式来格式化和调整编辑环境,并操作用户需编辑的文件。本章旨在介绍使用 Emacs 所必需的基本命令。

Emacs 编辑器在终端模式和 X Window 系统下都可运行。当 Emacs 运行在 X Window 系统下时,Emacs 提供自有的菜单,并可方便地使用鼠标。但在仅有文本的终端上,Emacs 也提供了一些视窗系统的功能。例如,用户可以同时阅读和编辑几个文件,可以在文件之间移动文本,还可以在运行 shell 命令的同时编辑文件。

这里主要介绍运行在文本终端上的 Emacs。此时,Emacs 的输出将占据整个屏幕。但这里介绍的命令和步骤(使用鼠标除外)在终端模式和 X Window 系统都适用。被用做范例的半屏和全屏截图来自运行在 GNU/Linux 系统上的 Emacs。

启动 Emacs 编辑器之前,用户需要了解两个键:[Ctrl]和[Meta]。大多数命令使用[Ctrl],但有些命令使用[Meta]。键盘不同,[Meta]键也不同。对 PC 和 PC 类的键盘来说,[Meta]键通常是[Alt]键。在用户系统上,如果[Alt]键不是[Meta]键,可使用[Esc]键来代替。Emacs 中的命令是由[Ctrl]键或[Mcta]键后跟一些其他字符组成的。

注意:
1. 以[Ctrl]键开头的命令:用户必须按住[Ctrl]键不放,然后再输入下一个字符。
2. 以[Meta]键开头的命令:用户可以按下并释放[Meta]键,然后再输入下一个字符。
3. [Meta]键通常是键盘上的[Alt]键。如果在用户系统上不是[Alt]键,那么使用[Esc]键。
4. 为了与本书键盘约定保持一致,用[Ctrl-x]键表示同时按下[Ctrl]键和 x 键。对使用[Meta]键序列的命令,用[Alt-x]键表示同时按下 [Alt]键和 x 键。

7.2 启动 Emacs

在系统提示符后,使用以下命令启动 Emacs 编辑器(在终端模式或 X Window 窗口):

$**emacs [Return]**.. 调用 Emacs

Emacs 清空屏幕,然后输出初始的帮助信息和版权声明。图 7.1 显示未指定文件名调用 Emacs 时的屏幕。注意,默认情况下,在屏幕上显示 Emacs 基本的信息和命令。与 vi 不同, Emacs 编辑器仅工作在一种模式下,因此不必担心由于碰到 Escape 键而输入命令。图 7.1 显示 Emacs 的部分屏幕。Emacs 版本不同,用户的屏幕可能看起来也不同,但在所有版本初始时都将显示有关用户使用的 Emacs 版本的概要信息。

```
Welcome to GNU Emacs, one component of a Linux-based GNU system.

Get Help                C-h (Hold down CTRL and press h)
Undo changes            C-x u       Exit Emacs              C-x C-c
Get a tutorial          C-h t       Use Info to read docs   C-h i
Activate menubar        F10 or ESC' or M-'
('C-' means use the CTRL key. 'M-' means use the Meta (or Alt) key.
If you have no Meta key, you may instead type ESC followed by the character.)

GNU Emacs comes with ABSOLUTELY NO WARRANTY; type C-h C-w for full details.
Emacs is Free Software-Free as in Freedom-so you can redistribute copies
of Emacs and modify it; type C-h C-c to see the conditions.
Type C-h C-d for information on getting the latest version.
```

图 7.1　Emacs 的部分屏幕

说明: 1. 在 Emacs 文档中,C 代表[Ctrl]。例如,C-x 表示按下[Ctrl] 键不放,再按下 x。在用户的键盘上,[Ctrl],用 CTRL 或 CTL 标注。
2. 在 Emacs 文档中,M 代表[Meta]键,在大多数系统中是[Alt] 键。例如,M-x 表示按下[Alt]键不放,再按下 x。
3. 注意,退出 Emacs 的命令是 C-x C-c。也就是输入 C-x,再输入 C-c。使用本书的符号表示退出命令就是[Ctrl-x]键后跟[Ctrl-c]键。

用户可以在启动 Emacs 时,在命令行中指定文件名。格式是:

```
emacs filename
```

其中,filename 是用户想要创建或编辑的文件名。例如,假定用户输入以下命令:

$emacs Example [Return] .... 启动 Emacs 时指定 Example 文件

如果 Example 是一个新文件,Emacs 将清空屏幕,光标定位在屏幕的左上角。如果 Example 文件已经存在,Emacs 显示该文件的第一页(满屏)。图 7.2 为显示 Example 文件的 Emacs 屏幕。用户可以通过调用 Emacs 创建 Example 文件,然后输入图 7.2 中的文本。

```
This chapter covers the Emacs editor. Emacs is not distributed with all the
UNIX systems.
However, it is available on most Linux systems.
This chapter introduces the Emacs editor; simple editing jobs and commands to
start, edit a file and end Emacs.

--:-- Example                              <Fundamental>--L1---ALL---------
```

图 7.2　显示 Example 文件的 Emacs 屏幕

说明: 当屏幕上的一行文本超过一行时,则自动转到下一行。在屏幕边界的一个反斜线(\),或者当用户使用的是窗口显示系统时,一个曲线箭头将指示该行已续行。如图 7.3 所示。

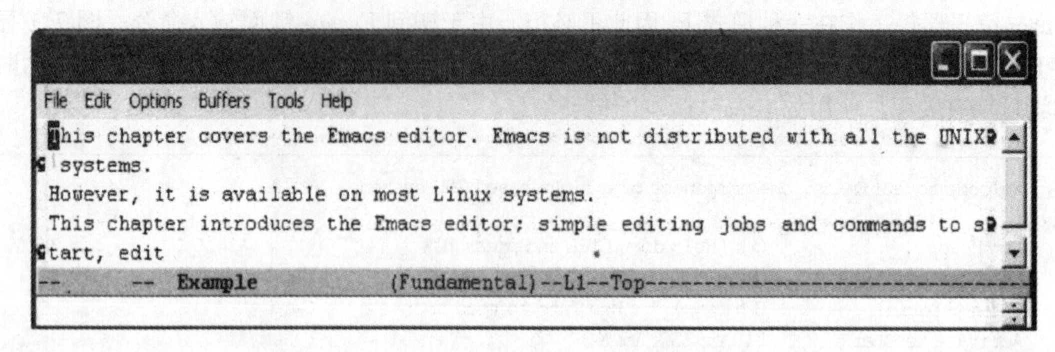

图 7.3 在屏幕边界显示曲线箭头的屏幕截图

7.3 Emacs 屏幕

用户启动 Emacs 后,除屏幕顶部和底部行外,其他区域都可编辑、输入文本。该区域被称为窗口。屏幕顶部通常是菜单栏,用户可以使用鼠标访问提供了不同编辑功能的一系列菜单和子菜单。

7.3.1 菜单栏

正常情况下,在 Emacs 窗口顶部都有一个菜单栏。当用户使用窗口系统时,可以通过鼠标从菜单栏上选择命令。菜单项后面若有向右的箭头,则表示该菜单项有子菜单。菜单项后边的...表示该命令需要参数,且参数从键盘读取后,该命令才能被执行。图 7.4 为窗口系统的 Emacs 屏幕截图。

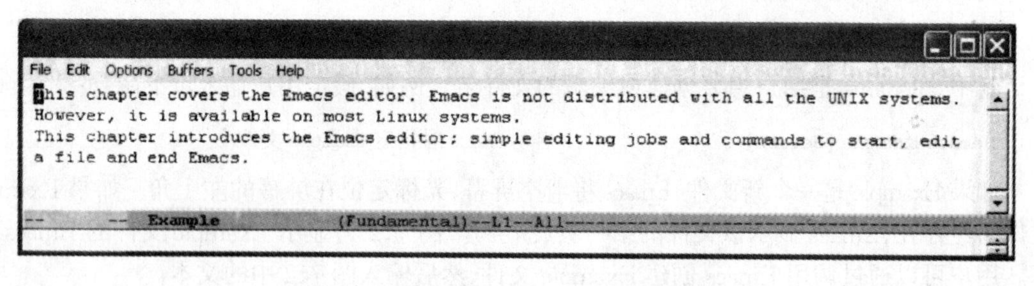

图 7.4 显示菜单栏的 Emacs 屏幕截图

如果用户的 UNIX 系统支持鼠标(在终端模式或 X Window 下),则用户可以使用鼠标滚动文档,并从下拉菜单中选择命令。但是,菜单的运行方式和 Microsoft Windows 并不完全相同。用户可能希望从菜单中选择命令后,便马上执行该命令。在 Emacs 编辑器中却不是这样。Emacs 先将用户的选择载入到屏幕底部。此时,用户可以直接运行该命令,或者输入额外的信息,例如,指定文件名。图 7.5 显示了在窗口系统中选择菜单项的屏幕截图。

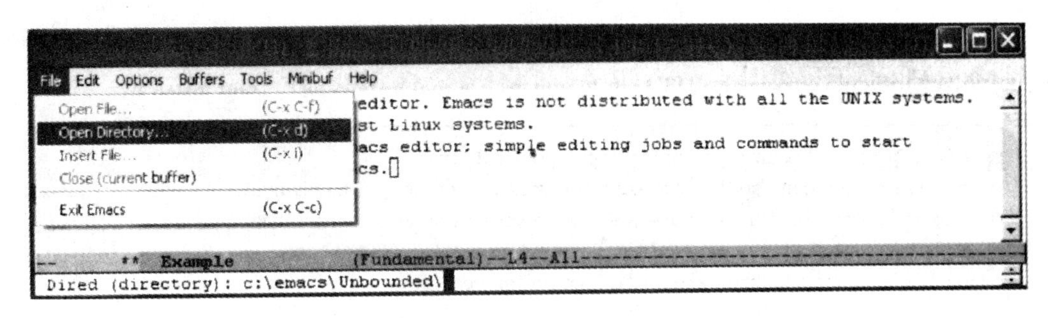

图 7.5　显示子菜单选项的 Emacs 屏幕截图

7.3.2　文本模式菜单

在没有鼠标的文本终端，按[F10]键，就可以使用菜单栏。该命令可以让用户使用键盘来选择菜单项。命令提示符将出现在屏幕底部的回显行。使用左右箭头键，可在菜单之间移动，以做出不同的选择。当用户已经找到自己的选择后，按[Return]键确定用户的选择。图 7.6 显示按下[F10]键后的回显行，也叫回显区域和小缓冲区。

说明： 请读屏幕上的信息。该信息提到并解释了在菜单中移动所需要的基本按键，其中包含一些重要按键，如取消菜单屏幕键。

```
Press PageUp key to reach this buffer from the minibuffer.
Alternatively, you can use Up/Down keys (or your History keys) to change
the item in the minibuffer, and press RET when you are done, or press the
marked letters to pick up your choice. Type C-g or ESC ESC ESC to cancel.
In this buffer, type RET to select the completion near point.

Possible completions are:
b==>Buffers                 f==>Files
t==>Tools                   e==>Edit
s==>Search                  m==>Mule
h==>Help
--11: **-F1 *Completions* (Completion List)--L1--All---
Menu bar (up/down to change, PgUp to menu): b==>Buffers
```

图 7.6　通过键盘显示一级菜单的屏幕

可以使用上下箭头键在菜单中移动，以做出不同选择。当找到想要的选择后，按[Return]键选定。

图 7.6 中当前菜单选项是 b==>Buffers，表明用户选定菜单上的第一个菜单项。用户通过按上下箭头键，可在菜单项中上下移动。

```
Menu bar (up/down to change , PaUp to menu): b==>Buffers
```

□ 按一次向下箭头键，命令提示行中菜单项改变为 f==>Files。

```
Menu bar (up/down to change, PaUp to menu): f==>Files
```

□ 按[Return]键，用户选定 Files 菜单项。

图 7.7 是用户选定 Files 菜单后的屏幕显示。在屏幕底部,提示符显示当前菜单选择是 o==>Open File...(C-x C-f)。

```
Press PageUp Key to reach this buffer from the minibuffer.
Alternatively, you can use Up/Down keys (or your History keys) to change
the item in the minibuffer, and press RET when you are done, or press the
marked letters to pick up your choice . Type C-g or ESC ESC ESC to cancel.
In this buffer , type RET to select the completion near point.

Possible completions are:
o==>Open File...(C-x C-f)              O==>Open Directory...(C-x d)
s= >Save Buffer As...(C-x C-w)         r==>Recover Session...
i==>Insert File...(C-x i)              k==>Kill Current Buffer
m==>Make New Frame(C-x 5 2)            n==>Open New Display...
S==>Split Window(C-x 2)                w==>One Window(C-x 1)
e==>Exit Emacs (C-x C-c)

--11: * *-F1 *Completions*             (Completion List)-L1-All-------
Files (up/down to change ,PaUp to menu): o==>Open File...(C-x C-f)
```

图 7.7 通过键盘显示 File 菜单的屏幕截图

注意屏幕底部菜单项的格式,例如:

```
o==>Open File...(C-x C-f)
```

每个菜单项都用字母或数字标识。==>将字母或数字与菜单项的名称分开。用户可以输入代表菜单项的字母或数字来选择菜单项。

Open File 是命令名,字母 o 是 Open File 命令的简写。用户可以在提示符后直接输入命令简写,而不用搜索菜单项。

...(点点点)表示该菜单项需要参数,在本例中为要打开的文件名。

(C-x C-f)表示该命令也映射到一个按键序列。用户可以使用按键序列替代菜单选项打开文件。

□ 按[PageUp]键,该命令将光标移动到第一个菜单项的字母 o 上:

```
o==>Open File...(C-x C-f)
```

使用上下箭头键,用户可在菜单项中上下移动;使用[Page Up]键和[Page Down]键在前后页中移动。按[Return]键选定菜单项。如果用户选择的菜单项需要参数,光标将定位在回显行,提示输入需要的参数。

使用箭头键将光标定位到第一个菜单项:

```
o==>Open File...(C-x C-f)
```

□ 按[Return]键,该命令表明用户从菜单上做出了选择。Emacs 提醒用户输入文件名。

```
Find file:/student/hone/david/_
```

用户的 Emacs 提示和本例相似,但路径名可能不同。输入文件名,比如 Example 或用户目录中的其他文本文件,然后按[Return]键。指定的文件将在 Emacs 中打开。

说明：1. 在 Emacs 会话中，用户可以随时调入菜单屏幕。菜单屏幕将出现在屏幕上自身的缓冲区内，而不是文件缓冲区内。
2. 用户按三次 Escape 键，[Esc] [Esc] [Esc]，退出菜单。

7.3.3 模式行

模式行出现在回显行的上一行，即屏幕倒数第二行。Emacs 启动后，模式行显示状态信息。例如：在窗口中什么缓冲区被显示，使用什么样的主次模式，缓冲区中是否包含修改未保存的内容等。模式行以破折号开始和终止。在文本模式显示中，如果终端支持，模式行会高亮显示。通常情况下，模式行包括以下几个字段，其显示如下：

```
--:-- buf (major minor) -- line ----- pos ------
```

:(冒号)后面的两个字符指示缓冲区中文本的状态。

--：破折号(--)表明缓冲区未被编辑。

** ：星号(**)表明缓冲区中的文本已经被修改(或被编辑)。

%% ：双百分号(%%)表明只读缓冲区未被修改。

%* ：百分号星号(%*)表明只读缓冲区已经被修改。

buf：窗口缓冲区的名字。多数情况下，与用户编辑的文件名相同。

line ：字母 L 后跟当前光标所在行的行号。只有当行号模式激活时(通常都是这种情况)，才会出现 line。

pos ：该字段指示窗口顶部以上或底部以下是否有额外的文本。如果用户文件很小，在窗口中将全部可见。pos 可指示以下选项：

All 选项表示显示了整个缓冲区(文件)。

Top 选项表示显示缓冲区(文件)的开始部分。

Bot 选项表示显示缓冲区(文件)的末尾部分。

NN% 选项表示在窗口顶部以上的部分占缓冲区(文件)的百分比。

Major：表示缓冲区中有效的主模式名。可用的主模式包括 Fundamental 模式(通常情况下)，文本模式，Lisp 模式，C 模式和其他模式。

图 7.8 是 Emacs 模式行字段的一个例子。

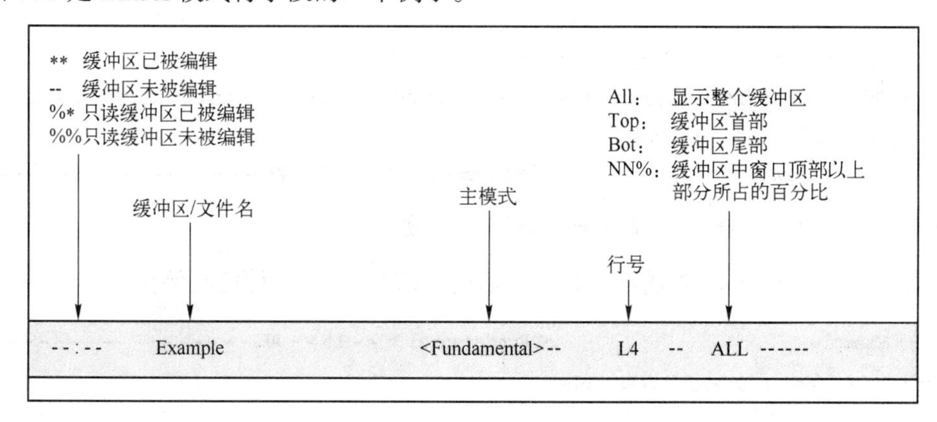

图 7.8　Emacs 模式行字段

说明: 确保模式行的主次模式字段显示的是<Fundamental>。其他的模式是针对编程语言的,例如Lisp交互模式。无论哪种情况下,先后按下[Ctrl-x][Ctrl-f]键将创建文本文件,并将主模式改变到<Fundamental>。

7.3.4 回显行

屏幕的最后一行(在模式行下面)是一个特定的回显区域。提示符出现在该区域,用户可以在此输入文件名等信息。回显意味着用户输入的信息将在该行显示。但只有当用户输入暂停时,命令才会回显。如果命令不能执行,也将在回显行显示错误信息。在执行需要长时间执行的命令期间,会显示以 ...(点点点)结束的信息;当该命令执行完后,字"done"将在后面显示。

小缓冲区(minibuffer): 回显行也可用来读取命令的参数,比如要打开的文件名。当回显行被用做此类输入时,该行被称为小缓冲区。在这种情况下,回显行以提示字符串开头,后跟光标。例如:

```
Find file C:\emacs\Unbounded/_
```

说明: 用户可以按[Ctrl-g]键退出回显区域。

7.4 退出 Emacs

输入[Ctrl-x] [Ctrl-s]键,用户可以保存在Emacs中创建或编辑的文件。Emacs编辑器要求用户输入文件名。注意观察用户输入的命令在回显行的显示。表7.1列出了保存文件和退出Emacs的按键序列。

表7.1 Emacs保存和退出命令

键	功能
Ctrl-x Ctrl-s	保存文件(当前缓冲区的内容)并退出Emacs
Ctrl-x Ctrl-c	退出Emacs编辑器,并放弃文件的内容
Ctrl-x Ctrl-w	保存文件(当前缓冲区的内容)到文件 *filename*

实例: **情景:** 假定用户已经通过在命令行中指定文件名Example进入到Emacs,用户屏幕类似于下面的屏幕截图。

```
This chapter covers the Emacs editor. Emacs is not distributed with all the UNIX systems.
However, it is available on most Linux systems.
This chapter introduces the Emacs editor; simple editing jobs and commands to start,
edit a file and end Emacs _
--:** Example                    <Fundamental>--L5--ALL-----------------
```

模式行中的两个星号(**)表示该文件已被修改。

□ 按[Ctrl-x] [Ctrl-s]键,将在回显行显示确认信息,确认文件已经保存。

```
--:** Example                    <Fundamental>--L5--ALL-----------------
Wrote file  /emacs/Unbounded/Example
```

实例: **另一情景:** 假定用户已经修改了文件Example,正如模式行中的两个**已经指明文件被修改。

现在用户想要退出Emacs。

□ 按[Ctrl-x] [Ctrl-c]键。回显行显示提示,询问用户是否保存文件。

```
--: ** Example                       <Fundamental> -- L5 --ALL-----------------
Save file  /emacs/Unbounded/Example?(y, n, !, .,q, C-r or C-h)_
```

如果用户想要保存文件并退出Emacs:

□ 按[y]键,系统将保存Example文件,$提示符指示用户已经退出Emacs。

如果用户想要退出Emacs,不保存文件:

□ 按[n]键,该选项表示用户不想保存文件。这时提示符出现在回显行,询问用户确认该选择。

```
--: ** Example                       <Fundamental> -- L5 --ALL----------------
Modified buffer exist;exit anyway?(yes or no)_
```

用户必须回答yes或no,然后按[Return]键。输入其他任何字系统都不会接受。例如,如果用户输入的是n而非no:

```
--: ** Example                       <Fundamental> -- L5 --ALL-------------------
Modified buffer exist;exit anyway?(yes or no)n [Return]
```

Emacs将不接受。观察回显行的信息。

```
--: ** Example                       <Fundamental> -- L5 --ALL-------------------
Please enter yes or no.
```

消息"Please enter yes or no"在屏幕上保持几秒种,然后出现先前的提示,要求用户输入yes或no。输入no,将光标重新回位到文件窗口,用户可以继续编辑文件。输入yes,将退出Emacs,不保存文件Example。如果用户想保存文件并退出Emacs,提示行上将有其他选项。

```
Save file /emacs/Unbounded/Example?(y, n, !, .,q, C-r or C-h)_
```

找到其他选项最简单的方法是输入C-h获得帮助,即按[Ctrl-h]键。图7.9显示输入[Ctrl-h]后的帮助信息。

```
Type SPC or 'y' to save the current buffer;
DEL or 'n' to skip the current buffer;
RET or 'q' to exit (skip all remaining buffers);
! to save all remaining buffers;
ESC or 'q' to exit;
^r to display the current buffer;
or .(period) to save the current buffer and exit.
--11: %% -F1  *Help*                         (Help View)--L1--All-------------
Save file /emacs/Unbounded/Example?(y, n, !, .,q, C-r or C-h)
```

图7.9 Emacs帮助信息

说明: 1. 注意,有很多种方式可以保存文件退出Emacs,或不保存文件退出Emacs。

2. 在上面这个帮助解释信息中,符号^表示使用[Ctrl]键。

实例：情景：假定用户通过在命令行指定文件名已经进入 Emacs，那么用户屏幕将与下面屏幕截图相似。

```
This chapter covers the Emacs editor. Emacs is not distributed with all the UNIX systems.
However, it is available on most Linux systems.
This chapter introduces the Emacs editor; simple editing jobs and commands
to start, edit a file and end Emacs.
--:**Example                 <Fundamental>--L5--ALL------------------
```

模式行上的两个星号(**)表示文件已经被修改。

□ 按[Ctrl-x][Ctrl-w]键，系统提示用户输入文件名。

```
--:**Example                 <Fundamental>--L5--ALL----------------
Wrote file  /emacs/Unbounded/_
```

□ 输入 junk [Return]，该命令在回显行显示确认信息，确认文件名为 junk 的文件已被保存。

```
--:**Junk                    <Fundamental>--L5--ALL------------------
Wrote file  /emacs/Unbounded/junk
```

说明：注意文件名已从 Example 变为 junk，因此，用户的编辑将在当前名为 junk 的缓冲区中完成。文件 Example 将保持不变。

7.5 Emacs 中的帮助信息

Emacs 编辑器包含一个帮助系统，如果用户需要一些说明或忘记了众多的 Emacs 命令，可以调用该系统。根据 Emacs 的版本，可以选用下面按键或按键序列中的一个来调用帮助系统：

```
[Ctrl-h]    [F1]        [Esc-?]
[Meta-?]    [Meta-x]
```

其中[Ctrl-h]键是最常用的获得帮助命令的按键。和其他的 UNIX 应用程序不同，Emacs 不提供在线用户手册页面(man 命令)来描述它的功能。自由软件基金会(FSF，Free Software Foundation)提供了 info 格式的 Emacs 在线帮助。表 7.2 列出一些键，使用它们可以获取 Emacs 中不同主题的帮助。

表 7.2 Emacs 帮助命令

按键	功能
Ctrl-h	调用 Emacs 的帮助(按下[Ctrl]键不放，再输入 h)
Ctrl-h t	调用简短的 Emacs 指南(按下[Ctrl]键不放，再输入 h、t)
Ctrl-h k	解释特定键的功能
Ctrl-h i	载入 info 文档
Ctrl-h Ctrl-c	显示 Emacs 通用公共许可证
Ctrl-h Ctrl-d	显示从 FSF 定购 Emacs 的信息

7.5.1　使用帮助:Ctrl-h

实例: 该命令调用 Emacs 帮助。首先在 Emacs 中打开文件。例如:

$**emacs Example [Return]** .... 在 Emacs 中打开文件 Example

```
The GNU project was launched in 1984 to develop a complete UNIX style
operating system. Variants of the GNU (pronounced guh-noo) operating
system, called Linux , are now widely used.

Free Software Foundation (FSF) is the principal organizational sponsor
of the GNU Project.

Emacs is a popular screen-oriented text editor that is distributed by FSF。
--1--:F1 Example              <Fundamental> -- L1 --ALL-----------------
```

□ 按[Ctrl-h]键,将显示下面的提示行:

```
--
Emacs is a popular screen-oriented text editor that is distributed by FSF.
--1-: F1 Example              <Fundamental> -- L1 --ALL--------------------
C-h (Type ? for further options)_
```

□ 按[?]键,在帮助窗口(视窗)中显示帮助选项。在回显行提示用户输入选择。

```
--
Emacs is a popular screen-orientde text editor that is distributed by FSF.
--1-: F1 Example              <Fundamental> -- L1 --ALL--------------------
You have typed C-h, the help character. Type a Help option:
(Use SPC or DEL to scroll through this text. Type q to exit the Help command.)

a command-apropos. Give a substring , and see a list of commands
    (functions interactively callable) that contain
    that substring . See also the apropos command.
b describe-bindings. Display table of all key bindings.
c describe-key-briefly. Type a command key sequence;
    it prints the function name that sequence runs.
C describe-coding-system. This describes either a specific coding system
    (if you type its name) or the coding systems currently in use
--11: %* -F1  *Help*                     (Help View)--L1--Top--------------
Type one of the options listed, or SPACE or DEL to scroll:_
```

□ 在提示下按[Space]键或[Del]键上下滚动帮助窗口。

□ 按[q]键退出帮助窗口。

7.5.2 使用帮助:Ctrl-h t

实例:该命令调用 Emacs 快捷帮助指南。先在 Emacs 中打开一个文件。例如:

$**emacs Example [Return]** .... 使用文件名 Example 调用 Emacs

☐ 按[Ctrl-h] t 键,将输出 Emacs 指南。

```
Copyright (c) 1985 Free Software Foundation, Inc; See end for conditions.
You are looking at the Emacs tutorial.

Emacs commands generally involve the CONTROL key (sometimes labeled
CTRL or CTL) or the META key (sometimes labeled EDIT or ALT). Rather than
write that in full each time, we'll use the following abbreviations:

    C-<chr>   means hold the CONTROL key while typing the character <chr>.
              Thus, C-f would be: hold the CONTROL key and type f.
    M-<chr>   means hold the META or EDIT or ALT key down while typing <chr> .
              If there is no META, EDIT or ALT key, instead press and release the ESC key and then
              type <chr>. We write <ESC> for the ESC key.

Important note: to end the Emacs session, type C-x C-x . ( Two characters.)
The characters ">>" at the left margin indicate directions for to try using a command. For instance:
>> now type C-v(View next screen) to move to the next screen.
    (go ahead , do it by holding down the control key while typing v).
    From now on ,you should do this again whenever you finish reading the screen.
--1-:F1 TUTORIAL                    <Fundamental>--L1--Top------------------
```

使用下面的键,用户可以移动到下一屏或退回前一屏。

☐ 按[Ctrl-v]键(按下[Ctrl]键并输入 v),将移动到下一屏指南。

☐ 按[Alt-v]键(按下[Meta]键,在该例中是[Alt],并输入 v),将退回到前一屏。

说明:[Meta]可以是用户键盘上的[Esc]键或[Alt]键。

使用[Alt-v]键和[Ctrl-v]键浏览 Emacs 指南。该指南介绍 Emacs 的基本命令和实例。用户可以查询一个指定键或命令的描述。例如:

☐ 按[Ctrl-x] h 键(按下[Ctrl]键并输入 x,再输入 h),将在回显行显示下面的提示信息。

```
--1-:F1 TUTORIAL                  <Fundamental>--L1--Top---------------
Describe key:
```

☐ 按[Ctrl-v]键,将显示[Ctrl-v](向上滚屏)命令的描述。图 7.10 是用户输入命令后显示的屏幕。

回显行中显示了移掉帮助屏幕和滚动帮助屏幕的命令。

☐ 按[Ctrl-x] 1 键(按下[Ctrl]键并输入 x,再输入 1),该命令将移出帮助屏幕。

```
--1-: ** -F1 TUTORIAL                <Fundamental>--L22-2%-----------------

C-v runs the command scroll-up
        which is an interactive built-in function.

Scroll text of current window upward ARG lines; or near full screen if no ARG.
A near full screen is 'next-screen-context-lines' less than a full screen.
Negative ARG means scroll downward.
If ARG is the atom '-', scroll downward by nearly full screen.
When calling from a program, supply as argument a number, nil ,or '-'.

(scroll-up &optional ARG)

--11: %%-F1  *Help*               (Help View)--L1--All-----------------------
Type C-x 1 to remove help window. M-C-v to scroll the help.
```

图 7.10 描述[Ctrl-v]命令的部分帮助屏幕

7.5.3 使用帮助:Ctrl-h i

实例: info 模式是一个基于超文本的系统,它包含很多命令。作为超文本,它允许用户从一般命令和概念到更具体的信息层层深入。图 7.11 显示处于 info 模式下的 Emacs。

```
File: dir   Node: Top   This is the top of the INFO tree

This (the Directory node) gives a menu of major topics.
Typing "q" exists, "?" lists all Info commands, "d" returns here,
"h" gives a primer for first-timers,
"mEmacs<Return>" visits the Emacs topic, etc.

In Emacs , you can click mouse button 2 on a menu item or cross reference
to select it.

* Menu:

Texinfo documentation system
* Standalone info program: (info-stnd). Standalone Info-reading program.
* Texinfo:(texinfo). The GNU documentation format.
* install-info: (texinfo) Invoking install-info. Update info/dir entries.
* makeinfo: (texinfo)makeinfo Preferred. Translate Texinfo source.
* texi2dvi: (texinfo)Format with texi2dvi. Print Texinfo documents.
* texindex: (textinfo)Format with tex/texindex. Sort Texinfo index files.
Miscellaneous
* Am-utils: (am-utils). The Amd automounter suite of utilities.
--11: %%-F1 Info: (dir) Top              (Info Narrow)--L1--Top-----------------
Composing main Info directory... done
```

图 7.11 展示 Emacs 的 info 模式的部分屏幕

帮助命令中 info 部分提供了一个软件包和命令的通用列表。用户向下滚动该列表,可以找到 Emacs 的入口,以便获得 Emacs 的详细信息。用户越向下层访问,获取的信息就越具体,在一些情况下,用户将会看到命令列表和命令功能的简单描述。用户可以选择任一命令,获取关于该命令及其功能的更详细的解释。

7.6 光标移动键

和 vi 编辑器类似,Emacs 设计了很多命令,用于在屏幕上定位文本。表 7.3 中列出了基本的光标命令。大多数情况下 Emacs 将四个光标移动命令映射到了键盘上的箭头按键。

表 7.3 Emacs 的光标移动键

键	功能
Ctrl-f 或[→]	将光标向前移动一个字符
Ctrl-b 或[←]	将光标向后移动一个字符
Ctrl-p 或[↑]	将光标移动到上一行
Ctrl-n 或[↓]	将光标移动到下一行
Ctrl-a	将光标移到当前行的行首
Ctrl-e	将光标移到当前行的行尾
Ctrl-v	将光标向前移动一屏
Meta-v	将光标向后移动一屏
Meta-f	将光标向前移动一个单词
Meta-b	将光标向后移动一个单词
Meta-<	将光标移动到文本开头
Meta->	将光标移动到文本末尾

7.7 删除文本

用户可以使用多种方式删除文本。使用[Backspace]键或[del]键,可以删除光标前的字符。使用[Ctrl-d]键,删除光标上的字符;使用[Ctrl-k]键,kill 从光标当前位置到行尾的所有字符。表 7.4 列出了 Emacs 删除文本用到的所有按键。

表 7.4 删除文本的按键

键	功能
Backspace 或 Delete	删除光标前的一个字符
Ctrl-d	删除光标处的字符
Ctrl-k	kill 从光标到该行行尾的所有字符
Meta-d	kill 光标后的一个单词
Meta Del (Delete 键)	kill 光标前的一个单词
Meta-k	kill 光标所在的句子
Ctrl-x Del	kill 前一句
Ctrl-w	kill 两个位置之间的所有文本

说明: 1. 注意有 delete 和 kill 两种操作。

2. 在用户系统中,[Del]键或[Backspace]键可能不会像用户期望的那样工作,即删除光标前的一个字符。它可能调用一个帮助提示。该问题是由终端的兼容性引起的。

7.7.1 kill 与 delete

kill 文本和删除文本是不同的。除字符删除外,用户 kill 的文本将保存在一个专门用来存储被删除文本的内存区。该存储区称为 kill 缓冲区(kill buffer)或 kill 环(kill ring)。保存在

kill 缓冲区的文本可以被重新插入(移出),但删除的字符不能再被重新插入。通常,当用户使用命令移除大量文本时,可以使用 kill 缓冲区,因此用户可以从缓冲区移出该文本。当用户使用命令仅移除一个字符、一个空白行或一个空格时,被删除的文本未被保存,用户不能移出该文本。用户没必要去设置 kill 缓冲区。它已经存在,默认大小是 30 个删除项。在 Emacs 的配置文件中可以改变 kill 缓冲区的大小。表 7.5 列出了恢复键。

表 7.5　恢复键

按键	功能
Ctrl-y	恢复(移出)kill 的文本
Meta-y	用在 Ctrl-y 后,插入前面 kill 的文本
Ctrl-x u	撤销先前的编辑工作

7.7.2　使用删除操作符/按键

在练习删除命令之前,首先创建一个名为 Example 的文件,或打开一个用户已经创建的名为 Example 的文件。下面的命令在 Emacs 中打开 Example 文件。

$**emacs Example [Return]**.................. 使用 Example 文件调用 Emacs

使用箭头键或其他的光标移动键,将光标放置在第一行的字母 E 上。

```
This chapter covers the Emacs editor. Emacs is not distributed with all the
UNIX systems.
However, it is available on most Linux systems.
This chapter introduces the Emacs editor; simple editing jobs and commands to
start, edit a file and end Emacs.
--:--Example                <Fundamental>--L1--ALL-----------
```

☐ 按[Ctrl-d]键,删除字母 E,光标移动到下一个字母 m。

```
This chapter covers the Emacs editor. macs is not distributed with all the UNIX
systems.
However, it is available on most Linux systems.
This chapter introduces the Emacs editor; simple editing jobs and commands to
start, edit a file and end Emacs.
```

☐ 按[Ctrl-x] u 键,撤销上次修改,即撤销删除字母 E。

```
This chapter covers the Emacs editor. Emacs is not distributed with all the UNIX
systems.
However, it is available on most Linux systems.
This chapter introduces the Emacs editor; simple editing jobs and commands to
start, edit a file and end Emacs.
--:--Example              <Fundamental>--L1--ALL-------------
Undo!
```

注意,用户输入的命令显示在屏幕底部的回显行。这对大多数命令都适用;此例中,命令一执行,回显行便显示"Undo!"

7.7.3 使用数字参数命令:Ctrl-u

用户能够使用数字参数来进一步控制命令的操作。例如,使用数字参数,用户能够指定删除字符的个数。指定参数的命令是[Ctrl-u]。该命令为它后面的命令指定一个数字参数。例如,使用命令参数删除单词 Emacs 的按键序列是:

□ 按[Ctrl-u] 5 [Ctrl-d]键,将从光标位置开始,删除五个字符。因此,[Ctrl-u] 5 为命令[Ctrl-d]提供数字参数。

```
This chapter covers the Emacs editor. _ is not distributed
with all the UNIX systems.
However, it is available on most Linux systems.
This chapter introduces the Emacs editor; simple editing jobs and commands to
 start, edit a file and end Emacs.
```

□ 按[Ctrl-x] u 键,将撤销最近的修改,在本例中删除了单词 Emacs 的情况下,用户将退回到开始位置。

```
This chapter covers the Emacs editor. Emacs is not distributed with all the UNIX systems.
However, it is available on most Linux systems.
This chapter introduces the Emacs editor; simple editing jobs and commands to
start, edit a file and end Emacs.
```

□ 按[Ctrl-k]键,kill 从光标开始位置(光标在 E 上)到该行行尾的所有字符。接着,光标移动到第二行开头单词 However 的字母 H 上。

□ 按[Ctrl-k]键,kill 整行。注意观察,该行被删除,剩下一新行。

```
This chapter covers the Emacs editor.

This chapter introduces the Emacs editor; simple editing jobs and commands to
start, edit a file and end Emacs.
```

□ 再按一次[Ctrl-k]键,将 kill 跟在用户刚刚 kill 行后面的新行。第一个[Ctrl-k]kill 该行的内容,第二个[Ctrl-k]kill 该行本身。注意观察,剩下行都将上移。

```
This chapter covers the Emacs editor.
This chapter introduces the Emacs editor; simple editing jobs and commands to
start, edit a file and end Emacs.
```

并将光标置于最后一行的字母 a 上。

□ 按[Ctrl-k]键,kill 最后一行。注意观察该行被删除。

```
This chapter covers the Emacs editor.
This chapter introduces the Emacs editor; simple editing jobs and commands to start, edit
```

□ 按[Ctrl-x] u 键四次，将撤销修改操作。本例中，将恢复前面四次的 kill 操作，操作后的文本和执行删除操作之前相同。

```
This chapter covers the Emacs editor. Emacs is not distributed with all
the UNIX systems.
However, it is available on most Linux systems.
This chapter introduces the Emacs editor; simple editing jobs and commands to
 start, edit a file and end Emacs. _
```

说明： 1. 用户可以像撤销 kill 文本操作一样，撤销删除文本操作。kill 和删除操作的不同在于[Ctrl-y]键移出文本命令，而对[Ctrl-x] u 键撤销命令没有影响。

2. 如果用户在一行中多次使用[Ctrl-k]键，则 kill 的文本保存在一起，因此[Ctrl-y]键将一次移出所有的行。

kill 的文本被复制到 kill 缓冲区。也就是说用户能够从 kill 缓冲区取回被 kill 的文本（称为移出），并将其粘贴到文件中的任何地方。经过前面练习的三次 kill 操作后，kill 缓冲区包含三项。图 7.12 表示出 kill 缓冲区和被保存的文本的顺序。

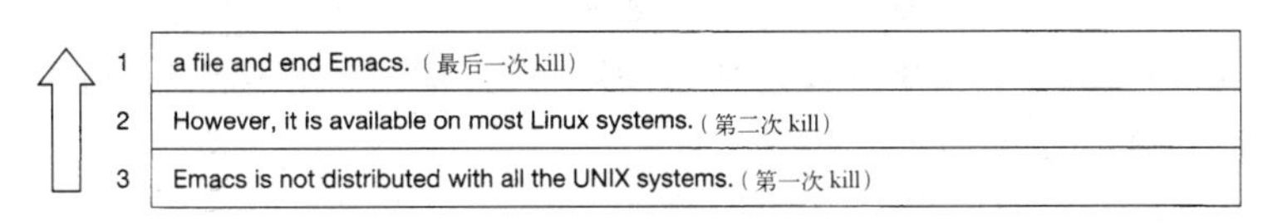

图 7.12　kill 缓冲区中被删除项的顺序

7.7.4　使用重新插入文本命令：Ctrl-y

重新插入（移出）文本命令是[Ctrl-y]。该命令在当前光标位置，重新插入最近 kill 的文本。例如，从 kill 缓冲区中重新插入最近 kill 的文本如下：

□ 按[Alt->]键，将光标放置在文件末尾。

□ 按[Ctrl-y]键，将移出（重新插入）最近 kill 的文本。在本例中，即 kill 缓冲区中的第 1 项。

说明： 1. 用户每次使用[Ctrl-y]键（移出命令），都得到相同的文本，即保存在缓冲区中的最近的文本。

2. 多次移出相同的文本可以得到多个副本。

3. 使用[Meta-y]键可以访问 kill 缓冲区中剩下的项。

4. 使用[Alt]键表示[Meta]。用户系统可能有其他的键映射为[Meta]键。

实例：情景： 如果用户想从缓冲区得到其他项的副本，该怎么做呢？例如，假定用户想要移出第 2 项，并将其放置在文本的最后一行。[Ctrl-y]命令在光标位置插入最近 kill 的文本。下面的命令序列将完成这个工作：

□ 按[Alt->]键，将光标放置在文本尾部。

□ 按[Ctrl-y]键，将最近 kill 的文本，即第 1 项放置在光标位置。

□ 按[Alt-y]键，将替代前一次移出（插入）的文本，将第 2 项（第 2 次 kill 的文本）放置在光标位置。

□ 再按[Alt-y]键，替代前一次移出（插入）的文本，将第 3 项放置在光标位置。用户可以

使用数字参数和[Ctrl-k]键一次 kill 多行。例如:

□ 按[Alt-<]键,将光标放置在文本开头。本例中,是第一行字母 T 上。

□ 按[Ctrl-u] 3 [Ctrl-k]键,将 kill 从光标位置开始的三行。

说明: 1. 观察回显行。它显示用户输入的命令。

2. 被删除的三行被作为一项放置到 kill 缓冲区。

下面将撤销上次的删除操作。

□ 按[Ctrl-x]u 键,将撤销上次的修改。在本例中,即撤销删除的三行。注意观察,使用一条命令便恢复了三行。

□ 按[Alt->]键,将光标放置在缓冲区的尾部。

□ 按[Ctrl-y]键,将移出(插入)前面删除的三行,并将其放置在光标当前位置。

7.8 重排文本

删除、复制、移动、改变文本被统称为剪切粘贴操作。Emacs 提供比 vi 更简单的命令来重排用户文件中的文本,但用户在执行剪切粘贴操作时,必须了解光标点(point)和标记(mark)。

光标点:光标在文本中的位置。

标记: 文本中标记的位置。

用户必须指定要重排文件的文本段(section)的边界。标记用来标志文本段的开始。光标点指定被选定的文本段的结束。新版本的 Emacs 允许用户通过移动光标选择文本段:在文本段开始位置按下鼠标,然后拖动鼠标至文件段结束。被选中部分高亮显示。表 7.6 列出了标记和光标点键。

表 7.6 设置标记和光标点键

键	功能
Ctrl-SPC	在当前点位置设置标记([Ctrl]键后跟[Space]键)
Ctrl-x Ctrl-x	互换光标点和标记的位置。该命令可以用来显示标记的位置

实例: **情景:**将文本段从文件的一部分移动到另一部分。

在 Emacs 中输入以下命令打开 Example 文件:

```
$emacs Example [Return] ........................ 使用文件 Example 调用 Emacs
This chapter covers the Emacs editor. Emacs is not distributed with all the
UNIX systems.
However, it is available on most Linux systems.
This chapter introduces the Emacs editor; simple editing jobs and commands to
start Emacs, edit a file and end Emacs. _
--:--Example                <Fundamental>--L5--ALL-----------------
```

再移动光标第 4 行首字母 T 上。

□ 按[Ctrl-SPC]键,将在屏幕底部的回显行显示信息"Mark set"。

```
This chapter covers the Emacs editor. Emacs is not distributed with all the
UNIX systems.
However, it is available on most Linux systems.
This chapter introduces the Emacs editor; simple editing jobs and commands to
start Emacs, edit a file and end Emacs.
--:--Example                    <Fundamental>--L4--ALL----------------
Mark set
```

再将光标移动到文件末尾设置点。

```
This chapter covers the Emacs editor. Emacs is not distributed with all the
UNIX systems.
However, it is available on most Linux systems.
This chapter introduces the Emacs editor; simple editing jobs and commands to
start Emacs, edit a file and end Emacs. _
--:--Example                          <Fundamental>--L5--ALL----------------
```

注意,标记(字母 T 的位置)是不可见的,除非用户使用的是带 X11 窗口的 Emacs。为确保设置了标记,执行下面的命令:

□ 按[Ctrl-x] [Ctrl-x]键,该命令互换点和标记,显示出标记的位置。

```
This chapter covers the Emacs editor. Emacs is not distributed with all the
UNIX systems.
However, it is available on most Linux systems.
This chapter introduces the Emacs editor; simple editing jobs and commands to
start Emacs, edit a file and end Emacs.
--:--Example                        <Fundamental>--L4--ALL-----------------
C-x C-x
```

注意,光标退回到字母 T 上,指示出用户标记的位置。

□ 按[Ctrl-x] [Ctrl-x]键,选定的文本区又回到先前状态。结果是用户选定了一块文本,并且通过在字母 T 上设置标记,在文件尾设置点指定了该段的边界。现在,用户可以使用命令来删除、复制或重排选定的文本。

实例: 情景:将选定的文本块复制到文件的另一位置。

□ 按[Ctrl-w]键,该命令 kill 被选定的文本(标记和点之间的)。被删除的文本放置在 kill 缓冲区中,可以重新插入到文件的其他部分。

```
This chapter covers the Emacs editor. Emacs is not distributed with all the
UNIX systems.
However, it is available on most Linux systems. _
```

```
--: ** Example                    <Fundamental>--L3--ALL-----------------
```

□ 按[Alt-<]键,将光标放置到文件开头字母 T 上。

```
This chapter covers the Emacs editor. Emacs is not distributed with all the
UNIX systems.
However, it is available on most Linux systems.
--: ** Example                    <Fundamental>--L1--ALL-----------------
```

□ 按[Ctrl-y]键,在光标位置插入(移出)被删除的文本。

```
This chapter introduces the Emacs editor; simple editing jobs and commands to
start Emacs, edit a file and end Emacs.
This chapter covers the Emacs editor. Emacs is not \
distributed with all the UNIX systems.
However, it is available on most Linux systems.
--:--Example                    <Fundamental>--L3--ALL-------------
Mark set
```

第 3 行行尾右边空白处的反斜线,表示第 3 行续行到下一行。

7.9 大小写转换命令

Emacs 提供命令,可以以大写字母写单词,将单词或选定的文本区从大写转变成小写,从小写转变为大写。表 7.7 列出了用做大小写转换的命令。

表 7.7 Emacs 中的大小写转换键

按键	功能
Meta-u	将后一单词转换为大写
Meta-l	将后一单词转换为小写
Meta-c	以大写字母写后一单词
Ctrl-x Ctrl-u	将指定区域转换成大写
Ctrl-x Ctrl-l	将指定区域转换成小写

注意,[Ctrl-x] [Ctrl-u]命令作用在特定的区域上。该区域指点和标记之间的文本。

实例:情景:假定用户已经在 Emacs 中打开文件 Example,并且想将一个区域转换为大写,本例中是文件的最后一行。首先,用户必须指定该区域。下面的命令序列介绍怎样指定区域并将其转换为大写。

□ 按[Alt->]键,将光标置于文件末尾。

□ 按[Ctrl-SPC]键,在该文件末尾设置标记。回显行显示"mark set"。记住,标记的位置在屏幕上是不可见的。

□ 按[Ctrl-a]键,将光标放置到最后一行的行首。现在,已经确定了区域的边界。该区域就是最后一行(标记和点之间的文本)。

□ 按[Ctrl-x][Ctrl-u]键,将选中区域(最后一行)转变为大写。

```
This chapter covers the Emacs editor. Emacs is not distributed with all the
UNIX systems.
However, it is available on most Linux systems.
This chapter introduces the Emacs editor; simple editing jobs and commands to start
EMACS, EDIT A FILE AND END EMACS.
```

7.10 文件操作

当用户读入文件的时候,Emacs 为它创建了一个缓冲区,该文件的内容就存放在该缓冲区中。对文件的编辑工作都在 Emacs 缓冲区中完成。但是,为了使用户的修改永久化,必须保存该缓冲区。否则,当用户终止 Emacs 会话的时候,所做的修改将会丢失。

用户可以打开一个文件来启动 Emcas 编辑会话。例如,用户可以在命令行中输入文件名来打开文件:

$emacs Example [Return] .... 使用文件名 Example 调用 Emacs

该命令将在用户的当前目录下查找名为 Example 的文件。如果 Example 文件存在,Emacs 就打开该文件。也就是说 Emacs 将 Example 文件的副本读入缓冲区中,用户可以看到该文件的第一屏文本。如果 Example 文件不存在,Emacs 创建该文件,并将 Example 与一个缓冲区关联起来,用户将看到默认(空)屏幕。当 Emacs 打开文件时,文件名将出现在模式行。

但是用户输入的文本以及所做的修改不是永久的,除非用户保存该文件。即使当用户保存时,Emacs 也会将原始文件以一个新名存放。这在用户想要回到原始文件或是跟踪修改时很有用。

7.10.1 查找文件

用户也可以不输入文件名调用 Emacs 来启动编辑会话:

$emacs [Return] .... 不带文件名调用 Emacs

Emacs 将显示默认屏幕,现在用户在 Emacs 中可以使用命令打开文件。以下的部分截屏显示了 Emacs 的第一屏。用户的系统将显示类似信息。

```
;; This buffer is for notes you don't want to save, and for Lisp evaluation.
;; If you want to create a file, visit that file with C-x C-f,
;; then enter the text in that file's own buffer. _
-1--"scratch"                    <Lisp Interaction>--L3--ALL-----------
```

7.10.2 使用查找文件命令:[Ctrl-x][Ctrl-f]

若在 Emacs 中需打开文件,用户需要输入查找文件(Find File)命令。例如:

□ 按[Ctrl-x][Ctrl-f]键,提示用户输入文件名。

```
-1--*Scratch*                    <List Interaction>--L3--ALL-------
Find file: C:\emacs\Unbounded/_
```

Emacs 等待用户输入文件名。用户输入的文件名将出现在屏幕底部。前面讲过,当最底行被用做此种输入时,被称为小缓冲区。用户可以使用 Emacs 编辑命令在小缓冲区中编辑文件名。用户输入文件名,例如 Example,并按[Return]键终止用户输入。

说明:1. UNIX 是大小写敏感的。即对 UNIX 来说,example 和 Example 是两个不同的文件。
2. 在我们的例子中,当前文件夹是 Unbounded。用户的当前文件夹可能不同。
3. 用户可以重新输入想要的目录来改变目录路径名(使用 left 键后退,right 键前移,[Del]键删除小缓冲区的文本)。

```
-1--*Scratch*            <List Interaction>--L3--ALL--------------
Find file: C:\emacs\Unbounded/Example
```

如果当前目录中存在 Example 文件,Emacs 便打开它来编辑。如果当前目录中不存在该文件,Emacs 将创建一个名为 Example 的新文件,并将光标置于窗口左上角,让用户输入文本。

```
_
-1:- Example                  <Foundamental>--L1--ALL--------------
(New file)
```

如果用户不记得文件名或者想在当前目录下查看文件列表,就不能输入文件名并按[Return]键。下面的屏幕截图显示了一个目录列表的例子。用户的目录列表可能会不同。

```
C:/emacs/Unbounded:
Total 1 free 66232348
-rw-rw-rw-    1  Student  root  257  May  3  00:40  #Example#
drwxrwxrwx    2  Student  root    0  May 19  00:06  .
drwxrwxrwx    2  Student  root    0  May 18  23:28  ..
-rw-rw-rw-    1  Student  root  257  May  2  21:07  Example
-rw-rw-rw-    1  Student  root  250  May  2  20:57  Example~
-1\%%  Unbouned  (Directory by name)--L6--ALL-----------------
Reading directory  \emacs\Unbounded/...  Done
```

为了打开列表中的任一文件,可将光标置于用户想打开的文件名上,按[Return]键。当用户希望永久保存所做的修改时,输入保存命令。

□ 按[Ctrl-x][Ctrl-s]键,该命令将 Emacs 缓冲区中的文本复制到文件中。当保存完后,Emacs 在回显行显示一条确认信息。例如:

```
"Wrote ... Example"
```

用户第一次打开一个已经存在的文件时,Emacs 为原始文件取一个新名字,这样原始文件的副本就被保存下来。新文件名是在原文件名末尾加上一个~符号。例如,注意目录列表中的文件名 Example~。

7.10.3 撤销命令:Ctrl-g

当用户输入文件名(或任意小缓冲区的输入)时,可以使用[Ctrl-g]键取消该命令。例如:

□ 按[Ctrl-x][Ctrl-f]键,该命令提示用户输入文件名。

□ 按[Ctrl-g]键,该命令取消小缓冲区,也取消[Ctrl-x][Ctrl-f]命令。

7.11 Emacs 缓冲区

用户可以在 Emacs 中打开多个文件。当用户打开第二个文件时,第一个文件仍留在 Emacs 中。Emacs 为用户打开的每个文件分配一个缓冲区,并将每个文件的文本保存在相应的缓冲区中。用户可以在文件(缓冲区)之间前后切换,编辑任何一个文件。当用户有几个缓冲区时,仅有一个缓冲区是当前缓冲区,也就是用户正在编辑的缓冲区。如果用户想要编辑另一个缓冲区,需要切换过去。

实例: 下面的命令序列展示了 Emacs 打开多个文件的特性。

$emacs test_1 [return]

创建名为 test_1 的文件。输入一些文本,如下所示。

```
1- This is test_1 line 1.
2- This is test_1 line 2.
3- This is test_1 line 3.

_
--: ** test_1              <Fundamental>--L4--ALL-----------------
```

□ 按[Ctrl-x][Ctrl-s]键,在回显行显示确认信息,确认文件已保存。

```
--: ** test_1              <Fundamental>--L4--ALL---------------
Wrote file /student/home/david/test_1
```

现在打开另一个文件,假定为 Example。

□ 按[Ctrl-x][Ctrl-f]键,提示用户输入文件名。输入 Example 并按[Return]键。

该操作将打开文件 Example,并使其成为当前文件。现在用户已经打开了两个文件。每个文件都与其的缓冲区相关联。使用[Ctrl-x][Ctrl-f]命令,并根据提示输入需打开的文件名,可以在缓冲区之间切换。例如:

□ 按[Ctrl-x][Ctrl-f]键,提示用户输入文件名。

□ 输入 test_1 [Return],将切换到 test_1 缓冲区,test_1 成了当前文件。

有一种更简单的缓冲区切换方法。用户可以使用[Ctrl-x][Ctrl-b]命令,后跟文件名。例如,要切换到文件 test_1,用户输入:

□ 输入[Ctrl-x][Ctrl-b] test_1 [Return],将切换到 test_1 缓冲区,Test_1 成了当前文件。

用户可以在 Emacs 中打开很多文件,有时用户想要查看它们的列表。为了查看 Emacs 中当前存在的缓冲区列表:

□ 输入[Ctrl-x][Ctrl-b],将文件窗口分割为两个窗口,缓冲区列表出现在窗口底部。

```
1-  This is test_1 line 1.
```

```
2-  This is test_1 line 2.
3-  This is test_1 line 3.
--: ** test_1              <Fundamental>--L1--ALL-----------------

MR Buffer          Size   Mode          File
-- ------          ----   ----  ----
.  Example         257    Fundamental  /student/home/david/Example
   test_1          78     Fundamental  /student/home/david/test_1
   *scratch*       191    Lisp Interaction
*  *Messages*      501    Fundamental

--: **   *Buffer  List*   <Buffer Menu>--L7-ALL-----------------
```

每个缓冲区有一个名字,通常是缓冲区所保存内容的文件名。注意,列表中还显示了其他的缓冲区名字。实际上,用户在 Emacs 窗口看到的任何文本都在某个缓冲区内。有些缓冲区是用户打开文件时创建的,有些是 Emacs 创建用来保存信息和其他与 Emacs 相关的文本的。例如,名叫 *Messages* 的缓冲区包含 Emacs 会话期间底行出现的信息,它和任何文件都不相关。实际上,切换到 *Messages* 缓冲区,用户便可看到这些信息。例如:

□ 输入[Ctrl-b] b *Messages* [Return],将显示 *Messages* 缓冲区的内容。很可能,在列出缓冲区列表和选定缓冲区名字后,用户接下来想要做的事情就是取消缓冲区列表,并关闭该窗口。该命令如下:

□ 按[Ctrl-x] 1 键,将关闭不想要的窗口。此例中,该命令取消缓冲区列表,并关闭其窗口。确保光标在用户想要保留的窗口屏幕上。该命令将关闭其他所有的窗口。

7.11.1 保存缓冲区

当用户从一个缓冲区切换到另一个缓冲区,并对文件缓冲区的文本做了修改时,文件的修改并没有被保存。修改仅在相应的缓冲区中。如果用户想要保存文件缓冲区的任何内容,必须使用[Ctrl-x][Ctrl-b]键访问该缓冲区,再使用[Ctrl-x][Ctrl-s]键保存该缓冲区中的修改。如果用户要保存多个缓冲区,使用该命令就很不方便。但是 Emacs 提供了[Ctrl-x] s 命令。该命令向用户询问每个修改过但没有保存的缓冲区。对每个缓冲区,Emacs 询问用户是否保存该缓冲区。例如,假定用户在 Emacs 中打开了两个文件:Example 和 test_1。用户已经改变了这两个文件的文本,现在用户想要保存这些修改:

□ 按[Ctrl-x] s,在小缓冲区中显示下面的提示。

```
1-  This is test_1 line 1.
2-  This is test_1 line 2.
3-  This is test_1 line 3.
4-  This is test_1 line 4.
```

```
--: ** test_1                <Fundamental>--L4--ALL-----------------
Save file /emacs/Unbounded/test_1? ( y, n, !, ., q, C-r or C-h) y
```

说明：1. 注意，通过增加第四行，text_1 缓冲区文本已经改变。如果 test_1 中没有修改，Emacs 不会提示用户保存该文件或任何没有修改的文件缓冲区。

2. 和前面一样，用户可以输入[Ctrl-h]显示帮助窗口来解释不同的保存选项。

假定用户输入 y。保存了文件 test_1 的缓冲区，Emacs 立即提示用户保存下一个文件 Example 的缓冲区：

```
1- This is test_1 line 1.
2- This is test_1 line 2.
3- This is test_1 line 3.
4- This is test_1 line 4.
_
--: ** test_1                <Fundamental>--L4--ALL-----------------
Save file /emacs/Unbounded/Example? ( y, n, !, ., q, C-r or C-h) y
```

只有当用户修改了 Example 的文本时，Emacs 才会提示用户保存 Example。

注意，提示符提示用户保存 Example，但 test_1 仍然在屏幕上。用户可以显示当前缓冲区中的文本，本例中是文件 Example：

□ 按[Ctrl-r]键，在当前窗口显示文件 Example。

7.12　文件恢复选项

当用户正在编辑文件时，用户的计算机或 Emacs 可能会崩溃。在这种情况下，用户如果没有保存修改信息，那么将丢失它们。幸运的是，Emacs 会定时地保存用户正在编辑的文件。该“自动保存”功能通过在文件名前后分别添加 # 号，将文件保存在当前目录下。例如，如果用户正在编辑一个名为 Example 的文件，那么自动保存的文件名为 #Example#。当用户以正常方式保存文件时，Emacs 将删除自动保存的文件。每次自动保存机制保存文件时，它会在回显行显示信息“Auto-saving ...done”来通知用户。

7.12.1　使用文件恢复命令：Alt-x

如果计算机崩溃，用户可以使用恢复命令[Alt-x]来恢复被自动保存的文件。

实例：**情景**：假定当用户计算机崩溃时，用户正在编辑文件 Example，那么在用户的目录下将有一个被自动保存的名为 #Example# 的文件。

```
This chapter covers the Emacs editor. Emacs is not distributed with all the
UNIX systems.
However, it is available on most Linux systems.
This chapter introduces the Emacs editor; simple editing jobs and commands to
start Emacs, edit a file and end Emacs. _
```

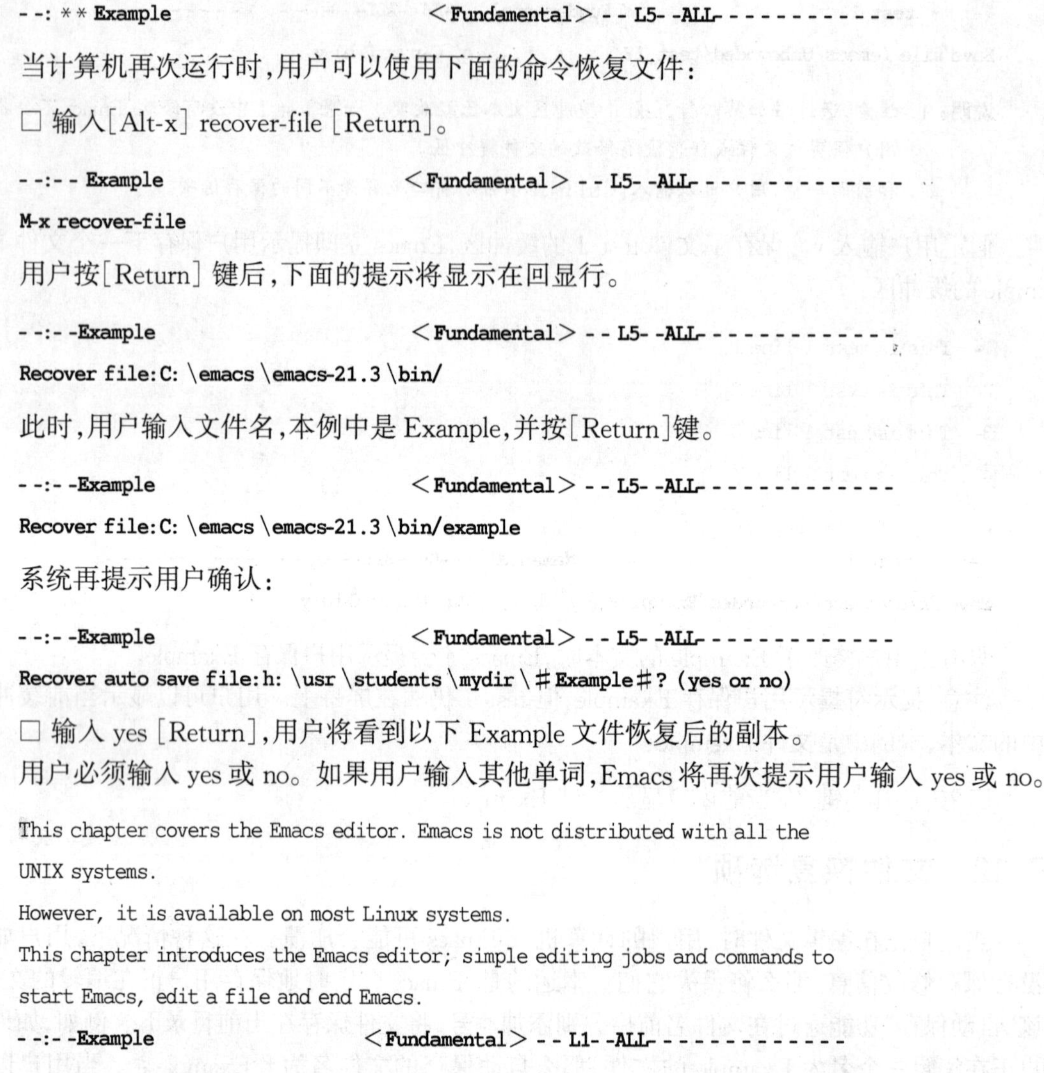

```
--:**Example                  <Fundamental>--L5--ALL-----------
```

当计算机再次运行时,用户可以使用下面的命令恢复文件:

□ 输入[Alt-x] recover-file [Return]。

```
--:--Example                  <Fundamental>--L5--ALL-------------
M-x recover-file
```

用户按[Return] 键后,下面的提示将显示在回显行。

```
--:--Example                  <Fundamental>--L5--ALL-------------
Recover file:C:\emacs\emacs-21.3\bin/
```

此时,用户输入文件名,本例中是 Example,并按[Return]键。

```
--:--Example                  <Fundamental>--L5--ALL-------------
Recover file:C:\emacs\emacs-21.3\bin/example
```

系统再提示用户确认:

```
--:--Example                  <Fundamental>--L5--ALL-------------
Recover auto save file:h:\usr\students\mydir\#Example#?(yes or no)
```

□ 输入 yes [Return],用户将看到以下 Example 文件恢复后的副本。

用户必须输入 yes 或 no。如果用户输入其他单词,Emacs 将再次提示用户输入 yes 或 no。

```
This chapter covers the Emacs editor. Emacs is not distributed with all the
UNIX systems.
However, it is available on most Linux systems.
This chapter introduces the Emacs editor; simple editing jobs and commands to
start Emacs, edit a file and end Emacs.
--:--Example                  <Fundamental>--L1--ALL-----------
```

如果用户正在编辑多个文件,可以使用命令 M-x recover-all-files 来恢复所有当前被自动保存的文件。如果用户没有输入文件名,只是按[Return]键,那么用户将看到当前目录的列表,用户可以选择想要恢复的文件。

7.13 搜索和替换

在文本中搜索一个特定字符串,或查找并替换一个特定字符串是一个麻烦的任务,尤其是当用户工作在一个大文件中时。Emacs 为处理这些情况提供了搜索和替换命令。

7.13.1 使用搜索命令:[Ctrl-s]和[Ctrl-r]

Emacs 提供在文本中向前或向后搜索字符串的命令。文本字符串可以描述为一组连续的字符或单词。Emacs 搜索命令不同于大多数编辑器的搜索命令,例如 vi。Emacs 搜索是递增的。也就是说,只要用户输入搜索字符串的第一个字符,Emacs 便开始搜索,并显示搜索字符串(用户当前已经输入的字符串)在文本中的位置。表 7.8 列出了 Emacs 的搜索命令。

表 7.8　Emacs 搜索命令

键	功能
Ctrl-s	向前递增搜索
Ctrl-r	向后递增搜索

启动向前搜索的命令是[Ctrl-s],向后搜索的命令是[Ctrl-r]。下面的命令序列说明了这些命令是如何工作的。

使用如下命令在 Emacs 中打开 Example 文件:

$**emacs Example [Return]** .... 在 Emacs 中打开 Example

假设用户想在文件 Example 中搜索单词 Emacs:

□ 按[Ctrl-s],将提示用户输入搜索字符串。

```
This chapter covers the Emacs editor. Emacs is not distributed with all the
UNIX systems.
However, it is available on most Linux systems.
This chapter introduces the Emacs editor; simple editing jobs and commands to
start Emacs, edit a file and end Emacs.
--:--Example                <Fundamental>--L1--ALL-----------------
I-search:E
```

接着开始输入搜索字符串“Emacs”。注意,用户一输入字母 E,Emacs 便搜索所有出现的字母 E,并且高亮度显示它们在文本中的位置。用户继续输入字母 m。现在所有的字母 Em 都高亮显示。当用户输入剩下的搜索字符串时,剩下的字符也高亮显示。这就是递增搜索的工作过程。最终,用户输入单词 Emacs,Emacs 的所有实例被找到并高亮显示。

```
This chapter covers the Emacs editor. Emacs is not distributed with all the
UNIX systems.
However, it is available on most Linux systems.
This chapter introduces the Emacs editor; simple editing jobs and commands to
start Emacs, edit a file and end Emacs .
--:--Example                <Fundamental>--L1--ALL-----------------
I-search:Emacs
```

再输入[Ctrl-s]命令可使光标移动到下一个 Emacs。按[Return]键或使用[Ctrl-g]命令可终止搜索。

用户可以使用[Ctrl-r]命令向后搜索。也就是从光标位置开始向后(往回)搜索:

I-search backword:

说明: 1. 搜索字符串中的大写字母将触发大小写敏感机制。

2. [Ctrl-s]通过查找当前光标位置以后的搜索字符串的出现来启动搜索。

3. 除了搜索的方向是相反的外,用户已经学习的关于[Ctrl-s]的所有内容都适用于[Ctrl-r]。

7.13.2 使用替代字符串命令:Meta-%

查找并替换文本的命令是:[Meta-%]。该命令需要两个参数:搜索字符串和替代字符串。每一个参数都以[Return]键结束,格式是:

```
Meta-% search-string [Return] replace-string [Return]
```

下面的命令序列显示了替换命令如何工作,并描述了该命令的选项。假设用户想要将 Example 文件中出现的所有 Emacs(搜索字符串)替换为 emacs(替代字符串)。使用下面的命令在 Emacs 中打开 Example 文件。

$**emacs Example [Return]**............................ 在 Emacs 中打开 Example

以下屏幕截图显示用户接收到的不同的提示符,提示用户输入命令的参数。在本书的例子中用[Alt]键表示[Meta]键。

□ 按[Alt-%]键,将提示用户输入搜索字符串,本例为 Emacs。

```
This chapter covers the Emacs editor. Emacs is not distributed with all the
UNIX systems.
However, it is available on most Linux systems.
This chapter introduces the Emacs editor; simple editing jobs and commands to
start Emacs , edit a file and end Emacs.
--:--Example              <Fundamental>--L1--ALL-----------------
Query replace: Emacs
```

□ 输入 Emacs [Return],提示用户输入替换字符串,本例为 emacs。

```
This chapter covers the Emacs editor. Emacs is not distributed with all the
UNIX systems.
However, it is available on most Linux systems.
This chapter introduces the Emacs editor; simple editing jobs and commands to
start Emacs , edit a file and end Emacs.
--:--Example                <Fundamental>--L1--ALL-----------------
Query replace Emacs with: emacs
```

□ 输入 emacs [Return],高亮度显示出现的第一个 Emacs,提示用户输入选择。

```
This chapter covers the Emacs editor. Emacs is not distributed with all the
UNIX systems.
However, it is available on most Linux systems.
This chapter introduces the Emacs editor; simple editing jobs and commands to
start Emacs , edit a file and end Emacs.
--:--Example                  <Fundamental>--L1--ALL----------------
Query replacing Emacs with emacs: ( ? for help)
```

输入?符号打开帮助窗口。帮助窗口解释文本替换的可用选项。例如,按[Space]键将当前高亮显示的 Emacs 替换为 emacs;下一个单词 Emacs 高亮显示,并再次提示用户输入选择。表 7.9 列出了替换命令。

表 7.9　替换命令

键	功能
SPC(空格键)或 y	确认用替代字符串替换搜索字符串
Del(delete 键)或 n	跳到搜索字符串的下一个实例
,(逗号)	显示替换的结果
[Return]或 q	退出替换
.(点)	替换当前的实例并退出
!	不询问,直接替换剩下的所有实例
^	回到前一实例

假定用户想要不用提示,直接替代所有实例。

□ 按[!]键,文本中所有的 Emacs 实例将被替换为 emacs,并显示总的替换数目。

```
This chapter covers the Emacs editor. Emacs is not distributed with all the
UNIX systems.
However, it is available on most Linux systems.
This chapter introduces the Emacs editor; simple editing jobs and commands to
start Emacs , edit a file and end Emacs.
- - :- - Example                    <Fundamental> - - L1- - ALL- - - - - - - - - - - - - - - - -
Replaced 5 occurences
```

7.14 Emacs 窗口

用户已经见过多个 Emacs 窗口,例如帮助窗口。用户也可以使用该特性,同时在屏幕上显示多个窗口。多个窗口可以显示不同缓冲区,或者同一缓冲区的不同部分。表 7.10 列出了窗口命令。

表 7.10　窗口命令

键	功能
Ctrl-x 2	将当前窗口水平分割为两个窗口
Ctrl-x 3	将当前窗口垂直分割为两个窗口
Ctrl-x >	向右滚动当前窗口
Ctrl-x <	向左滚动当前窗口
Ctrl-x o	将光标放置到其他窗口
Ctrl-x 0	删除当前窗口
Ctrl-x 1	删除当前窗口外的所有窗口

实例: 情景: 假定用户已经在 Emacs 中打开文件 Example。用户想将 Example 窗口分割成多个窗口,并在每个窗口打开不同的文件。下面的命令序列显示如何分割、显示和操作多窗口。

□ 按[Ctrl-x]2 键,将屏幕分割为两个水平窗口。两个窗口都显示文件 Example,并且光标在上窗口中。下面的屏幕截图显示了一个窗口系统中被分割的窗口。注意,光标在上窗口,上窗口是用户的当前窗口,或称为活动窗口。所有普通的编辑命令都适用于活动窗口。

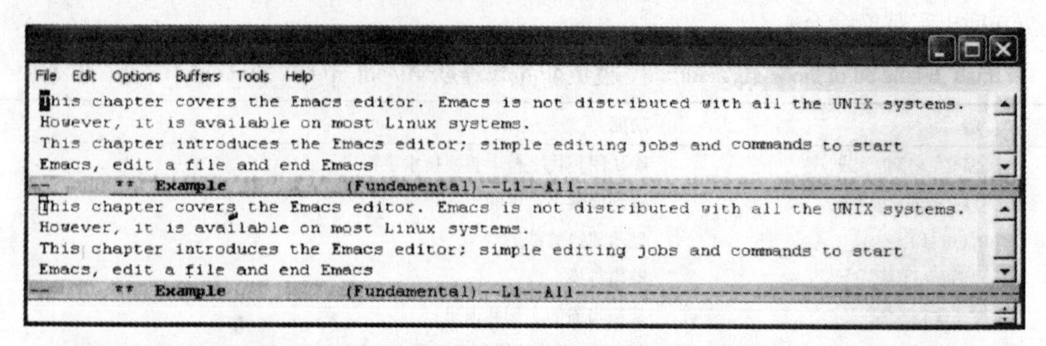

☐ 按[Ctrl][Alt] v键,将滚动底部窗口。当用户在一个窗口编辑文本,同时使用另一个窗口作参考时,命令[Ctrl][Alt] v很有用。这里,文件Example的内容不满一屏,因此整个文件在窗口中是可见的。如果用户有一个大文件,那么可能需要使用滚动命令,才能看到该文件的隐藏部分。

☐ 按[Ctrl-x] o键,将光标移动到底部窗口。现在底部窗口是活动窗口。使用[Ctrl] o键可以在窗口之间切换。

☐ 按[Ctrl-v]键,向上滚动活动窗口(即光标所在的窗口)。

☐ 按[Alt-v]键,向下滚动活动窗口。

用户不必在两个窗口中都显示Example缓冲区。用户可以使用[Ctrl-x][Ctrl-f]键在任何一个窗口查找文件。为此,将光标移到底部窗口,然后使用"查找文件"命令。

☐ 按[Ctrl-x] o键,将光标切换到下一窗口。

☐ 按[Ctrl-x][Ctrl-f]键,将提示用户输入文件名。输入文件名,例如,test_1,并按[Return]键。现在底部窗口显示文件test_1。

实例:情景:假定光标在底部窗口。用户想要垂直分割底部窗口。

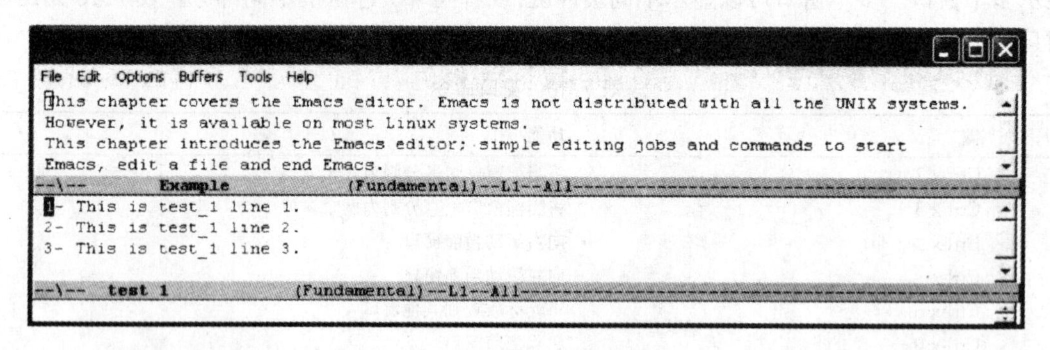

☐ 按[Ctrl-x] 3键,将选中的窗口(底部窗口)分割为两个垂直窗口。

说明: 1. 活动窗口就是光标所在的窗口。

2. 所有的普通编辑命令适用于活动窗口。

3. 使用保存命令[Ctrl-x] s保存任何活动窗口。

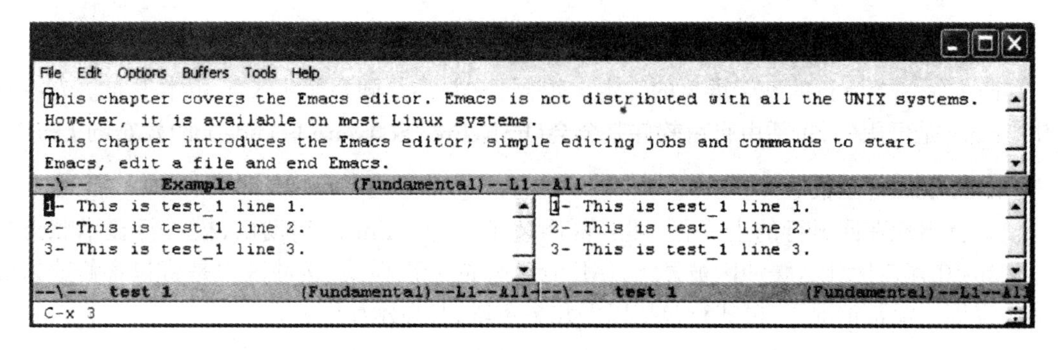

□ 按[Ctrl-x] 1 键，该命令将只保留活动窗口，并删除其他剩下窗口。

7.15　.emacs 文件

当用户启动 Emacs 编辑器时，Emacs 将自动检查用户主目录下是否存在名为 .emacs 的文件，并根据该文件中的命令和设置来设置 Emacs 编辑环境。用户可以创建该文件或编辑已经存在的文件来定制 Emacs 编辑环境。Emacs 启动时，将创建一个名为 * scratch * 的缓冲区。* scratch * 缓冲区使用 Lisp(编程语言)交互模式，并被用来输入 Lisp 表达式。用户可以设置 .emacs 文件中的 initial-major-mode 变量来指定一个不同的主模式。.emacs 文件包含 Lisp 函数调用表达式。每一个函数调用由函数名后跟参数组成，其所有内容用括号括起来：

```
(setq default-major-mode 'text-mode')
```

若将上面这行放到 .emacs 中，新缓冲区将被默认设置为文本模式。

.emacs 并不是调用 Emacs 时，Emacs 要查找的唯一配置文件。在用户主目录中有 .emacs.el 文件，用户站点可能还包含被创建的，用于定制本地环境的 .default.el 和 site-start.el 文件。如果这些文件存在，在载入用户启动文件之前，Emacs 先查找并载入它们。

7.16　命令行选项

Emacs 支持命令行选项。调用 Emacs 时，这些选项用来请求不同的操作。例如：

$emacs +3 Example [Return].................... 使用行号选项打开 Example

将在 Emacs 中打开文件 Example，并将光标放置在第 3 行。表 7.11 列出了更多的命令行选项。

表 7.11　Emacs 命令行选项

键	功能
- - no-init-file	启动 Emacs，不载入定制的初始文件
- - user = user	启动 Emacs，载入另一个用户的初始文件
+*linenum* file	在 Emacs 中打开文件，然后将光标放在第 *linenum* 行

命令小结

本章讨论了以下 Emacs 编辑器命令和操作符。

Emacs 编辑器

Emacs 是一个流行的基于屏幕的文本编辑器,它并不是随每个 UNIX 版本发布。有些版本中 Emacs 是可用的,包括由自由软件基金会(FSF,Free Software Foundation)发布的 UNIX。

Emacs 模式行字段

模式行出现在回显行的上一行,即屏幕倒数第二行。Emacs 启动后,模式行显示状态信息。例如:在窗口中什么缓冲区被显示,使用什么样的主次模式,缓冲区中是否包含修改未保存的内容等。通常情况下,模式行包括以下几个字段,其显示如下:

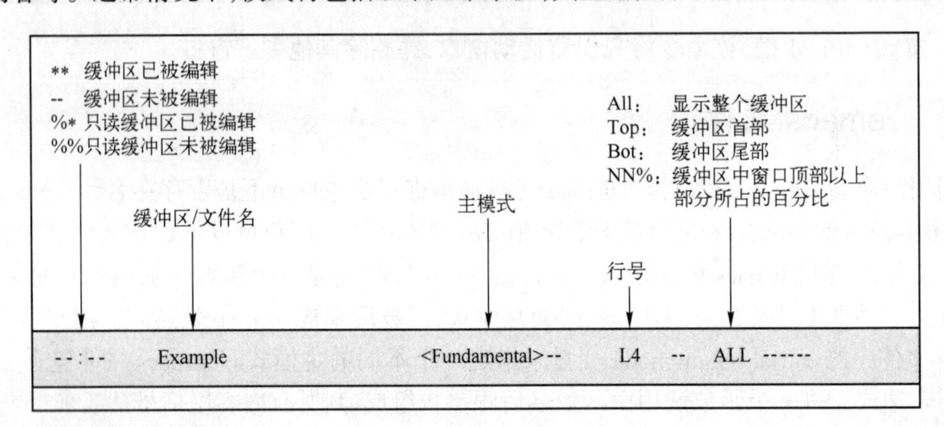

Emacs 保存和退出命令

键	功能
Ctrl-x Ctrl-s	保存文件(当前缓冲区的内容)并退出 Emacs
Ctrl-x Ctrl-c	退出 Emacs 编辑器,并放弃文件的内容
Ctrl-x Ctrl-w	保存文件(当前缓冲区的内容)到文件 *filename*

帮助命令

Emacs 编辑器包含一个帮助系统,如果用户需要一些说明或忘记了众多的 Emacs 命令,可以调用该系统。

键	功能
Ctrl-h	调用 Emacs 的帮助(按下[Ctrl]键不放,再输入 h)
Ctrl-h t	调用简短的 Emacs 指南(按下[Ctrl]键不放,再输入 h、t)
Ctrl-h k	解释特定键的功能
Ctrl-h i	载入 info 文档读本
Ctrl-h Ctrl-c	显示 Emacs 通用公共许可证
Ctrl-h Ctrl-d	显示从 FSF 购买 Emacs 的信息

光标移动键

Emacs 设计了很多命令,用于在屏幕上定位文本。大多数情况下 Emacs 将四个光标移动命令映射到了键盘上的箭头按键。

键	功能
Ctrl-f 或[→]	将光标向前移动一个字符
Ctrl-b 或[←]	将光标向后移动一个字符
Ctrl-p 或[↑]	将光标移动到上一行
Ctrl-n 或[↓]	将光标移动到下一行
Ctrl-a	将光标移到当前行的行首
Ctrl-e	将光标移到当前行的行尾
Ctrl-v	将光标向前移动一屏
Meta-v	将光标向后移动一屏
Meta-f	将光标向前移动一个单词
Meta-b	将光标向后移动一个单词
Meta-<	将光标移动到文本开头
Meta->	将光标移动到文本末尾

删除文件按键

键	功能
Backspace 或 Delete	删除光标前的一个字符
Ctrl-d	删除光标处的字符
Ctrl-k	kill 从光标到该行行尾的所有字符
Meta-d	kill 光标后的一个单词
Meta-Del (Delete 键)	kill 光标前的一个单词
Meta-k	kill 光标所在的句子
Ctrl-x Del	kill 前一句
Ctrl-w	kill 两个位置之间的所有文本

恢复键

一般而言，当用户使用命令删除大量文本后，可以使用 kill 缓冲区恢复文本。

键	功能
Ctrl-y	恢复(移出)kill 的文本
Meta-y	用在 Ctrl-y 后，插入前面 kill 的文本
Ctrl-x u	撤销先前的编辑工作

设置标记键

用户必须指定要重排文件的文本段(section)的边界。标记用来标志文本段的开始。光标(点)指定被选定的文本段的结束。

光标点：光标在文本中的位置。

标记：文本中标记的位置。

键	功能
Ctrl-SPC	在当前点位置设置标记([Ctrl]键后跟[Space]键)
Ctrl-x Ctrl-x	互换光标点和标记的位置。该命令可以用来显示标记的位置

大小写转换键

Emacs 提供命令,可以以大写字母写单词,将单词或是选定的文本区从大写转换成小写,从小写转换为大写。

按键	功能
Meta-u	将后一单词转换为大写
Meta-l	将后一单词转换为小写
Meta-c	以大写字母写后一单词
Ctrl-x Ctrl-u	将指定区域转换成大写
Ctrl-x Ctrl-l	将指定区域转换成小写

搜索命令

Emacs 提供在文本中向前或向后搜索字符串的命令。文本字符串可以描述为一组连续的字符或单词。Emacs 搜索命令不同于大多数编辑器的搜索命令,例如 vi。Emacs 搜索是递增的。也就是说,只要用户输入搜索字符串的第一个字符,Emacs 便开始搜索,并显示搜索字符串(用户当前已经输入的字符串)在文本中的位置。

按键	功能
Ctrl-s	向前递增搜索
Ctrl-r	向后递增搜索

替换命令和确认选项

查找并替换文本的命令是:[Meta-%]。该命令需要两个参数:搜索字符串和替代字符串。该命令的格式:

```
Meta-% search-string [Return] replace-string [return]
```

键	功能
SPC(空格键) 或 y	确认用替代字符串替换搜索字符串
Del(delete 键)或 n	跳到搜索字符串的下一个实例
,	显示替换的结果
[Return] 或 q	退出替换
.	替换当前的实例并退出
!	不询问,直接替换剩下的所有实例
^	回到前一实例

窗口命令

Emacs 提供将一个窗口分割为多个窗口的命令。多个窗口可以显示不同缓冲区部分,或者同一缓冲区的不同部分。

键	功能
Ctrl-x 2	将当前窗口水平分割为两个窗口
Ctrl-x 3	将当前窗口垂直分割为两个窗口
Ctrl-x >	向右滚动当前窗口
Ctrl-x <	向左滚动当前窗口
Ctrl-x o	将光标放置到其他窗口
Ctrl-x 0	删除当前窗口
Ctrl-x 1	删除当前窗口外的所有窗口

习题

1. Emacs 命令中经常使用的两个键是什么?
2. 读者键盘上的[Meta]键是什么?
3. 使用文件名启动 Emacs 的命令是什么?
4. 调用 Emacs 帮助的命令是什么?
5. 解释:
   a. 什么是回显行?
   b. 什么是回显区域?
   c. 什么是小缓冲区?
6. 解释回显行中下面字段和符号的含义:
   a. **
   b. --
   c. %%
   d. buf
   e. line
   f. pos
7. 解释 pos 字段中下面单词和符号的含义:
   a. All
   b. Top
   c. Bot
   d. NN%
8. 保存当前文件(缓冲区)并退出 Emacs 的命令是什么?
9. 退出 Emacs 不保存文件(缓冲区)的命令是什么?
10. 下面的删除命令删除什么?
   a. Ctrl-d
   b. Ctrl-k
   c. Ctrl-w
11. kill 和删除的区别是什么?

12. 下面命令是什么含义?
   a. Ctrl-y
   b. Ctrl-x u
13. 解释光标点和标记。
14. 实现下面操作的命令是什么:
   a. 将单词转换为大写。
   b. 将单词转换为小写。
   c. 将指定区域转换为大写。
15. 解释 Emacs 缓冲区。
16. Emacs 搜索命令是什么?
17. Emacs 替换命令是什么?
18. 将 Emacs 窗口分割为两个窗口的命令是什么?
19. 什么是 .emacs 文件?
20. Emacs 命令行选项是什么?

上机练习

实例: 这个上机练习要求创建一个小的文本文件,练习使用 Emacs 提供的编辑键。用户可以发挥想象,不要局限于这个小文件。尝试使用本章介绍的所有键练习 Emacs 命令。

首先用 Emacs 编辑器创建一个文件,名为 Exercise,准确地输入屏幕 1 所显示的文本,然后保存该文件。

再打开 Exercise 文件,使用剪贴粘贴、光标定位和其他命令来更正和格式化该文件,使其看上去如屏幕 2 所示。完成以后,将文件保存为 Exercise_Done,以备后面引用。

屏幕 1

Everywhere the trend is toward a simpler, and easy to care garden. Few advises might help you to have less trouble with your gardening. I am sure you have heard them before, but listen once more. Gardening: The easy approach visit the plant nurseries, it is good for your soul. Let me tell you that there is no easy to care garden. Use plants that are suitable for your climate. Native plants are good CHOICE. Before planting, choose the right site. Use your imagination, plants grow faster than what you think. Gardening can be made easier and more enjoyable if you hire a gardener to do the job. Use mulches to reduce weeds and save time in watering the plants. Do not use too much chemicals to kill every weed insight. You are the only one who sees the weeds, let them grow. They keep the moisture and prevent soil erosion.

屏幕 2

Gardening: The easy approach

Everywhere the trend is toward making simpler and easier-to-care-for

gardens.

However, let me tell you that there are no easy-to-care-for gardens.

Gardening can be made easier and more enjoyable if you hire a gardener to

```
do the job.
Some advises might help you to have less trouble with your gardening.
I am sure you have heard it before, but listen once more:
1. Before planting, choose the right site.
   Use your imagination, plants grow faster than you think.
2. Visit the plant nurseries, it is good for your soul.
3. Use mulch to reduce weeds and save time in watering.
4. Use plants that are suitable for your climate.
   Native plants are a good choice.
5. Do not use too much chemicals to kill every weed insight.
   You are probably the only one who sees the weeds.
   Let them grow.
   They keep the moisture and prevent soil erosion.
```

打开 Exercise_Done,并使用下面的命令。

1. 将窗口分割为两个水平窗口。
2. 将上部窗口保存为文件 TopWindow。
3. 将底部窗口保存为文件 BottomWindow。
4. 将上部窗口的文本转换成小写。
5. 将底部窗口的文本转换成大写。
6. 使用滚动命令查看窗口的不同部分。
7. 在底部窗口,用光标点和标记指定一个区域,并删除它。
8. 撤销删除。
9. 将光标放置在屏幕顶部。删除单词 gardening。
10. 撤销删除。
11. 大写单词 gardening。
12. 使用帮助命令:Ctrl-h i。
13. 移除底部窗口。
14. 将剩下的窗口分割为两个垂直窗口。
15. 在左窗口,搜索单词 weed。
16. 删除左窗口。

第 8 章 UNIX 文件系统高级操作

作为对第 5 章所讲内容的补充,这一章将继续讨论 UNIX 文件系统及其相关命令。本章将介绍更多的文件管理命令,包括复制文件、移动文件和查看文件内容。本章还解释 shell 输入/输出重定向操作符和文件替换元字符。

8.1 读文件

第 5 章解释了怎样用 vi 编辑器或 cat 命令读文件。据前所述,可以用带只读选项的 vi 读文件,或用 cat 查看一个小文件。但如果用 cat 命令查看大文件,按[Ctrl-s]键和[Ctrl-q]键停止和恢复屏幕输出非常不方便。从下面的例子可以感觉到这一点。用户一般会寻求其他分页阅读文件的命令。

实例: 假设工作目录是 david,它下面有一个文件(假定有 20 页长)名为 large_file。

- □ 用 vi 编辑器读 large_file,输入 vi -R large_file 并按[Return]键。以只读方式打开 large_file。large_file 的内容显示在屏幕上,可以使用 vi 命令来查看其他页。
- □ 使用 cat 命令读 large_file,输入 cat large_file 并按[Return]键。large_file 的内容连续显示,并在眼睛可以看清楚前就滚动过去了。可以用[Ctrl-s]键和[Ctrl-q]键停止和恢复滚动。

8.1.1 vi 编辑器的只读版本:view 命令

一些 UNIX 系统提供称为 view 的 vi 编辑器版本,它可以读文件。这是一个很好的读大文件的工具,因为它可以使用 vi 编辑器的命令方便地读文件的不同部分。但用 view 命令只能读文件而不能保存对文件的编辑或修改。请参见第 6 章的应用示例。

8.1.2 读文件:pg 命令

pg 命令可以分页查看文件。在屏幕底部会出现提示符(:),按[Return]键可以继续查看文件的下一页。当到达文件尾时,pg 命令在屏幕的最后一行上显示文件的结束符 EOF(代表 end of the file)。这时按[Return]键回到 $提示符。

使用 pg 命令的选项可以更好地控制文件的显示格式和查看方式。表 8.1 总结了这些选项。

表 8.1 pg 命令的选项

选项	功能
-n	不需要按[Return]键来结束单字母命令
-s	用反白显示信息和提示
-*num*	设置每屏的行数为整数 *num*。默认值为 23 行
-p *str*	改变提示符(:)为指定的串 *str*
+ *line-num*	从文件的第 *line-num* 行开始显示
+/*pattern*	从第一个包含 *pattern* 的行开始查看

注意： 与其他的命令选项不同，pg 的一些选项以加号(+)开头。

说明： 并不是所有系统上都有 pg 命令。用户可以输入 pg 或 man pg(查看 pg 命令的使用手册)来查看它是否可用。使用这两个命令查看，都可能会显示某种信息表示 pg 不可用。

实例： 假设在工作目录下有一个文件，名为 large_file。通过下列操作，用 pg 命令读该文件。

□ 输入 pg large_file 并按[Return]键，这是分页查看 large_file 的简单方法。

□ 输入 pg -p Next +45 large_file 并按[Return]键，从 large_file 的第 45 行开始查看并显示，提示符 Next 代替通常的提示符：。

这里使用了两个选项：-p 表示将默认提示符：改为 Next；+45 表示从第 45 行开始查看。

□ 输入 pg -s +/hello large_file 并按[Return]键，用反白显示模式显示提示符和其他信息，从第一个包含字 hello 的行开始查看。

这里使用了两个选项：-s 表示用反白显示模式显示提示符和其他信息；+/hello 表示查找字 hello 第一次出现的位置。

当 pg 命令显示出提示符：(或任何使用-p 选项指定的其他提示符)时，用户可以发出命令向前或向后移动指定的页数或行数，来查看文本的其他部分。表 8.2 总结了一些这样的命令。

表 8.2　pg 命令的键操作符

键	功能
+*n*	前进 *n* 屏，其中 *n* 是整数
-*n*	后退 *n* 屏，其中 *n* 是整数
+*n*l	前进 *n* 行，其中 *n* 是整数
-*n*l	后退 *n* 行，其中 *n* 是整数
n	跳到第 *n* 屏，其中 *n* 是整数

8.1.3　指定页号或行号

用户可以指定从文件头开始的或相对于当前页的页号或行号。使用无符号数表示从文件头开始。例如，输入 10 到第 10 页，输入 60l(即 6、0 和小写字母 l)到文件的第 60 行。

使用有符号数表示相对于当前页。例如，输入 +10 向前翻 10 页，输入 -30l(减号、3、0 和小写字母 l)向后移 30 行。如果只输入 + 或 -，而不带任何数字，命令就被分别解释为 +1 或 -1。

注意： 这些操作符只在用户查看文件，pg 命令显示提示符时才适用。

说明： 如果使用 pg 和-n 选项，那么对单字母操作符不需要按[Return]键。

8.2　shell 重定向

shell 重定向操作符是 shell 提供的最有用的功能之一。许多 UNIX 命令从标准输入设备输入，输出到标准输出设备，通常情况下这是默认设置。使用 shell 的重定向操作符，用户可以改变命令获取输入和发送输出的地方。命令的标准(默认)输入/输出设备是用户终端。

shell 重定向操作符可以完成下列任务：

- 将进程的输出保存到文件中。

● 使用文件作为进程的输入。

说明: 1. 进程是一个可执行程序。它可以是一个适合的 shell 命令、一个应用程序或用户编写的程序。
2. 重定向操作符是 shell 的指令,它不是命令语法的一部分,因此可以在命令行的任何地方出现。
3. 重定向是临时的,只对使用它的命令有效。

8.2.1 输出重定向

输出重定向允许用户将进程的输出保存到文件中。然后,用户可以编辑或打印文件,并且可将其作为另一个进程的输入。shell 将大于号(>)和双大于号(>>)作为输出重定向操作符。

格式如下:

command > filename

或

command >> filename

例如,要获得工作目录下文件名的列表,可以使用 ls 命令。输入 ls 并按[Return]键。shell 默认的输出设备是用户终端屏幕(标准输出设备)。因此,用户能在屏幕上看到文件列表。假设用户希望将 ls 命令的输出(目录下文件名的列表)保存到文件中,可将 ls 命令的输出从屏幕重定向到文件,如下所示:

```
$ls > mydir.list [Return]................. 将 ls 的输出重定向到 mydir.list
```

这时 ls 命令的输出不发送给终端屏幕,而是保存到 mydir.list 文件中。如果用户打开 mydir.list 文件,就会看到文件列表。

说明: 1. 如果指定的文件名已经存在,则将其覆盖,文件原先保存的内容丢失。
2. 如果指定的文件名不存在,shell 就会创建一个新文件。

双大于号(>>)重定向操作符除了将输出追加到指定文件末尾外,其工作原理与大于号(>)操作符相同。例如,输入 ls >> mydir.list,shell 将工作目录下的文件名列表加到 mydir.list 文件的末尾。

说明: 1. 如果指定的文件名不存在,shell 就会创建一个新文件保存输出。
2. 如果指定的文件名已经存在,shell 就会将输出加到文件尾,文件原先保存的内容仍然不变。

下面的命令序列显示了更多输出重定向操作符的例子。

实例: 完成下列操作,获得主目录下文件名的硬拷贝。

```
$cd [Return]....................... 改变到主目录
$ls -C [Return]....................以列格式列出 david 目录下的文件名,有两个文件:
myfirst yourlast
$ls -C > mydir.list [Return]......将输出保存到 mydir.list
$_............................... 完成,回到命令提示符
$cat mydir.list [Return]...........检查 mydir.list 的内容
myfirst yourlast
$lp mydir.list [Return]............打印列表
```

```
request id is lp1 - 8056(1 file)
$_..............................命令提示符
```

实例：完成下列操作，将系统上的用户列表追加到 mydir.list。

```
$who >> mydir.list [Return]........ 将系统上的用户列表追加到 mydir.list。
                                    现在 mydir.list 包括文件名列表和当前登
                                    录的用户列表
$date > mydir.list [Return]........ 将 date 命令的输出保存到 mydir.list。
                                    mydir.list 以前保存的内容丢失，只剩下最后
                                    一条命令 date 的结果
$_................................. 命令提示符
```

实例：完成下列操作，将当年的日历保存到 this_year，打印，然后删除文件。

```
$cal > this_year [Return]...........保存 cal 的输出到 this_year
$lp this_year [Return].............. 打印
request id is lp1 - 6889(1 file)
$rm this_year [Return]............. 删除
$_..................................命令提示符
```

8.2.2　输入重定向

输入重定向操作符允许用户从指定的文件得到输入来运行命令或程序。shell 用小于号(<)和双小于号(<<)作为输入重定向操作符。格式如下：

command < filename

或

command << filename

例如，要将邮件发送给另一个用户，可以使用 mailx 命令（mailx 命令将在第 10 章讨论），输入 mailx daniel < memo。这个命令告诉计算机，发送邮件给 daniel 用户（该用户的 ID）。mailx 的输入不是来自标准输入设备，即用户终端，而是来自 memo 文件。因此，输入重定向操作符(<)指明输入来自哪里。

实例：尝试使用 cat 命令和输入重定向操作符。

□ 输入 cat < mydir.list 并按[Return]键，显示 mydir.list 的内容，屏幕显示：

```
myfirst yourlast
```

使用 cat 命令和输入重定向操作符的结果与使用 cat 命令并带文件名参数（cat mydir.list）的结果是一样的。其他命令也以相同的方式工作。如果在命令行中指定文件名，命令就将指定的文件名作为输入。如果不指定任何参数，命令就从默认的输入设备（键盘）取得输入。如果使用输入重定向操作符指定输入，命令就将指定的文件作为输入。

重定向操作符(<<)一般在脚本文件（shell 程序）中使用，用于向其他命令提供标准输入。

8.2.3　回顾 cat 命令

现在我们知道了 shell 的重定向功能，就可以更详细地讨论 cat 命令。cat 命令在第 5 章已

经介绍过,可以用这个命令在屏幕上显示小文件的内容。但是,除了显示文件外,cat命令还有很多其他的功能。

让我们用下面的命令行来回忆cat的功能:

```
$cat myfirst[Return].................... 显示myfirst文件
$cat -n myfirst [Return]................ 显示myfirst文件并显示行号
```

```
$cat -n myfirst
     1 The vi history
     2 The vi editor is an interactive text editor that is supported
     3 by most of the UNIX operating systems.
$_
```

说明: 本书中,cat -n命令用来显示文件内容。当引用文本的一行或多行时,可以方便地获得行号。

创建文件

使用cat命令和输出重定向操作符(>),可以创建文件。例如,如果希望创建myfirst文件,可以输入cat > myfirst。这个命令表示cat命令的输出从标准输出设备(终端)重定向到myfirst文件。输入来自标准输入设备——键盘。换句话说,cat将用户输入的文本保存到myfirst文件中。用户按[Ctrl-d]键结束文件。

cat命令的这个特征可用来快速地创建小文件。当然,也可以用它来创建大文件,但用户必须录入得非常准确,因为当按[Return]键后就不能编辑已输入的文本。下面的命令序列显示了怎样用cat命令创建文件。

实例: 尝试使用cat命令和输出重定向操作符来创建文件。

```
$cat > myfirst [Return].............. 创建myfirst文件
_.................................... 光标等待用户输入。输入以下文本:
I wish there was a better way to learn
UNIX. Something like having a daily UNIX pill.
[Ctrl-d]............................. 结束输入
$_................................... 命令提示符
$cat > myfirst [Return]..................检查myfirst文件是否已创建;在屏幕上显示该文件
I wish there was a better way to learn
UNIX. Something like having a daily UNIX pill.
$_................................... 命令提示符
```

说明: 1. 如果工作目录下不存在myfirst文件,cat就会创建它。

2. 如果工作目录下存在myfirst文件,cat就覆盖它,myfirst文件以前的内容将丢失。

3. 如果不想覆盖文件,就使用>>操作符。

实例: 尝试将文本追加到当前目录下的myfirst文件中。

```
$cat >> myfirst [Return]............. 向myfirst文件追加文本
_.................................... 输入文本
However, for now, we have to suffer and read all these
```

```
boring UNIX books.
[Ctrl-d]............................ 结束文本输入
$_.................................. 命令提示符
$cat myfirst [Return]............... 显示 myfirst 文件的内容
I wish there was a better way to learn
UNIX. Something like having a daily UNIX pill.
However, for now, we have to suffer and read all these
boring UNIX books.
```

说明：1. 如果工作目录下不存在 myfirst 文件，cat 就会创建它。
　　　2. 如果存在 myfirst 文件，cat 就将输入的文本追加到已存在文件的末尾。如此例所示。

复制文件

使用 cat 命令和输出重定向操作符可以将文件从一个地方复制到另一个地方。下面的命令序列显示了 cat 命令的这个功能是如何工作的。

实例：将 david 目录下的 myfirst 文件复制到另一个文件，名为 myfirst.copy。

```
$cd [Return]............................ 保证在主目录下
$cat myfirst > myfirst.copy [Return].... 将 myfirst 复制到 myfirst.copy
$_...................................... 命令提示符
```

说明：cat 命令的输入是 myfirst 文件，cat 命令的输出(myfirst 的内容)保存在 myfirst.copy 中。

实例：现在，将 david 目录下的 myfirst 文件复制到 source 目录下，文件名为 myfirst.copy。

```
$cat myfirst > source/myfirst.copy [Return].. 将 myfirst 复制到 myfirst.copy,
                                              并将它放到 source 目录下
$ls source/myfirst.copy [Return]............. 检查是否已复制
myfirst.copy
$_...........................................source 目录下已有 myfirst.copy
```

说明：因为用户是在主目录下，cat 和 ls 命令必须指定 source 目录下 myfirst.copy 文件的路径名。

实例：下面，使用 cat 命令将两个文件复制到第 3 个文件中。

```
$cat myfirst myfirst.copy > xyz [Return]...... 将 myfirst 和 myfirst.copy 复制到 xyz 中
$_............................................ 命令提示符
```

注意：1. 如果 xyz 文件以前有内容，该内容被覆盖。
　　　2. 命令行中每个文件名之前有一个空格。

追加文件

使用 cat 命令和输出重定向操作符(>>)可以将几个文件追加合并为一个新文件。

实例：将两个文件追加到第 3 个文件的末尾。

```
$cat myfirst myfirst.copy >> xyz [Return]... 将 myfirst 和 myfirst.copy
                                             追加到 xyz 的末尾
$_.......................................... 显示提示符
```

说明：1. 如果 xyz 以前有内容，>>重定向操作符就会保存 xyz 以前的内容，这两个文件的内容被追加到 xyz 的末尾。
2. 命令行中可以有两个以上的文件名，但是它们之间必须用空格隔开。
3. 文件追加到指定的输出文件的顺序同它们在命令行中的输入顺序一致。

8.3 增强的文件打印功能

事实上，lp 命令将文件发送到打印机，它并不改变文件的外观或格式。但是，用户通过一定的编排可以改善输出的外观。例如，在发送到打印机或在屏幕上查看之前，可以给文件增加页号、页标题和双倍行距等。

在打印或查看文件之前，用户可以用 pr 命令编排文件。不带选项的 pr 命令将指定文件编排为每页 66 行。在页面顶端有 5 行的页标题，包括两个空行，1 行有关指定文件的信息及另外两个空行。信息行包括当前的日期和时间、指定的文件名和页码。pr 命令也在每页的末尾产生 5 个空行。

实例：尝试使用 pr 命令编排 myfirst 文件。

☐ 输入 pr myfirst 并按[Return]键，编排 myfirst 文件(见图 8.1)。

```
                         [空两行]
Nov 28 16:30 2001 myfirst Page 1
                         [空两行]
The vi history
The vi editor is an interactive text editor which is supported
by most of the UNIX operating systems. However, . . .

rest of the page . . .



                        [页尾空 5 行]
```

图 8.1 编排后的打印文件：5 行页标题和 5 行空页脚

pr 命令的输出显示在终端(标准输出设备)上。但是在大多数情况下，用户编排文件的目的是得到硬拷贝输出。使用输出重定向操作符可以实现这一点。还有其他方法将编排后的文件发送到打印机，如用管道操作符(|)(将在第 9 章介绍)。现在我们将编排后的 myfirst 版本保存到另一个文件，然后打印该文件。

```
$pr myfirst > pout [Return]........... 将编排后的 myfirst 版本保存到文件 pout
$lp pout [Return]...................... 打印 pout
requested id is lp1 - 8045(1 file)
$rm pout [Return]...................... 如果不需要 pout，就删除它
$_..................................... 命令提示符
```

pr 命令的选项

仅仅在每页的头部和末尾各增加 5 行还不足以称为编排。pr 命令的选项允许更复杂地

编排文件的外观。表 8.3 总结了 pr 命令的选项。

表 8.3 pr 命令的选项

选项		功能
UNIX	Linux 对应的选项	
+ *page*	--pages= *page*	从指定页开始显示,默认为第一页
-*columns*	--*columns* = *columns*	以指定列数显示输出,默认为一列
-a	--across	以横跨页面的方式显示输出,每列一行
-d	--double-space	双倍行距显示输出
-h *string*	--header= *string*	在标题上用指定串代替文件名
- l *number*	--length= *number*	将页长设置为指定的行数,默认为 66 行
-m	--merge	以多列形式显示所有指定的文件
-p		在每页末尾暂停并响铃
-s *character*	--separator= *character*	用指定的单个字符隔开列,如果没有指定字符,使用[Tab]键
-t	--omit-header	取消 5 行标题和 5 行空页脚
-w *number*	--width= *number*	行宽设置为指定的字符数,默认为 72
	--help	显示帮助页并退出
	--version	显示版本信息并退出

说明: 1. -m 或-columns 用来产生多列输出。

2. -a 选项只能和-columns 选项一起使用,而不能和-m 选项一起使用。

下面的命令序列显示了 pr 命令使用不同选项的输出。

实例: 本例假设在工作目录下有两个文件,使用 cat 命令创建它们。

```
$cat > names [Return]............... 创建 names 文件
David [Return]
Daniel [Return]
Gabriel [Return]
Emma [Return]
[Ctrl-d]
$cat > scores [Return].............. 创建 scores 文件
90 [Return]
100 [Return]
70 [Return]
85 [Return]
[Ctrl-d]
$_.................................. 命令提示符
```

注意,UNIX 下 pr 命令的大部分选项在 Linux 中也可以使用。但是,Linux 提供了一些对应的选项来完成相应的工作,并且还有其他一些选项只能在 Linux 下使用。

例如,看下面的命令:

```
$pr -a myfirst [Return]................ UNIX 和 Linux 下都可用
$pr --across myfirst [Return]......... 只在 Linux 下可用
$pr --help [Return]................... 只在 Linux 下可用
```

实例: 以列格式显示 names,并将标题改为 STUDENT LIST,输入 pr -2 -h "STUDENT LIST" names 并

按[Return]键。

```
                                        [空两行]
Nov 28 2005 14:30 STUDENT LIST          [Page 1]
                                        [空两行]
David                                   Gabriel
Daniel                                  Emma




                                        [页尾空5行]
```

-h选项用于修改标题,但是如果指定的串包含空格,就必须用引号括起来。

但是,文件会连续显示,用户无法看到整个文件。在屏幕上观察输出的一种方法是将pr的输出重定向到文件,然后使用vi编辑器或view命令(vi的只读版本)看编排后的输出。

☐ 输入pr myfirst > outfile并按[Return]键,将pr命令的输出保存到outfile。

☐ 输入view outfile并按[Return]键,查看pr命令产生的输出。

说明: 如果view命令在系统中不能用,就输入vi -R(只读)代替。

实例: 用跨页的两列方式显示names并取消标题。

☐ 输入pr -2 -a -t names并按[Return]键。

```
David           Daniel
Gabriel         Emma
```

选项-2和-2 -a的区别是列排列的顺序不同。

实例: 并排显示文件names和scores。

☐ 输入pr -m -t names scores并按[Return]键。

```
David          90
Daniel         100
Gabriel        70
Emma           85
```

-m选项并排显示指定的文件,其顺序同命令行中文件名的输入顺序相同。

实例: 以两列形式显示names,用@字符分隔,省略标题。

☐ 输入pr -2 -s@ -a names并按[Return]键。

```
David@Daniel
Gabriel@Emma
```

注意,-s@选项使名字之间用@字符隔开。

练习Linux中pr命令的对应选项

实例: 使用Linux中pr命令对应的选项,如下所示。一些选项(如pages)对查看大文件很有用。

$pr --pages=2 large_file [Return]........ 从第2页开始显示large_file

$pr --columns=2 myfirst [Return]........ 以两列形式显示myfirst

$pr --double-space myfirst [Return]....... 双倍行距显示 myfirst

$pr --omit-header --columns = 2--across names [Return]

.... 以两列无标题横跨页的形式显示 names

$pr --omit-header --columns = 2--separator =@ names [Return]

.... 以两列用@隔开的形式显示 names

$pr --help [Return]...................... 显示帮助页

说明： 读帮助页，熟悉 pr 命令的其他选项。

8.4　文件操作命令

第 5 章已经讨论了一些文件操作命令。通过讨论，我们知道了怎样创建目录(使用 mkdir 命令)、创建文件(使用 vi 和 cat 命令)、删除文件和目录(使用 rm 和 rmdir 命令)。现在，我们将学到更多命令来增加 UNIX 文件操作的知识。如复制(cp)、链接(ln)、移动(mv)文件命令。这些命令的通用格式如下：

command source target

其中，*command* 是这三个命令中的任一个，*source* 是源文件名，*target* 是目标文件名。

8.4.1　复制文件：cp 命令

cp(copy)命令用来创建文件的副本。用户可以用 cp 命令将文件从一个目录复制到另一个目录，来制作文件的备份或随便复制文件来练习。

实例： 假设当前目录下有一个文件名为 REPORT。要创建它的副本，可以输入 cp REPORT REPORT.COPY 并按[Return]键。

REPORT 是源文件，REPORT.COPY 是目标文件。如果用户没有提供源文件或目标文件的正确路径名/文件名，cp 就会显示类似以下的信息：

```
File cannot be copied onto itself
0 file(s) copied
```

图 8.2 显示了 cp 命令执行前后的目录结构。

注意： 如果目标文件已存在，它之前的内容会丢失。

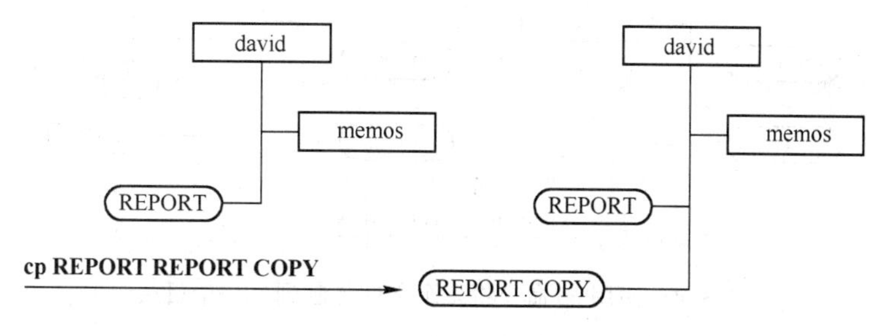

图 8.2　cp 命令的应用示例

实例： 下面的命令序列显示 cp 命令是如何工作的。

$ls [Return]........................... 列出当前目录下的文件

memos REPORT

$cp REPORT REPORT.COPY [Return]......... 将 REPORT 复制到 REPORT.COPY

$ls [Return].......................... 查看文件列表,REPORT.COPY 在列表中

memos REPORT REPORT.COPY

$cp REPORT REPORT [Return]............ 源文件和目标文件相同

File cannot be copied onto itself

0 file(s) copied

$_.................................. 命令提示符

实例: 从当前目录将文件复制到另一个目录。图 8.3 显示了 cp 命令执行前后的目录结构。

$cp REPORT memos [Return]............ 在 memos 下创建 REPORT 的副本

$ls memos [Return]...................列出 memos 目录下的文件,其中有 REPORT

REPORT

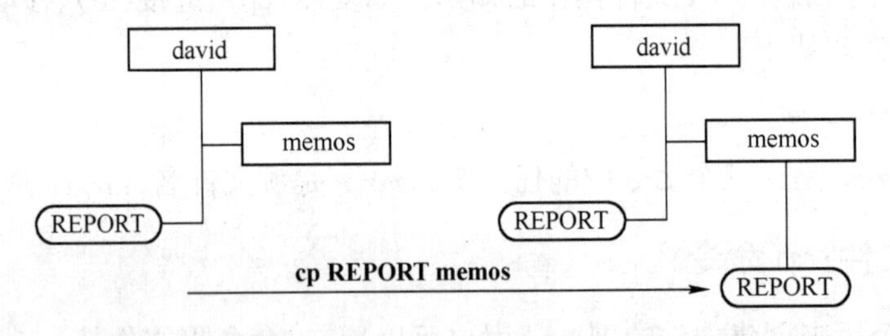

图 8.3 应用 cp 命令的另一示例

说明: 当目标文件是目录名时,源文件就被复制到目标目录下,目标文件名与源文件名相同。

实例: 也可以将多个文件复制到另一个目录。假设在当前目录(david)下有文件 names 和 scores,将它们复制到 memos 目录下。图 8.4 显示了 cp 命令执行前后的目录结构。

$cp names scores memos [Return]......... 将当前目录下的 names,scores 复制到 memos 目录下

$_...................................命令提示符

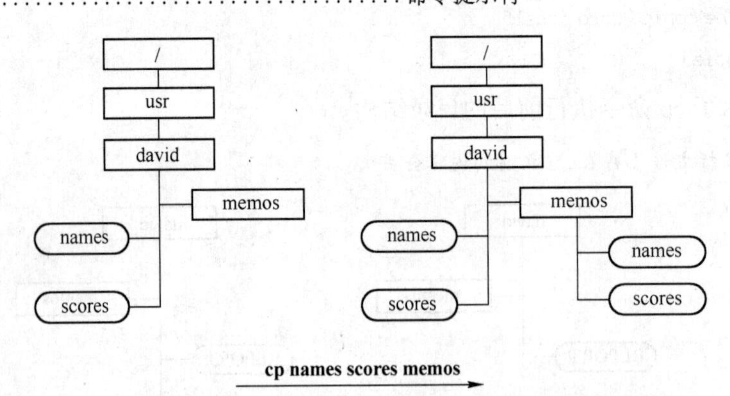

图 8.4 使用 cp 命令将多个文件复制到另一个目录

说明: 1. names 和 scores 文件都在当前目录下。

2. 在命令行中,文件名之间至少要有 1 个空格。

3. 最后一个文件名必须是目录名。在本例中,memos 是目录名。

cp 命令的选项

表 8.4 总结了 cp 命令的选项。

表 8.4　cp 命令的选项

选项		功能
UNIX	Linux 对应的选项	
-b	--backup	如果指定的文件已存在，就创建它的备份
-i	--interactive	如果目标文件已存在，要求确认
-r	--recursive	将目录复制到新的目录
	--verbose	解释操作
	--help	显示帮助页并退出

-b 选项：如果在目标目录下已经存在要复制的文件，-b(backup)选项就创建该文件的副本。这可以阻止用户覆盖一个已经存在的文件。

实例：使用 cp 命令和-b 选项。假设在 memos 目录下已经有一个文件，名为 REPORT，要创建 REPORT 的副本。这意味着 memos 下的 REPORT 文件不会被覆盖。图 8.5 显示了 cp -b 命令执行前后的目录结构。

```
$cp -b REPORT memos [Return]... 将 REPORT 移到 memos 下，如果 memos 下已经存在
                                REPORT 的副本，就创建 REPORT 的备份
$ls memos [Return]............. 列出 memos 目录下的文件
  REPORT REPORT～
$_............................. 命令提示符
```

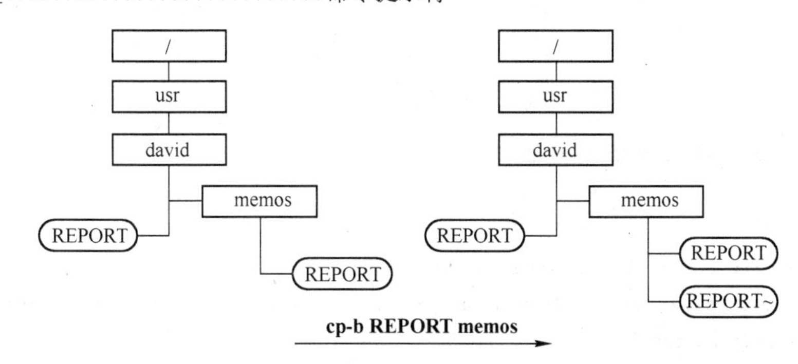

图 8.5　使用 cp 命令和-b 选项

注意，REPORT 已经备份，备份文件名为 REPORT～。

-i 选项：-i 选项使用户不能覆盖已存在的文件。如果目标文件已经存在，就要求确认。如果回答是 yes，就复制源文件，覆盖已存在的文件。如果回答是 no，就退出，已存在的文件保持原样。

-r 选项：如果用户需要复制很多文件，那么逐个复制文件将会花费很长时间，而且令人厌烦。使用 cp 和-r 选项就可以将目录及其下的内容复制到新目录下。

实例：使用 cp 命令和-r 选项。

```
$cp -i REPORT memos [Return]............... 在 memos 下创建 REPORT 的备份
Target file already exists overwrite?....... 显示确认提示；按[y][Return]键
                                             表示 yes，按[n][Return]键表示 no
```

$_.................................... 命令提示符

实例: 假设在当前目录下有目录,名为 memos,用户希望将 memos 下的所有文件和子目录复制到 david.bak 目录下。图 8.6 显示了 cp -r 命令执行前后的目录结构。注意,在 memos 下有子目录 important,该目录下有一个文件名为 resume。用-r 选项将 david 目录下的文件和子目录复制到另一个目录 david.bak 下。

$cp -r ./memos ./david.bak [Return]... 将 memos 及其下的所有文件复制到 david.bak
$_................................ 命令提示符

说明: 1. 如果 david.bak 在当前目录下,memos 下的文件和目录就被复制到 david.bak 下。
2. 如果 david.bak 不在当前目录下,那么系统创建 david.bak 目录,memos 目录下的所有文件和目录包括 memos 自身都被复制到 david.bak 下。现在 david.bak 的 memos 子目录下的文件路径名为 ./david.bak/memos。

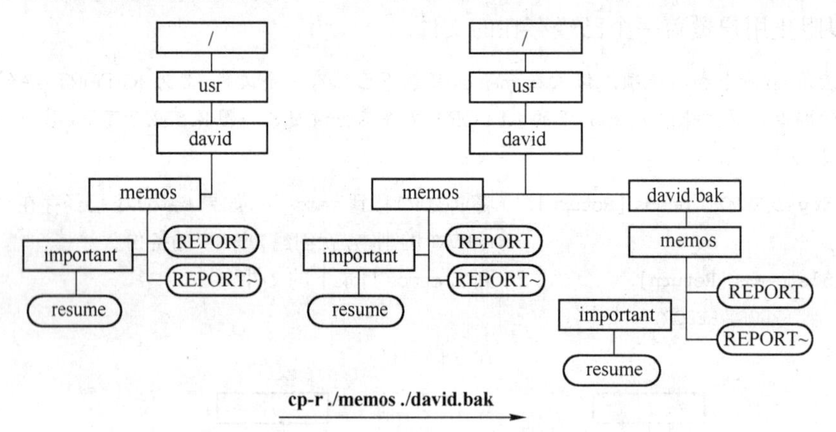

图 8.6 使用 cp 命令和-r 选项

练习 Linux 中 cp 命令的对应选项

实例: 使用 Linux 中 cp 命令的对应选项。

$cp --interactive REPORT memos [Return]........ 同 cp -i REPORT memos
$cp --recursive ./memos ./david.bak [Return]... 同 cp -r ./memos ./david.bak
$cp --help [Return]......................... 显示帮助页

说明: 读帮助页,熟悉 Linux 中 cp 命令的其他可用选项。

实例: 使用-verbose 或-v 选项复制文件。

$cp -v names scores memos [Return].... 将当前目录下的 names 和 scores 复制到 memos 目录下

names -> memos/names
scores -> memos/scores
$_................................ 命令提示符

说明: 注意,-v 选项的反馈信息显示了复制什么文件,复制到哪里。

8.4.2 移动文件:mv 命令

使用 mv 命令将文件从一个地方移到另一个地方,或者改变文件名或目录名。例如,在当前目录下有一个文件,名为 REPORT。要将它改名为 REPORT.OLD,可输入 mv REPORT REPORT.OLD 并按[Return]键。

图 8.7 显示了用 mv 命令将 REPORT 改名前后的目录结构。

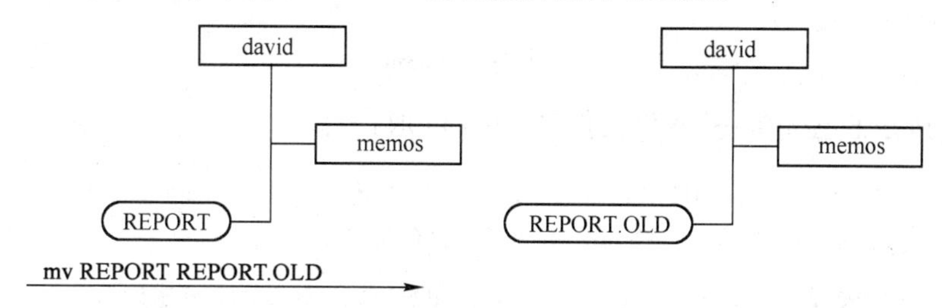

图 8.7　使用 mv 重命名文件

实例: 将 REPORT 移到 memos 目录下。

```
$mv REPORT memos [Return].......... 将 REPORT 移到 memos 下
$_............................... 命令提示符
```

图 8.8 显示了用 mv 命令移动 REPORT 前后的目录结构。

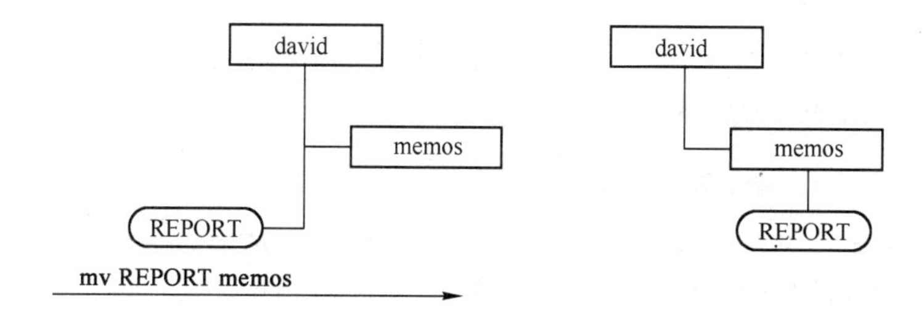

图 8.8　使用 mv 移动文件

cp 和 mv 命令都接受两个以上的参数,但是最后一个参数必须是目录。例如,命令

```
cp xfile yfile zfile backup
```

将 xfile,yfile 和 zfile 复制到目录 backup 下(假设 backup 目录存在)。

mv 命令的选项

表 8.5 显示了 mv 命令的一些选项。下面的命令行显示了 mv 命令选项的用法。

表 8.5　mv 命令的选项

选项		功能
UNIX	Linux 对应的选项	
-b	--backup	如果指定文件已存在,就创建它的备份
-i	--interactive	如果目标文件已存在,要求确认
-f	--force	如果目标文件已存在,就删除目标文件,不要求确认
-v	--verbose	解释操作
	--help	显示帮助页并退出
	--version	显示版本信息并退出

实例: 使用 mv 命令和-b(backup)选项。假设在 memos 目录下已经有一个文件,名为 REPORT,要创建 REPORT 的备份。这意味着 memos 下的 REPORT 文件不会被覆盖。

$**mv -b REPORT memos** [Return]........ 将 REPORT 移到 memos 下,如果 memos 下已经存在 REPORT,就创建 REPORT 的备份

$**ls memos** [Return]................. 检查 memos 目录下的文件

REPORT REPORT~

$_............................... 命令提示符

注意,REPORT 已经备份,备份文件名为 REPORT~。

实例: 使用 mv 命令和-i(确认)选项。假设在 memos 目录下已经有一个文件名为 REPORT,显示确认提示,按[y][Return]键或[n][Return]键表示用户的决定。

$**mv -i REPORT memos** [Return]........ 将 REPORT 移到 memos 下,要求确认

overwrite 'memos/REPORT'?.......... 显示确认提示

y [Return]......................... 覆盖 REPORT 文件

$_................................. 命令提示符

实例: 使用 mv 命令和-v(verbose)选项。

$**mv -v REPORT memos** [Return]....... 将 REPORT 移到 memos 下

REPORT -> memos/REPORT

$_............................... 命令提示符

练习 Linux 中 mv 命令的对应选项

实例: 使用 Linux 中 mv 命令的对应选项。

$**mv --backup REPORT memos** [Return]........... 同 mv -b REPORT memos

$**mv --interactive REPORT memos** [Return]...... 同 mv -i REPORT memos

$**mv --verbose REPORT memos** [Return].......... 同 mv -v REPORT memos

$**mv --version** [Return]..................... 显示版本信息

$**mv --help** [Return]........................ 显示帮助页

说明: 读帮助页,熟悉 Linux 中 mv 命令的其他可用选项。

8.4.3 链接文件:ln 命令

ln 命令在已存在文件和新文件名之间创建新链接(名字)。这意味着可以为已存在的文件创建另外的名字,从而使用不同的名字引用相同的文件。例如,假设在当前目录下有一个文件 REPORT,输入 ln REPORT RP 并按[Return]键,就在当前目录下创建了文件 RP,它链接到 REPORT。现在,REPORT 和 RP 是一个文件的两个名字。图 8.9 显示了 ln 命令执行前后的目录结构。

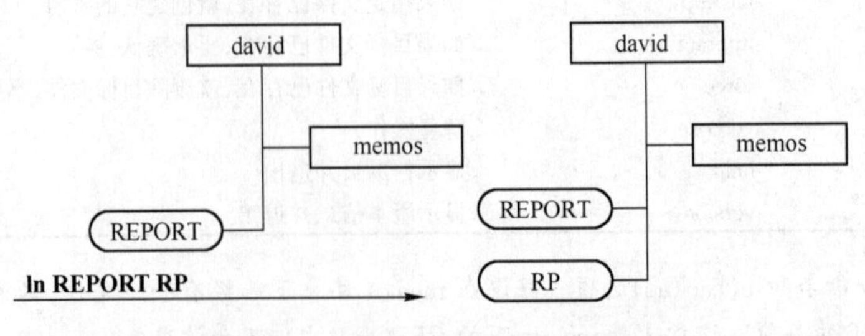

图 8.9 使用 ln 命令链接文件名

乍一看,这很像 cp 命令,但其实不同。cp 命令在物理上将文件复制到另一个地方,这样用户就有两个独立的文件。在其中的一个文件中所做的修改不会影响到另一个文件。但是,ln 命令只是为同一个文件创建了另一个文件名,而没有创建新文件。如果改变了其中任何一个链接文件的内容,不管用户引用的是它的哪一个名字,这些文件都会发生改变。

实例: 尝试下列命令序列,练习 ln 命令。

```
$cat > xxx [Return]............ 创建文件,名为 xxx。在文件中输入下面一行:
                                Line 1:aaaaaa
$[Ctrl-d]...................... 表示结束输入
$ln xxx yyy [Return]........... 链接 yyy 到 xxx
$cat yyy [Return].............. 显示 xxx 文件的内容,但使用文件名 yyy;输出为 xxx 的内容
Line 1:aaaaaa
$cat >> yyy [Return]........... 追加 1 行到 yyy 的末尾,输入下面一行:
                                Line 2:bbbbbb
$[Ctrl-d]...................... 表示结束输入
$cat yyy [Return].............. 显示 yyy 的内容,yyy 有两行
Line 1:aaaaaa
Line 2:bbbbbb
$cat xxx [Return].............. 显示 xxx 的内容,XXX 有两行,
                                因为 xxx 和 yyy 实际上是同一个文件
Line 1:aaaaaa
Line 2:bbbbbb
$_............................. 命令提示符
```

如果指定已存在的目录名作为新文件名,用户就可以访问指定目录下的文件而不用输入路径名。例如,假设在工作目录下有文件 REPORT 和子目录 memos,输入 ln REPORT memos 并按[Return]键。现在就可以访问 memos 目录下的 REPORT 且不用指定路径名,在这里路径名为 ../REPORT。

如果为文件指定不同目录下的不同名字,输入 ln REPORT memos/RP 并按[Return]键。现在 memos 目录下的 RP 链接到 REPORT,从 memos 就可以使用文件名 RP 引用 REPORT。

图 8.10 显示了 ln 命令执行前后的目录结构。

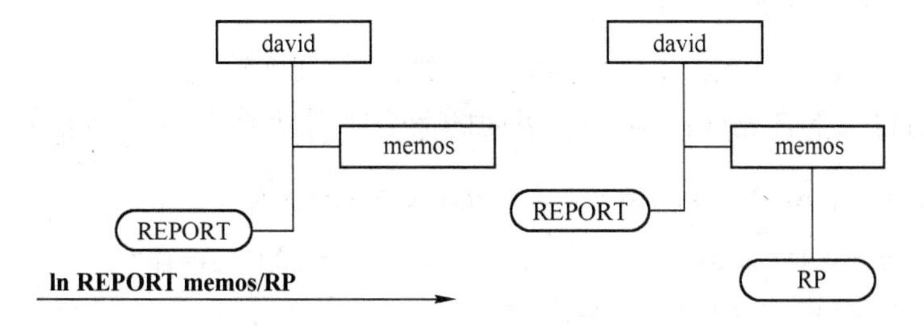

图 8.10　使用 ln 命令将文件名链接到目录

第 5 章中讲过,ls -l 命令以长格式列出当前目录下的文件名,长格式输出的第二列显示链接数。

实例: 以长格式列出 david 下的文件,输入 ls -l 并按[Return]键。

```
$ls -l
total 2
drwxrw----   1   david student   32    Nov 28 12:30    memo
-rwx rw----  1   david student   155   Nov 18 11:30    REPORT
```

实例: 将 REPORT 链接到 RP,并用 ls 命令和-l 选项列出文件查看链接数,输入 ln REPORT RP 并按[Return]键。然后输入 ls -l 并按[Return]键。

```
$ln REPORT RP
$ls -l
total 3
drwxrw----   1   david   student   32    Nov 28 12:30   memo
-rwxrw----   2   david   student   155   Nov 18 11:30   REPORT
-rwxrw----   2   david   student   155   Nov 18 11:30   RP
```

说明: 当用户创建文件时,也同时在目录和文件之间建立了链接。因此,每个文件的链接数至少为 1,随后每使用一次 ln,链接数就加 1。

练习 Linux 中 ln 命令对应的选项

实例: 使用 Linux 中 ln 命令对应的选项。

```
$ln --version [Return]................................ 显示版本信息
$ln --help [Return]................................... 显示帮助页
```

说明: 读帮助页,熟悉 Linux 中 ln 命令的其他可用选项。

结束语

cp,mv 和 ln 这三个命令都影响文件名,并以相似的方式工作,但它们是不同的命令,用于不同的目的:

- cp 用于创建新文件。
- mv 用于改文件名或将文件从一个地方移到另一个地方。
- ln 用于为已存在的文件创建另外的名字(链接)。

8.4.4 计算字数:wc 命令

wc 命令计算指定的一个或多个文件中的行数、字数或字符数。

假设在当前目录下有 myfirst 文件。下面的命令序列显示了 wc 命令的输出。

实例: 首先显示 myfirst 的内容,然后显示文件的行数、字数和字符数。

```
$cat myfirst [Return]............... 显示 myfirst 文件的内容
I wish there was a better way to learn
UNIX. Something like having a daily UNIX pill.
However, for now, we have to suffer and read all these boring UNIX books.
$wc myfirst [Return]................ 计算 myfirst 中的行数、字数和字符数
4 30 155 myfirst
$_.................................. 命令提示符
```

第 1 列显示行数,第 2 列显示字数,第 3 列显示字符数。

说明: 字定义为没有空格(空格或制表符)的字符序列。因此,what? 是一个字,what ? 是两个字。

如果没有指定文件名,wc 就从标准输入设备(键盘)获得输入。按[Ctrl-d]键表示输入结束,wc 将结果显示在屏幕上。

实例: 使用 wc 命令计算键盘输入的行数、字数和字符数。

```
$wc [Return]......................... 不带文件名启动 wc 命令
_.................................... 提示符表明 shell 等待输入,输入下列文本:
The wc command is useful to find out how large your file is.
[Ctrl-d]............................. 结束输入;wc 显示输出
2 13 48
$_................................... 命令提示符
```

可以指定一个以上的文件名作为参数。在这种情况下,输出时为每个文件显示一行信息,最后一行显示总数。

假设在当前目录下有两个文件。下面的命令序列显示了指定两个文件名作为参数的 wc 命令的输出。

实例: 计算指定文件的行数、字数和字符数。

```
$wc myfirst yourfirst [Return]... 显示 myfirst 和 yourfirst 中的行数、字数和字符数
24      10      400 myfirst
3       100     400 yourfirst
27      110     800 total
$_............................... 命令提示符
```

wc 命令的选项

用 wc 命令及其选项可获取行数、字数、字符数或其组合。表 8.6 总结了 wc 命令的选项。

表 8.6　wc 命令的选项

选项		功能
UNIX	Linux 对应的选项	
-l	--lines	报告行数
-w	--words	报告字数
-c	--chars	报告字符数
	--help	显示帮助页并退出
	--version	显示版本信息并退出

说明: 1. 如果没有指定选项,就默认为所有选项(-lwc)。
2. 用户可以使用选项的任意组合。

下面的命令序列显示了 wc 命令选项的使用。

实例: 计算 myfirst 的行数。

```
$wc -l myfirst [Return]............ 只报告行数
4 myfirst
$_................................. 命令提示符
```

$**wc -lc myfirst [Return]**.......... 报告行数和字符数

155 4 myfirst

$_.............................. 命令提示符

实例：将 wc 命令的输出保存到文件并打印。

$**wc myfirst > myfirst.count [Return]**... 使用输出重定向操作符将 wc 的输出保存到 myfirst.count

$**lp -m myfirst.count [Return]**.......... 打印 myfirst.count,并在打印完后给出报告

$_.................................命令提示符

练习 Linux 中 wc 命令对应的选项

实例：使用 Linux 中 wc 命令对应的选项。

$**wc --lines myfirst [Return]**............... 只报告行数

$**wc --chars --lines myfirst [Return]**........ 报告 myfirst 中的行数和字符数

$**wc --help [Return]**........................显示帮助页

说明：读帮助页,熟悉 Linux 中 wc 命令的其他可用选项。

8.5 文件名替换

大部分的文件操作命令要求将文件名作为参数。但是,如果用户需要操作大量文件,例如将文件名以字母 a 开头的所有文件传送到另一个目录下,逐个输入文件名就很不方便。shell 提供文件替换操作,它允许用户选择匹配指定模式的那些文件名。这些模式通过在文件名中包含特定的字符来创建,而这些字符在 shell 里有特殊的意义。它们称为元字符(或通配符)。表 8.7 总结了可以在文件名中代表一个或多个字符的通配符。

表 8.7 shell 的文件替换元字符

字符	功能
?	匹配单个字符
*	匹配任意字符串,包括空串
[*list*]	匹配任一在 *list* 中指定的字符
[! *list*]	匹配任一不在 *list* 中指定的字符

说明：文件替换元字符(通配符)在创建搜索模式时可以用在任何部分——文件名的开头、中间或末尾。

本节的上机练习需要创建新文件和目录。为每章创建一个目录用做该章的上机练习是一个好办法。在 Chapter8 目录下,创建一个子目录 8.5。如果在主目录下还没有创建 Chapter8 目录,那么现在来创建:

$**cd [Return]**...................... 改变到主目录

$**mkdir Chapter8 [Return]**........... 创建 Chapter8 目录

$**cd Chapter8 [Return]**............. 改变当前目录到 Chapter8

$**mkdir 8.5 [Return]**................ 创建 8.5 目录

现在,用 cat 命令或 vi 编辑器创建下面的文件。因为我们只用到这些文件的文件名,所以文件中不需要输入任何内容,也可以输入一些字符。创建下面的 6 个文件:

```
report   report1   report2   areport   breport   report32
```

8.5.1 ? 元字符

?(问号)是一个特殊的字符,shell 将它解释为替换单个字符,并相应地扩展文件名。

实例: 尝试下面的命令序列,看?通配符是如何工作的。

```
$ls -C [Return]................ 检查工作目录下的文件名。有下列几个文件
report   report1   report2   areport   breport   report32
$ls -C report? [Return]......... 在文件名中使用一个问号
report1   report2
$_........................... 命令提示符
```

shell 将文件名 report? 扩展为 report 后面只跟任意一个字符。因此,只有两个文件名 report1 和 report2匹配这个模式。

```
$ls report?? [Return]............ 用两个问号作为特殊字符
report32
$_............................ 命令提示符
```

shell 将文件名 report?? 扩展为 report 后面跟任意两个字符。因此,只有文件名 report32 匹配这个模式。

```
$ls -C ?report [Return]............... 在文件名开头使用问号
areport breport
$_................................ 命令提示符
```

shell 将文件名?report 扩展为 report 前面只加任何一个字符。因此,只有两个文件名 areport和 breport 匹配这个模式。

8.5.2 * 元字符

*(星号)是特殊字符,shell 将它解释为在文件名中替换任意个字符(包括 0 个字符),并相应地扩展文件名。

实例: 尝试下面的命令序列,看 * 通配符是如何工作的。

```
$ls -C [Return].................. 检查工作目录下的文件名。有下列几个文件
report   report1   report2   areport   breport   report32
$ls -C report *  [Return]..........列出所有以 report 开头的文件名
report   report1   report2   report32
```

shell 将文件名 report * 扩展为 report 后面跟任意个字符。因此,只有两个文件名 areport 和 breport 不匹配这个模式。 * 通配符包括指定模式后跟 0 个字符。因此文件名 report 后面虽然不跟字符,但也匹配这个模式并被显示。

```
$ls -C *report [Return].......... 列出所有以 report 结束的文件名
report   areport   breport
$_............................. 命令提示符
```

shell 将文件名 *report 扩展为 report 前面加任意个字符。因此,只有文件名 report,areport 和 breport 匹配这个模式。记住,* 通配符包括指定模式前加 0 个字符。因此文件名report前面虽然没有字符,但也匹配这个模式并被显示。

```
$ls -C r*2 [Return]............. 列出所有以 r 开头、以 2 结尾的文件名
report2  report32
$_.............................. 命令提示符
```

shell 将文件名 r*2 扩展为 r 后面跟任意个字符,但是文件名的最后一个字符必须是字符 2,即以 r 开头、以 2 结尾的文件。

8.5.3 [ ]元字符

包含字符串的方括号是特殊字符。shell 将它解释为包含串中指定字符的文件名,并相应地扩展文件名。

如果在指定的字符串前(在方括号内)使用!,shell 就显示不包含指定串中字符的文件名。

实例: 完成下列操作,练习方括号元字符。

□ 要列出所有以 a 或 b 开头的文件名,输入 ls -C [ab]* 并按[Return]键,系统显示:

```
areport breport
$_.......................... 命令提示符
```

shell 将文件名[ab]* 扩展为 a 或 b 后面跟任意个字符。因此,只有两个文件名 areport 和 breport 匹配这个模式。

□ 要列出所有不以 a 或 b 开头的文件名,输入 ls -C [! ab]* 并按[Return]键,系统显示:

```
report  report1  report2  report32
```

说明: 可以使用[ ]通配符来指定字符或数字范围。例如,[5-9]表示数字 5,6,7,8 或 9;[a-z]表示字母表中所有的小写字母。

实例: 下面的命令序列显示了使用方括号来指定字母或数字范围。

□ 输入 ls *[1-32]并按[Return]键列出所有以数字 1 到 32 结尾的文件名,文件显示:

```
report1  report2  report32
$ls -C [A-Z] [Return]...... 显示所有单个大写字母的文件名(假设有一些单字母文件名)
A   B   D   W
$_........................ 命令提示符
```

8.5.4 元字符和隐藏文件

使用元字符显示隐藏文件(以 . 开头的文件名),必须显式地将 .(点)作为指定模式的一部分。

实例: 要列出所有的不可见(隐藏)文件,输入 ls -C .* 并按[Return]键,系统显示如下所示。

```
.exrc      .profile
```

shell 将文件名.* 扩展为 .(点)后面跟任意个字符的文件名。因此,只显示隐藏文件。

注意： 模式是.*，在点和 * 之间没有空格。

说明： 通配符并不局限于在 ls 命令中使用，也可以在其他需要文件名参数的命令中使用。

实例： 尝试下列操作，练习更多地使用文件名替换的例子。

```
$rm *.* [Return]........... 删除所有文件名中至少包含一个点的文件
$rm report? [Return]......... 删除所有以 report 开头并以任何一个字符结尾的文件名
$cp * backup [Return]....... 将当前目录下的所有文件复制到 backup 目录下
$mv file[1-4] memos[Return]..... 将由范围[1-4]指示的 file1,file2,file3 和 file4
                                 移到 memos 目录下
$rm report* [Return].......... 删除所有以 report 开头的文件名
$_........................... 命令提示符
```

说明： 在最后一个例子中，字符串 report 和 * 通配符之间没有空格，rm report* 命令删除所有文件名以 report 开头的文件。

```
$rm report * [Return].......... 删除所有文件
$_............................ 命令提示符
```

注意： 在上一个例子中，字符串 report 和 * 通配符之间有一个空格。这个空格可能带来灾难性的后果，因为命令 rm report * 被解释为“删除文件 report，然后删除其他所有的文件”。也就是说，当前目录下的所有文件都被删除。

8.6　其他文件操作命令

下面的命令在多层目录中搜索指定的文件，并快速查看文件的指定部分。

8.6.1　查找文件：find 命令

find 命令在层次目录中定位文件，该文件匹配给定的规则集。规则可以是文件名或指定的文件属性（如文件的修改日期、大小或类型）。用户也可以将命令定向到删除、打印或其他文件操作。find 命令是一个非常有用和重要的命令，但是通常不会用到它的所有功能，也许是它不寻常的命令格式妨碍了它的使用。

find 命令的格式不同于其他的 UNIX 命令。它的语法为：

```
find　路径名　搜索选项　动作选项
```

其中，路径名指 find 开始搜索的目录名，然后继续向下搜索它的子目录以及子目录下的子目录，依次类推。这种分支搜索称为“递归搜索”。搜索选项部分指出用户对哪些文件感兴趣，动作选项部分指明一旦找到这样的文件要如何处理。

让我们看一个简单的例子：

```
$find . -print [Return]
```

这个命令显示指定目录及其所有子目录下的所有文件名。

说明： 1. 指定的目录由一个点表示，指当前目录。

2. 文件名后的选项总是以一个连字符(-)开始，动作选项部分指明如何处理文件。在本例中，-print表示将它们显示出来。

注意:不要忘记-print 动作键。没有它,find 就不会显示任何路径名。

find 命令的选项

表 8.8 显示了 find 命令的部分选项及其解释。

表 8.8 find 命令的搜索选项

选项	功能
-name *filename*	根据给定的 *filename* 查找文件
-size ± *n*	查找文件大小为 *n* 的文件
-type *file type*	查找指定类型的文件
-atime ± *n*	查找 *n* 天以前访问的文件
-mtime ± *n*	查找 *n* 天以前修改的文件
-newer *filename*	查找比 *filename* 更近期更新的文件

-name 选项:这个搜索选项通过文件名来查找文件。输入-name,后面跟想要找的文件名。文件名可以是简单的文件名或使用 shell 的通配符[ ]、? 和 * 。如果使用了这些特殊字符,就要用引号括起文件名。下面看几个例子。表 8.8 中的 ± *n* 记号是一个十进制数,表示 + *n*(大于 *n*)或 - *n*(小于 *n*)或 *n*(正好为 *n*)。

实例:通过文件名查找文件。

$find . -name first.c -print [Return]. 查找文件名为 first.c 的文件

$find . -name "*.c" -print [Return]...查找文件名以 .c 结尾的所有文件

$find . -name "*.?" -print [Return]... 查找文件名以点和单个字符结尾的所有文件

说明:1. 在上面的所有命令中,目录名为当前目录。.(点)表示当前目录。

2. -name 选项指出文件名。可以用通配符产生文件名。

3. 动作选项-print 用来显示找到的文件名。

-size ± *n* 选项:这个搜索选项通过文件的大小(以块为单位)查找文件。输入-size,后面跟想要查找的文件的块数。块数前面的加号或减号分别表示大于或小于。让我们看几个例子。

实例:通过文件大小查找文件。

$find . -name "*.c" -size 20 -print [Return].... 查找文件大小正好为 20 块的文件

这个命令查找文件名以 .c 结尾并且大小为 20 块的所有文件。

$find . -name "*.c" -size + 20 -print [Return].. 查找文件大小大于 20 块的文件

$find . -name "*.c" -size -20 -print [Return]... 查找文件大小小于 20 块的文件

-type 选项:这个搜索选项通过文件的类型查找文件。输入-type,后面跟一个字母,指定文件的类型。文件类型如下:

- b:块特殊文件(如磁盘)
- c:字符特殊文件(如终端)
- d:目录文件(如你的目录)
- f:普通文件(如你的文件)

实例:使用文件类型选项查找文件。

$find $HOME -type f -print [Return]....... 使用-type 选项

这个命令查找主目录下的所有普通文件并显示它们的路径名。就像前面所讲的，$HOME 保存主目录的绝对路径名。

-atime 选项：这个搜索选项通过文件的最后访问日期来查找文件。输入-atime，后面跟文件上一次访问后所经过的天数。天数之前的加号或减号分别表示大于或小于。让我们看几个例子。

实例：通过文件的最后访问时间查找文件。

$find . -atime 10 -print [Return]...... 查找并显示 10 天以前访问过的文件

上面的命令显示正好 10 天没有被访问过的文件的文件名。

$find . -atime -10 -print [Return].......... 查找并显示不到 10 天以前访问过的文件

$find . -atime +10 -print [Return].......... 查找并显示超过 10 天以前访问过的文件

-mtime 选项：这个搜索选项通过文件的最后修改时间来查找文件。输入-mtime，后面跟文件最后被修改后经过的天数。天数之前的加号或减号分别表示大于或小于。让我们看几个例子。

实例：通过文件的最后修改时间查找文件。

$find . -mtime 10 -print [Return]...... 查找并显示正好 10 天以前修改过的文件

上面的命令显示正好 10 天没有被修改过的文件的文件名。

$find . -mtime -10 -print [Return]...... 查找并显示不到 10 天以前修改过的文件

$find . -mtime +10 -print [Return]..... 查找并显示超过 10 天以前修改过的文件

-newer 选项：这个搜索选项找出比指定文件更近期更新的文件。

实例：让我们看一个例子。

$find . -newer first.c -print [Return]..... 查找并显示比 first.c 更近期更新的文件

动作选项

动作选项告诉 find 一旦找到文件后如何处理文件。表 8.9 总结了三个动作选项。

表 8.9 find 命令的动作选项

选项	功能
-print	打印找到的每个文件的路径名
-exec *command* \;	对找到的文件执行 *command*
-ok *command* \;	在执行 *command* 之前要求确认

-print 选项：-print 动作选项显示找到的能匹配指定规则的文件的路径名。

从主目录开始查找名为 first.c 的文件的路径名。

$find $HOME -name first.c -print [Return]...... 查找 first.c 并显示路径名

/usr/david/first.c

/usr/david/source/first.c

/usr/david/source/c/first.c

$_... 命令提示符

说明：输出表明，在 david 层次目录下有三个 first.c 文件的实例。

-exec 选项：-exec 动作选项让用户给出命令，在找到的文件上执行。输入-exec，后面跟指定的命令、空格、反斜杠和一个分号。可以使用一对花括号({})来表示找到的文件名。下面的例子可以帮助理解它的用法。

实例：查找并删除所有超过 90 天没有修改的 first.c 文件的实例。

```
$find . -name first.c -mtime +90 -exec rm {} \; [Return]
$_........................................... 命令提示符
```

搜索从当前目录开始(用 . 点代表)，然后继续搜索下级目录。find 命令和-exec rm 命令定位并删除超过 90 天没有修改的 first.c 的实例。

其中用了两个搜索选项：-name 和-mtime 选项。这意味着 find 寻找同时满足这两个搜索条件的文件。

注意：该命令由多个部分组成，它的语法比较特殊：

1. -exec 选项后面跟命令(在本例中为 rm)。
2. 一对花括号({})后面跟一个空格。
3. 一个反斜杠(\)后面跟一个分号。

所有 first.c 的实例都被删除了，并且没有显示警告或反馈信息。当看到$提示符时，删除就已经完成了。

-ok 选项：除了在对文件执行命令之前要求确认这一点外，-ok 操作选项同-exec 选项一样。

实例：查找并删除所有 first.c 文件的实例，但是在删除任何文件之前要求确认。

```
$find . -name first.c -mtime +90 -ok rm {} \; [Return]
$_........................................... 命令提示符
```

如果文件，如 first.c 满足规则，就会显示下面的提示：

```
<rm ... ./source/first.c> ?
```

如果回答[Y]或[y]，则执行命令(在本例中，first.c 被删除)；否则文件保持原样。

说明：也可以使用逻辑操作符 or、and 和 not，组合搜索选项。搜索从当前目录开始，然后继续搜索下级目录。

实例：推荐使用 man 命令显示 find 命令及其选项的手册页。

```
$man find [Return]........................ 显示 find 的手册页
```

在 Linux 下，可以使用--help 选项显示帮助页：

```
$find --help [Return].................... 显示 find 的帮助页
```

8.6.2　显示文件的头部：head 命令

head 命令显示指定文件的头部。它向用户提供了查看文件开头几行的一种快速方法。例如，要显示当前目录下 MEMO 文件的开始部分，可以输入下面的命令：

```
$head MEMO [Return]
```

在默认情况下，head 显示指定文件的头 10 行。然而，用户也可以指定显示行数。例如，要显示 MEMO 文件的头 5 行，输入下面的命令：

```
$head -5 MEMO [Return]
```

说明： 指定的行数必须是正整数。

在命令行中可以指定一个以上的文件名。例如，要显示名为 MyFile，YourFile 和 OurFile 的文件的头 5 行，输入下面的命令：

```
$head MyFile YourFile OurFile [Return]
```

指定一个以上的文件时，每个文件的开始部分如下所示：

==> 文件名 <==

实例： 下面的命令序列演示了 head 命令的用法。

```
$head -5 *File [Return]....... 显示当前目录下所有以 File 结尾的文件的头 5 行
$head * [Return]............. 显示当前目录下所有文件的头 10 行
$head -15 MEMO [Return]........ 显示 MEMO 文件的头 15 行
```

head 命令的选项

表 8.10 列出了部分 head 命令的选项。要获得更详细的信息，使用 man 命令读手册页。

表 8.10　head 命令的选项

选项		功能
UNIX	Linux 对应的选项	
-l	--lines	以行计数，这是默认选项
-c	--chars=num	以字符计数
	--help	显示帮助页并退出
	--version	显示版本信息并退出

8.6.3　显示文件的尾部：tail 命令

tail 命令显示指定文件的最后部分（尾部）。tail 命令使用户可以快速查看文件的内容。例如，要显示当前目录下 MEMO 文件的最后部分，输入下面的命令：

```
$tail MEMO [Return]
```

在默认情况下，tail 显示指定文件的最后 10 行。同样，用户可以使用选项来覆盖默认值。

tail 命令的选项

表 8.11 列出了 tail 命令的部分选项，它同 head 命令的选项类似。当用户在命令行中指定一个以上的文件名时，每个文件以类似于以下行的标题栏开始：

==> 文件名 <==

要获得更详细的信息，使用 man 命令读手册页。

说明： 1. 如果选项前有加号，tail 就从文件头计数。
2. 如果选项前有连字符，tail 就从文件尾计数。
3. 如果选项前有数字，tail 就用该数字代替默认的 10 行显示。

表 8.11 tail 命令的选项

选项		功能
UNIX	Linux 对应的选项	
-l	--lines	以行计数,这是默认选项
-c	--chars=num	以字符计数
	--help	显示帮助页并退出
	--version	显示版本信息并退出

实例:下面的命令序列演示了 tail 命令的使用。

```
$tail MEMO [Return]............ 显示最后 10 行(没有选项)
$tail 11 MEMO [Return].......... 显示最后 11 行(11)
$tail -4 MEMO [Return].......... 显示最后 4 行(-4)
$tail -10c MEMO [Return]........ 显示最后 10 个字符(-10c)
$tail +50 MEMO [Return]........ 跳过 MEMO 文件的头 50 行,显示文件剩下的部分
```

说明:可以只指定一个文件名作为 tail 命令的参数。

练习 Linux 中 tail 命令对应的选项

实例:使用 Linux 中 tail 命令对应的选项,如下所示:

```
$tail --chars=10 MEMO [Return]...... 同 tail -10c MEMO
$tail --lines=5 MEMO [Return]....... 同 tail -10l MEMO
$tail --version [Return]............ 显示版本信息
$tail --help [Return]............... 显示帮助页
```

8.6.4 选择文件的一部分:cut 命令

可以使用 cut 命令从文件中“取出”指定的域或列。许多文件是记录的集合,其中每个记录由几个域组成。用户可能对文件中的某些域或列感兴趣。图 8.11 显示了 phones 文件作为例子。这个文件的每条记录由 5 个域组成,域之间用一个空格或制表符隔开。

```
$cat phones
David Back      (909) 999999     dave@xyz.edu
Daniel Knee     (808) 888888     dan@xyz.edu
Gabe Smart      (707) 777777     gabe@xyz.edu
$
```

图 8.11 phones 文件

cut 命令的选项

假设有一个文件 phones,它包含名字、电话号码和 E-mail 地址,其内容类似于图 8.11 所示。表 8.12 总结了 cut 命令的选项。下面的命令序列显示了 cut 及其部分选项的用法。

对于本节的上机练习,需要创建 phones 文件。在 Chapter8 目录下,创建一个子目录 8.6。这只是一个建议,你可以在任何喜欢的目录下创建 phones 文件。现在,使用 vi 或 cat 命令创

建 phones 文件,它的内容类似于图 8.11 所示。

表 8.12　cut 命令的选项

选项		功能
UNIX	Linux 对应的选项	
-f	--fields	指定域位置
-c	--characters	指定字符位置
-d	--delimiter	指定域分隔字符(分界符)
	--help	显示帮助页并退出
	--version	显示版本信息并退出

-f 选项:在-f 选项后面跟指定域的列表。文件中的域之间假设由一个分隔符(默认为制表符)隔开。例如,-f 1 表示第 1 个域,-f 1,7 表示第 1 个域和第 7 个域。

实例: 使用 cut 命令和-f 选项显示 phones 文件的第 1 个域。

```
$cut -f 1 phones [Return].............. 显示 phones 文件的第 1 个域
David Back
Daniel Knee
Gabe Smart
$_.................................. 命令提示符
```

说明: 记住,默认的域分隔符是制表符。

实例: 使用 cut 命令和-f 选项显示 phones 文件的第 1 个域和第 3 个域。

```
$cut -f 1,3 phones [Return]........... 显示 phones 文件的第 1 个域和第 3 个域
David Back     dave@xyz.edu
Daniel Knee    dan@xyz.edu
Gabe Smart     gabe@xyz.edu
$_.................................. 命令提示符
```

-c 选项:-c 选项的后面跟指定的字符位置。例如,-c 1-10 表示每行的头 10 个字符。

实例: 显示 phones 文件每行的头 4 个字符。

```
$cut -c 1-4 phones [Return]............. 显示第 1 列到第 4 列
Davi
Dani
Gabe
$
```

实例: 使用 cut 命令,不带文件名。

```
$date | cut -c 12-13 [Return]........... 没有指定文件名
18
$_.................................. 命令提示符
```

说明: 1. | 是管道操作符,它将 date 的输出作为 cut 命令的输入。管道操作符将在第 9 章解释。

2. date 命令的输出(date 串)被传送给 cut 命令。cut 命令显示 date 串中第 12 到第 13 的字符,这恰好是小时域。

-d 选项:-d 选项后面跟域分隔符。默认的分隔符是制表符。空格符或其他有特殊意义的字符必须用双引号括起来。分隔符是文件中分隔域的字符。

实例:用空格符作为域分隔符(分界符)显示第 1 个域:

```
$cut -d " " -f 1 phones [Return]........ 显示 phones 文件的第 1 个域
David
Daniel
Gabe
$_.................................命令提示符
```

注意:如果域分隔符是空格符,要用引号将空格符括起来。

练习 Linux 中 cut 命令对应的选项

实例:使用 Linux 中 cut 命令对应的选项。

```
$cut --characters 1-4 phones [Return]............ 同 cut -c 1-4 phones
$cut --delimiter " " --fields 1 phones [Return].... 同 cut -d " " -f 1 phones
$cut --version [Return].......................显示版本信息
$cut --help [Return]..........................显示帮助页
```

说明:读帮助页,熟悉 Linux 中 cut 命令其他可用的选项。

8.6.5 连接文件:paste 命令

使用 paste 命令逐行连接文件,或者将两个或多个文件的域连接到新文件中。如果当前目录下有两个文件 first 和 last,图 8.12 显示了 paste 命令的输出。

paste 命令的选项

表 8.13 列出了 paste 命令的选项。本节的上机练习需要创建两个文件 first 和 last。使用 vi 编辑器或 cat 命令创建这两个文件,它们的内容类似于图 8.12 所示。注意,在文件中只输入名字,而不是命令行和提示符。

```
$cat first
David
Daniel
Gabriel
$cat last
Back
Knee
Smart
$paste first last
David        Back
Daniel       Knee
Gabriel      Smart
$_
```

图 8.12 paste 命令

表 8.13　paste 命令的选项

选项		功能
UNIX	Linux 对应的选项	
-d	--delimiters	指定域分隔符
	--help	显示帮助页并退出
	--version	显示版本信息并退出

-d 选项:-d(分隔符)选项指定具体的分隔字符。默认为制表符。

实例: 使用 paste 命令,将:(冒号)作为域分隔符。

```
$paste -d : first last [Return]....... 使用:作为域分隔符
David:Back
Daniel:Knee
Gabriel:Smart
$_................................ 命令提示符
```

实例: 使用 paste 命令,将空格符作为域分隔符。

```
$paste -d " " first last [Return]..... 使用空格符作为域分隔符
David Back
Daniel Knee
Gabriel Smart
$_................................ 命令提示符
```

注意: 如果域分隔符是空格符,要用引号将空格符括起来。

练习 Linux 中 paste 命令对应的选项

实例: 使用 Linux 中 paste 命令对应的选项。

```
$paste --delimiters : first last [Return]...... 同 paste -d : first last
$paste --version [Return].................... 显示版本信息
$paste --help [Return]....................... 显示帮助页
```

8.6.6　另页查看工具:more 命令

more 命令是为了用户使用方便而提供的另页查看命令。像 pg 一样,用户可以使用 more 来浏览或翻阅文本文件。它每显示一页(屏)后暂停,然后在屏幕底部显示单词 More 和到目前为止已显示字符所占的百分比。

```
More-(11%)
```

说明: 为了保持屏幕显示的连续性,more 在两屏之间有两行重复显示。

more 命令的选项

[Spacebar]键:按[Spacebar]键将光标移到下一页。
[Return]键:按[Return]键,向下翻一行。
Q 或 q 键:按[q]或[Q]键退出 more 命令。
表 8.14 列出了 more 命令的其他选项。

表 8.14　more 命令的选项

选项		功能
UNIX	Linux 对应的选项	
-lines	-num *lines*	每屏显示指定的行数 *lines*
+ *line-number*		从第 *line-number* 行开始显示
+ /*pattern*		从包含 *patterm* 的行的上面两行开始显示
-c	-p	在显示每页之前清屏而不是翻动,这样有时更快些
-d		显示提示[Hit space to continue, Del to abort]
	--help	显示帮助页并退出

下面的上机练习需要用一个大型文件来练习 more 命令的所有可用选项。创建大型文件的一个简单办法就是使用 man 和重定向命令,而不用在 vi 中整页整页地输入文本。按如下命令创建一个大文件:

$man who > who [Return]........将 who 的说明保存到 who 文件中

在这个例子中,who 命令的说明被重定向到 who 文件中。选择 who 命令和 who 文件名不是故意的,可以用 man 查看任意其他命令,重定向到任意文件中。但是,通过执行上例的命令行,得到只有很少的几页 who 文件。

实例: 下面的例子显示使用 more 命令的行选项。

$more -10 who [Return]............ 显示 who 文件,每屏 10 行

上面的命令设置每屏的行数为 10 而不是默认值,默认值通常为终端屏幕的行数减 2,即 22 行。

$more +100 who [Return]........... 从第 100 行开始

上面的命令一次显示满屏,从 who 文件的第 100 行开始。

$more +/User who [Return]......... 从字 User 开始

上面的命令一次显示满屏,从 who 文件中包含字 User 的行上面两行开始。

$more -cd who [Return]............ 以清屏、显示提示方式显示 who 文件

像其他的命令一样,more 命令行中可以使用一个以上的选项。上面的例子使用了两个选项来显示 who 文件:-c(清屏)和-d(显示提示)选项。

使用 more 命令时,可以用下面的键进一步控制翻页的过程。

实例: 假设用户给出了下面的命令行:

$more +100 -cd2 who [Return]

屏幕输出如下所示:

```
field is the name of the program executed by init
as found in /sbin/inittab. The state, line, and
--More--(42%)[Hit space to continue, Del to abort]
```

提示行是使用-d 选项的结果,屏幕的大小为两行,由-2 选项设定。

□ 按=键看当前行。

这时，显示了当前行的行号(101)，屏幕输出如下所示：

```
field is the name of the program executed by init
as found in /sbin/inittab. The state, line, and
101
```

□ 按 h 键得到可用选项的列表。

这时，显示帮助屏幕，屏幕输出如下所示。为节省空间，只显示命令的部分列表。

```
Star ( * ) indicates argument becomes new default.
------------------------------
<space>                Display next k lines of text [current screen size]
z                      Display next k lines of text [current screen size] *
<return>               Display next k lines of text [1] *
d or ctrl-D            Scroll k lines [current scroll size, initially 11] *
q or Q or <interrupt>  Exit from more
~
~
------------------------------
--More--(84%)[Hit space to continue, Del to abort]
```

这时，可以按[Spacebar]键显示下一屏文本，或按[Return]键显示文本的下一行。使用[q]键或[Q]键从 more 退出。

8.6.7 Linux 下的页查看工具：less 命令

less 命令是 Linux 下提供的另一个页面查看命令。它类似于 more，但是 less 允许在文件中向后和向前移动。另外，less 能比文本编辑器如 vi 更快地启动大的输入文本。less 命令是基于 more 和 vi 的，它是比 more 更高级的页面查看工具。请使用 man 命令或-? 和--help 选项查看 less 命令的可用选项。

```
$less -? [Return]............... 显示选项的用法和列表
$less --help [Return]........... 显示选项的用法和列表
$man less [Return].............. 显示手册页
```

8.7 UNIX 的内部：文件系统

UNIX 文件系统怎样找到用户文件？它如何知道文件在磁盘上的位置？从用户的角度来看，用户创建目录，以便组织磁盘空间，且目录和文件可用名子标识。但是，目录和文件的层次结构是文件系统的逻辑视图，在内部，UNIX 以一种不同的方式组织磁盘和查找文件。

UNIX 文件系统将每个文件名与一个数字(称为文件的 i 节点号)联系起来，并用文件的 i 节点号来标识每个文件。UNIX 将所有的 i 节点号放在一个表中，称为 i 节点表。这个表保存在 UNIX 的磁盘中。

8.7.1 UNIX 的磁盘结构

在 UNIX 下，磁盘是标准的块设备，UNIX 的磁盘分为四个块(区)：

- 引导块
- 超级块
- i 节点列表块
- 文件和目录块

引导块:引导块保存引导程序,系统启动时激活这段特殊程序。

超级块:超级块包含有关磁盘自身的信息。这些信息包括以下内容:

- 磁盘的总块数
- 空闲块数
- 块的大小(以字节为单位)
- 已使用的块数

i 节点列表块:i 节点列表块保存 i 节点的列表。列表中的每个表项是一个 i 节点,有 64 字节的存储空间。普通文件或目录文件的 i 节点包含该文件或目录所在磁盘块的位置。特殊文件的 i 节点包含标识外部设备的信息。i 节点还包含其他信息,如:

- 文件访问权限(读、写和执行)
- 文件属主和组 ID
- 文件链接数
- 文件最后修改时间
- 文件最后访问时间
- 每个普通文件和目录文件的块位置
- 特殊文件的设备标识号

说明:i 节点是顺序计算的。

i 节点和目录

第二个 i 节点包含根目录(/)所在块的位置。UNIX 的目录包含文件名及其 i 节点号列表。当创建目录时,系统自动创建两个表项,一个是 ..(点点,表示父目录),另一个是 .(点,表示子目录)。

说明:文件名存储在目录中而不在 i 节点中。

8.7.2　整体过程

用户登录时,UNIX 读根目录(第二个 i 节点),查找该用户的主目录并保存主目录的 i 节点号。当用户用 cd 改变目录时,UNIX 用新目录的 i 节点号代替原来的 i 节点号。

当用户使用工具或命令(如 vi 或 cat)访问文件或程序需要打开文件时,UNIX 根据指定的文件名读取并搜索目录。每个文件名有一个与之相联系的 i 节点,该 i 节点指向 i 节点列表中的一个具体 i 节点。UNIX 从工作目录的 i 节点号开始搜索,但如果用户给出了完整的路径名,UNIX 就从根目录开始,它总是在第二个 i 节点中。

假设当前目录是 david,david 下有一个子目录 memos,memos 下有一个文件 report。如果要访问 report,UNIX 从当前目录 david(它的 i 节点号已知)开始搜索,找到文件名 memos 和它的i节点号,然后UNIX从i节点表中读出memos的i节点记录。memos的i节点记录了memos目录所在的块。

UNIX浏览memos下文件名所在的文件块,找到report文件名及其i节点号。然后重复上面的过程,从i节点列表中读出i节点。i节点中的信息包括磁盘上report所在的文件块的位置(见图8.13)。

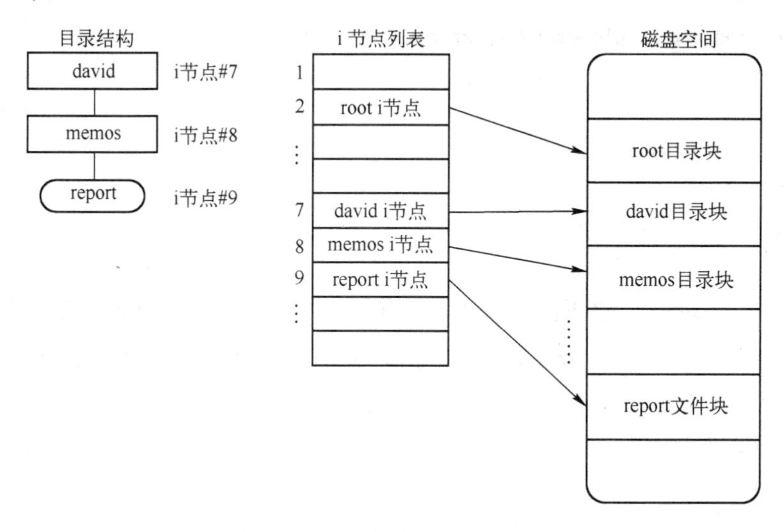

图8.13 目录结构和i节点列表

用户怎样查看文件的i节点号?可以用ls命令和-i选项。例如,工作目录为david,在david下有一个子目录memos,memos下有一个文件report。

实例: 列出当前目录下的文件名及其i节点号。

```
$ls -i
4311          memos
7446          report
$_
```

实例: 制作report的副本,名为report.old,然后显示i节点号。

```
$cp report report.old
$ls -i
4311        memos
7446        report
7431        report.old
$_
```

report.old新的i节点号表明创建了一个新文件,有一个新的i节点号与之相联系。

实例: 将report.old文件移到memos目录下,然后显示i节点号。

```
$mv report.old memos
$ls -i
4311          memos
7446          report
```

```
$ls -i memos
7431        report.old
$_
```

report.old 移到 memos 目录下,它的 i 节点号保持不变,但是现在它与 memos 目录相联系。

实例: 将 memos 下的 report.old 改名为 report.sav。

```
$mv memos/report.old memos/report.sav
$ls -i
4311      memos
7446      report
$ls -i memos
7431      report.sav
$_
```

report.sav 的 i 节点号仍然同以前一样,只有与 i 节点号相联系的名字发生了变化。

实例: 按照下列操作,将 report 链接到新文件名 rpt(为 report 创建另一个文件名)。在两个文件链接后,检查 i 节点的变化。

```
$ln report memos/rpt
$ls -i
4311 memos
7446 report
$ls -i memos
7431 report.sav
7446 rpt
$_
```

新文件名 rpt 的 i 节点号同 report 的 i 节点号相同。report 的 i 节点和 rpt 的 i 节点都指向存放 report 文件的块。

命令小结

本章讨论了下面的命令及其选项。

cp

从当前目录或其他目录复制文件到另一个目录下。

选项		功能
UNIX	Linux 对应的选项	
-b	--backup	如果指定的文件已存在,就创建它的备份
-i	--interactive	如果目标文件已存在,要求确认
-r	--recursive	将目录复制到新的目录
	--verbose	解释操作
	--help	显示帮助页并退出

cut

从文件中"取出"指定的列或域。

选项		功能
UNIX	Linux 对应的选项	
-f	--fields	指定域位置
-c	--characters	指定字符位置
-d	--delimiter	指定域分隔符(分界符)
	--help	显示帮助页并退出
	--version	显示版本信息并退出

find

定位在层次目录中匹配给定规则的文件。一旦找到文件,动作选项指导 UNIX 如何处理该文件。

匹配选项	功能
-name *filename*	根据给定的文件名 *filename* 查找文件
-size + *n*	查找文件大小为 *n* 的文件
-type *file type*	查找指定类型的文件
-atime + *n*	查找 *n* 天以前访问的文件
-mtime + *n*	查找 *n* 天以前修改的文件
-newer *filename*	查找比 *filename* 更近期更新的文件
-print	显示找到的每个文件的路径名
-exec *command* \;	对找到的文件执行 *command*
-ok *command* \;	在执行 *command* 之前要求确认

head

显示指定文件的头部。这是查看文件内容的快速办法。在命令行中,可用选项指定显示的行数,可指定显示一个以上的文件。

选项		功能
UNIX	Linux 对应的选项	
-l	--lines	以行计数,这是默认选项
-c	--chars=num	以字符计数
	--help	显示帮助页并退出
	--version	显示版本信息并退出

ln

在已存在的文件和另一个文件名或目录之间创建链接。这样可以使文件有一个以上的名字。

more

以一次显示一屏的方式显示文件。这个命令对读大文件很有用。

选项		功能
UNIX	Linux 对应的选项	
-*lines*	-num *lines*	每屏显示指定的行数 *lines*
+*line-number*		从第 *line-number* 行开始显示
+/*pattern*		从包含 *pattern* 的行的上面两行开始显示
-c	-p	在显示每页之前清屏而不是翻动,这样有时更快些
-d		显示提示[Hit space to continue, Del to abort]
	--help	显示帮助页并退出

mv

给文件改名或将文件从一个位置移到另一个位置。

选项		功能
UNIX	Linux 对应的选项	
-b	--backup	如果指定文件已存在,就创建它的备份
-i	--interactive	如果目标文件已存在,要求确认
-f	--force	如果目标文件已存在,就删除目标文件,不要求确认
-v	--verbose	解释操作
	--help	显示帮助页并退出
	--version	显示版本信息并退出

paste

用于逐行连接文件,或将两个或更多的文件的域连到新文件中。

选项		功能
UNIX	Linux 对应的选项	
-d	--delimiters	指定域分隔符
	--help	显示帮助页并退出
	--version	显示版本信息并退出

pg

逐屏显示文件,当 pg 显示提示符时,可以输入选项或其他命令。

选项	功能
-n	不需要按[Return]键来结束单字母命令
-s	用反白显示信息和提示
-*num*	设置每屏的行数为整数 *num*。默认值为 23 行
-p*str*	改变提示符:为指定的串 *str*
+*line-num*	从文件的第 *line-num* 行开始显示
+/*pattern*	从第一个包含 *pattern* 的行开始查看

pg 命令的键操作符

当 pg 显示提示符时,使用这些键。

键	功能
+*n*	前进 *n* 屏,其中 *n* 是整数
-*n*	后退 *n* 屏,其中 *n* 是整数
+*nl*	前进 *n* 行,其中 *n* 是整数
-*nl*	后退 *n* 行,其中 *n* 是整数
n	跳到第 *n* 屏,其中 *n* 是整数

pr

在打印或浏览文件之前,编排文件。

选项		功能
UNIX	Linux 对应的选项	
+*page*	--pages= *page*	从指定页 *page* 开始显示,默认为第一页
-*columns*	--columns= *columns*	以指定列 *columns* 显示输出,默认为一列
-a	--across	以横跨页面的方式显示输出,每列一行
-d	--double-space	双倍行距显示输出
- h *string*	--header= *string*	在标题上用指定串 *string* 代替文件名
- l *number*	--length= *number*	将页长设置为指定的行数 *number*,默认为 66 行
-m	--merge	以多列形式显示所有指定的文件
-p		在每页末尾暂停并响铃
-*character*	--separator= *character*	用指定的单个字符 *character* 隔开列,如果没有指定字符,使用[Tab]键
-t	--omit-header	取消 5 行标题和 5 行空页脚
-w *number*	--width= *number*	行宽设置为指定的字符数 *number*,默认为 72
	--help	显示帮助页并退出
	--version	显示版本信息并退出

wc

计算指定文件中的字符数、字数或行数。

选项		功能
UNIX	Linux 对应的选项	
-l	--lines	报告行数
-w	--words	报告字数
-c	--chars	报告字符数
	--help	显示帮助页并退出
	--version	显示版本信息并退出

tail

显示指定文件的最后部分(尾部)。这是查看文件内容的快速办法。使用下列选项可灵活地设定查看方式。

选项		功能
UNIX	Linux 对应的选项	
-l	--lines	以行计数,这是默认选项
-c	--chars=num	以字符计数
	--help	显示帮助页并退出
	--version	显示版本信息并退出

习题

1. 重定向操作符的符号是什么?
2. 解释输入和输出重定向含义。
3. 什么命令用来读文件?
4. 移动(mv)文件和复制(cp)文件的区别是什么?
5. 什么命令用来重命名文件?
6. 一个文件可以有一个以上的文件名吗?
7. UNIX 磁盘的 4 个块(区)是什么?请分别解释。
8. 什么是 i 节点号,如何用它来定位文件?
9. 什么是 i 节点列表,每个节点中存储的主要信息有哪些?
10. 下面的哪个命令改变或创建了 i 节点号?
    a. mv file1 file2
    b. cp file1 file2
    c. ln file1 file2
11. 定位文件,一旦找到就删除该文件的命令是什么?
12. 什么命令用来查看文件的最后 10 行?
13. 什么命令用来从文件中选择指定的域?
14. 什么命令用来将文件逐行链接?
15. 什么命令用来每次读一屏文件?
16. 什么命令用来列出所有以 start 开头的文件名?
17. 什么命令用来列出所有以 end 结尾的文件名?
18. 什么命令用来删除所有文件名中有 mid 的文件?
19. 什么命令用来将所有文件名以字母 A 或 a 开头的文件从当前目录复制到 Keep 目录下?
20. 将所有文件名以字母 A 或 a 开头、以字母 Z 或 z 结尾的文件从当前目录复制到 Keep 目录下,所使用的命令行是什么?
21. 将左列的命令和右列的解释相匹配:

(1) wc xxx yyy	a. 复制 xxx 到 yyy
(2) cp xxx yyy	b. 将 xxx 重命名为 yyy
(3) ln xxx yyy	c. 复制所有文件名以 file 开头、后面跟有两个字符的文件,

（4）mv xxx yyy
（5）rm *
（6）is *[1-6]
（7）cp file?? source
（8）pr -2 myfile
（9）ls -i
（10）pg myfile
（11）cat myfile
（12）cat myfile>yyy
（13）cat ? file>>yyy
（14）find . -name "file *" -print
（15）find . -name xyz -size 20 -print
（16）cut -f2 xyz>xxx
（17）more zzz

d. 删除当前目录下的所有文件
e. 为 xxx 创建另一个文件名 yyy
f. 显示 myfile 的内容
g. 复制 myfile 到 yyy
h. 将所有文件名为 file 前加一个字符的文件内容加到 yyy 文件中
i. 以两列格式化 myfile
j. 列出所有文件名以数字 1 到 6 结尾的文件
k. 列出当前目录下的文件名及其 i 节点号
l. 创建 yyy 文件，它包含文件 xxx 的字符数
m. 以逐屏显示的方式浏览 myfile
n. 保存 xyz 文件的第 2 个域到 xxx 文件中
o. 逐屏读 zzz 文件
p. 查找所有名为 xyz，大小为 20 块的文件
q. 查找所有文件名以 file 开头的文件

上机练习

实例：在这个上机练习中，通过创建目录然后管理目录下的文件来练习本章讨论的命令。

1. 在主目录下创建名为 memos 的目录。
2. 使用 vi 编辑器，在主目录下创建名为 myfile 的文件。
3. 使用 cat 命令，将 myfile 多次追加到大文件（比如有 10 页）中。该大文件名为 large。
4. 使用 pg 命令及其选项，在屏幕上浏览 large。
5. 使用 pr 命令及其选项，编排并打印 large。
6. 使用 cp 命令复制主目录下的所有文件到 memos 目录下。
7. 使用 ln 命令为 large 创建另一个名字。
8. 使用 mv 命令，将 large 改名为 larg.old。
9. 使用 mv 命令，将 large.old 移到 memos 下。
10. 完成下列命令，同时，使用 ls 命令及-i 和-l 选项，观察 i 节点号和链接数的变化：
    a. 改变到 memos 目录。
    b. 为 myfile 创建另一个名字 MF。
    c. 将 myfile 复制为 myfile.old。
    d. 列出所有文件名以 my 开头的文件。
    e. 列出所有扩展文件名为 old 的文件。
    f. 修改 myfile，观察 MF 文件；myfile 的更改也出现在 MF 文件中。
    g. 改变到主目录。
    h. 删除 memos 目录下所有文件名中包含 file 字符串的文件。
    i. 删除 memos 目录及该目录下所有剩余的文件。
    j. 列出主目录中的文件。

k. 删除本练习中创建的所有文件。

11. 显示文件的最后 5 行。
12. 显示文件的开头 5 行。
13. 保存文件的最后 30 个字符到另一个文件中。
14. 从主目录开始,列出所有 7 天没有修改的文件,并将结果保存。
15. 查找名为 passwd 的文件。
16. 查找名为 profile 的文件。
17. 从主目录开始,查找所有恰好 7 天没有修改的文件。
18. 从主目录开始,查找所有 7 天以内修改过的文件。
19. 查找所有 10 天以上没有修改的文件,并将它们复制到另一个目录下。
20. 创建类似于图 8.11 和图 8.12 所示的文件。
    a. 使用 cut 命令取出指定域和列。
    b. 使用 paste 命令将两个文件连在一起。
21. 使用 more 命令读大文件。
22. 创建两个文件 numbers 和 characters,输入下面的几行数字和字符:

```
numbers            characters
111111111111       AAAAAAAAAA
222222222222       BBBBBBBBBBB
333333333333       CCCCCCCCCCC
     ⋮                  ⋮
101010101010       KKKKKKKKKKK
11 11 11 11 11     LLLLLLLLLLLL
```

生成多行数字,以便练习 head 和 tail 命令及其选项。

    a. 显示 numbers 文件的头两行。
    b. 显示 numbers 和 characters 文件的头两行。
    c. 显示 numbers 文件的最后 10 行。
    d. 显示 numbers 和 characters 文件的最后两行。

23. 对 numbers 和 characters 文件执行下列命令行:
    a. 使用 paste 命令将 numbers 和 characters 文件连到一起。
    b. 使用 paste 命令一起显示 numbers 和 characters 文件,并用@字符作为域分隔符。
    c. 使用 paste 命令一起显示 numbers 和 characters 文件,并用@字符作为域分隔符。将结果保存到名为 numbersANDcharacters 的文件中。
    d. 使用 cut 命令显示 numbers 每行的头 5 个字符。
    e. 显示 numbersANDcharacters 文件中共有多少行。
    f. 显示 numbers,characters 和 numbersANDcharacters 文件中的行数、字数和字符数。

第 9 章　探索 shell

本章描述 shell 及其在 UNIX 系统中的角色,并解释它的特征和功能。本章将讨论 shell 变量及其用法和定义方式,还将介绍 shell 元字符以及使 shell 忽略这些元字符的方法,并解释 UNIX 的启动文件、内部进程和进程管理。本章将继续介绍一些新命令(系统工具)以使读者可以建立起自己的 UNIX 命令词汇表。

9.1　UNIX shell

UNIX 操作系统由两部分组成:内核和系统工具。内核是 UNIX 系统的核心并且驻留内存(即它在系统启动时载入内存,直到系统关闭)。所有直接与硬件通信的常规程序都集中在内核中,与操作系统的其他部分相比,这部分相对较小。

除了内核,其他必要的模块也驻留内存。这些模块执行一些重要功能,如输入/输出控制、文件管理、内存管理和处理器的时间管理。另外,为了便于内部管理,UNIX 维护几个内存驻留表来记录系统状态。

UNIX 系统的其他部分保存在磁盘上,需要时载入内存。绝大多数用户知道的 UNIX 命令是保存在磁盘上的程序(称为系统工具)。当输入一个命令(请求程序执行)时,相应的程序才被载入内存。

用户通过 shell 与操作系统通信,而依赖于硬件的操作是由内核管理的。图 9.1 给出了 UNIX 操作系统的组件。

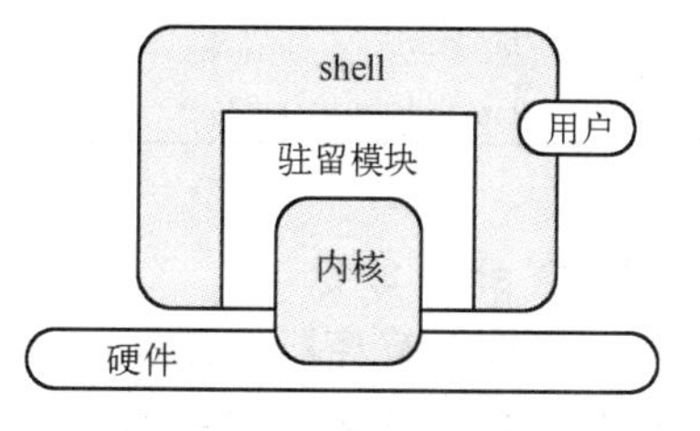

图 9.1　UNIX 操作系统的组件

shell 自身是一个应用程序。当用户登录到系统时 shell 被装入内存。shell 准备好接收命令时,会显示一个命令提示符。shell 自己并不执行大部分用户输入的命令,它先检测每个命令,然后启动相应的 UNIX 程序(系统工具)来处理这些请求。启动哪个程序由 shell 决定(程序名与用户输入的命令名相同)。例如,若用户输入 ls 并按[Return]键来显示当前目录的文件列表,shell 就会查找并启动一个名为 ls 的程序。shell 处理每个应用程序的方式是一样的:用户输入命令,即输入程序名,shell 执行该程序。

9.1.1　启动 shell

第 2 章和第 3 章已解释过 shell 程序,我们已知 shell 是用户与 UNIX 系统交互的主要方式,每个 UNIX 系统有多个 shell。图 9.2 显示了用户与 shell 程序的交互过程。但是怎样启动 shell 呢?

用户成功登录到系统后,shell 就启动了;直到用户退出,shell 才结束。系统上的每个用户都有一个默认的 shell。用户的默认 shell 由系统的口令文件指定,该文件名为/etc/passwd。passwd 文件是系统口令文件,除了其他一些内容外,它包含每个用户的用户名、每个用户口令的加密副本、用户登录后需立刻执行的程序名。该程序虽然不必是一个 shell 程序,但通常是一个 shell 程序。

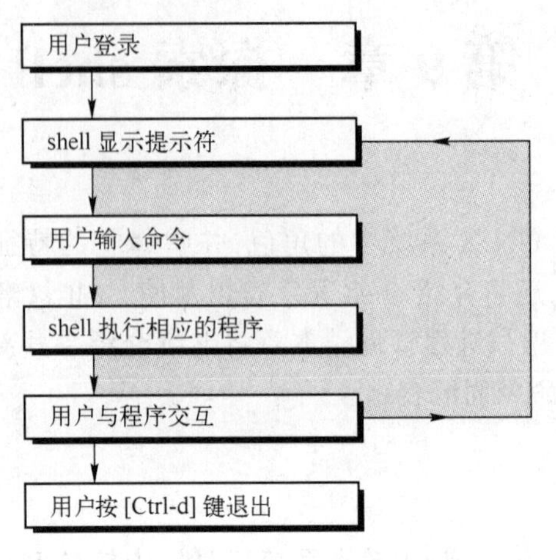

图 9.2 用户与 shell 程序的交互过程

登录成功后,系统查看/etc/passwd 文件中的记录,决定运行哪个 shell。每个记录的最后一个字段就是默认 shell 的名字。表 9.1 显示了 shell 程序名和相应的 shell 的名称。

表 9.1 shell 和 shell 的程序名

shell 的程序名	提示符	Shell 的名称
/bin/sh	$	Bourne Shell
/bin/ksh	$	Korn Shell
/bin/bash	$	Bourne Again Shell
/bin/csh	%	C Shell
/bin/tcsh	%	TC Shell

内置 shell 命令

shell 命令解释器(sh,ksh 和 bash 等)有特殊的内置功能(程序),shell 将其解释为命令。这些命令是 shell 本身的一部分,由 shell 内部识别和执行。已知的内置命令有 cd,pwd 等。许多内置命令可以由多个 shell 实现,某些只由特定的某一个 shell 实现。输入下面的命令行可以看到所有的内置命令列表。

$**man shell_builtins [Return]**......... 显示 shell 内置命令

表 9.2 列出了本章所介绍的 shell 内置命令,并指出了可以使用这些内置命令的 shell 名称。

表 9.2 内置 shell 命令

命令	内键于		
	Bourne Shell	Korn Shell	Bourne Again Shell
alias		ksh	bash
echo	sh	ksh	bash
history		ksh	bash

（续表）

命令	内键于		
	Bourne Shell	Korn Shell	Bourne Again Shell
kill	sh	ksh	bash
set	sh	ksh	bash
unalias		ksh	bash
unset	sh	ksh	bash

9.1.2　理解 shell 的主要功能

标准的 UNIX 系统带有 200 多个系统工具程序。其中之一就是 sh，即 shell。

shell 是 UNXI 系统中用得最多的程序，它是管理用户和系统之间对话的复杂程序。工作过程中，用户可能要反复与之打交道。shell 是个标准的 C/C++ 程序，通常存储在/bin 目录下。用户登录后，shell 自动激活。但是，用户也可以在 $提示符下输入 sh(或 ksh 或 bash，这要看用户系统可使用哪一种 shell)启动 shell。

shell 有下列主要特征。有些我们已经熟悉，本章将深入讨论。

命令执行：命令(程序)执行是 shell 的一项主要的功能。用户在 shell 提示符下输入的所有字符几乎都由 shell 解释。当在命令行末尾按下[Return]键时，shell 开始分析输入的命令；如果有文件名替换符或输入/输出重定向符号，shell 将对它们进行处理，然后执行相应的程序。

文件名替换：若命令行中有文件名替换(也称文件名生成)符，shell 首先执行替换，然后执行程序(文件名替换符，包括通配符 * 和?，在第 8 章已讨论过了)。

I/O 重定向：输入/输出重定向是由 shell 处理的。shell 程序自身不涉及重定向，而且重定向是在命令执行前就建立了。如果输入/输出重定向在命令行指定，shell 先打开文件，然后将它们各自连接到程序的标准输入或输出设备上。有关这方面的内容在第 8 章已经讨论。

管道：管道(也称管线)，能让用户将简单的程序连接到一起完成一个复杂的任务。键盘上的竖线"¦"就是管道操作符。

环境控制：shell 允许用户定制环境以满足用户需要。通过设置合适的变量，可以改变主目录、提示符或其他工作环境。

后台处理：shell 的后台处理能力允许用户在前台处理事务的同时能在后台执行程序。这一功能在处理费时较多、无交互的程序时很有用。

shell 脚本：通常顺序执行的 shell 命令序列可放在文件中，该文件称为 shell 脚本。当要执行这段 shell 命令序列时，将文件名当做命令输入，存放在文件中的所有 shell 命令就都被执行了一遍。shell 还有语言构造器，用户可以用它构造能够完成复杂功能的 shell 脚本程序。有关 shell 脚本的内容参见第 12 章。

9.1.3　显示消息：echo 命令

echo 命令可以显示消息，该命令将其消息参数显示在用户终端即标准输出设备上。如果没有参数，默认情况下它会产生一个空行增加到输出。例如，在提示符下输入 echo hello there 并按[Return]键，可看到如下输出：

```
hello there
$_
```

说明： 参数串可以任意长。但是，如果串中含有元字符，则该串应该用引号括起来(该内容在本章后面介绍)。

echo命令的选项

表9.3列出了echo的命令选项并解释了它们的使用方法。

表9.3 echo的命令选项

选项	功能
-n	禁止换行
-e	解释反斜杠转义字符

-e选项： 该选项解释转义符号，如\n，默认的echo设置是带上该选项。每种shell中的echo执行方式各不相同。特别是bash，要bash识别转义字符必须带上-e选项。

表9.4列出了可用做控制消息格式的字符，这些字符是串的一部分。这些字符以反斜杠(\)开始，由shell解释为想得到的输出。

表9.4 转义字符

转义字符	含义
\a	警报(响铃)
\b	回退
\c	禁止换行
\f	换页
\n	回车换行
\r	回车不换行
\t	水平制表符
\v	垂直制表符

说明： 反斜杠本身是一个shell元字符。因此，如果它用在字符串中，一定要用引号括起来。

实例： 下面的命令序列介绍了echo的用法，并显示了转义字符在参数字符串中的效果。

```
$echo Hi, this is a test. [Return]............ 在屏幕上显示一个简单的信息
Hi, this is a test.
$echo Hi, "\n"this is a test. [Return]........ 用两行显示同样的信息
Hi,
this is a test.
$_....................................... 命令提示符
```

注意： 1. \n必须用引号括起来以解释成换行命令。

2. 如果echo命令不能识别转义字符，必须用-e选项。

```
$echo -e Hi, "\n"this is a test. [Return]...... 使用-e 选项
$echo Hi, "\n"this is a test. > test [Return].. 将输出保存到一个文件
$cat test [Return] .......................... 确认 test 文件的内容
Hi,
this is a test.
$_ ..........................................命令提示符
$echo Hi, "\n"this is a test. "\c"[Return]..... 这次在信息的末尾不产生新行
Hi,
this is a test. $
```

提示符$紧跟在 test 之后,这是参数串中 \c 的作用。

实例: 下面的命令行中,单词之间的空格是有意留的。

```
$echo This  is  a  test "[Return]........ 看看空格怎样了
This  is  a  test.
```

shell 将该命令行解释为带了 4 个参数,输出时各参数间用一个空格分开。

```
$echo "This  is  a  test ."[Return]..... 看一下引号的奇妙效果;
                                        这一次字间空格被保留下来
This  is  a  test .
$_ ................................... 命令提示符
```

9.1.4 消除元字符的特殊含义

对 shell 来说其元字符有特殊的含义,但有时用户想忽略这些特殊含义。shell 提供了一系列字符来消除元字符的特殊含义,消除元字符特殊含义的过程称为引用或转义。这些引用字符集如下:

- 反斜杠 \
- 双引号"
- 单引号'

表 9.5 列出了可用的引用字符。

表 9.5　引用字符集

引用字符	含义
\ (反斜杠)	\ 后面的任何字符按该字符字面解释
""(双引号)	双引号""中除 $、`(重音符号)、"(双引号)之外的任何字符按该字符字面解释
''(单引号)	单引号''中除'(单引号)外的任何字符按该字符字面解释

说明: 在以下大多数例子中只使用了 echo 命令,以说明引用的工作过程。但对其他命令来说,当用户需要使用这些特殊字符作为命令参数时,引用的使用同样有用。

反斜杠: 反斜杠 \ 用来使其后的字符解释为一个普通的字符。例如,?是一个文件通配符,对 shell 来说它有特殊的含义。但是 \?解释成普通的问号。

实例： 删除当前目录下文件名为 temp?的文件。

```
$rm temp? [Return]........................删除 temp?
```

shell 将该命令解释为删除所有文件名由 temp 和其后紧跟一个任意字符组成的文件。因此，它删除所有与此模式匹配的文件，如 temp, temp1, temp2, tempa, tempo, 等等。

但是，如果用户想删除的文件就是名为 temp?的文件，就应该按如下方式操作：

```
$rm temp \? [Return]...........................用 \?代替?，再试一次
```

这次 shell 扫描命令行，发现了 \ ，它就忽略问号的特殊含义(通配符)，而是将文件名 temp?传递给 rm 程序。

实例： 显示元字符。

```
$echo \<  \>  \"  \'  \$  \?  \&  \|  \\ [Return ]..... 显示所有元字符
< > "'$? & | \
$_ ........................................................命令提示符
```

说明： 若要消除反斜杠的特殊含义，需在它前面再加一个反斜杠。

双引号： 可以用双引号(")取消大多数字符的特殊含义。一对双引号中，除美元符(位于变量前)、重音符号和双引号(用户用反斜杠消除这三者的特殊含义)以外的任何字符都失去了它的特殊含义。

双引号还保留空白字符(空格、制表符和换行符等)。双引号的这种作用在下面的 echo 命令举例中说明。

实例： 下面的命令序列显示双引号的作用。

```
$echo > [Return]........................显示 >符号
syntax error : 'newline or ;'  unexpected
$_ ......................................命令提示符
```

shell 将该命令解释为将 echo 命令的输出重定向到一个文件。它查找该文件名，因为没有指定文件，所以反馈错误信息。

```
$echo ">"[Return]............................将参数用双引号括起，则显示>
>
$ls -c [Return].....................................显示当前目录文件
memos myfirst REPORTS
$echo * [Return]................................使用一个元字符作为参数
memos myfirst REPORTS
```

shell 用 * 替换用户当前目录中所有文件的名字。

```
$echo "*"[Return]............................ 现在使用双引号
*
$_ ...........................................命令提示符
```

双引号中的 * 没有被替换，所以 * 的特殊含义被消除了。

实例： 显示消息“The UNIX System”。

```
$echo "\"The UNIX System\""[Return]
"The UNIX System"
$_ .......................................命令提示符
```

说明： 为消除双引号的特殊含义，要在双引号前加反斜杠。

单引号： 单引号的工作方式与双引号极其相似。一对单引号中除单引号自身外的任何字符都失去了其特殊含义(可以用反斜杠消除单引号的特殊含义)。

单引号也同样保留空白符。单引号中的字符串可看做单个参数，空格不再具有作为参数分隔符的特殊含义。

注意： 用于此目的的开引号和闭引号使用的是同一个符号，即前引号。不要用后引号(即重音符号 \`)。这一点很重要，shell 将重音符号中的字符串解释成可执行命令。

说明： 重音符号(\`)将在本章后面详细讨论，它与波浪号(～)在同一个键位上，位于键盘的左上角，不过重音符号是下档键。

实例： 用一对单引号显示特殊字符。

```
$echo '< >"$  ?&|'[Return]........使用 echo 命令和单引号
< >"$  ?&|
$_ ..................................命令提示符
```

字符间的空格被保留。

9.2　shell 变量

shell 程序处理用户接口，并担任解释程序的角色。shell 为了响应用户的所有请求(执行命令、操作文件，等等)，它需要某些信息并保留这些信息(如用户主目录、终端类型和命令提示符等)。

这些信息存放在 shell 变量中。变量都有自己的名称，用户可以给它赋值来控制或定制系统环境。shell 支持两种类型的变量：环境变量和局部变量。

环境变量： 环境变量也称为标准变量，拥有为系统所知的名字，通常由系统管理员定义，用来保存系统所必需的内容。例如，标准变量 TERM 设置终端类型：

```
TERM=ansi
```

局部变量： 局部变量由用户定义，完全在用户控制之下。用户可以定义、修改或删除它们。

9.2.1　显示和清除变量：set 和 unset 命令

set 命令可以查看当前使用的 shell 变量。

实例： 在命令提示符下输入 set 命令并按[Return]键，shell 会显示变量的列表。用户所见到的变量列表应当与图 9.3 相似，但不一定完全相同。

图 9.3 中等号左边的变量名是大写的，但这不是必要的，变量名可以用大写、小写或大小写的组合。变量的取值可以用字符、数字和下画线，但是第一个字符必须是字符，不能是数字。

```
$ set [Return]
HOME =/usr/students/david
IFS =
LOGNAME =david
LOGTTY =/dev/tty06
MAIL =/usr/mail/students/david
MAILCHECK =600
PATH =:/bin:/usr/bin
PS1 =" $"
PS2 =" >"
TERM =ansi
TZ =EST =EDT
$_
```

图 9.3 set 命令的输出

等号的右边是赋给变量的值。

注意: 在指定某个变量时,必须使用准确的变量名(区分大小写字母)。

可以用 unset 命令删除不需要的变量。设有变量 XYZ =10,若用户想删除它,输入 unset XYZ,并按[Return]键即可。

9.2.2 给变量赋值

用户可以创建自己的变量,也可以修改标准变量的值。赋值方法:写变量名,后跟一个等号(赋值操作符),等号后跟要赋的值,如下所示:

```
age=32
```

或

```
SYSTEM=UNIX
```

shell 将用户所赋的每一个值看做一个字符串。上例中,变量 age 的值是字符串 32,而非整数 32。如果变量的取值串中含有空白字符(空格、制表符,等等),那么该串应该用双引号括起来,如下所示:

```
message="Save your files, and log off"  [Return]
```

注意: 1. shell 变量名必须以大小写字母开始,而不能是数字。
2. 等号两边都不能有空格。

9.2.3 显示 shell 变量的值

要访问 shell 变量的值,则必须在变量名前加 $符号。前面的例子中,age 是变量名,$age 是 32,表示 age 变量中的值。

用 echo 命令显示 shell 变量的值。

说明: set 显示变量列表,echo 显示一个指定的变量。

实例: 用 echo 命令显示文本和 shell 变量的值。

```
$age = 32 [Return]..................... 给变量 age 赋值 32
$echo Hi, nice day [Return]........... 显示参数串
Hi, nice day.
$echo age [Return].................... 显示参数,单词 age
age
$echo $age[Return].................... 现在参数是 $age,表示存储在 age 中的值
32
$echo You are $age years old. [Return].. 加一些文本以获得一些有意义的输出
You are 32 years old.
$_ ................................... 命令提示符
```

实例：shell 变量在命令行经常用做命令参数,如下所示：

```
$all = -lFa [Return].................. 创建一个变量 all,给其赋值为-lFa(连字符,小写字
                                       母 l,大写字母 F 和小写字母 a)
$ls $all myfirst [Return]............. 将该变量用做命令行的一部分
command's output
$_ ................................... 命令提示符
```

变量名以 $开头,shell 以值-laF 替换变量 all。替换后,命令变为 ls -lFa myfirst。

实例：观察下列命令的输出,可以发现变量在引号中按不同方式解释的细微区别。

```
$age = 32 [Return]....................... 将 32 赋给变量 age
$echo  $age  "$age"  '$age'[Return]...... 显示变量 age
32 32 $age
$_ ...................................... 命令提示符
```

9.2.4 shell 的标准变量

对 shell 标准变量的赋值通常由系统管理员完成。因此,用户登录时,shell 通过这些变量获知用户的环境信息。用户可以改变这些变量的值,但改变是暂时的,只应用于当前的对话。下次登录时,需要再次设置。如果想永久改变,则应将这些变量放到 .profile 文件中,.profile 文件在本章后面解释。

HOME 变量

登录后,shell 将用户主目录的完整路径赋给 HOME 变量。HOME 被多个 UNIX 命令用来定位主目录。例如,无参数的 cd 命令检查 HOME 变量以确定主目录的路径,并将系统当前目录设置为主目录。

实例：下面的命令序列显示了 HOME 变量的用法。

```
$echo $HOME [Return]......................... 显示用户主目录的路径
/usr/david
$pwd [Return]................................ 显示当前目录的路径
/usr/david/source............................ david 中的 source 子目录
$cd [Return]................................. 没有参数,默认为用户的主目录
```

$**pwd** [**Return**]................................ 检查用户当前目录。当前位于 david 目录，即用户的主目录
/usr/david
$**HOME** = **/usr/david/memos/important** [**Return**]..... 改变用户主目录路径。现在用户的主目录是 important
$**cd** [**Return**]................................ 改变到用户主目录
$**pwd** [**Return**]................................ 显示用户当前目录，即 important
/usr/david/memos/important
$_ ....命令提示符

IFS 变量

内部字段分隔符(IFS，Internal Field Separator)变量是被 shell 解释为命令行元素分隔符的一系列字符。例如，为了获取用户目录中的一个文件列表，输入 ls -l 并按[Return]键。命令中的空格将命令(ls)和其选项(-l)分开。

其他可赋给 IFS 变量的分隔符有制表符[Tab]和换行符[Return]。

注意： IFS 字符是不可见(非打印)的字符，因此在等号右边看不见它们，但它们的确存在。

$**echo** **$IFS** [**Return**].......................... 显示 IFS 的赋值
$_

显示出一个空行和命令提示符。IFS 的赋值不能显示。

实例： 将字段分隔符 IFS 改为冒号(:)。IFS 中原来的值在改变前被保存起来，最后，IFS 的原值又被恢复到 IFS 中。

$**cd** **$HOME** [**Return**]........................... 注意 cd 和 $HOME 之间的分隔符是空格
$**old_IFS** = **$IFS** [**Return**]...................... 保存 IFS 字符
$**IFS** = ":"[**Return**]...............................改变字段分隔符为冒号(:)
$**cd: $HOME** [**Return**]...........................注意字段分隔符是冒号(:)，而不是空格
$**IFS** = **$old_IFS** [**Return**]........................恢复为原来的字段分隔符
$_ .... 返回提示符

说明： 建议不要修改字段分隔符。修改它是为了适应特殊的环境。在第 13 章的例子中我们将使用这种功能。

MAIL 变量

MAIL 变量指定接收邮件的文件名。用户收到的邮件存放在该文件中，shell 定期检查文件内容以便向用户报告邮箱中是否有邮件。例如，要将邮箱设为/usr/david/mbox，应该输入 MAIL=/usr/david/mbox 并按[Return]键。

MAILCHECK 变量

MAILCHECK 变量设定每隔多久在邮箱文件中检查一次是否有邮件到达，而邮箱文件是由 MAIL 变量设置的。默认的 MAILCHECK 值是 600(秒)。

PATH 变量

PATH 变量设置 shell 定位命令(程序)时所要查找的目录名。例如，PATH=:/bin:/usr/bin。

路径串中的各目录以冒号分开。如果路径串中的首字符为冒号(:),则 shell 将其解释为 .:(点和冒号),意思是当前目录是目录列表中的第一个目录,并将首先被搜索。

UNIX 通常将可执行文件存放在目录 bin 中。用户可以创建自己的 bin 目录并将可执行文件存放在该目录下。如果将用户的 bin 目录(或用户取的其他名字)加到 PATH 变量中,shell 查找命令时,如果在标准目录中找不到,就会到 PATH 所设置的用户目录中查找。

假定所有的可执行文件都存放在 mybin 子目录中,而 mybin 子目录是 HOME 目录的子目录。若要将它加入到 PATH 变量中,可以输入 PATH=:/bin:/usr/bin:$HOME/mybin 并按[Return]键。

PS1 变量

命令提示符 1(PS1,Prompt String1)变量设置作为命令提示符的字符串。Bourne Shell 的命令提示符 1 的初始设置是美元符($)。

实例: 如果看厌了$符号,可以很容易地改变它,只需给 PS1 变量赋一个新值即可。

```
$PS1=Here: [Return]....................将命令提示符变为 Here:
Here:_..................................就在这里
Here: PS1="Here: "[Return]..............在尾部加一个空格
Here: _.................................现在好看多了
```

注意: 如果命令提示符含有空格,必须用引号括起来。

```
Here: PS1="Next Command:"[Return]........再次改变命令提示符
Next Command:_...........................命令提示符改变
Next Command: PS1="$"[Return]...........变回原来的$命令提示符
$_.......................................恢复原来的$命令提示符
```

PS2 变量

命令提示符 2(PS2)变量也设置作为命令提示符的字符串,该提示符是 shell 在用户尚未输入完整命令前按下[Return]键后显示的命令提示符,它表示 shell 在等待命令的剩余部分。可以用与 PS1 一样的方法设置 PS2 变量。Bourne Shell 的命令提示符 2 默认为大于号(>)。

实例: 下列命令序列是命令提示符 2 的例子。

```
$echo "Good news, UNIX [Return].......命令行尚未完成,因此出现 PS2 提示符(>)
> is on CDs."[Return]...............现在完成了命令行
Good news, UNIX is on CDs.
$ls \ [Return]......................反斜杠表示命令行未结束
>...................................因此 shell 显示命令提示符 2,等待命令的剩余部分
> -l [Return].......................现在命令行完成,shell 将命令行的内容放在一起,形
                                    成命令 ls -l 后执行
$_..................................命令提示符
```

CDPATH 变量

与 PATH 变量类似,CDPATH 变量设置绝对路径。CDPATH 影响 cd(改变目录)命令的操作。如果 CDPATH 变量没有定义,cd 搜索工作目录来查找与其参数匹配的文件名。如果

工作目录中不存在所查找的子目录,UNIX 会显示错误信息。如果 CDPATH 变量已定义,cd 根据它所设置的路径名来查找指定的目录。如果找到目录,它就成为用户的工作目录。

例如,如果输入 CDPATH=:$HOME:$HOME/memos 并按[Return]键,在下次使用 cd 命令时,对在 cd 命令的参数中指定的文件名,则从当前目录开始查找,接着查找 HOME 目录,memos 目录。

SHELL 变量

SHELL 变量设置用户登录 shell 的完整路径:

```
SHELL=/bin/sh
```

TERM 变量

TERM 变量设置用户终端类型:

```
TERM=ansi
```

TZ 变量

TZ 变量设置用户所在的时区:

```
TZ=EST
```

该变量通常由系统管理员设置。

9.3 其他元字符

在第 8 章介绍了元字符或特殊字符被 shell 以特殊方式解释和处理。到目前为止,我们已讨论了文件替换符和重定向元字符。本节将介绍更多的元字符。

9.3.1 执行命令:使用重音符号

命令前后的重音符号(`)告诉 shell 执行重音符号中的命令,并将命令的输出插入到命令行的相应位置上。它也称为命令替换符。格式如下:

```
`command`
```

command 代表待执行的命令。

说明: 重音符号在键盘最左上方,在[Esc]键的正下方。

实例: 下列命令序列显示命令替换符的用法。

```
$echo The date and time is : `date` [Return]......... 命令 date 被执行
The date and time is : Mon Nov 28 14:14:14 EDT 2005
$_ .............................................. 命令提示符
```

shell 扫描命令行,查找重音符号,执行 date 命令。它将命令行中的 `date` 替换为 date 命令的输出结果,并执行 echo 命令。

```
$echo "List of filenames in your current directory : \n"`ls -C` > LIST[Return]
$cat LIST [Return]................... 检查一下在 LIST 文件中保存了什么信息
```

```
List of filenames in your current directory:
memos myfirst REPORT
$_ ................................命令提示符
```

9.3.2 命令序列:使用分号

用户可在命令行输入一系列命令,各命令以分号隔开,shell 将会按从左至右的顺序执行这些命令。

实例: 试用下列命令体验分号元字符的用法。

```
$date ; pwd; ls -C [Return]..................... 按顺序执行 3 个命令
Mon Nov 28 14:14:14 EST 2005
/usr/david
memos myfirst REPORT
$ls -c>list ; date>today ; pwd [Return]........ 按顺序执行 3 个命令,其中前两个命令输
                                                出重定向到文件中
/usr/david
$cat list [Return]............................查看 list 文件的内容
memos myfirst REPORT
$cat today [Return]...........................查看 today 文件的内容
Mon Nov 28 14:14:14 EST 2005
$_ ........................................... 命令提示符
```

9.3.3 命令编组:使用括号

用户可以采用将几个命令放在一对括号中的方法,将这几个命令编为一组。一个命令组可以像单条命令一样被重定向。

实例: 试用下列命令体验括号元字符的用法。

```
$(ls -c;date;pwd) > outfile [Return].............. 3 个连续的命令编为一组,输出重定向
                                                  到一个文件
$cat outfile [Return].............................查看 outfile 的内容
memos myfirst REPORT
Mon Nov 28 14:14:14 EST 2005
/usr/david
$_ ............................................... 命令提示符
```

9.3.4 后台处理:使用 & 符号

UNIX 是一个多任务系统,它允许同时执行多个程序。通常,用户输入命令后,几秒钟内结果就会显示在终端显示器上。但是,如果执行一条命令需要花几分钟时间,情况会怎样呢?在这种情况下,用户需要等待当前命令执行完后,才能进行下一项工作。不过,用户不需要等待来浪费时间。shell 元字符 & 提供了后台运行程序的方式,只要后台程序不需要来自键盘的输入即可。如果用户输入的命令后跟着一个 & 字符,该命令就被送到后台执行,而终端可继

续输入下一条命令。

实例: 下面的例子显示了 & 元字符的用法。

```
$sort data > sorted&[Return]... 将 data 文件排序并将输出结果存在 sorted 文件中
1348............................ 显示进程 ID
$date [Return].................. 命令提示符立即出现,为下一命令做好准备
```

为防止当用户正在执行其他任务时 sort 将其输出发送到终端,sort 命令的输出被重定向到了另一个文件。

说明: 1. 后台进程 ID(PID)号用来标识后台进程,也可用来终止或获取进程状态。
2. 在一个命令行可以定义多个后台命令。

```
$date&pwd&ls -c&[Return]........... 创建 3 个后台进程,显示 3 个进程 ID
2215
2217
2216
$echo "the foreground process"[Return]..前台运行 echo 命令
Mon Nov 28 14:14:14 EST 2005............后台运行的 date 命令的输出已经显示在终端
the foreground process..................前台运行的 echo 命令输出到终端
/usr/david..............................后台运行的 pwd 命令输出到终端
$_ .....................................显示命令提示符,随后在终端显示 ls -C 命令的输出
memos myfirst REPORT
$_ .....................................命令提示符
```

说明: 默认情况是后台命令的输出显示在用户终端上。因此,前台命令的输出与后台命令的输出会交叉在一起,从而引起混淆。为了避免混淆,用户可以将后台输出重定向到文件中。

9.3.5 链接命令:使用管道操作符

shell 允许用户将一个进程的标准输出用做另一个进程的标准输入。用户可以在命令之间使用管道操作符¦来实现该功能。常用格式如下:

```
command A¦command B
```

这样,命令 A 的输出就成为命令 B 的输入。可以将一系列的命令链接在一起形成一个管道(pipeline)。我们来看几个例子,了解一下这个非常有用并且灵活的 shell 功能。

实例: 输入 ls -l¦lp 并按[Return]键将命令 ls -l 的输出发送到打印机。

实例: 下例计算用户当前目录中的文件数目。

```
$ls -C [Return]................ 看一下当前目录的文件
memos myfirst REPORT
$ls-C>count [Return]......... 将当前目录下的文件列表存入文件 count 中
$wc -w count [Return]..........计算 count 文件的字数,当前目录包含 3 个文件
3
$ls -C¦wc -w [Return]........ 使用管道操作符来获得当前目录中的文件数目
3
```

命令 ls –C(用户当前目录的文件列表)的输出被传送给 wc -w 命令作为输入。

实例：下例将登录到系统的用户数保存到一个文件中。

```
$echo "Number of logged-in users : "`who | wc -l` > outfile [Return]
$cat outfile [Return].................. 检查在 outfile 中存了什么
Number of loggde-in users : 20
```

在前一个命令中，shell 扫描命令行，发现了重音符号，于是执行 who | wc -l 命令，将 who 的输出作为 wc 的输入。如果有 20 个用户登录到系统，则 shell 将 `who | wc -l` 替换为 20。然后 shell 执行 echo 命令读取信息 Number of the logged in users:20 并将它存储在文件 outfile 中。

9.4 其他 UNIX 系统工具

这些系统工具为用户日常使用系统带来更多的灵活性和控制功能。而且，部分工具还用于脚本文件(程序)中(参见第 12 章和第 13 章)。

在 Linux 下，--help 和--version 选项适用于本章中的大部分命令。要养成使用--help 选项读取帮助页的习惯，以使自己熟悉一些其他可用的选项。不管使用哪种 UNIX 系统，用户都可以使用 man 命令获取任一个命令的详细使用说明。

9.4.1 延时定时：sleep 命令

sleep 命令使执行该命令的进程延时指定的秒数。用户可以用 sleep 命令让某个命令延缓一定时间执行。例如，输入 sleep 120; echo "I am awake! "并按[Return]键，sleep 命令被执行，产生两分钟的延迟，然后(两分钟后)命令被执行，参数串 I am awake! 显示在屏幕上。

9.4.2 显示 PID：ps 命令

可以用 ps(进程状态)命令获得系统中活动进程的状态。该命令不带任何选项时，作用是显示用户活动进程的状态。状态信息排成 4 列，各列标题如下(见图 9.4)：

- PID：进程 ID 号
- TTY：控制进程的终端号
- TIME：进程已运行的时间(以秒计)
- COMMAND：命令名

```
$ ps
PID       TTY       TIME      COMMAND
24059     tty11     0:05      sh
24259     tty11     0:02      ps
$_
```

图 9.4　ps 命令的输出格式

ps 命令的选项

本书只讨论 ps 命令的两个选项，即-a 和-f 选项，表 9.6 对它们做了总结。

表 9.6 ps 命令的选项

选项	功能
-a	显示所有活动进程的状态,而不仅仅是用户进程
-f	显示信息的完整列表,包括完整的命令行

-a 选项: -a 选项显示所有活动进程的状态。若没有使用该选项,则仅仅显示用户的活动进程。

-f 选项: -f 选项显示信息的完整列表,包括命令这一列中,显示完整的命令行。

图 9.5 显示了带-a 选项和-f 选项的 ps 命令的输出。

```
$ ps -a -f
PID      TTY      TIME      COMMAND
24059    tty11    0:05      sh
24259    tty11    0:02      ps
24059    tty12    0:05      ksh
24259    tty12    0:02      ps
$_
```

图 9.5 带-a 选项和-f 选项的 ps 命令的输出

实例: 用下面的命令序列找到后台运行进程的进程号。

```
$(sleep 120 ; echo "Had a nice long sleep")& [Return]
24259.........................................  后台进程 ID 数
$ps [Return]..................................  显示用户进程状态
PID   TTY   TIME COMMAND
24059 tty11 0:05 sh...........................  登录的 shell
24070 tty11 0:00 sleep 120.................  ....  sleep 命令
24150 tty11 0:00 echo.........................  echo 命令
24259 tty11 0:02 ps...........................  ps 命令
Had a nice long sleep.........................  后台进程的输出
$_ ...........................................  命令提示符
```

sleep 命令将 echo 命令的执行延时了两分钟。命令行末尾的 & 符号将命令置为后台执行。

说明: 用分号将命令分隔,用括号将它们编组。

9.4.3 保持执行:nohup 命令

用户退出系统时,其后台进程即被终止。而 nohup 命令可以使后台进程不被终止。这在用户希望退出系统后,保持程序继续执行时很有用。

如果输入 nohup(sleep 120; echo "job done")& 并按[Return]键,然后退出,则用户输入的命令继续在后台执行。那么 echo 的输出在哪里显示呢? 既然用户已退出系统,进程跟任何终端都没有联系了,所以输出自动保存在 nohup.out 文件中。

用户再次登录到系统时,可以查看该文件的内容,来确定后台的输出结果。当然,用户也可以将后台进程的输出重定向到一个指定的文件。

实例: 试用下列命令序列了解 nohup 的功能。

```
$nohup (sleep 120 ; echo"job done")& [Return]......... 创建一个后台进程
12235.......................................... 该后台进程的 ID
$[Ctrl-d]...................................... 退出并等待
Login : david [Return]......................... 再次登录
password :..................................... 输入用户口令,口令不会在屏幕显示
$cat nohup.out [Return]........................ 查看 nohup.out 文件内容
job done
$_ ............................................ 命令提示符
```

9.4.4　终止进程:kill 命令

并不是每个程序都会自始至终地正常运行。程序可能会进入死循环,或等待不可能得到的资源。有时不守规矩的程序甚至会锁住用户键盘,这给用户带来很大麻烦。UNIX 提供了 kill 命令来终止不需要的进程(进程就是运行着的程序)。kill 发出一个信号给指定的进程。信号是一个整数,用来指出 kill 的类型。进程是由进程 ID(PID)号指定的,所以为了使用 kill 命令,用户必须知道要终止的进程的 PID。

信号: 根据执行情况的不同,信号值的范围可取 1 到 15。15 通常是默认的信号值,该值让接收进程终止。

有些进程不受 kill 信号的影响,可以用信号值 9(确认终止)来终止这些进程。

可用带-l 选项的 kill 命令来获取系统中的信号列表:

```
$kill -l [Return]................................ 显示信号列表
```

下列命令序列说明了 kill 命令及其信号的使用方法。

实例: 试用下列命令序列体验 kill 命令。

```
$(sleep 120 ; echo Hi)& [Return]...... 创建一个后台进程
22515................................. 进程 ID 号
$ps [Return].......................... 查看进程状态,可以看到新创建的进程
PID   TTY   TIME COMMAND
24059 tty11 0:05 sh................... 登录 shell
22515 tty11 0:00 sleep 120............ sleep 命令
24259 tty11 0:02 ps................... ps 命令
$kill 22515 [Return].................. 终止后台进程
job terminated
Hi.................................... echo 命令的输出
$ps [Return].......................... 再次查看,后台进程已中止
PID   TTY   TIME COMMAND
24059 tty11 0:05 sh................... 登录 shell
```

```
24259 tty11 0:02 ps.................. ps 命令
$_ .................................. 命令提示符
```

说明: 如不指定信号值,其默认值是 15,该信号终止接收到该信号的进程。

实例: 试用下列命令,确保终止一个不受 kill 信号影响的进程。

```
$(sleep 120 ; echo Hi)& [Return]...... 创建一个后台进程
22515................................ 进程 ID 号
$kill 22515 [Return]................. 简单终止
$ps [Return]......................... 查看进程状态,可以看到该进程还在
PID   TTY   TIME COMMAND
24059 tty11 0:05 sh.................. 登录 shell
22515 tty11 0:00 sleep 120........... sleep 命令
24259 tty11 0:02 ps.................. ps 命令
$kill -9 22515 [Return].............. 确认终止,使用信号值 9
$ps [Return]......................... 再次查看,可以确认后台进程已经被终止
PID   TTY   TIME COMMAND
24059 tty11 0:05 sh.................. 登录 shell
24259 tty11 0:02 ps.................. ps 命令
```

注意: 用户只能终止自己的进程。系统管理员有权终止任何用户的进程。

实例: 为终止用户的所有进程,可执行以下命令。

```
$(sleep 120 ; echo "sleep tight"; sleep 120 )& [Return]
11234................................ sleep 的 PID
$kill -9 0 [Return].................. 用户退出系统
```

说明: PID 0 使所有与 shell 有关的进程终止,包括 shell 本身。因此,使用 0 信号时用户退出系统。

9.4.5 分离输出:tee 命令

有时用户既想在屏幕上看程序的输出,也想将输出保存到一个文件以备日后参考,或将输出在打印机上打印。用户可以采用如下方法来实现:先运行命令并从屏幕阅读输出结果;然后,使用重定向操作,将输出保存到文件或送打印机打印。

另一种仅需要更少的时间和更少的输入可以获得同样结果的可选方法是使用 tee 命令。tee 命令常常与管道操作符一起使用。例如,输入 sort phone.list¦tee phone.sort 并按[Return]键,管道操作符将 sort 命令的输出(排好序的 phone.list)传送给 tee。tee 将其显示在终端,同时将其保存在指定文件 phone.sort 中。

运行交互程序时,如果想获取用户/程序的对话,tee 命令是一个必不可少的工具。

实例: 试按以下方式查看当前目录的内容,并将输出保存到文件中。

```
$ls -c¦tee dir.list [Return].......... 显示当前目录文件,同时将输出结果
                                       保存到文件 dir.list 中
```

```
memos     myfile      REPORT
$cat dir.list [Return].............. 查看 dir.list 文件的内容
memos     myfile    REPORT
$_................................ 命令提示符
```

ls -C 的输出被管道传送到 tee。tee 命令在屏幕上显示了它的输入(在默认输出设备上显示它的输入),并将其保存在文件 dir.list 中。

tee 命令的选项

表 9.7 总结了 tee 命令的两个选项。

表 9.7 tee 命令的选项

选项	功能
-a	将输出追加到文件中,不覆盖原来的内容
-i	忽略中断信号;不对中断信号做出响应

实例: 查看系统当前用户的列表,将列表保存在 dir.list 文件中,输入 who | tee -a dir.list 并按[Return]键。如果 dir.list 文件存在,who 命令的输出追加到文件的末尾。如果 dir.list 不存在,则创建该文件。

Linux 中 tee 命令的对应选项

实例: Linux 中 tee 命令选项的使用如下所示。

```
$tee --version [Return]........................... 显示版本信息
$tee --help [Return]............................. 显示帮助信息
```

说明: 阅读帮助页信息,熟悉 tee 命令的其他选项。

9.4.6 文件搜索:grep 命令

用 grep 命令可以在一个文件或一系列文件中查找特定的样式。grep 所使用的样式称为正则表达式(Regular Expression),因此就有了 grep 命令这个奇怪的名字(Global Regular Expression Print)。

grep 是一个文件搜索和选择命令。用户指定查找的文件名和样式。当 grep 找到匹配的内容,包含指定样式的行就会在终端显示。如果没有指定文件,系统从标准输入设备的输入中查找。

实例: 在 myfile 文件中查找 UNIX。

```
$cat myfile [Return]......................... 查看文件 myfile 的内容
I wish there was a better way to learn
UNIX. Something like having a daily UNIX pill.
$grep UNIX myfile [Return]................... 查找包含 UNIX 的行
UNIX. Something like having a daily UNIX pill.
```

可以指定更多的文件,或在文件名中使用文件替换符(通配符)。

实例：在C源文件中查找字符串"#include <private.h>"。

☐ 输入grep "#include <private.h>" *.c并按[Return]键，在当前目录的所有扩展名为c的文件中查找指定的内容。

样式内容是一个含有空格和元字符的字符串，所以要用双引号括起来。

如果指定了多个查找文件，grep在每行输出之前显示文件名。

grep命令的选项

如果没有指定选项，grep显示指定文件中包含与指定样式匹配的行。选项使用户能更好地控制输出和定义查找样式。表9.8总结了grep命令的选项。

表9.8　grep命令的选项

选项		功能
UNIX	Linux对应的选项	
-c	--count	只显示每个文件中包含匹配样式的行数
-i	--ignore-case	搜索匹配时忽略大小写
-l	--files-with-matches	只显示具有匹配的行(一行或多行)的文件名，而不是显示匹配的行本身
-n	--line-number	每个输出行前显示行号
-v	--revert-match	仅显示不匹配的行
	--help	显示帮助页并退出
	--version	显示版本信息并退出

假定用户当前目录中有下列3个文件，下面的例子显示了grep命令选项的使用方法。用户可以用vi编辑器或cat命令创建这些文件。为了组织得有条理，创建的文件放在Chapter9目录下。

```
FILE1          FILE2          FILE3
UNIX           unix           Unix system
11122          11122          11122
BBAA           CCAA           AADD
unix system
```

实例：搜索UNIX。

```
$grep UNIX FILE1 [Return].............. 在文件FILE1中查找字UNIX
UNIX
$_................................. 命令提示符
```

grep匹配精确样式(区分大小写)，因此它找到UNIX，而非unix或Unix。

实例：指定多个文件作为参数，理解-i选项的用法。

```
$grep -i UNIX FILE? [Return]........... 使用-i选项
FILE1 : UNIX
FILE1 : unix system
FILE2 : unix
FILE3 : Unix system
$_................................. 命令提示符
```

-i 选项的功能是匹配指定的字母样式,忽略大小写。因此,与指定样式 UNIX 匹配的内容有 unix,Unix,等等。

当指定多个文件作为参数时,文件名显示在匹配行前。

实例: 显示不含 UNIX 的行。

```
$grep -vi UNIX FILE1 [Return].......... 使用-i 选项和-v 选项
11122
BBAA
$_ .................................. 命令提示符
```

实例: 显示每个文件中不含 11 的行的行数。

```
$grep -vc 11 FILE? [Return]..... 显示在文件 FILE1,FILE2 和 FILE3 中不包含 11 的行数
FILE1:3
FILE2:2
FILE3:2
$_ ............................命令提示符
```

实例: 查看用户 david 是否已登录。

```
$who|grep -i david [Return]................ 使用 grep 和管道操作符
$_ ......................................命令提示符
```

管道操作使 who 命令的输出作为 grep 命令的标准输入。因此,grep 扫描 who 命令的输出中与 david 样式匹配的行。本例中,grep 没有输出,因此 david 不在系统中。

Linux 中 grep 命令的对应选项

按如下方式,使用 Linux 中的 grep 命令选项:

```
$grep --ignore-case UNIX file? [Return].................. 同 grep -i UNIX  file?
$grep --revert -match --ignore-case UNIX file? [Return].... 同 grep -vi UNIX  file?
$grep --revert-match --count 11 file? [Return]........... 同 grep -vc 11 file?
$grep --version [Return]..............................显示版本信息
$grep --help [Return]..................................显示帮助信息
```

9.4.7 文本文件排序:sort 命令

可以使用 sort 命令对文件内容按字母或数字顺序排序。默认情况下,输出显示在终端,但是用户可以将输出重定向给指定的文件。

sort 命令按行将指定的文件内容排序。如果两个行的第 1 个字符相同,则比较它们的第 2 个字符以确定顺序,第 2 个也相同则比较第 3 个,依次类推,直到字符不同或者行结束。如果两行完全相同,则哪一行排在前面无关紧要。

说明: sort 命令按字母顺序给文件排序,但是不同的计算机排序结果可能不同,这取决于计算机采用的字符集。UNIX 系统中常用的是 ASCII 码。

有许多选项可用来控制排序顺序,以下我们用一个简单的例子来探索 sort 命令的基本功能。

假设用户的工作目录中有一个文件 junk。图 9.6 显示了 junk 的内容,图 9.7 显示了用 sort 命令对 junk 内容排序后的输出。

```
This is line one
this is line two
 this is a line starting with a space character
4: this is a line starting with a number
11: this is another line starting with a number
End of junk
```

图9.6 junk文件

```
$ sort junk
 this is a line starting with a space character
11: this is another line starting with a number
4: this is a line starting with a number
End of junk
This is line one
this is line two
$_
```

图9.7 排序后的junk文件

说明: 1. 非文字数字字符(空格、破折号、反斜杠等)的ASCII值比文字数字字符的ASCII值小。因此,图9.7中以空格开始的行排在前面。

2. 大写字母排在小写字母的前面。所以,本例中This出现在this前面。

3. 数字按第一个数位排序,所以11出现在4之前。

sort命令的选项

前面的sort例子表明,sort排序的结果可能并不是用户所希望的。用户可以用sort命令的选项按各种方式给文件排序。表9.9总结了一些更有用的选项。

表9.9 sort命令的选项

选项	功能
-b	忽略前导空格
-d	用字典顺序排序,忽略标点符号和控制字符
-f	忽略大小写的区别
-n	数字以数值排序
-o	将输出存储在指定文件中
-r	倒序排列,即从升序变为降序

-b选项: -b选项使sort忽略前导空格(制表符和空格符)。这些符号在文件中通常作为分隔符(字段分隔符),使用这一选项时,sort排序比较时并不考虑这些符号。

-d选项: -d选项按字典顺序排序,并且只对字母、数字和空字符(空格或制表键)排序比较,忽略标点符号和控制符。

-f选项: -f选项将所有的小写认做大写,忽略大小写之间的区别。

-n选项: -n选项使数字排序不是按第一个数位大小排序,而是按整个数的大小值排序,包括对负数和小数的大小进行比较。

-o 选项： -o 选项将输出存储到指定的文件，而不是输出到标准设备。

-r 选项： -r 选项按降序排序，例如从 z 到 a，而不是从 a 到 z 排序。

实例： 再次使用文件 junk，看看选项在 sort 输出方面的作用。

```
$sort -fn junk [Return].................. 使用-f 和-n 选项，排序文件 junk
 this is a line starting with a space character
End of junk
This is line one
this is line two
4: this is a line starting with a number
11: this is another line starting with a number
$_ .................................... 命令提示符
$sort -f -r -o sorted junk [Return]....... 使用-f,-r 以及-o 选项，排序文件 junk，并将结果保
                                           存到 sorted
$cat sorted [Return]...................... 显示文件 sorted 的内容
this is line two
This is line one
End of junk
4: this is a line starting with a number
11: this is another line starting with a number
 this is a line starting with a space character
$_ .................................... 命令提示符
```

说明： 文件名(sorted)用-o 选项指定。因此，输出保存到 sorted 中，可以用 cat 命令显示 sorted 的内容。

9.4.8 按指定字段排序

实际的文件很少有像前例中文件 junk 那样的内容。通常需要排序的文件包括人名、项目、地址、电话号码、邮件发送清单等信息列表。默认情况下，sort 按行排序，但用户可能希望按某个特定的字段对文件排序，如按姓氏或地区代号排序。

用户可以让 sort 命令按某一特定字段排序，前提是文件是按相应的格式建立的。用户通过指定要跳过多少个字段才能达到需要排序的字段的方式，来指定需要排序的字段。建立文件时，用户应将行分成字段的格式建立。因为在大多数列表文件中，每行已经被分成了字段形式，因此不用再做额外的事情。

实例： 创建文件 phone.list，该文件包含人名和电话号码的列表，如图 9.8 所示。然后我们用该文件来探索 sort 命令的其他功能。

phone.list 文件的每一行由 4 个字段组成，字段由空格或制表符分开。因此，在第 1 行中，David 位于字段 1，Brown 位于字段 2，等等。

用户可以用 vi 编辑器或 cat 命令来创建 phone.list 文件。

对 phone.list 排序时，没有指定特定的字段。因此，文件按行排序。

也许用户不愿按名字对文件排序。若要对文件按姓氏(第 2 个字段)排序，则 sort 命令开始排序前应跳过一个字段(名字字段)。用户指定 sort 应跳过的字段数作为命令参数的一部分。

```
$ cat phone.list
David Brown            (333) 111-1111
Emma Redd              (222) 222-2222
Tom Swanson            (111) 333-3333
Jim Schmid             (444) 444-4444
Bridget Erwin          (666) 555-5555
Mary Moffett           (555) 666-6666
Amir Afzal             (777) 777-7777

$sort phone.list
Amir Afzal             (777) 777-7777
Bridget Erwin          (666) 555-5555
David Brown            (333) 111-1111
Emma Redd              (222) 222-2222
Jim Schmid             (444) 444-4444
Mary Moffett           (555) 666-6666
Tom Swanson            (111) 333-3333
$
```

图9.8 原始phone.list文件和排序后的phone.list文件

实例: 对phone.list文件按姓氏(第2个字段)排序,输入sort +1 phone.list并按[Return]键。图9.9显示了按姓氏排序的结果。

```
$ sort +1 phone.list
Amir Afzal             (777) 777-7777
David Brown            (333) 111-1111
Bridget Erwin          (666) 555-5555
Mary Moffett           (555) 666-6666
Emma Redd              (222) 222-2222
Jim Schmid             (444) 444-4444
Tom Swanson            (111) 333-3333
$_
```

图9.9 对phone.list文件(按姓氏)排序

+1参数指出sort开始排序前应跳过一个字段(名字字段)。

说明: 如果指定参数为+2,则sort跳过两个字段,按第3个字段(本例中是地区编码)对文件排序。

实例: 对phone.list文件,忽略空格按第3个字段排序。输入sort -b +2 phone.list并按[Return]键。图9.10显示排序结果。

```
$ sort -b +2 phone.list
Tom Swanson            (111) 333-3333
Emma Redd              (222) 222-2222
David Brown            (333) 111-1111
Jim Schmid             (444) 444-4444
Mary Moffett           (555) 666-6666
Bridget Erwin          (666) 555-5555
Amir Afzal             (777) 777-7777
$_
```

图9.10 对phone.list文件(按地区编码)排序

9.5　启动文件

当用户登录时，登录程序根据存储在口令文件中的合法用户列表来验证用户 ID 和口令。如果登录成功，登录程序将用户主目录提交给系统，并启动用户 ID 和组 ID，最后启动用户的 shell。命令提示符显示前，shell 要检查两个特殊文件。这两个文件称为配置文件（profile file），它们包含 shell 所能执行的脚本程序。

9.5.1　系统配置文件

系统配置文件存储在/etc/profile 中。shell 所做的第一件事是执行该文件。该文件的典型特征是包含显示当日消息、设置系统环境变量等命令。该文件一般由系统管理员创建和维护，而且只有超级用户可以修改它。

图 9.11 是系统配置文件的一个实例。shell 执行了该文件中的命令，因此它先显示当前的日期和时间，然后显示当日的消息（存储在/etc/mtd 文件中），最后显示最近期的新闻项。

```
$ cat /etc/profile
date
cat /etc/mtd
news
mesg n
stty erase ^H
export erase
$_
```

图 9.11　配置文件的一个简单例子

说明： 1. 通常，系统配置文件比较复杂，使用了一些系统管理员命令，并且需要一些编程。

2. 可以输入 cat /etc/profile [Return]来查看系统的配置文件。通常，该文件是一个只读文件，可以读取，但不能编辑。

9.5.2　用户的配置文件

每次用户登录，shell 都要检查用户主目录中的启动文件 .profile。如果找到该文件，就执行 .profile 中的 shell 命令。无论用户主目录中是否有 .profile 文件，shell 都继续其进程并显示其提示符。

图 9.12 显示了 .profile 文件的一个示例。在系统管理员允许下，用户通常有自己的 .profile 文件。用户可以修改已有的 .profile 文件，也可以用 cat 命令和 vi 编辑器创建一个新的 .profile 文件。

1. echo 显示其参数，即 welcome to my super Duper UNIX。
2. 标准变量 TERM（设置终端类型）设为 ansi。
3. 标准变量 PSI（primary prompt sign，基本命令提示符）设为 David Brown。
4. export 命令使 TERM 变量和 PSI 变量可用（将它们传递给所有程序）。
5. calendar 和 du 命令将在第 14 章解释。

```
$ cat.profile
   echo "welcome to my super Duper UNIX"
   TERM = ansi
   PS1 = "David Brown:"
   export TERM PS1
          calendar
  du
$_
```

图 9.12 .profile 文件的示例

说明：1. 文件的名字是 .profile。文件名的第一个字符是一个点，表明它是一个隐藏文件。
2. .profile 必须放置在用户主目录中，这是 shell 唯一搜索的地方。
3. .profile 是用户可以用来自定义 UNIX 环境的启动文件之一。UNIX 还有其他启动文件，如用来定义 vi 编辑器(参见第 6 章)的 .exrc 文件和用来定义邮件环境的 .mailrc 文件(参见第 10 章)。
4. 在用户的主目录中，不一定非要有 .profile 文件，没有它系统照常工作。但是，用户的 shell 通常从/etc/profile 文件中继承设置。

再谈 export 命令

export 命令使一系列 shell 变量可用于子 shell。当用户登录后，登录 shell 就知道了标准变量(和用户已定义的变量)。如果用户运行一个新的 shell，新 shell 将不知道这些变量。

例如，想让变量 VAR1 和变量 VAR2 在新 shell 中可用，用户可以指定该变量名作为 export命令的参数。要查看哪些变量已经输出，只需输入不带参数的 export。

实例：使变量对其他 shell 可用。

```
$export VAR1 VAR2 [Return]............输出 VAR1 和 VAR2
$export [Return].....................查看已有哪些变量被输出
VAR1
VAR2
$_ ..................................命令提示符
```

9.6 Korn Shell 和 Bourne Again Shell

第 3 章介绍了 Korn Shell(ksh)和 Bourne Again Shell(bash)。现在介绍一些它们与标准 shell 不同的特征。而且再次推荐使用 man 命令，该命令可以得到关于每个 shell 的特征。

```
$man sh [Return]...........................显示标准 shell 手册页
$man ksh [Return]..........................显示 Korn Shell 手册页
$man bash [Return].........................显示 Bourne Again Shell 手册页
```

9.6.1 shell 的变量

Korn Shell(ksh)和 Bourne Again Shell(bsh)使用很多与标准 shell(sh)同样的变量。用户可以定义变量、重定义变量、取变量的值，而且通常可以用变量来定制用户环境，如同标准 shell(sh)一样。下面是 Korn Shell 和 Bourne Again Shell 使用的一些重要的变量。

ENV：ENV 变量功能是设置环境文件的绝对路径，该环境文件在启动时由 ksh 读取。下面的例子中，ENV 设置路径为 $HOME/mine/my_env，这样 ksh 就知道到哪里去查找环境文件。设置方式：

```
ENV=$HOME/mine/my_env
```

HISTSIZE: HISTSIZE 变量设置用户打算放在 history 列表文件中的命令数目。默认值是 128，但用户可以将它设成任何值。例如，下面的命令行将用户的 history 列表文件中的命令数目设为 100：

```
HISTSIZE=100
```

TMOUT: TMOUT 变量设置用户不输入任何命令时，系统等待的时间(以秒计)。如果在给定的时间里没有任何输入，shell 就会超时而令用户退出。例如，下列命令行将超时时间设为 60 秒：

```
TMOUT=60
```

VISUAL: VISUAL 用于命令编辑。如果设为 vi，shell 会在命令行给用户提供 vi 风格的编辑方式。例如，下列命令行将命令行编辑设置为 vi 编辑器：

```
VISUAL=vi
```

说明: 如同 sh 一样，用 set 命令可以查看当前 shell 的变量及其值。

9.6.2　shell 的选项

Korn Shell 和 Bourne Again Shell 提供了很多选项，这些选项可以将命令的某些特性打开或关闭。要打开一个选项，使用带-o 的 set 命令，后跟选项名。列出选项，只需简单地输入 set -o就可以打开该选项。

noclobber: noclobber 选项防止用户覆盖自己的文件；也就是说，它防止用户由于重定向某个命令的输出到一个已经存在的文件而覆盖该文件。这个选项可以使用户免于因疏忽重写文件而丢失重要的数据。

实例: 假设用户当前目录中有一个文件 XYZ。下列命令序列为 noclobber 选项用法的示例。

```
$set -o noclobber [Return]............. 设置 noclobber 选项
$who > xyz............................. 重定向输出到文件 xyz
xyz : file exists...................... 显示警告信息
$_ .................................... 命令提示符
```

如果用户真的想覆盖已经存在的文件，ksh 可以强制执行该命令。在重定向操作符后面输入管道操作符(¦)。

```
$who >¦ xyz [Return]................... xyz 文件被覆盖了
$_ .................................... 命令提示符
```

要关闭 noclobber 选项，用带+o 选项的 set 命令。例如，

```
$set +o noclobber [Return]............. noclobber 选项关闭
$_ .................................... 命令提示符
```

ignoreeof: ignoreeof 选项防止用户不小心按下[Ctrl-d]键而退出系统(读者已经知道,在命令行按下[Ctrl-d]键可以结束用户 shell,并退出系统)。

说明: 如果设置该选项,可用 exit 命令退出系统。

```
$set -o ignoreeof [Return].............打开 ignoreeof 选项
$[Ctrl-d]..............................[Ctrl-d]被忽略,用户不会退出系统
$set +o ignoreeof [Return].............关闭 ignoreeof 选项
$_ ....................................命令提示符
```

9.6.3 命令行编辑

Korn Shell 允许用户使用 vi 编辑器特殊的行版本来编辑命令行或 history 文件中的任意命令。这些特征增强了 history 文件的可用性。它使用户更正和修改以前的命令以及在 history 文件中搜索指定的命令更容易。总之,这个命令很有用。

打开命令行编辑选项

可以用 set 命令打开命令行的编辑选项,也可以用 EDITOR 或 VISUAL 变量设置编辑命令的路径名来做同样的工作。下列三条命令的作用是相同的:

```
$set -o vi [Return]......................... 打开命令行的编辑选项
$EDITOR =/usr/bin/vi [Return]............... 打开命令行的编辑选项
$VISUAL =/usr/bin/vi [Return]............... 打开命令行的编辑选项
```

使用 vi 风格的命令行编辑器

假定用户已打开了命令行编辑器,并且设定的编辑器是 vi,本节将介绍怎样使用这一非常有用的工具。

ksh 命令行编辑器工作于当前命令行和用户的 history 文件中(本章后面将解释)。输入命令时,用户处于 vi 的输入(文本)模式,这与用户编辑一个文件时 vi 编辑器的初始模式正好相反。此时用户按[Return]键执行命令。而在 vi 编辑器中,用户可以在任何时候按[Esc]键切换到命令模式。处于命令模式时,可用 vi 编辑器命令执行修改、删除和纠正命令行错误等操作。

现在,输入一个命令行,不按[Return]键而按[Esc]键,这将使用户进入 vi 命令模式。

```
$This is a test to use the command line editing [Esc]
```

假如在命令行开头忘了输入 echo 命令,用户可以使用 vi 编辑器中的键,将光标移到命令行开始处。本例中,只需输入 $0,光标就到达字母 T 处。这时输入字母 i 可以返回到 vi 的文本编辑模式,等等。

说明: 1. 命令行 vi 编辑器是一种特殊的内置编辑器。
2. 可以用 j(向下)和 k(向上)键访问 history 文件中的命令。
3. 可以用 l(向右)和 h(向左)键在命令行左右移动光标。

注意: 记住,当用户输入命令时,vi 处于输入模式。在使用诸如 k、j 等 vi 命令键之前,一定要按下[Esc]键将 vi 切换到命令模式。

表 9.10 列出了 vi 内置编辑器常用的一些命令。

表 9.10　vi 内置编辑器的命令

键	功能
h 和 l	在命令行中左右移动光标，一次一个字符
k 和 j	在 history 文件列表中上下移动光标，一次一行
b 和 w	在命令行中左右移动光标，一次一个单词
$	将光标移到行尾
x	删除当前字符
dw	删除当前单词
I 和 i	插入文本
A 和 a	追加文本
R 和 r	替换文本

用户也可以调用真正的 vi 编辑器，使用它的所有命令和特性来编辑命令行。

```
$cp xyz xyz.bak.......................假设要修改这个命令行
[Esc]................................按下[Esc]键进入命令模式
v....................................按下 v 键调用真正的 vi 编辑器
```

现在，用户可以使用 vi 编辑器编辑一个只有一行的文件，即用户的当前行。此时可以用 vi 来编辑用户命令或添加新命令。用户退出 vi 时，Korn Shell 执行用户刚编辑的命令。

用户可以用 vi 编辑器的这种方式创建一个需执行多行的命令序列。

9.6.4　alias 命令

用户可以使用 alias 命令(别名命令)为经常使用的命令取一个更短或更容易记忆的名字。例如：

```
$alias del=rm [Return].............. del 设成了 rm 的别名
$del xyz.............................删除文件 xyz
```

说明：1. 现在可以输入 del 代替 rm 命令。
　　2. rm 命令本身没有改变，用户仍然可以使用它。
　　3. 别名的定义方法和变量的定义方法一样都用等号。

实例：将 ll(ell-ell，长列表)设置为 ls -al 的别名。设完后，用户可以输入 ll 获得当前目录的长格式列表。

```
$alias ll="ls -al"[Return]......现在 ll 是 ls -al 的别名
$_ .............................命令提示符
```

说明：1. 与 shell 一样，等号两侧不能有空格。
　　2. 如果被赋的值中有空格(如上例所示的命令和选项)，则必须用引号将该赋值括起。

实例：用无参数的 alias 命令显示系统中设置的别名：

```
$alias [Return]................显示别名列表
alias ll ls -al.................系统所有的别名被显示
$_ ............................命令提示符
```

实例：使用 unalias 命令取消别名：

```
$unalias ll [Return]...........取消别名 ll
$alias [Return]................查看一下目前系统中的所有别名
$_ ............................别名已被取消,只显示命令提示符
```

9.6.5 history 命令列表:history 命令

Korn Shell 和 Bourne Again shell 会保留 history 命令,它保留用户在会话中输入的所有命令。使用这一功能,用户可以列出以前输入的命令,查找已输入的一个特定的命令,或很容易地编辑和重执行以前的命令。

history 命令是对 history 命令列表进行处理的系统工具之一。输入 history 命令或有时仅仅输入 h(通常是 fc 命令的别名)就可使用该命令。如果 history 命令在用户系统(ksh 或 bash)中不可用,试试 fc 命令及其选项,或创建自己的 history 别名。fc 命令将在本章后面解释,并有一些例子用于说明怎样为 history 和 fc 命令创建别名。

实例：显示最近输入的几个命令,按以下步骤操作:

```
$history [Return]..........................发出命令
101 who am i
102 ls -l
103 pwd
104 vi myfirst
105 rm myfirst
106 history
$_ ........................................命令提示符
```

说明：1. 前面的例子显示了 6 行命令。ksh 和 bash 所保留的命令行的数目由 HISTSIZE 变量控制。

2. 表中最后一项是用户输入的最后一条命令,越早执行的命令越靠前显示。

在 ksh 系统中默认的 history 文件是 .sh_history,在 bash 中是 .bash.history,该文件是由系统在用户主目录中创建的。用户可以设置变量 HISTFILE 指定自己的历史文件。例如:

```
HISTFILE=$HOME/history/my_hist
```

重新创建 history 文件

命令的 history 记录从一个会话到另一个会话不停地增加并保存,最终命令的数目会非常大,这样导致很难使用 history 命令。如果想重新记录 history 文件,只需在用户主目录中删除 .sh_history 文件。下次登录时,系统将创建一个新的 .sh_history 或 .bash.history 文件,并从该会话发出的第 1 条命令开始记录新的 history 文件。

练习 history 命令

说明：可以从某一个指定的命令开始显示命令的 history 记录列表:

```
$history 104 [Return]..................从 104 号命令开始
  104  vi myfirst
  105  cat myfirst
```

```
    106  history
    107  history 104
$history vi [Return]....................从列表中第 1 次执行 vi 命令开始
    104  vi myfirst
    105  cat myfirst
    106  history
    107  history 104
    108  history vi
$_
```

实例：使用行编辑器编辑一个从 history 命令列表中取出的命令：

```
$set -o vi
$history [Return].....................命令列表
    104  vi myfirst
    105  cat myfirst
    106  history
    107  history 104
    108  history vi
    109  history
$_.................................回到命令提示符
[Esc]..............................按[ESC]键
j..................................按 j 键移向列表中的上一条命令
history vi
G..................................显示 history 文件中的最后一条命令
history
105G...............................显示 history 文件中的第 105 号命令
cat myfirst
[Return]...........................执行该命令
```

说明：用户的 history 文件可能与本例所显示的不同。用户的 history 文件不会保持不变，用户输入的每个命令将添加到已有的 history 文件中。后面的例子中没有指定 history 文件。

9.6.6 重复执行命令(ksh)：r(redo)命令

可以用 r(redo)命令来重做用户输入过的最后一条命令。例如，用户的最后一条命令是 rm myfirst，现在用户输入下列命令：

```
$r [Return]................................再执行最后一条命令
rm myfirst.................................最后一条命令被重新执行了
```

本例中，用户的最后一条命令被执行了。下列命令序列显示 r 命令的选项和特征。

实例：通过将指定的命令名作为 r 命令的参数，用户可以重复执行 history 文件中的该命令：

```
$r vi [Return]..................重复执行 history 文件列表中的 vi 命令
vi myfirst......................history 文件列表中的第一个 vi 命令被执行后的回显
```

实例: 可以通过指定 history 文件中的命令序号来重复执行该命令。

$**r 102 [Return]**................. 重复执行 history 文件中序号为 102 的命令
ls -l..........................指定的命令被执行

用户也可以通过指出想要在 history 文件中回溯的指令个数,来重复执行命令。

$**r -3 [Return]**...................... 回到 history 列表的倒数第 3 个指令
ls -l................................ 指定的命令被执行

9.6.7 history 命令列表:fc 命令

fc 的功能是列出、编辑和重复执行以前输入并保存在 history 命令列表文件中的命令。例如,下面的命令行列出 history 文件中从前的命令。

$**fc -l [Return]**.......................与 history 命令的功能相同

图 9.13 显示 fc 命令的输出。当然,用户的 history 命令列出的肯定与这不同。

```
$ fc -l
101 Who am I
102 ls -l
103 pwd
104 vi myfirst
105 cat myfirst
106 history
107 fc -l
$_
```

图 9.13 fc 命令的输出

说明: 1. 在用户 history 文件中,每条命令由序号指定,列表通常从序号 1 开始。
2. 当命令序号达到 HISTSIZE 变量所设定的值(默认为 128)时,shell 可能会循环使用序号,下一条命令从序号 1 开始编号。
3. 如果在 shell 运行时设置了 HISTFILE 变量,则所设置的文件用来存储命令历史记录。
4. 如果在 shell 运行时设置了 HISTSIZE 变量,该变量的值指明 history 命令文件中可容纳的命令数目。默认值是 128。

fc 的选项

fc 命令有很多选项,它们提供给用户编辑和重复执行以前命令的多种选择。表 9.11 列出了几个选项。请用 man 命令查看这些选项的详细信息。

表 9.11 fc 命令的选项

选项	功能
-l	显示命令列表,每条命令以命令序号开始
-n	用-l 显示命令列表时,去掉命令序号
-r	用反序显示命令列表
-s	不使用编辑器,重复执行命令

实例：下面的例子显示了 fc 命令选项的用法：

```
$fc -l [Return]..................  显示 history 命令列表
$fc -l -n [Return]...............  显示不带有命令号的 history 命令列表
$fc -l -r [Return]...............  逆向显示 history 命令列表
$fc -s [Return]..................  执行以前的命令
$fc -s 107 [Return]..............  从 history 文件中执行 107 号命令
$fc -s vi [Return]...............  执行 history 文件中第 1 次执行 vi 的命令
$fc -s c [Return]................  执行 history 文件中第 1 个以字母 c 开头的命令
```

为 fc 命令创建别名

下列命令行为 fc 命令创建别名。若用户系统中没有提供 history 命令，下面两个命令创建的别名与 history 命令的功能等价。

```
$alias r='fc -s'[Return]..............与 r 命令相同
$alias history='fc -l'[Return].........与 history 命令相同
```

用户可以选择别名，甚至可以与 history 命令的别名重复。例如：

```
$alias hr='fc -s'[Return]............与 history r 命令相同
$alias h='fc -l'[Return]..............与 history 命令相同
```

现在可以输入命令如下：

```
$h [Return]..........................与 fc -l 相同
$r 107 [Return]......................与 fc -s 107 相同
```

可以用 unalias 命令取消别名。

9.6.8 登录和启动

如同标准 shell(sh)一样，当用户登录时，Korn Shell(ksh)和 Bourne Again shell(bash)读取用户主目录中的 .profile 文件。它完成用户希望在登录时执行的命令，初始化用户在对话时用到的变量。.profile 文件典型地包含诸如 date、who 和 calendar 之类的命令，它们提供登录、终端设置和变量定义等用户希望传递给环境的信息。

除 .profile 文件(在用户主目录中)外，ksh 或 bash 也读取用户环境文件。可由 ksh 或 bash 查找的环境文件的文件名和位置没有预先定义。用户可以用 .profile 文件中的 ENV 变量定义环境文件的名字和位置。例如，如果用户 .profile 文件含有行

```
ENV=$HOME/mine/my_env
```

shell 将在用户主目录的子目录 mine 中查找 my_env 文件中的用户环境文件。将用户环境文件定义为 .kshrc 或 .bashrc(隐含文件)是个很好的习惯，尽管这不是必要的。

```
ENV=$HOME/.kshrc   或   ENV=$HOME/.bashrc
```

说明：1. 如果用户的登录 shell 是 ksh，则可以在用户主目录下 .profile 文件中定义所有 shell 变量和选项。

2. 如果用户的登录 shell 不是 ksh 或 bash，则应在由 ENV 变量定义的文件中定义所有专门的 shell 变量和选项。为了让系统读取用户自己的环境文件，用户必须在 .profile 文件中定义 ENV 变量。

图 9.14 显示(使用 cat 命令)了环境文件 .kshrc 的一个例子。.kshrc 文件中包含这样一些命令:设置 vi 风格命令行编辑器、打开 noclobber 和 ignoreeof 选项、将 history 文件大小设为 10、TMOUT 选项设为 600。用户可以用 vi 编辑器创建一个类似的文件。

```
$ cat .kshrc
   set -o vi
   set -o noclobber
   set -o ignoreeof
   HISTSIZE=10
   TMOUT=600
$_
```

图 9.14 环境文件 .kshrc 示例

9.6.9 在提示符中添加事件号

有时,知道 shell 赋予用户输入的每个命令的事件号是有用的。用户可以改变命令提示符,使之包含事件号。例如,输入:

```
PS1="! $"
```

感叹号(!)将通知系统从 history 文件中读取最后一条事件的序号,将它加 1,然后显示出来。当用户输入命令时,提示符不断显示事件号。

实例: 改变提示符以显示事件号。

```
$PS1="! $" [Return]..................... 改变命令提示符
6 $_ ................................... 新命令提示符出现
```

说明: 新提示符指明用户输入的下一条命令的事件号为 6。

```
$PS1="[!] $" [Return]................... 改变命令提示符
[6] $_ ................................. 新命令提示符出现
```

说明: 通过将提示符加到 .kshrc 文件,可使用户每次登录时都显示这种提示符。

9.6.10 格式化提示符变量(bash)

除了在提示符中显示的静态字符串外,bash 提供了一串已定义好的特殊字符,它们可用来设定提示符格式。这些特殊字符将一些信息,比如系统时间,放在提示符中。表 9.12 列出了一些特殊字符的代码。

表 9.12 设定提示符格式的特殊字符代码

字符	含义
\!	显示当前命令的序号
\$	除用户目录是根目录外,在提示符中显示 $。是根目录时,则显示 #
\d	显示当前日期
\s	显示正运行的 shell 名称
\t	显示当前时间

实例：下面的命令行用特殊字符来改变提示符的显示。

```
$PS1 ="[ \! ] $" [Return]....................... 显示命令序号
[72] $_
$ps1 ="[ \d ] $" [Return]...................... 在括号中显示现在的日期
[Thu Nov 2] $_
$ps1 =" \d $" [Return]........................ 显示现在的日期
Thu Nov 2 $_
$ps1 ="[ \! ][ \t] $" [Return].................. 显示命令号和现在的时间
[79] [20:33:41] $_
```

注意：不是命令语法的组成部分，也不是特殊代码。利用它可以使提示符看起来更舒服可读。

```
$ps1 =" \s $" [Return]......................... 显示 shell 名
bash $_
```

9.7　UNIX 进程管理

在第 3 章中，介绍了启动系统的进程。现在让我们进一步深入 UNIX 的内部进程，看一看它如何管理程序的运行。

本章读者已接触了进程这一概念，一个程序的执行称为进程。可以称之为程序；仅当程序装入内存执行时，UNIX 称之为进程。

为了时刻掌握系统中进程的信息，UNIX 为系统中的每个进程创建和维护着进程表。进程表包含的部分信息如下：

- 进程号
- 进程状态(就绪/等待)
- 进程等待的事件号
- 系统数据区地址

进程由系统例程 fork 创建。一个运行的进程调用 fork，响应中 UNIX 复制该进程，创建两份相同的进程。其中调用 fork 的进程称为父进程，由 fork 创建的进程称为子进程。UNIX 通过给父进程和子进程不同的进程 ID(PID)来区分它们。

管理进程包括如下步骤：

- 父进程调用 fork，从而启动该过程。
- 调用 fork 是一个系统调用。UNIX 获得控制权，并且在进程表的系统数据区记录调用进程的地址。该地址称为返回地址，有了返回地址，父进程重新获得控制权后就知道从哪里开始继续执行。
- fork 复制调用进程并将控制权交给父进程。
- 父进程收到子进程的 PID(一个正整数)，子进程收到返回码 0(返回码为负数表示出错)。
- 收到一个正的 PID 的父进程调用另一个系统例程 wait，并转入休眠。现在父进程等待子进程完成(用 UNIX 的术语说，就是等待子进程死亡)。

● 子进程获得控制权开始执行。它先检查返回码;因为返回码为 0,于是子进程调用另一个系统例程 exec。作为响应,exec 例程用一个新程序来覆盖子进程区。

● 新程序的第一条指令被执行。当新程序执行完所有指令后,它又调用另一个系统例程 exit,此时,子进程死亡。子进程死亡唤醒父进程,父进程接管控制权。

图 9.15 到图 9.18 描述了以上过程。现举一个例子来说明这一极易混淆的过程。假设 shell (sh 程序)正在运行,用户输入一条命令,设为 ls。我们来看看 UNIX 运行该命令的步骤。

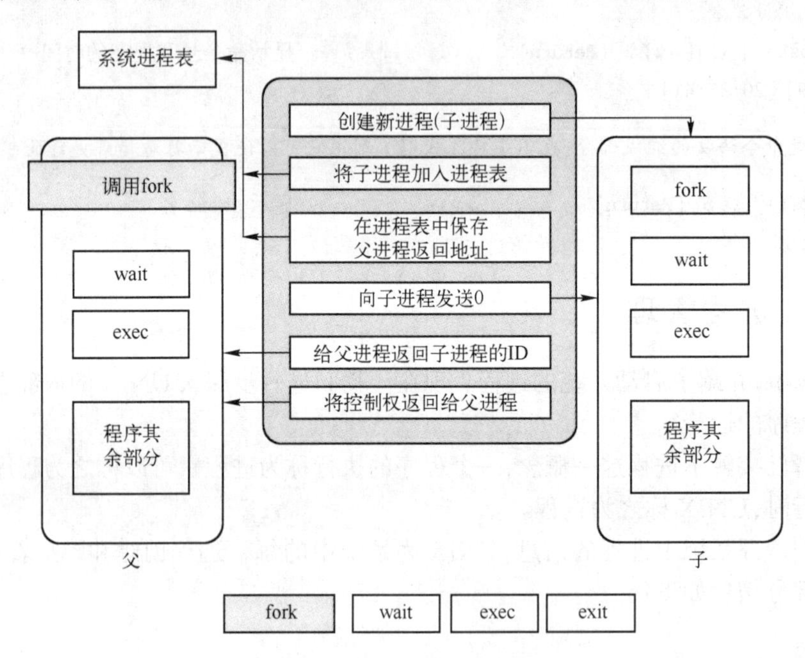

图 9.15 调用 fork 时发生的事件

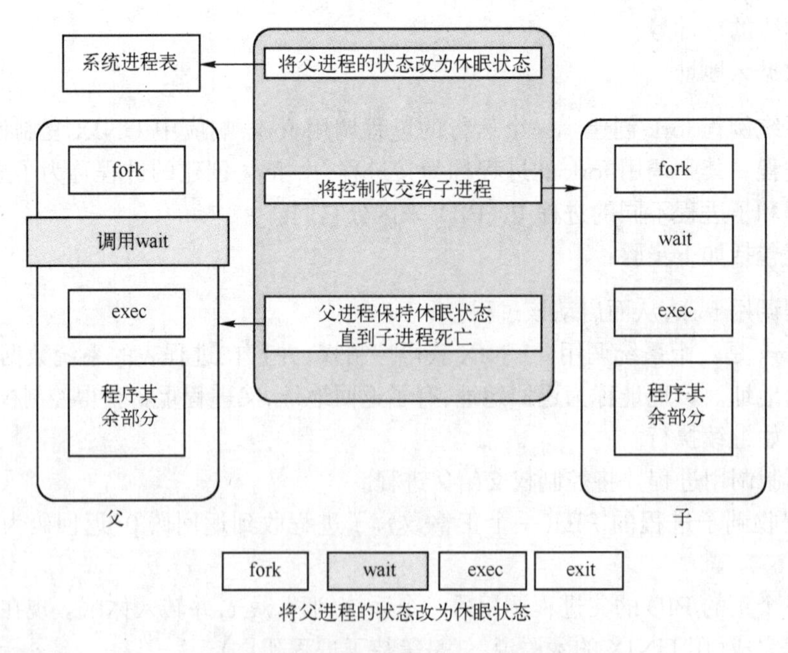

图 9.16 调用 wait 后发生的事件

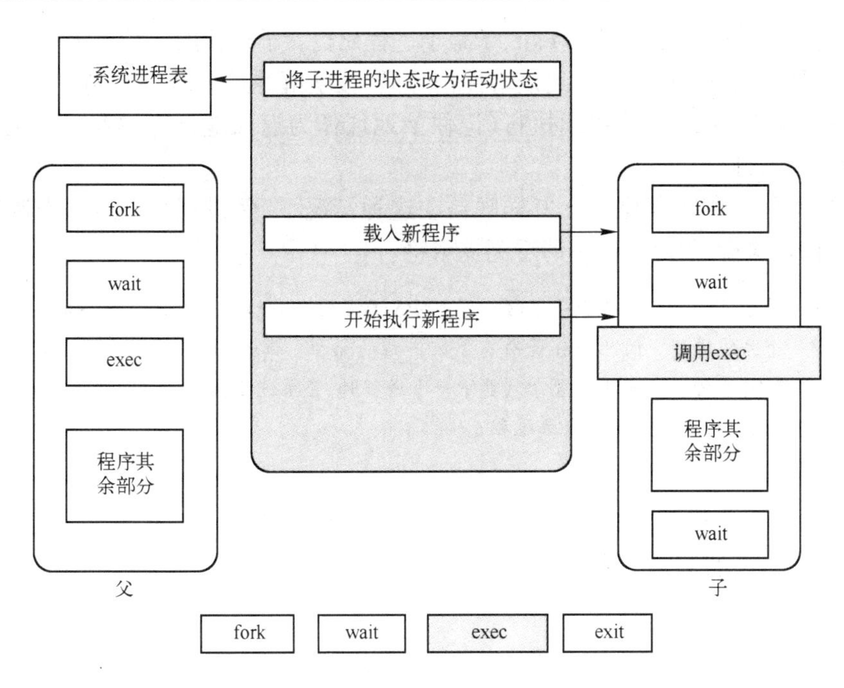

图 9.17　调用 exec 时发生的事件

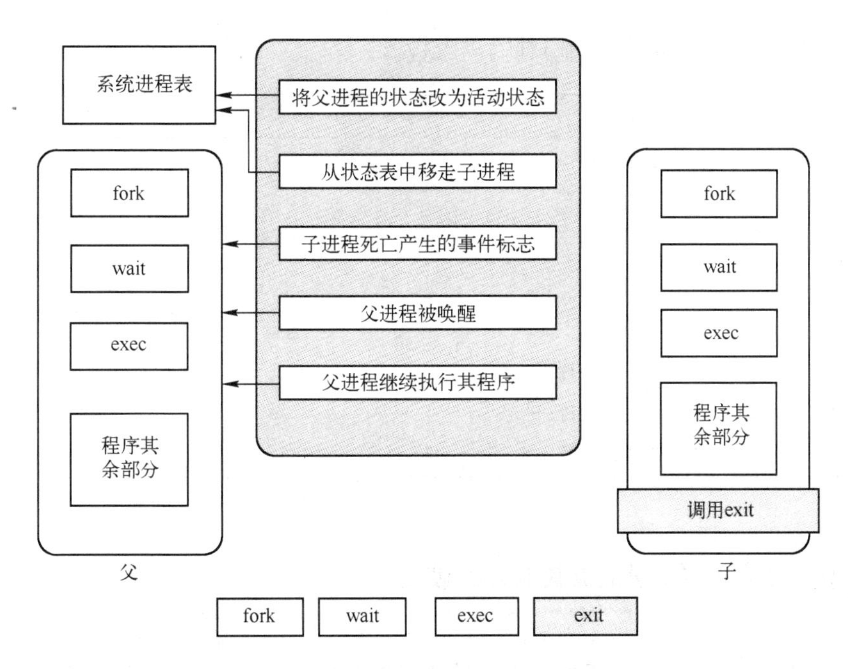

图 9.18　子进程调用 exit 时发生的事件

shell 是父进程，当 ls 被创建时，ls 变成子进程。父进程(shell)调用 fork。fork 例程复制父进程(shell)，如果子进程创建成功，则给子进程分配 PID，并将其添加到系统进程表。下一步，父进程收到子进程的 PID，子进程收到代码 0，系统控制权交回给父进程。shell 调用例程 wait 并转入等待(休眠)状态。同时，子进程获得控制权，它调用 exec 用一个新程序覆盖子进程区。本例中，新程序就是用户输入的命令 ls。现在 ls 开始命令的执行。它列出用户当前目录中的文件名,当 ls 完成处理过程后,调用 exit,于是子进程死亡。子进程的死亡产生一个事件信号,正在等待该事件的父进程(shell)收到该事件信号后,被唤醒并重新获得控制权。shell 程序从它转入休眠前的同一地址开始继续执行(记住该地址作为返回地址存储在进程表系统数据区),并且显示提示符。

如果子进程是一个后台程序会怎样呢？在这种情况下,父进程(shell)不会调用 wait 例程;它继续在前台执行,用户可以立即看到提示符。

说明: 什么创建了第一个父进程和子进程？当 UNIX 启动时,init 程序被激活。下一步,init 为每个终端创建一个系统进程。因此,init 是所有系统进程的始祖。例如,如果用户系统支持 64 个终端,则 init 创建 64 个进程。当用户登录到其中一个进程时,登录进程执行 shell。当用户退出(shell 进程死亡)时,init 创建一个新的登录进程。

命令小结

以下是本章讨论的 UNIX 命令。

alias

该命令创建命令的别名。

echo

该命令在输出设备上显示(回显)其输出参数。

转义字符	功能
\a	警报(响铃)
\b	回退
\c	禁止换行
\f	换页
\n	回车换行
\r	回车不换行
\t	水平制表符
\v	垂直制表符

export

该命令使一序列指定变量能被其他 shell 使用。

fc

该命令可以列出、编辑和重新执行以前输入的存储在 history 文件中的命令。

选项	功能
-l	显示命令列表,每条命令以命令序号开始
-n	用-l 显示命令列表时,去掉命令序号
-r	用反序显示命令列表
-s	不使用编辑器,重复执行命令

grep(Global Regular Expression Print)

该命令在文件中搜索指定的样式。如果找到指定样式,将包含该内容的行显示在终端上。

选项		功能
UNIX	Linux 对应的选项	
-c	--count	只显示每个文件中包含匹配样式的行数
-i	--ignore-case	搜索匹配时忽略大小写
-l	--files-with-matches	只显示具有匹配的行(一行或多行)的文件名,而不是显示匹配的行本身
-n	--line-number	每个输出行前显示行号
-v	--revert-match	仅显示不匹配的行
	--help	显示帮助页并退出
	--version	显示版本信息并退出

history

该命令是 Korn Shell 和 Bourne Again shell 的特征,其功能是保存用户在会话中所输入的命令列表。

kill

该命令结束一个不需要或失控的进程。用户需指定进程 ID 号。进程的 ID 号为 0 表示结束所有与终端相关的进程。

nohup

该命令使用户退出系统时不终止后台程序。

ps(process status,进程状态)

该命令显示所有与终端相关的进程 ID。

选项	功能
-a	显示所有活动进程的状态,而不仅仅是用户进程
-f	显示信息的完整列表,包括完整的命令行

r(redo,重复执行)

该命令是一个 Korn Shell 命令,它重复执行最后一条命令或 history 文件中的命令。

set

该命令在输出设备上显示环境/shell 变量。命令 unset 则取消不需要的变量。

sleep

该命令使进程休眠(等待)指定的时间,以秒计。

sort

该指令用不同的规则将文本文件中的内容排序。

选项	功能
-b	忽略前面的空格
-d	用字典顺序排序,忽略标点符号和控制字符
-f	忽略大小写的区别
-n	数字以数值排序
-o	将输出存储在指定文件中
-r	倒序排列,即从升序变为降序

tee

该命令分离输出。一份输出显示在输出终端上,另一份保存在文件中。

选项	功能
-a	将输出追加到文件中,不覆盖原来的内容
-i	忽略中断信号;不对中断信号做出响应

习题

1. shell 的主要功能是什么?
2. 你系统的 shell 名称是什么?它存放在哪里?
3. 什么是元字符?shell 是如何解释它们的?
4. 什么是引号?
5. 什么是 shell 变量?
6. 显示环境/shell 变量的命令是什么?
7. 删除变量的命令是什么?
8. 说出部分环境/shell 变量。
9. 什么是变量?它们的功能是什么?
10. 怎样运行一个后台程序?
11. 怎样终止一个后台进程?
12. 什么是进程 ID 号,怎样知道一个特殊进程的 ID 号?
13. 什么是管道符?它有什么功能?
14. 用户退出系统后,怎样才能使后台程序不被终止?
15. 在文件中查找指定样式的命令是什么?
16. 怎样延迟进程的执行?
17. 将命令编组的操作符是什么?
18. 什么是启动文件?
19. 什么是 .profile 文件?什么是 profile 文件?
20. 在 UNIX 进程管理中,父进程和子进程分别是什么?
21. 什么是进程?
22. 激活命令行编辑器的命令是什么?

23. 设置 history 文件大小的变量是什么?
24. 怎样使 history 文件从事件 1 开始启动?
25. Korn Shell 在启动时读取的文件是什么?
26. 重复执行最后一条命令的指令是什么?
27. 重新执行 history 文件中的第 105 号事件的命令是什么?
28. 给命令设置别名的命令是什么?
29. 将一系列变量传递给其他 shell 的命令是什么?
30. 什么命令给别名列表?
31. 显示用户目录中的文件并将其保存到另一个文件的命令是什么?
32. 什么命令可以获取 alias 命令的详细描述?
33. 设置 shell 选项 noclobber 的作用是什么?
34. 设置 shell 选项 ignoreeof 的作用是什么?

上机练习

实例: 在这次上机练习中,读者将实际练习本章中介绍的命令。下面的练习只是有关怎样使用这些命令的一些建议。使用自己的实例,设计不同情景来掌握这些命令的使用方法。

1. 用 echo 命令产生下列输出:
   a. Hello There
   b. Hello
      There
   c. "Hello There"
   d. These are some of the metacharacters:
      ? * [ ] & ( ) ; > <
   e. Filename: file? Option: all
2. 用 echo 命令和其他命令产生以下输出:
   a. 显示当前目录的内容,并在目录列表前显示当前日期及时间。
   b. 延迟 2 分钟,之后显示"I woke up"。
3. 改变用户基本提示符。
4. 创建一个名为 name 的变量,将自己的姓名存入该变量。
5. 显示变量 name 的内容。
6. 查看用户主目录中是否有 .profile 文件。
7. 创建或修改 .profile 文件以便每次登录时产生以下输出:

```
Hello there
I am at your service David Brown
Current Date and Time: [The current date and time]
Next Command:
```

8. 创建一个后台进程。查看它的 ID,然后终止它。
9. 创建一个后台进程,使用 nohup,以便在退出时不终止该进程。
10. 创建一个电话列表,假定收集你班上 10 位同学的姓名和电话号码。使用 sort 命令对这个列表按下列方式排序:按名、按姓、按电话号码及反序等。

11. 使用grep命令及其选项在你的电话列表中查找一个名字。
12. 使用kill命令退出系统。
13. 如果你的shell是Korn Shell(ksh或bash),设置下列变量,练习使用ksh命令:
    a. 设置history文件的大小为50。
    b. 激活命令行编辑器。
    c. 使用内置vi编辑器命令访问你的history文件中的命令。
    d. 使用内置vi编辑器命令编辑/修改命令行。
    e. 重复执行最后一条命令。
    f. 显示用户以前的命令列表。
    g. 重复执行history文件中的第1条命令。
    h. 启动新的history文件。
    i. 为带确认选项的删除命令(rm-i)建立别名。
    j. 创建.kshrc文件,使之含有ksh变量和别名的设置。
14. 修改提示符使之显示命令序号。
15. 修改提示符使之显示shell名。
16. 为ls -l创建别名ls。
17. 为rm -i创建别名rm。
18. 设置在线编辑器的shell选项,查看它是否有效。
19. 设置shell的noclobber选项,查看它是否有效。
20. 设置shell的ignoreeof选项,查看它是否有效。

第 10 章　UNIX 通信

本章着重介绍 UNIX 的通信工具；讲述了与系统中其他用户通信、读取系统中的新闻以及给所有用户广播消息的命令；解释了 UNIX 电子邮件(E-mail)的功能并介绍了其可用的命令和选项。本章还描述了 shell 和其他变量如何影响 E-mail 的环境，并告诉用户怎样制作一个启动程序来客户化 E-mail 工具集。

10.1　通信方式

UNIX 提供了一组与其他用户通信的命令和工具。用户可以通过邮件系统收发邮件，与另一个用户进行简单通信，或者可以向系统上的每一个用户广播消息。

与系统上其他用户通信时请务必遵守以下一些基本准则：

- 讲礼貌，不要有亵渎的语言。
- 发送前认真考虑，不要发送后再后悔。
- 对所有发出的邮件做备份。

10.1.1　全双工通信：write 命令

用户可以使用 write 命令与另一个用户通信。这种通信是交互的，从一个终端到另一个终端，所以接收终端也必须是一个已登录的用户。用户发送的消息在接收用户的显示器上显示。这时接收用户可以用 write 命令从他(或她)的终端上发送一个回复信息。使用 write 命令，两个用户可以有效地通过终端进行交谈。

让我们通过一个例子，一步一步地看看 write 是如何工作的。假设用户的 ID 是 david，他想与 Daniel 通信，Daniel 的用户 ID 是 daniel。

实例： 输入 write daniel 并按[Return]键。

如果 Daniel 没有登录到系统，屏幕将显示如下消息：

```
daniel not logged on.
```

如果 Daniel 已登录到系统，他将在屏幕上看到一条类似下面的消息：

```
Message from david on (tty06) [Thu Nov 9:30:30]
```

在 David 的屏幕上，光标处于下一行，系统正等待 David 输入消息。David 的消息可能有多行，每行消息在 David 按下回车键后发送给 Daniel。David 可以在空行的开始处按下[Ctrl-d]键表示消息结束。这样就结束了 write 命令，并发送一个传送结束(EOT，end of transmission)的消息给 Daniel。

图 10.1 的两个屏幕显示了一个典型的对话。上面的屏幕是 David 的终端，下面的屏幕是 Daniel 的终端。

```
$write daniel [Return]
Hello Dan [Return]
Is today's meeting still on? [Return]
[Ctrl-d]
<EOT>
$

Message from david on (tty06) [Thu Nov 9:30:30]...
Hello Dan
Is today's meeting still on?
<EOT>
$
```

图10.1 典型的对话:上面的屏幕是David的终端,下面的屏幕是Daniel的终端

说明: 要使用write命令,你必须知道与之通信的对方的用户ID。可以使用who命令(参见第3章)来获得已登录系统的用户ID。

Daniel可以用write命令从他自己的终端进行回复,但是不必等到David发完消息。当Daniel看到David发送的最初消息后,若他输入write david并按[Return]键,就可在David给他发送消息时给David回复。

由于write可以同时在两个终端上使用,Daniel和David可以进行全双工对话。有时这种全双工的对话容易混淆,因此有必要建立write的使用协议。UNIX用户之间共同的协议是以字符o(over)结束消息行,这样通知接收方消息发送结束,发送方(很可能)正等待回复。若要结束对话,输入oo(over and out)。

如果一用户收到另一个用户发送的write消息,无论该用户在做什么,消息都会在屏幕上显示。如果该用户正在使用vi编辑器进行编辑工作,消息会显示在光标所在处。但别紧张,这是终端到终端的对话,write所写的消息不会影响正编辑的文件。它仅仅覆盖屏幕上的信息,你尽管做自己的事情好了。

无论如何,正专注于某件事情时收到消息总是不太方便,更别说消息干扰屏幕了。你可以禁止终端接收来自write的消息。

10.1.2 禁止消息:mesg命令

用户可以使用mesg命令作为开关,禁止终端接收来自write的消息,或者重新打开接收功能。无参的mesg命令显示当前的终端是否接收write消息的状态。

实例: 下列命令序列可保护用户不受打扰。

```
$mesg [Return]............................ 检查终端状态
is y...................................... 设置为YES,接收消息
$mesg n [Return].......................... 设置为NO,停止接收消息
$mesg [Return]............................ 再次检查
is n...................................... 现设置为NO
$_ ....................................... 命令提示符
```

要练习通信命令,通常需要另一个用户参与。但是,大多数命令可以独自练习。用户可以

用自己的用户名发送和接收消息。

10.1.3　显示新闻:news 命令

用户可以使用 news 命令查看系统中正在发生什么。news 从新闻文件所在的系统目录(通常在/usr/news 目录下)获取信息。不带任何选项的 news 命令显示 news 目录下用户没有看过的所有文件。news 命令参照并更新用户主目录下的名为 .news_time 文件,该文件是在用户第 1 次使用 news 命令时在用户主目录下创建的,该文件保持为空文件。news 命令用该文件的访问时间来确定用户上次发出 news 命令的时间。

说明: 1. 按下中断键(通常是[Del])停止显示一条新闻并继续显示下一条新闻。
2. 连按两次中断键退出(终止)news 命令。

实例: 输入 news 命令并按[Return]键查看最近期的新闻。图 10.2 显示了一些新闻样例。

```
$news [Return]
david (root) Mon Nov      28     14:14:14 2005
   Let's congratulate david; he got his B.S. degree.
   Friday night party on second floor. Be there!

books (root) Mon Nov      28     14:14:14 2005
   Our technical library is growing.
   New set of UNIX books is now available.
$_
```

图 10.2　news 命令

每条新闻都有一个头,包含文件名、文件创建者和文件放入 news 目录的时间。

news 的选项

表 10.1 总结了 news 的选项。这些选项不会更新用户的 .news_time 文件。

表 10.1　news 命令的选项

选项	功能
-a	显示所有新闻,包含旧文件和新文件
-n	列出新闻项的文件头
-s	显示当前新闻的条数

实例: 下面的命令序列说明 news 命令的选项是如何工作的。

- ☐ 用-n 选项列出当前新闻:输入 news -n 并按[Return]键。UNIX 仅显示包含新闻项的文件头。文件头包括文件名、文件创建者和文件创建的时间。图 10.3 显示了命令的输出。
- ☐ 为了显示特定的新闻项,输入 news david 并按[Return]键。例如,图 10.4 显示了新闻样例的输出。

```
$ news -n [Return]
    david (root) Mon Nov 28 14:14:14 2005
    books (root) Mon Nov 28 14:14:14 2005
$_
```

图 10.3　带-n 选项的 news 命令

```
$ news david [Return]
david (root) Mon Nov      28  14:14:14 2005
   Let's congratulate david; he got his B.S. degree.
   Friday night party on second floor. Be there!
$_
```

图 10.4 指定新闻项的 news 命令

说明: 新闻名是它在 news 目录中的文件名。

10.1.4 广播消息:wall 命令

用户可以使用 wall(write all)命令给当前的所有登录用户发送消息。wall 命令从键盘(标准输入设备)读入消息,直到用户在一个空行的开头按下[Ctrl-d]键表示消息结束。wall 的可执行文件通常放在/etc 目录下,而且它没有在 PATH 的标准变量中定义,这意味着用户必须输入它的完整路径名才能调用它。

wall 命令通常供系统管理员使用,用于向用户通知一些紧急事件。用户可能没有权限使用该命令。

实例: 假定用户的登录名是 david(且有使用 wall 的权限),给所有用户发一条消息。

- ☐ 输入/etc/wall 并按[Return]键。
- ☐ 输入 Alert... 并按[Return]键。
- ☐ 输入 Lab will be closed in 5 minutes. Time to log out. 并按[Return]键。
- ☐ 按[Ctrl-d]键。系统响应如图 10.5 所示。

```
$ /etc/wall [Return]
   Alert... [Return]
   Lab will be closed in 5 minutes. Time to log out. [Return]
[Ctrl-d]
$_

Broadcast message from david
   Alert...
   Lab will be closed in 5 minutes. Time to log out.
```

图 10.5 调用 wall 命令

说明: 1. 广播的消息也将发送给发送者本人,因此用户可以看到自己发出的广播消息。
2. 用户使用 wall 命令发出的广播消息不会被那些将 mesg 状态设为 n 的登录用户接收。
3. 系统管理员可以不受权限限制。
4. 广播消息中带有用户 ID,所以用户不能发送匿名消息。

10.1.5 全双工通信:talk 命令

用户可以用 talk 命令与另一个登录用户通信。该命令与 write 类似。进入 talk 后,用户的显示屏分为上下两部分,上面部分显示自己的输入内容,下面部分显示对方输入的内容。例如,若用户输入 talk daniel 并按[Return]键,用户的屏幕就分成两个部分,屏幕上显示如下的信息:

```
[waiting for your party to respond]
```

Daniel 的屏幕上显示如下信息：

```
Message from Talk_daemon@xyz at 111:22..
talk:Connection requested by david@xyz
talk:Respond with: talk david@xyz
```

于是 Daniel 输入：

talk david@xyz

现在 Daniel 的屏幕分成两个部分，对话开始。

通信中的任意一方按下[Ctrl-c]键都可以结束对话，而且双方的终端都会显示如下信息：

```
[Connection closing. Exiting]
```

如果 Daniel 用了 mesg 命令阻隔消息，David 的终端上将会显示下列信息：

```
[Your party is refusing messages]
```

如果 Daniel 根本就没有登录，David 的终端上将会显示下列信息：

```
[Your party is not logged on]
```

再次假定用户是 David，他想和 Daniel 通信，图 10.6 显示了他们的对话。

```
[Connection established]                                    David 的屏幕
Hi Dan!
Is today's meeting still on?
----------------------------------------------------------------------
Hi Dave
Yes. Be there!
Bye.

[Connection established]                                    Daniel 的屏幕
Hi Dave!
Yes. Be there!
Bye.
----------------------------------------------------------------------
Hi Dan!
Is today's meeting still on?
```

图 10.6　对话屏幕：上部是 David 的屏幕，下部是 Daniel 的屏幕

10.2　电子邮件

电子邮件(E-mail)是现代办公环境中不可缺少的一部分。E-mail 使得用户能够与其他用户相互收发消息、短信和其他资料。用 E-mail 发送邮件和用 write 命令的最大区别是：write 命令发来的消息只有当用户登录到系统时才可看到；而使用 E-mail，用户邮件可以自动保存直到用户用命令来读取。E-mail 服务比传统的邮件服务更快、更方便，并且它不会像电话服务一样打断对方的工作。

在 UNIX 下，mail 和 mailx 命令都可用来收发 E-mail。mailx 工具基于 Berkeley UNIX mail，它与 mail 相比有更强的功能，使用户能对其邮件进行简单有效的操作(浏览、存储、删除，

等等)。在本书中我们将讨论 mailx 命令。该命令有大量的特性和选项,其中一些的使用需要有丰富的 UNIX 操作经验。本章将详细讲解 mailx,使用户能熟练地使用它,并使用户有兴趣查找更多与之相关的信息。

说明: 用户从哪里获得更多的信息?使用 man 命令怎么样?(如果忘记了,可参看第 3 章关于 man 命令的讨论。)

使用 mailx 命令可以发送邮件给其他用户,或者读取收到的邮件。mailx 操作涉及很多文件,其显示方式和功能取决于文件中设置的环境变量,而且它需要文件来存储邮件。

10.2.1 使用邮箱

UNIX 邮件系统中有两种邮箱:系统邮箱和私人邮箱。

系统邮箱

系统中的每个用户都有一个邮箱,它是一个与用户登录名(用户 ID)同名的文件。该文件一般存放在/usr/mail 目录中。发送给用户的邮件存放在该文件中,当用户读取消息时,mailx 就从用户的邮箱中读出消息。假定用户登录名是 david,那么 david 的邮箱的完整路径可能是/usr/mail/students/david。

系统邮箱的路径可以用 set 命令(参见第 9 章)查到。变量 MAIL 设置接收邮件的文件名。

私人邮箱:mbox 文件

用户读取邮件后,mailx 在一个名为 mbox 的文件中自动添加一个邮件副本,mbox 文件在用户主目录下。如果 mbox 文件不存在,则用户第 1 次读取邮件时,mailx 在用户的主目录中创建这个文件。只要 $HOME/mbox 没有删除用户读过的所有邮件或将其保存到其他地方,则它们都包含在该文件中。文件名由变量 MBOX 决定,默认是 HOME/mbox。例如,下列命令改变默认设置,将私人邮箱设到 Email 目录下。

```
MBOX = $HOME/EMAIL/mbox
```

注意: 明确保存消息或使用 x(exit)命令结束 mailx,将会使消息自动保存功能失效。

定制 mailx 环境

用户可以在两个启动文件中设置合适的变量来定制自己的 mailx 环境。这两个启动文件是:系统目录中的 mail.rc 文件和用户主目录中的.mailrc 文件。

调用 mailx 时,该命令首先检查 mail.rc 启动文件,该文件的完整路径类似如下形式:

```
/usr/share/lib/mailx/mail.rc
```

该文件通常由系统管理员创建和维护。该文件中的变量设置对系统所有用户适用。

mailx 要找的第 2 个文件是用户主目录中的.mailrc。用户可以设置.mailrc 文件中的变量来修改系统管理员在 mail.rc 文件中所设置的 mailx 环境。.mailrc 文件不是必要的,只要用户对系统管理员的设置满意,没有它 mailx 也可以工作得很好。定制 mailx 环境的方法将在 10.5 节详细讨论。

10.2.2 发送邮件

为了给另一个用户发送邮件,必须知道该用户的登录名。例如,要给登录名为 daniel 的用户发送邮件，应输入 mailx daniel，并按[Return]键。

默认情况下，mailx 的输入(用户消息)来自键盘输入(标准输入)。根据系统环境变量的设置，mailx 可能会显示 Subject:提示符。如果是这样，用户需要输入消息的主题，然后 mailx 切换到输入模式等待用户输入消息的其余部分。在一行的行首按[Ctrl-d]键可表示消息的结束，此时 mailx 显示<EOT> (end of transmission)，消息传送结束。

在输入模式下，mailx 提供了大量的命令供用户方便而有效地组织消息。所有输入模式命令以~开头，称为~转义命令(本章后面介绍~转义命令)。

实例：按下列方式，发送消息给 Daniel(登录名为 daniel)。

```
$ mailx daniel [Return]........................ 向 daniel 发消息
Subject: meeting [Return]...................... 输入主题
Hi, Dan [Return]
Let me know if tomorrow's meeting is still on. [Return]
Dave [Return]
[Ctrl-d]....................................... 结束消息
EOT............................................ mailx 显示传输结束
$_ ............................................ 命令提示符
```

说明：1. 主题域是可选项。可按[Return]键跳过 Subject:提示符。

2. 在空行的行首按[Ctrl-d]键结束消息。

3. 邮件都可以发送到其他用户的邮箱，而不论该用户当前是否已登录。

4. 只要接收者登录，系统就会提示他有邮件，在终端显示器上会显示如下消息：

You have mail

10.2.3 读取邮件

为了读取邮件，输入无参的 mailx 命令。如果邮箱中有邮件，mailx 先显示两行信息，接着显示邮箱中消息头的列表，最后是 mailx 提示符，其默认值是一个问号。此时，mailx 处于命令模式，用户可以用命令删除、保存和回复消息。在?提示符下按 q 键可结束 mailx 命令。

邮箱中每个邮件项的头列表由一行组成，格式如下：

```
> status message# sender date lines/characters subject
```

头行中的每个域表达邮件的一些消息：

- >符号表示消息是当前消息。
- status 是 N 表示消息是新的，意思是用户还没有读过该邮件。
- status 是 U(unread)表示消息不是新的。意思是用户看过消息头，但还没有看邮件内容。
- message# 指明邮箱中邮件的序列号。
- sender 是发送者的登录名。
- date 是邮件到达邮箱的时间和日期。
- line/characters 显示邮件的行数和字符数。

实例：假设用户是 Daniel，刚登录到系统，并想读取自己的邮件。

☐ 系统提示有邮件：

You have mail

☐ 输入 mailx 并按[Return]键读取邮件,UNIX 显示:

```
mailx version 4.0 Type ? for help.
"/usr/students/mail/daniel": 1 message 1 new
> N 1 david....Thu Nov 28 14:14 8:126 meeting
```

说明: 1. 第 1 行显示了 mailx 的版本号,并提示用户输入? 可以获得帮助信息。

2. 第 2 行显示了用户的系统邮箱/usr/mail/daniel,接着显示消息的条数和状态。本例中,有一条消息,N 表示是第 1 次读取。

?提示符表明 mailx 处于命令模式。输入邮件在邮箱中的顺序号可用于阅读指定的邮件内容,也可以输入[Return]键从当前邮件(在头部以>符号指示)开始读,并在?提示符后继续按[Return]键可顺序读下面的邮件。

```
?........................................ mailx 处于命令模式
? 1 [Return]............................. 显示消息 1,邮箱中仅有的邮件
Message 1 :
From : david Mon, 28 Nov 01 14:14 EDT 2005
To : daniel
Subject : meeting
Status : R
Hi , Dan
Let me know if tomorrow's meeting is still on.
Dave
?........................................ 准备接收下一条命令
? q [Return]............................. 退出 mailx
Saved 1 message in /usr/students/david/mbox
$_ ...................................... 回到 shell
```

说明: 当按 q 键退出 mailx 时,系统会将用户读过的邮件复制一份,保存到用户主目录下的私人邮箱 mbox 中(此时系统邮箱就空了)。

实例: 假设用户想再次读取邮件。输入 mailx 并按[Return]键。UNIX 显示如下:

```
No mail for Daniel
```

实例: 查看 mbox 邮箱中的内容。

```
$cat mbox [Return].................. 查看 mbox 中的内容
From : david Mon, 28 Nov 01 14:14 EDT 2005
To : daniel
Subject : meeting
Status : R
Hi , Dan
Let me know if tomorrow's meeting is still on.
Dave
```

正如用户所期待的,mbox 中包含用户邮件的备份。

10.2.4　退出 mailx:q 和 x 命令

在？提示符下输入 q(quit)或 x(exit)命令可以退出 mailx。虽然这两个命令功能相同，但它们的执行方式不同。

q 命令自动将用户读过的邮件从系统邮箱中移走。默认情况下，系统会复制一份文件保存到用户的私人邮箱中(文件名由环境变量 MAIL 决定)。

x 命令不会将用户读过的邮件从系统邮箱中移走。事实上，使用 x 命令后，什么都没有改变，即使已删除的消息也完好无损。

mailx 的选项： 表 10.2 总结了 mailx 的选项。当用户调用 mailx 接收和发送邮件时，这些选项就用在命令行。下列命令序列说明了 mailx 选项的用法。

表 10.2　mailx 选项

选项	功能
-f *filename*	从由 *filename* 指定的文件中而非系统邮箱中读取邮件。如果没有指定文件，则从 mbox 中读取邮件
-H	显示消息头列表
-s *subject*	设置主题域为 *subject*

```
$mailx -H [Return]........................ 仅仅显示消息头
N 1 daniel        Thu ESP 30 12 : 26 6/103   Room
N 2 susan         Thu Sep 30 12 : 30 6/107   Project
N 3 marie         Thu Sep 30 13 : 30 6/70    Welcome
$_ ........................................返回 shell
```

实例： 输入 mailx -f mymail 并按[Return]键，从指定的文件 mymail 而非系统邮箱中读取邮件。UNIX 显示如下：

```
/usr/students/daniel/mymail: No such file or directory
```

mailx 默认从系统邮箱读取邮件。若带-f 选项，它就从指定的文件中读，譬如从旧的邮箱文件中读。这里，指定了 mymail 文件，但消息显示 mymail 不在当前目录中。

若用户输入 mailx -f 并按[Return]键，不指定文件名，则 UNIX 默认为用户私人邮箱，因此屏幕显示如下：

```
mailx version 4.0 Type ? for help.
  "/usr/students/mail/daniel": 1 message 1 new
> N 1 david Thu Nov 28 14:14 17/32 meeting
```

实例： 以下使用-s 选项，将 subject 串作为命令行的一部分，给 Daniel(用户 ID 是 daniel)发送邮件：

```
$ mailx -s meeting daniel [Return]..... 给 daniel 发信，主题设置为 meeting
-....................................... 输入消息内容
[Ctrl-d]................................ 结束消息
EOT..................................... 显示传送结束
$_ ..................................... 回到 shell
```

当 Daniel 读取信息时，主题域显示 Subject:meeting。

说明： 如果主题串含有空格，需用引号括起。

10.3 mailx 输入模式

当 mailx 处于输入模式(编辑邮件)时,有很多命令可供使用。这些命令都以代字号(~)开始,使用户暂时离开输入模式并调用某些命令,这就是为什么它们称为~转义命令的原因。表 10.3 中总结了部分转义命令。

表 10.3 mailx 下的~转义命令

命令	功能
~?	显示~转义命令列表
~! *command*	在编辑邮件时,让用户调用指定的 shell 命令 *command*
~e	调用编辑器,所用的编辑器由邮件变量 EDITOR 定义,默认编辑器是 vi
~p	显示当前正编辑的消息
~q	退出输入模式,将用户未编辑完的消息保存到 dead.letter 文件
~r *filename*	读取由文件名 *filename* 指定的文件,将其内容添加到用户的消息中
~< *filename*	读取由文件名 *filename* 指定的文件(使用重定向操作符),将其内容添加到用户的消息中
~<! *command*	执行指定命令 *command*,将其输出结果添加到用户的消息中
~v	调用默认编辑器 vi,或使用邮件变量 VISUAL 指定其他的编辑器
~w *filename*	将当前正编辑的消息写到由文件名 *filename* 指定的文件中

表 10.3 中的一些转义命令很重要。如果用户想编辑一个多行的消息,使用 mailx 提供的编辑器很不方便,甚至不能胜任该任务。用户可以调用 vi 编辑器,使用 vi 简单而强大的功能编辑消息,编辑完成后,退出 vi 返回到 mailx 输入模式。然后用户可以使用其他命令或者发送该消息。

注意: 1. 只有当 mailx 处于输入模式时,~转义命令才能使用。
2. 所有的~转义命令必须在行首输入。

实例: 下列的命令序列显示当 mailx 处于输入模式时~转义命令的用法。假设用户登录名是 david,自己给自己发送邮件。

$mailx -s"Just a Test" david [Return]..... 给自己发送邮件

mailx 带-s 选项。引号不能少,因为主题字之间有空格。

```
$_ ........................................ mailx 处于输入模式
~!date [Return]............................ 调用 date 命令
Mon, Nov 28 16:16 EDT 2005
_ ......................................... mailx 等待输入
```

此处使用~!执行 date 命令。当然用户可以执行任何他希望执行的命令。命令的输出不会成为正在编辑的消息的一部分。

```
$~<!date [Return]........................ 使用 date 命令并将输出重定向插入到正在
                                          编辑的消息中
"date"1/29................................. 给出反馈信息
_ ......................................... 等待输入
```

反馈信息显示包含 29 个字符的一行(date 命令的输出)插入到编辑的消息中。

This is a test message to explore mailx. [Return]
$**~v [Return]**................................用 vi 编辑器编辑消息的剩余部分

此处,用户已经调用了 vi 编辑器,用户编辑的消息成为 vi 的输入文件。

```
Mon, Nov 28 16:16 EDT 2005
=
This is a test message to explore mailx capabilities.
~
~
~
"/tmp/Re26485" 2 lines, 69 characters
```

现在用户可以使用 vi 提供的所有强大和灵活的功能删除、修改或保存文本。用户可以执行命令或导入另外一个文件,然后继续编辑消息。

Mon, Nov 28 16:16 EDT 2005
This is a test message to explore mailx capabilities.
This message is composed using the vi editor.
:wq [Return]...........................退出 vi
3 lines, 115 characters..................给出 vi 的反馈信息
(continue)...............................反馈消息
_ ....回到 mailx 的输入模式
~w first.mail [Return]..................将邮件保存到 first.mail 文件中
"first. mail" 3/115......................得到反馈信息

反馈信息指出 first.mail 的大小:它有 3 行 115 个字符。

~w 命令用来保存当前正编辑的消息到指定的文件 first.mail 中。在实践中这是一个良好的习惯,这样用户就有发送出去的消息的备份。如果用户设置了 mailx 的记录变量,发送出去的邮件将自动保存。

~q [Return]............................退出 mailx 输入模式
$_ ....返回到 shell

用~q 命令可以退出 mailx 的输入模式,并将未编辑完的消息保存到用户主目录下的 dead.letter(或任何由 DEAD 变量指定的文件)中。

实例: 让我们重新开始来完成发送邮件的过程。情况如下:用户是 david,想给自己发邮件。消息有一个备份在(用户使用~w 保存的)first.mail 中,另一个备份在(用户使用~q 退出输入模式产生的)dead.letter 中。

用命令行的输入重定向符号(<)将 first.mail 发送给 david。

$ **mailx david <first.mail [Return]**.....发送邮件
$_ ....完成

<符号要求 shell 将指定的文件 first.mail 作为 mailx 命令的输入。

说明：可以指定多个输入文件。

默认情况下，Bourne Shell 每隔 10 分钟检查一次是否有新邮件，因此用户需要等待片刻才能读到刚才发送给自己的邮件。当邮箱中有新邮件时，UNIX 在下一个提示符出现前显示提示消息：You have mail。

说明：用～转义命令发送 first.mail 给 david，操作如下：

```
$ mailx david [Return]................. 给自己发送邮件
Subject:............................... 等待你输入消息
~<first.mail [Return].................. 读文件 first.mail 的内容
"first.mail"3/115...................... 得到反馈信息
[Ctrl-d]............................... 发送
EOT.................................... mailx 显示 EOT
$_ .................................... 回到 shell
```

说明：～<表示从指定文件读，这里指定文件是 first.mail，然后将读到的内容插入正编辑的消息中。用户也可以使用～r 命令得到同样效果。

实例：将 mailx 存放在 dead.letter 文件中的未编辑完的消息取出，完成编辑，并将它发送给 david：

```
$ mailx david [Return]..................... 给自己发送邮件
Subject:................................... 等待输入主题
~r dead.letter [Return].................... 从 dead.letter 文件读
~v [Return]................................ 调用 vi 编辑器
Mon, 28 Nov 01 16:16 EDT 2005
    This is a test message to explore mailx capabilities.
    This message is composed using the vi editor.
    ~
    ~
    "/tmp/Re265"3 lines and 115 characters..... vi 编辑器反馈消息
```

假定用户想增加几行消息：

```
Mon, 28 Nov 01 16:16 EDT 2005...................... 完成消息
This is a test message to explore mailx capabilities.
This message is composed using the vi editor.
This is the first time I am using e-mail. Maybe I should save
this text, get a copy of it , and frame it!
~
~
:wq [Return]....................................... 保存并退出
(continue)......................................... 得到反馈消息
```

此时用户消息并未显示，但用户在消息发送之前，可以用～p 命令并按[Return]键查看自己已编辑的邮件内容；UNIX 一次一页显示整个消息。

```
~p [Return]........................................ 显示邮件
```

```
Mon, 28 Nov 01 16:16 EDT 2005
This is a test message to explore mailx capabilities.
This message is composed using the vi editor.
This is the first time I am using e-mail. Maybe I should
save this text, get a copy of it , and frame it!
[Ctrl-d]..........................................指明消息结束
EOT...............................................传送结束
$_ ...............................................返回 shell
```

10.3.1 发送已有的文件

其实你可以根本不用 mailx 的编辑器编辑消息。也许你已经写好了短信准备发给另一个用户。此时,可以用 shell 的输入重定向操作将 mailx 的输入从默认输入设备(键盘)重定向到一个已存在的文件。

实例: 发送一个文件 memo 给 Daniel,他的用户 ID 是 daniel。

```
$ mailx daniel <memo [Return]...............给 daniel 发送文件 memo
$_ .........................................返回到 shell
```

假设你的消息在 memo 文件中,你想将消息发送给用户 ID daniel 为用户,这一命令将完成此项工作。

10.3.2 给一群用户发送邮件

如果想将 memo 文件发送给 Daniel 和其他几个用户该怎么办呢? 输入 mailx 命令将相同的消息发送给 10 个不同的用户是很不方便的。这时,可以指定接收邮件的用户 ID 列表,然后使用 mailx 将邮件发送给他们中的所有人。

实例: 将 memo 发送给用户 ID 为 daniel,susan,emma 的用户,输入:

```
mailx daniel susan emma < memo [Return]
```

说明: 用户 ID 以空格分开。

如果经常发送邮件给指定的群体,可以定义一个用户列表,以后每次使用定义名而不用每次输入整个用户 ID 列表,这样可节省很多输入工作时间。用户可以使用 alias 命令完成这项工作,格式如下:

```
alias [name] [userID01] [userID02] [userID03] [userID04] [userID05] [userID06]
```

这里,name 是给列表中的所有用户发送邮件时输入的名字。

例如,若输入:

```
alias friends daniel david gabe emma [Return]
```

UNIX 将这一组用户 ID 列表命名为 friends。现在,不用输入所有的用户 ID,只需输入 friends。如果将 alias 命令写入 .mailrc 文件中,它们将成为 mailx 环境的一部分,这样就不必在每次使用 mailx 时都要将它们再定义一次。

实例: 如果朋友们的用户 ID 已设成 friends,输入 mailx friends<memo,然后按[Return]键就可将 memo 发送给朋友们。

10.4 mailx 的命令模式

当用户读取邮件时,mailx 处于命令模式,此时问号提示符表示等待用户输入命令。mailx 处于命令模式时,有很多命令可供用户使用,用户可复制、保存和删除邮件。用户不用离开命令模式就可以对消息发送者进行应答,或者给指定用户发送邮件。表 10.4 总结了这些命令中的一部分。

表 10.4 命令模式下可用的 mailx 命令

命令	功能
!	让用户执行 shell 命令(shell 转义)
cd *directory*	切换到指定的目录 *directory*,如果没有指定目录,则切换到主目录
d	删除指定消息
f	显示消息头行
q	退出 mailx,并将消息从系统邮箱移去
h	显示当前消息头
m *users*	给指定用户 *users* 发送邮件
R *messages*	给消息 *messages* 发送者回复消息
r *messages*	给消息 *messages* 发送者和同一消息的其他所有接收者回复消息
s *filename*	保存(添加)消息到 *filename* 文件
t *messages*	显示(输出)指定消息 *messages*
u *messages*	恢复已删除的指定消息 *messages*
x	退出 mailx,不将消息从系统邮箱中移去

情景: 下一节中的命令序列显示 mailx 如何读取你的邮件,以及在命令模式中可使用哪些命令和选项。假设用户 ID 是 david,其系统邮箱中有 3 条消息,用户打算读取、显示和删除邮件。mailx 命令提供给用户使用不同方式操作邮件的能力。目前唯一的问题是选择合适的命令来完成这些工作。

10.4.1 阅读/显示邮件的方法

mailx 命令可以让用户按几种不同的方式阅读和显示邮件:可用按每次一个邮件、指定范围内的消息或者指定单条消息的方式来阅读和显示。通常,无论用户打算怎样读取邮件,总是希望显示邮件列表,这可以通过 mailx 简单地实现。在?提示符后按[Return]键可显示当前消息。

实例: 阅读/显示邮件:

```
$mailx [Return]............................ 调用 mailx 显示邮件列表
mailx version 4.0 Type ? for help.
"/usr/student/mail/david": 3 messages 3, new
> N 1 daniel          Fri Sep 30 12:26 6/103  Room
  N 2 susan           Fri Sep 30 12:30 6/107  Project
  N 3 marie           Fri Sep 30 13:30 6/79   Welcome
? [Return]................................... 显示当前消息
```

```
    Message 1 :
    From : daniel Fri Sep 30 12:26 EDT 2005
    To: david
    Subject: Room
    Status: R
    Room 707 is reserved for your meetings.
    ?....................................... 等待下一条命令
```

在？提示符后按[Return]键显示当前消息，本例中显示 message 1。

```
? 3 [Return]................................ 显示消息 3
Message 3 :
From : marie Fri Sep 30 12:30 EDT 2005
To: david
Subject: Welcome
Status : R
Welcome back!
?........................................ 等待下一条命令
? t 1-3 [Return]............................ 显示消息 1 到 3
Message 1 :
From : daniel Fri Sep 30 12:26 EDT 2005
To: david
Subject : Room
Status : R
Room 707 is reserved for your meetings.
Message 2 :
From : susan Fri Sep 30 12:26 EDT 2005
To: david
Subject : Project
Status : R
Your project is in trouble! See me ASAP.
Message 3 :
From : marie Fri Sep 30 12:30 EDT 2005
To: david
Subject : Welcome
Status : R
Welcome back!
?........................................ 等待下一条命令
```

t(type)命令逐条显示消息。消息的范围由一个下限数和由连字符分隔的上限数指定。本例中，t 1-3 的意思是显示编号为 1，2 和 3 的消息。

```
? t 1 3 [Return]........................... 显示消息 1 和 3
Message 1 :
From: daniel Fri Sep 30 12:26 EDT 2005
```

```
To: david
Subject: Room
Status: R
Room 707 is reserved for your meetings.
Message 3:
From: marie Fri Sep 30 12:30 EDT 2005
To: david
Subject: Welcome
Status: R
Welcome back!
?........................................ 等待下一条命令
```

说明: t命令也显示由邮件序列号指定的任意邮件。如果指定了多个邮件序列号,序号之间必须用空格分开。本例中,t 1 3的意思是显示消息1和消息3。

```
? n [Return].............................. 显示下一条消息
At EOF.................................... 反馈信息
?_........................................ 等待下一条命令
```

n(next)命令显示邮箱中的下一条消息,与直接按[Return]键效果一样。本例中,没有下一条消息,因此显示文件结束信息(EOF)。

```
? n10 [Return]............................ 显示第10条消息
10:....................................... 无效文件号
```

如果想显示指定消息,需指定消息号。本例中,n10的意思是显示消息10。但是没有消息10,所以显示错误信息。

```
? f [Return].............................. 显示当前消息的头行
. 3 marie Fri Sep 30 12:30 EDT 2005
?_........................................ 返回到shell提示符
```

f命令显示当前消息的头行,本例中当前消息是消息3。

```
? x [Return]............................. 退出mailx
$_ ...................................... 返回到shell提示符
```

如果使用x命令从mailx退出,则所有消息仍然完整无缺地保留在邮箱中。

10.4.2 删除邮件的方法

mailx命令可以让用户一次删除邮件中的一条消息、所有消息、指定范围内的消息或恢复误删的消息。下面让我们看几个例子。与前面一样,用户是David,其系统邮箱中有3条消息。

实例: 删除邮件:

```
$ mailx [Return]...................... 读取邮件
mailx version 4.0 Type ? for help.
"/usr/student/mail/david": 3 messages 3 new
```

```
>N 1  daniel         Fri Sep 30 12:26 6/105   Room
 N 2  susan          Fri Sep 30 12:30 6/107   Project
 N 3  marie          Fri Sep 30 13:30 6/79    Welcome
? d [Return]........................ 删除当前消息
? d3 [Return]....................... 删除消息 3
? h............................... 仅显示消息头行
>N 2  susan..........Fri Sep 30 12:30 6/107   Project
```

h 命令显示邮箱中的消息头行,用户已删除了消息 1 和消息 3,剩下的消息(消息 2)被显示。

```
? u1 [Return]........................... 恢复删除的消息 1
? u3 [Return]........................... 恢复删除的消息 3
```

说明: u 命令恢复被删除的指定消息,本例中是消息 1 和消息 3。

```
? h [Return].............................. 检查是否看到了邮箱中的所有消息
 1 daniel         Fri Sep 30 12:26 6/103  Room
 2 susan          Fri Sep 30 12:30 6/107  Project
 3 marie          Fri Sep 30 13:30 6/79   Welcome
? d 1-3 [Return].......................... 删除消息 1 到消息 3
? h [Return].............................. 检查所有的消息是否被删除了
No applicable messages
? u* [Return]............................. 恢复所有被删除的消息
```

使用带通配符 * 的 u 命令可恢复用户邮箱中被删除的所有邮件。

```
? d /vacation[Return]..................... 删除主题域中含有 vacation 的所有消息
No applicable messages
```

带/的删除命令可以删除主题域中含有指定串的邮件。本例中邮箱中没有消息与串 vacation匹配,所以没有消息被删除。

```
? d daniel [Return]....................... 删除所有 daniel 发来的消息
```

用户可以在删除命令中指定消息发送者的用户名,以便删除所有来自该指定用户的消息。

```
? x [Return]...............................退出 mailx
$_ ........................................返回到 shell 提示符
```

有许多方法可以删除不需要的邮件。然而,当使用 x 命令从 mailx 退出时,包括已删除的消息在内的所有消息仍然在邮箱中。如果用 q 命令退出 mailx,邮箱将根据用户已经执行的命令被永久更新。

注意: 使用 q 命令退出 mailx 后,用户就不能再使用恢复删除命令来恢复被删除的消息。所以,退出 mailx 前,应确信只删除了想要删除的消息。

10.4.3 保存邮件的方法

阅读消息时,可以使用 mailx 命令将这些消息保存到指定文件中。可以保存所有消息、单个消息或一定范围内的消息。下面让我们看几个例子。与前面一样:david 是用户登录名,其系统邮箱中有 3 条消息。

```
$ mailx [Return]............................ 读取邮件
mailx version 4.0 Type ? for help.
"/usr/student/mail/david": 3 message 3 new
> N 1  daniel              Fri Sep 30 12:26 6/103   Room
  N 2  susan               Fri Sep 30 12:30 6/107   Project
  N 3  marie               Fri Sep 30 13:30 6/79    Welcome
? s mfile [Return]......................... 将当前消息追加到文件 mfile
"mfile" [New file] 12/86.................... 反馈消息
```

s 命令将指定消息保存到指定的文件。此处 mfile 含有当前消息即消息 1,由>符号指定。

```
? s 2 3 mfile [Return]..................... 将消息 2 和消息 3 追加到文件 mfile
"mfile" [Appended] 18/286.................. 反馈消息
? s 1-3 mfile [Return]..................... 将消息 1 到消息 3 追加到文件 mfile
"mfile" [Appended] 18/286.................. 反馈消息
? x [Return]............................... 退出 mailx,邮箱保持不变
$_ ........................................ 返回到 shell 提示符
```

此处,所有消息都被添加到 mfile。用户可以使用带-f 选项的 mailx 命令从 mfile 中读取邮件。

说明: 1. 不要将带-f 选项的 mailx 命令和带 f 选项的 mailx 命令混淆。前者是加上一个文件名,以阅读该指定文件的内容,后者仅仅显示当前消息的头行。

2. 不要将带-s 选项的 mailx 命令和带 s 选项的 mailx 命令混淆。前者是将主题域设为指定的字符串,后者是保存消息到指定的文件中。

10.4.4 回复邮件的方法

用户可以在阅读邮件时回复消息的发送者。这样给用户带来很大方便,因为在读完消息后,可以马上回复对方。

要在 mailx 的阅读模式下发送回复消息,操作如下:

```
$ mailx [Return].......................... 读取邮件
mailx version 4.0 Type ? for help.
"/usr/student/mail/david": 3 message 3 new
> N 1  daniel              Fri Sep 30 12:26 6/103   Room
  N 2  susan               Fri Sep 30 12:30 6/107   Project
  N 3  marie               Fri Sep 30 13:30 6/79    Welcome
? R [Return].............................. 回复当前消息
Subject : RE : Room....................... 主题是关于 Room
_ ........................................ 光标处在当前行的开头,等待用户的输入
Thank you................................. 编辑回复的消息
[Ctrl-d].................................. 结束消息
EOT....................................... 消息发送结束
?......................................... 等待下一个命令
```

? **R3** [**Return**]............................ 回复消息 3 发送者
? **r3** [**Return**]............................ 回复消息 3 发送者和所有其他接收到消息 3 的用户

回复命令 R 只回复消息发送者或一序列指定的用户。回复命令 r 除了回复消息发送者，还发回复给收到同一条消息的所有用户。

也可以使用 m 命令给其他用户发送邮件。m 命令将 mailx 置于输入模式，这样可以编辑邮件。使用 m 命令，可以指定一个用户或者一序列用户接收邮件。

实例：在 mailx 模式下，按下列操作将邮件发送给指定用户：

? **m daniel** [**Return**].................. 给 daniel 发送邮件
? **m daniel susan** [**Return**]............. 给 daniel 和 susan 发送邮件
? **x** [**Return**]........................ 退出 mailx
$_ .... shell 提示符出现

10.5 定制 mailx 环境

通过设置 .mailrc 文件中的 mailx 变量可以定制 mailx 环境。可以使用 mailx set 命令来定义这些变量。mailx 命令也能识别部分 shell 的标准变量。

10.5.1 mailx 使用的 shell 变量

mailx 使用部分标准 shell 变量，它们的值影响着 mailx 的性能。HOME 用来定义用户主目录，MAILCHECK 用来定义 mailx 查看邮箱的频率。例如，用户想每隔一分钟查看一次邮箱中的邮件，可以将 MAILCHECK 定义如下：

```
MAILCHECK = 60
```

MAILRC 是 mailx 使用的另一个 shell 变量，该变量定义每次调用 mailx 时 mailx 检查的启动文件。如果该变量没有定义，就使用其默认值 $HOME/.mailrc。例如，按如下操作可以在 .profile 文件(登录 shell 的启动文件)中定义变量 MAILRC：

```
MAILRC = $HOME/E-mail/.mailrc
```

注意：HOME、MAILCHECK 和 MAILRC 的 shell 变量被 mailx 使用，但用户不能在 mailx 中改变它们的值。

有很多 mailx 变量可用来按用户的规划剪裁 mailx 环境。用户可以在 mailx 中设置这些变量，或者在 .mailrc 中设置它们。使用 set 命令设置 mailx 变量，使用 unset 命令保留原来的设置。set 命令的格式以及创建和设置 .mailrc 文件的方法与创建和设置 .exrc(vi 编辑器的启动文件)类似。

说明：变量可以在启动文件 .mailrc 中设置，或者在 mailx 中设置。

append：当用户结束邮件阅读时，如果设置了 append，mailx 将消息添加到 mbox 文件的末尾，而不是开头。

实例：设置 append 有两种选择：

- ☐ 输入 set append 并按[Return]键，将消息添加到 mbox 文件末尾。
- ☐ 输入 unset append 并按[Return]键，将消息添加到 mbox 文件开头，这是默认设置。

asksub：如果设置了 asksub，mailx 会提示用户输入 Subject：域(主题域)。这是默认设置。

crt and PAGER：crt 变量用来设置屏幕的行数。如果消息的行数超过设置的行数，那么消息被管道输出给由 PAGER 变量所定义的命令。

实例：设置 mailx，使得如果一个消息的长度超过 15 行，就将它管道输出给 pg 命令，并一次显示一页。操作如下：

- ☐ 输入 set PAGER='pg' 并按[Return]键(这是 PAGER 变量的默认值，除非系统管理员修改了它)。
- ☐ 输入 set crt=15 并按[Return]键将屏幕行数设为 15。

用户可以使用 pg 命令选项上下浏览消息(参见第 8 章)。

DEAD：由于被中断而未编辑完的消息(或者因为一些这样或那样的原因没有发出的消息)被保存在指定的文件中。默认设置如下：

```
set DEAD=$HOME/dead.letter
```

实例：为改变由 DEAD 变量指定的默认文件，用户可输入：

set DEAD=$HOME/E-mail/dead.mail [Return]

EDITOR：EDITOR 变量设置当用户使用编辑(edit 或～e)命令时调用的编辑器，默认设置如下：

```
set EDITOR = ed
```

实例：为改变 EDITOR 变量的默认设置，用户可输入：

set EDITOR=ex [Return]

则默认编辑器改为 ex。

escape：escape 变量使用户能改变 mailx 的转义符号。默认值是代字号～。

实例：为将 escape 变量的默认设置改为@，用户可输入：

set escape=@ [Return]

folder：folder 变量指定的目录为 mailx 的标准目录。所有的邮件都保存在由 folder 变量指定的目录中。folder 变量没有默认值。

实例：指定 HOME 目录中的 EMAIL 目录为邮件目录，输入：

set folder=$HOME/EMAIL [Return]

说明：该命令不创建 EMAIL 目录，它只将指定的目录赋给 folder 变量。可以用 mkdir 命令创建该目录。

header：如果 header 被设置为默认值，则当用户阅读邮件时 mailx 会显示消息的头行。

实例：为取消 header 变量的设置，用户可输入：

unset header [Return]

MBOX：MBOX 变量将你已阅读的文件自动保存在指定文件中。默认文件名为 $HOME/mbox。

实例：为改变指定文件的文件名，用户可输入：

```
set MBOX=$HOME/EMAIL/mbox [Return]
```

说明：可以将消息保存到另一个文件中，或者使用 x 命令跳过自动保存过程。

PAGER：PAGER 变量设置分页命令和 crt 变量一起使用。默认分页命令是 pg。

实例：为将分页命令改为 more，用户可输入：

```
set PAGER=more [Return]
```

record：record 变量设置一个文件名，该文件自动保存所有发送出去的邮件。该变量没有默认值。

实例：为将发送出去的邮件保存到文件 keep 中，用户可输入：

```
set record=$HOME/EMAIL/keep [Return]
```

说明：该命令不创建 keep 文件，它只将指定的路径赋给 record 变量。

SHELL：SHELL 变量设置用户希望使用的 shell 程序。该变量适用于在 mailx 环境下的用户使用！或～！命令调用 shell 命令。默认值为 sh。

实例：为改变 SHELL 变量的默认设置，用户可输入：

```
set SHELL=csh [Return]
```

现在 shell 变成了 C Shell。

VISUAL：VISUAL 变量设置当 mailx 处于输入模式，并且使用～v 命令时，用户希望使用的屏幕编辑器。默认设置为 vi 编辑器。

10.5.2 设置 .mailrc 文件

在用户主目录下的启动文件 .mailrc 包含用户根据自己的喜好来裁剪 mailx 的命令和变量。可以用 vi 编辑器或 cat 命令创建 .mailrc 文件。

图 10.7 是一个 .mailrc 文件的例子。这个示例文件中，friends 和 chess 被指定为两个用户 ID 组的名字。示例文件中还有这样的设置：如果消息超过 20 行，它被管道输出到 pg 命令（PAGER 的默认值）。最后，示例文件将用户的私人邮箱放在 EMAIL 目录下，并且将发送出去的邮件保存在 EMAIL 目录下的 record 文件中。

```
$ cat.mailrc
alias friends daniel david marie gabe emma
alias chess emma susan gabe
set crt=20
set MBOX=$HOME/EMAIL/mbox
set record=$HOME/EMAIL/record
$_
```

图 10.7 .mailrc 示例文件

10.6 与本地系统外的用户通信

本章讨论了利用 UNIX 通信工具给拥有本地主机账号的用户发送邮件的方法。你也可以给其他 UNIX 计算机上的用户发送邮件。如果在 UNIX 网络中(通常在大公司或在大学),可以使用同样的命令。但是,你必须给出更多的信息。例如,消息的目的地除了包含指定计算机上的用户 ID,还需要加上计算机的名字(网络中的节点名)。例如,如果在网络中你和 David 之间的计算机节点名为 X、Y 和 Z,那么为了给 David 发送邮件,需要输入以下内容:

```
mailx X\!Y\!Z\!david
```

与其他 UNIX 系统通信的详细讨论超出了本书的范围。本章介绍的命令都是用户需要掌握的基本技巧,剩余要做的就是在参考书中查找命令。

命令小结

本章集中介绍了 UNIX 通信工具,讨论了以下命令和选项。

mailx

该工具为用户提供电子邮件系统。可以给系统上的其他用户发送邮件,无论对方是否已登录到系统。

选项	功能
-f *filename*	从 *filename* 文件中而非系统邮箱中读取邮件。如果没有指定文件,则从 mbox 中读取邮件
-H	显示消息头列表
-s *subject*	设置主题域为 *subject*

mailx 命令模式

当用户使用 mailx 读取邮件时,它处于命令模式,该模式的提示符是问号(?)。

命令	功能
!	让用户执行 shell 命令(shell 转义)
cd *directory*	切换到指定的目录 *directory*,如果没有指定目录,则切换到主目录
d	删除指定消息
f	显示消息头行
q	退出 mailx,并将消息从系统邮箱移去
h	显示当前消息头
m *users*	给指定用户 *users* 发送邮件
R *messages*	给消息 *messages* 发送者回复消息
r *messages*	给消息 *messages* 发送者和同一消息的其他所有接收者回复消息
s *filename*	保存(添加)消息到 *filename* 文件
t *messages*	显示(输出)指定消息 *messages*
u *messages*	恢复已删除的指定消息 *messages*
x	退出 mailx,不将消息从系统邮箱中移去

mailx 的~转义命令

使用 mailx 给其他用户发送邮件时,mailx 使自己处于输入模式,等待用户编辑消息。该模式中的命令都以代字号(~)开始,称为~转义命令。

命令	功能
~?	显示~转义命令列表
~! *command*	在编辑邮件时，让用户调用指定的 shell 命令 *command*
~e	调用编辑器，所用的编辑器由邮件变量 EDITOR 定义，默认编辑器是 vi
~p	显示当前正编辑的消息
~q	退出输入模式，将用户未编辑完的消息保存到 dead.letter 文件
~r *filename*	读取 *filename* 文件，将其内容添加到用户的消息中
~< *filename*	读取 *filename* 文件(使用重定向操作符)，将其内容添加到用户的消息中
~<! *command*	执行指定命令 *command*，将其输出结果添加到用户的消息中
~v	调用默认编辑器 vi，或使用邮件变量 VISUAL 指定其他的编辑器
~w *filename*	将当前正编辑的消息写到 *filename* 文件中

mesg

设置该命令为 n，则禁止接收 write 消息。设置该命令为 y，则接收 write 消息。

news

该命令用来查看系统中最新的消息。通常系统管理员用该命令通知用户信息。

选项	功能
-a	显示所有新闻，包含旧文件和新文件
-n	列出新闻头中的文件名(头)
-s	显示当前新闻的条数

talk

该命令用做终端到终端的通信。接收方必须已登录。

wall

该命令主要由系统管理员用来警告用户一些突发事件。

wirte

该命令用做终端到终端的通信。接收方必须已登录。

习题

1. 终端到终端通信的命令是什么？什么键表示通信的结束？
2. 什么命令一般由系统管理员用来告知用户每天的事件？
3. 什么命令给系统中的每个人发广播消息？
4. 怎样将自己的终端设置为禁止接收消息状态？
5. 什么命令可以读邮件？
6. 用户怎样知道自己有邮件？
7. 文件 .mailrc 的作用是什么？
8. mailx 处于命令模式下，具有下列功能的命令有哪些：
   a. 显示消息头列表
   b. 从指定文件读邮件
   c. 改变主题域

d．显示~转义命令列表

e．读取指定文件并将它添加到用户消息中

f．启动默认编辑器

9．下列 shell 变量的作用是什么？

a．DEAD

b．record

c．PAGER

d．MBOX

e．LISTER

f．header

10．与另一个登录用户通信的命令是什么？

上机练习

实例： 本部分主要实际练习给其他用户发送消息。先给自己发消息，练习如何使用命令。然后，当觉得自己使用命令已得心应手时，选择另一个用户一起练习发送邮件。

我们推荐下面的练习。为了掌握 UNIX 通信工具中的众多命令，用户必须花时间多上机练习，并试验各种命令的组合。

1．在 HOME 目录下创建 EMAIL 目录。

2．在 HOME 目录下创建 .mailrc 文件。若该文件已存在，请修改它。

3．将 mailx 设置成如下形式：

a．用 alias 命令给一组用户分配一个名字。

b．在 EMAIL 目录下创建一个文件，自动保存用户发出的消息。

c．在 EMAIL 目录下，设置你的 mbox。

4．将下面的邮件发给自己：

```
So little time and so much to do.
Could it be reversed ?
So much time and so little to do.
```

5．当 mailx 处于输入模式时，使用 vi 编辑消息。

6．读取当前的时间和日期，将其添加到消息末尾。

7．发送消息前，将该消息保存到一个文件中。

8．用 vi 或其他命令以同样的方式编辑多条消息发给自己。这样就有足够的消息供你练习读取邮件。

9．读取自己的邮件。

10．使用 mailx 命令模式下的所有命令，包括删除、恢复删除、保存，等等。

11．读取邮件后用 x 命令退出 mailx，然后再阅读邮件后用 q 命令退出 mailx。观察 UNIX 消息。

12．使用 mailx，观察 mbox 文件。

13．找一个合作伙伴，用 write 命令与之交谈。

14．将 mesg 设置为 n，然后设为 y，与同伴一起观察它的效果。

15．练习发送邮件可能是 UNIX 学习中不那么令人厌倦的部分。多上机练习会从中得到乐趣。

第 11 章　程序开发

本章介绍程序开发的要点。首先介绍创建一个程序的步骤,然后对常用的计算机编程语言进行概要描述。再通过一个简单的 C++ 程序示例,带着读者逐步从编写源代码到建立可执行程序。本章还介绍如何利用 shell 重定向操作符来重定向程序的输出和错误信息。

11.1　程序开发

第 1 章简要讨论了软件和计算机编程。读者已经了解到软件的重要性,它能够让计算机做许多神奇的事情。读者也知道软件分成两类:应用软件和系统软件。

程序由一组指令组成,它指示计算机进行基本的算术和逻辑运算。每条指令告诉计算机完成一个基本功能。指令通常由操作码和一个或多个操作数组成。操作码指定要完成的功能,操作数指定操作数据的位置或数据本身。图 11.1 给出了一条典型的指令。

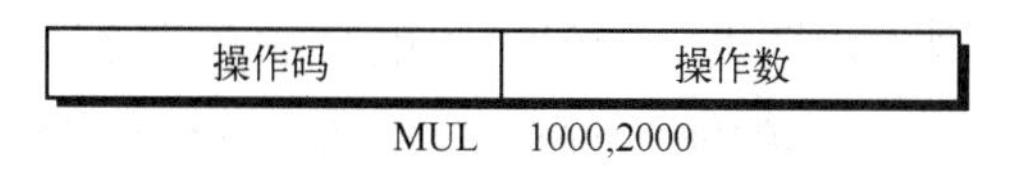

MUL　1000,2000

图 11.1　简单指令的格式

计算机由内存中的程序所控制。内存只能保存 0 和 1 串,所以内存中的程序必须是二进制形式。这意味着程序必须写成 01 串的形式或者转化成 01 串。可是程序员怎么编写 01 串组成的程序呢? 幸好,现在的程序员们不再需要这样做。早期的程序员没有选择,他们不得不直接编写 01 串组成的二进制程序,所以难度很大。程序员编写程序,生成前述两类软件。为了编写程序,需要一种编程语言,也确实有不少编程语言可供选择。

11.2　编程语言

编程是为了用计算机解决问题而编写指令(程序)的过程,这些指令必须用计算机编程语言来写。一个程序可以很简单,仅由将几个数字相加的指令序列组成;也可以很复杂,由多部分组成,以完成大公司工资单的计算。

像计算机硬件一样,编程语言也进化了好几代。新一代的语言总是其前一代语言的改进,并为程序员集成了更多功能。

图 11.2 给出了编程语言的进化层次。下面简单介绍层次图中的不同语言。

11.2.1　低级语言

机器语言: 机器语言中,指令按照 01 序列编码,用机器语言很麻烦而且难于编写程序。机器语言程序写于计算机操作的底层,是计算机唯一能够理解和执行的语言。用其他编程语言编写的程序必须翻译成机器语言,计算机才能执行(编译程序完成这个翻译工作,后面将进一步讨论编译程序)。

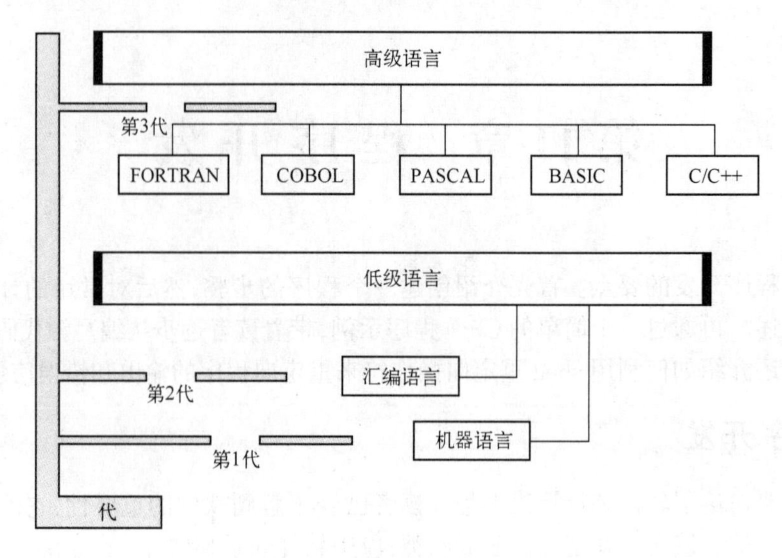

图 11.2　编程语言层次图

汇编语言：和机器语言一样，汇编语言对特定的计算机而言是唯一的，但不同机器的指令有所不同。汇编语言使用助记符号(称为助记符)来表示指令，而不是 01 序列。例如助记符 MUL 用来表示乘法指令。因为计算机只能理解 0 和 1，故必须将汇编语言程序转换成机器语言格式才能执行。这个翻译过程由汇编程序完成。汇编程序将程序中的助记符翻译回 0 和1 串。

11.2.2　高级语言

无论使用什么计算机，选择何种编程语言，程序必须翻译成机器语言才能执行。从高级编程语言到低级机器语言的转化由编译程序或解释程序完成。高级编程语言是为了程序员编写方便；它们的原始形式(源代码)不能被执行。本小节介绍几种主要的编程语言。

COBOL：COBOL(COmmon Business Oriented Language，通用面向商务语言)编程语言产生于 1959 年，为商业团体的需求而开发，主要用在大型机上，进行大公司的数据处理服务。尽管现在市场上有许多效率更高的通用计算机编程语言，但是由于超过一半的商业应用程序使用 COBOL 写成，因此 COBOL 仍然在使用。

FORTRAN：FORTRAN(FORmula TRANslator，公式翻译器)编程语言 1955 年开发，主要适合于科学或工程方面的编程，它目前仍然是使用最广泛的科学计算编程语言。当然，FORTRAN为了适用于新型计算机也进行了更新。当前的 FORTRAN 版本是 FORTRAN 77，它是一种通用语言，适合处理数字和符号问题。和 COBOL 一样，大量已有的代码是用 FORTRAN编写的，因而它仍然应用在工程和科学计算中。

Pascal：Pascal 语言开发于 1968 年，以 17 世纪法国数学家 Blaise Pascal 的名字命名。出于培养良好风格和编程习惯的想法，Pascal 集成了结构化编程的思想，也使结构化编程有了显著发展。Pascal 作为一种帮助学生学习结构化编程和培养良好编程习惯的语言而设计，但其使用不限于教学方面，它也用于业界创建易读易维护的代码。

BASIC：BASIC(Beginners All-purpose Symbolic Instruction Code，初学者通用符号指令代码)编程语言开发于 1964 年，用于帮助没有计算机背景的学生学习计算机和编程。它被认为是用于教学目的的最有效的编程语言。后来，BASIC 进化成通用语言，其使用不限于教育领域。BASIC 被广泛用于商业应用。

C: C 编程语言于 1972 年开发,它基于 Pascal 编程的实际规则,主要用于系统编程,如开发操作系统、编译程序等。UNIX 操作系统的大部分代码使用 C 编写。C 是快速、高效的通用语言,也是一种与机器无关的可移植语言。在一种计算机上编写的 C 程序,不加修改或稍加修改就可以运行在另一种计算机上。C 是目前许多程序员开发商用、科学和其他应用程序的首选。

C++: 20 世纪 80 年代,在 C 语言中增加了面向对象的必要部分后形成了 C++。面向对象编程(OOP)是编程技术中的典范,该技术使程序员的工作更容易,并能减少程序开发的时间,特别是在程序达到一定规模时更加有效。C++ 提供了实现面向对象编程的语言机制。

Java: Java 编程语言由 Sun Microsystems 公司于 1990 年开发,并于 1995 年向公众发布。最初,它是为电器(如电视、微波炉等)消费者的控制系统而开发的。后来,Java 被嵌入到 Internet 浏览器和网页程序中。Java 的语法与 C++ 类似,但去掉了许多 C++ 中易于出错的特性。

11.3 编程机制

为编写一个程序,必须选择一种编程语言。编程语言的选择依赖于应用程序的类型。现在有许多通用和专用编程语言可以满足各种需求。生成程序的具体步骤与计算机环境相关。下面讨论典型的程序开发步骤。

11.3.1 建立可执行程序的步骤

无论使用什么操作系统及编程语言,建立可执行程序都需要下述步骤:

1. 建立源文件(源代码)。
2. 建立目标文件(目标代码/目标模块)。
3. 建立可执行文件(可执行代码/载入模块)。

源代码: 用户通常用编辑器(例如 vi 编辑器)编写程序,然后将写好的程序保存在一个文件中,这个文件称为源代码。源代码是由用户选择的编程语言写成的,计算机不能直接理解它,因此最终要将源代码文件转换成可执行文件。

说明: 源文件是文本文件,也称为 ASCII 文件。可以在屏幕上显示、用编辑器修改或者发送到打印机以获得源代码的硬复制。

目标代码: 源代码对计算机而言不可理解。计算机只能理解机器语言(0 和 1 格式的)。因此,要将源代码翻译成机器能理解的语言,这就是编译程序或解释程序的工作,它们生成目标代码。目标代码是由源代码翻译的机器语言。但是,它还不是可执行文件;它缺乏一些必要的部分。这些必要部分是为用户程序和操作系统之间提供接口的程序,通常将它们放在一起构成库文件。

注意: 不能将目标文件发送给打印机。它是由 0 和 1 组成的文件。如果显示目标文件,用户的键盘可能会锁住或者听到响铃,因为某些 0 和 1 串翻译成 ASCII 代码后对应键盘上锁、响铃、停止滚屏等控制键。

可执行代码: 目标代码可能要调用其他程序,而这些程序可能不在目标模块中。在程序执行之前,要解决对其他程序的调用问题,这是链接程序或链接编辑程序的工作。它创建可执行代码,也就是载入模块。载入模块是完整的可以执行的程序,其中包含了程序运行需要的所有模块。

注意:和目标文件一样,不能将载入模块送到打印机或在终端上显示。

在某些系统中,用户先调用编译程序,当编译过程完成之后,用户再调用链接程序建立可执行文件。而在另一些系统中,用户只需要给出编译命令,如果程序没有任何编译错误,则自动调用链接程序来完成链接工作。

说明:具体怎样工作随系统不同而不同,它依赖于系统管理员所做的系统环境/配置设置。

图 11.3 给出了从源文件开始到建立可执行文件结束的过程。

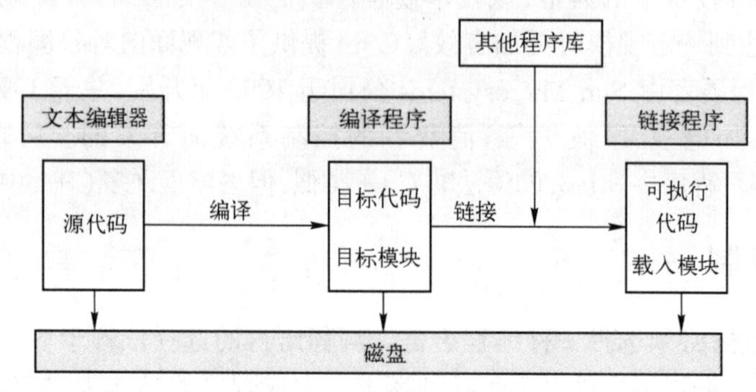

图 11.3 程序开发步骤

11.3.2 编译程序/解释程序

编译程序或解释程序的主要功能是将源代码(程序指令)翻译成机器代码,以使计算机能够理解用户的指令。编译型语言和解释型语言代表计算机语言的两个类别,每一种都有其优点和缺点。

编译程序:编译程序是一种系统软件,它将高级程序指令(如 Pascal 程序)翻译成计算机能够解释执行的机器语言。它一次编译整个程序,在编译完成之前没有任何反馈信息。

用户所用计算机上的每种编程语言都需要一个编译程序。为了执行 C++ 和 Pascal 程序,必须要有 C++ 编译程序和 Pascal 编译程序。与解释程序相比,编译程序产生更好且效率更高的目标代码,所以编译的程序运行起来更快,需要更少的存储空间。

解释程序:和编译程序一样,解释程序将高级语言翻译成机器语言。但它不是翻译整个源程序,而是一次翻译一行代码。解释程序立刻给用户反馈。如果代码中包含错误,只要用户按[Return]键结束一行代码,解释程序立刻就能找出错误。因此,可以在程序开发过程中改正程序中的错误。解释程序并不产生单独的目标代码文件,程序每执行一次就需要翻译一次。解释程序通常用在教育环境中,其生成的可执行代码比编译程序产生的代码效率低。

11.4 一个简单的 C++ 程序

让我们来编写一个简单的 C++ 程序,并按步骤完成这个过程,其目的是理解和练习编译过程,而不是学习 C++ 语言。但是,为了能够成功编写和编译一个简单的 C++ 程序,读者需要了解一些 C++ 语言基本特征。

使用 vi 编辑器(或其他编辑器)创建一个名为 first.cpp 的源文件。图 11.4 给出了该文件的内容。

注意:1. 用小写字母输入源代码。和 UNIX 一样,C++ 语言是小写字母语言,所有关键字必须用小写字母。

2. 大多数系统中,源代码文件必须用 .cpp 扩展名。

```
$ cat first.cpp
// my first C++ program
#include <iostream>
int main( )
{
std::cout <<"Hi there!"<< std::endl ;
std::cout <<"This is my first C++ program."<< std::endl ;
return(0);
}
$_
```

图 11.4 简单的 C++ 程序

下一步是编译源代码,命令如下:

```
$ g++ first.cpp [Return]
```

g++ 命令编译源代码,如果程序中没有任何错误,则自动调用链接程序。最后结果是生成名为 a.out 的可执行文件。默认情况下,a.out 是可执行文件的名字。现在如果想要执行该文件来查看程序输出,应输入:

```
$ a.out [Return]............ 执行程序
Hi there!
This is my first C++ program.
$_ .........................命令提示符
```

说明: a. out 的输出显示在标准输出设备(终端)上。

如果不想将可执行文件命名为 a.out,可以用带-o 选项的 g++ 命令来指定输出文件名。

实例: 编译 first.cpp 并指定输出文件名为 first。

```
$ g++ -c -o first first.cpp [Return]............. 使用带-o 选项的 g++ 命令
$_ .............................................没有错误,回到提示符
```

注意: 确保指定的输出文件名和源代码文件名不同;否则,源代码文件会被可执行文件覆盖——这意味着源文件被破坏了。

现在可执行文件名为 first,任何时候在提示符下输入 first,都可以在屏幕上看到程序输出:

```
$ first [Return]..................................... 执行 first
Hi there!
This is my first C++ program.
$_ ................................................. 命令提示符
```

如果不想在屏幕上输出,或者希望将程序输出保存到文件中,则可以使用 shell 的输出重定向功能,将程序输出重定向到另一个文件中。

实例: 运行 first 并将输出保存到一个文件:

```
$ first >first.out [Return]..... 输出重定向到 first.out,所以没有显示在屏幕上
```

```
$ cat first.out [Return]......... 查看 first.out 的内容
Hi there!
This is my first C++ program.
$_ ............................ 命令提示符
```

说明: first.out 的内容是该 C++ 程序的输出。重定向程序输出时创建文件 first.out。

实例: 执行 first,输出显示在屏幕上,同时保存在文件中:

```
$ first|tee -a first.out [Return]...... 输出显示在屏幕上,同时保存在 first.out 中
Hi there!
This is my first C++ program.
$_ ................................. 出现 shell 提示符
```

使用带管道操作符的 tee(分离输出)命令,程序 first 的输出既显示在屏幕上,同时也保存到 first.out 中。tee 命令的-a 参数将输出附加到 first.out 文件的末尾。

11.4.1　改正错误

如果在编写第一个 C++ 程序时没有出现任何错误,则事情很简单,用户可以直接编译和执行程序。但是,当编写大程序时,不可能总是如此。在一个程序能成功运行之前,用户必须改正程序中的语法或逻辑错误。C++ 编译程序能识别语法错误,并在屏幕上显示错误(通过行号指示)。

假设像图 11.5 那样修改文件 first.cpp,在第一个 cout 语句后少了分号(;)。现在编译 first.cpp,编译程序就会报错。

```
$ cat first.cpp
// my first C++ program
#include <iostream>
int main( )
{
 std::cout << "Hi there!"<< std::endl //semi colon omitted intentionally
 std::cout << "This is my first C++ program."<< std::endl;
 return(0);
}
$_
```

图 11.5　有语法错误的 C++ 程序

实例: 现在编译 first.cpp。

```
$ g++ -c -o first first.cpp [Return]........... 编译并指定输出文件 first
first.cpp: In function 'int main()'
first.cpp: 6: error: expected ';' before "std"
$_ ........................................命令提示符
```

错误信息表明在第 6 行有某种语法错误。编译程序不能准确识别错误和位置,它只能指出源代码错误的大概位置。

这种情况下,编译程序不会产生目标代码文件。为了改正错误,用户必须回到源代码 first.cpp,添加分号。然后,为得到正确的可执行文件,应该重新编译该文件。

在屏幕上查看一两行错误很容易，但是如果源代码很长，就可能有多行出错。这时想要记住这些错误和行号以修改源文件就不那么容易了。因此，为了方便查看，可以将编译错误信息保存到文件中，这时使用 shell 的重定向功能会很方便。

默认错误信息输出设备通常与输出设备(终端)相同，因此错误信息显示在终端上。假设用户想要将错误信息重定向到指定的文件，则可以按如下实例操作。

实例： 编译 first.cpp，如果有编译错误的话，将它保存到另一个文件中：

```
$ g++ -c -o first first.cpp 2>error[Return]............. 重编译
$_ ................................................出现 shell 提示符
```

注意： ">"符号前的数字 2 是必要的，表明重定向标准错误输出设备。

数字 2 来自哪里？上述命令还需要进一步解释。下面回到 UNIX 重定向概念，找出数字 2 的来源。

11.4.2 重定向标准错误

shell 将“>”解释成标准输出重定向。“1>”与“>”一样，告诉 shell 重定向标准输出。“1>”中的数字 1 是文件描述符；默认情况下，文件描述符 1 分配给了标准输出设备。例如，下面的两个命令完成同样的工作：将 ls 命令的输出重定向到一个文件。

```
$ ls -C >list [Return]
```

或

```
$ ls -C 1>list [Return]
```

文件描述符 2 分配给标准错误输出设备。shell 将“2>”解释成重定向标准错误输出。例如，假设当前目录中没有文件 Y，执行如下命令：

```
$ cat Y>Z [Return].............................. 将 Y 复制到 Z
cat: cannot open Y................................ 错误信息
```

该错误信息出现在屏幕上。现在将错误信息输出重定向到文件。

```
$ cat Y>Z 2>error [Return]........ Y 复制到 Z。将错误信息保存到当前目录的 error 文件中
$_ ............................... 没有错误信息，返回提示符
$ cat error [Return]................ 显示文件 error 的内容
cat: cannot open Y.................. 正如读者所期待的
$_ ............................... 命令提示符
```

现在回到前面的 C++ 程序及其编译错误；将编译错误重定向输出到另一个文件：

```
$ g++ -c -o first first.cpp 2>error [Return]........ 错误信息重定向到文件 error
$_ ................................................ 未显示错误信息
$ cat error [Return]............................... 查看编译错误
"first.cpp": 6: error: expected ';' before "std"
$_ ................................................ 命令提示符
```

11.5 UNIX 编程跟踪工具

其他计算机语言的编译程序也可以在 UNIX 环境下使用。几乎每种语言都有运行在 UNIX下的编译程序。

本章的目的是介绍 UNIX 下的程序开发,因而并不打算给出编程语言、编译程序和 UNIX 编程的综合列表。但是,用户应该知道 UNIX 提供了一些工具,以帮助用户组织程序开发。开发大型软件的时候,这些工具就变得很有用也很重要了。下面是这些工具及其功能的简单介绍。

11.5.1 make 工具

如果程序由多个文件组成,make 工具将非常有用。make 自动记录进行了修改并需重新编译的源文件,若需要就重新进行链接。make 程序从控制文件中得到相关信息。控制文件中包含许多规则,这些规则说明源文件的依赖关系及其他信息。

11.5.2 SCCS 工具

SCCS(Source Code Control System,源代码控制系统)是一组程序,用来帮助用户维护和管理程序开发。在 SCCS 的控制下,用户可以方便地生成程序的不同版本。SCCS 可以清楚地记录不同版本之间的所有改变。

习题

1. 解释编写程序和生成可执行文件的必要步骤。
2. 什么是源代码?
3. 编译程序的功能是什么?
4. 编译程序和解释程序的区别在哪里?
5. 编译 C++ 程序的命令是什么? 可执行文件的默认名字是什么?
6. 为什么不能将可执行文件发送到打印机?

上机练习

本章的练习是编写一个例子 C++ 程序,这里并不要求用户懂 C++ 语言。复制本章中的简单 C++ 程序例子,或者任何 C++ 编程书中的程序。练习的目的是让用户熟悉程序开发的过程。

1. 编写一个简单的 C++ 程序。
2. 编译。
3. 运行程序。
4. 重新编译并指定可执行文件。
5. 再次运行。
6. 将程序输出保存到另一个文件。
7. 更改源代码,故意产生语法错误。
8. 再次编译。
9. 观察错误信息,看看能否明白。
10. 重新编译程序,将错误信息保存到文件中。
11. 查看包含编译错误的文件。

第12章　shell编程

本章讨论shell编程,阐述shell作为解释型高级语言的能力,说明shell编程的结构和细节,探索shell编程中变量和流程控制命令等方面的问题。本章将说明如何创建、调试和运行shell程序,并将继续介绍一些shell命令。

12.1　UNIX shell编程语言简介

命令语言提供了一种通过组合一系列命令来编写程序的方法,而这些命令与用户在命令提示符状态下输入的命令完全相同。如今,绝大多数命令语言的能力远远不止是一系列命令的顺序执行。这些命令语言拥有高级语言的许多特性,如循环结构、判断语句等。这为用户在编程时提供了选择:使用高级语言或者使用命令语言。命令语言与编译型语言(如C和C++等)不同,它是一种解释型语言。命令语言程序比编译型语言程序易于调试和修改。但是,用户必须为这样的便利付出一定代价:命令语言程序的执行时间比编译型语言程序的执行时间要长。

UNIX shell拥有自己的内部编程语言,并且所有的shell(Bourne shell、Korn Shell、C Shell等)都提供这种编程能力。shell语言是一种命令语言,拥有许多计算机编程语言的一般特性,包含顺序、选择、循环等结构化编程语言的结构。使用shell编程语言使程序易于编写、修改和调试,并且无须编译。用户可以写完程序后立即运行。

shell的程序文件称为shell过程、shell脚本或只是简单地称为脚本。shell脚本是一个文件,其中包含将由shell执行的一系列命令。当运行一个shell脚本时,脚本文件中的每条命令被传送给shell执行,一次执行一条命令。当所有命令执行完毕或出现错误时,脚本终止。

用户并不一定需要编写shell程序。但用户在使用UNIX时,会发现有时希望UNIX完成的功能并没有相应的命令,或者希望UNIX同时执行几个命令。UNIX有许多命令,难于记忆并且需要较多输入。如果用户不想记忆那些奇怪的UNIX命令语法,或者不擅长键盘输入,那么写脚本文件可能是一个很好的选择。

说明: 1. cat -n命令用来在屏幕上显示大多数脚本(程序)实例。用户可以用vi来创建这些文件,当然也可以用cat创建它们。记住,cat命令非常适合于创建只有几行的小程序。

2. 可以将这些脚本文件存放在目录$HOME/Chapter12下的合适子目录中。例如,将12.2节的程序存放在目录$HOME/Chapter12/12.2中,将12.5节的程序存放在目录$HOME/Chapter12/12.5中。当然,用户也可以将文件存放在任何自己选定的目录中,这里只是给出一个建议,使用户依据本书的章节建立目录结构及组织文件。

12.1.1　编写一个简单脚本

编写一个简单的脚本并不要求用户是一位程序员。例如,假设想知道当前有多少个用户

登录到系统中,有关命令及输出的情况如下:

```
$ who ¦ wc -l [Return].................................输入命令
6....................................................显示的结果
```

who 命令的输出传送给 wc 命令作为输入,-l 选项使 wc 命令只计算输入文件的行数,而这些行数正代表了当前登录到系统的用户数。

读者可以写一个能完成同样功能的脚本程序。图 12.1 给出了一个简单的 shell 脚本 won (Who is ON),它使用 who 和 wc 命令来得到当前登录到系统的用户数。shell 脚本以 UNIX 文本文件方式保存,因此,用户可以使用 vi 编辑器(或自己喜欢的编辑器)或 cat 命令来创建它们。

```
$ cat -n  won
1 #
2 # won
3 # Display # of users currently logged in
4 who ¦ wc -l
$
```

图 12.1 一个简单的 shell 脚本

说明: 以#号开始表示该行是注释文档。shell 会忽略以#开始的行。

12.1.2 执行脚本

有两种方式执行 shell 脚本:使用 sh 命令或将该脚本程序转成可执行文件。

调用脚本

可以使用 sh 命令执行脚本文件。每当输入 sh(或其他 shell 名,如 ksh 或 bash)时,即调用了另一个 shell 副本(实例)。由于脚本文件 won 不是一个可执行文件,因此必须调用另一个 shell 来执行它。用户指定脚本文件名,新 shell 读取该文件,执行其中的命令,并在所有命令执行完毕(或出错)时结束。

图 12.2 说明使用这种方法如何执行 won 脚本文件。每次执行脚本文件时输入 sh(或 ksh、bash 等)来调用另一个 shell 并不是很方便,但这种方法有它的优点,特别是用户编写了复杂的脚本程序并且需要调试和跟踪工具时(这些工具将在本章后面讨论)。通常情况下,推荐使用第二种方法,即将脚本文件转换成可执行文件再执行。毕竟,输入内容越少越好。

```
$sh won
6
$_
```

图 12.2 使用 sh 命令执行一个脚本文件

实例: 如前所述,可以使用当前 shell 或系统中的其他 shell 代替 sh。例如,下述命令都调用 shell 脚本程序 won:

```
$ sh won [Return] ................................使用 sh
$ ksh won [Return] ...............................使用 ksh
$ bash won [Return] ..............................使用 bash
```

产生可执行文件:chmod 命令

运行一个 shell 程序的第二种方法是将该文件变为可执行文件。在这种情况下,用户不需要调用另一个 shell,只需输入要执行的脚本文件名,如同执行其他 shell 命令一样。这是推荐的方法。

要使一个文件变成可执行文件,必须改变该文件的访问权限。使用 chmod 命令可以改变指定文件的权限。表 12.1 给出了 chmod 命令选项。假设用户有一个名为 myfile 的文件,下面例子说明如何改变该文件的访问权限。

表 12.1 chmod 命令选项

字符	作用对象
u	用户/所有者
g	用户组
o	其他用户
a	所用用户;可以用来代替 ugo
字符	**权限分类**
r	读权限
w	写权限
x	执行权限
-	没有权限
操作符	**对权限类进行的操作**
+	赋予权限
-	取消权限
=	为特定用户设置权限

实例: 下列命令使 myfile 变为可执行文件:

```
$ ls -l myfile [Return]..........................查看 myfile 的权限
-rw-rw-r-- 1  david student  64 Oct 18 15:45 myfile
$ chmod u+x myfile [Return]......................改变 myfile 的权限
$ ls -l myfile [Return]..........................再次查看 myfile 的权限
-rwxrw-r-- 1  david student  64 Oct 18 15:45 myfile
$_...............................................命令提示符
```

ls 命令用来核实该文件的访问权限是否改变。u 指示文件的所有者,+x 指示增加对该文件的执行访问权限。

实例: 假设文件所有者、同组用户和其他用户都能对文件 myfile 进行读、写操作,下面命令取消其他用户对 myfile 文件的写权限:

```
$ chmod o -w myfile [Return]......................改变 myfile 的权限
$_................................................命令提示符
```

文件所有者及同组用户还拥有对该文件的读、写权限,但其他用户只能读该文件(可以用 ls 命令来核实这一改变)。字母 o 指示其他用户,-w 表示取消对该文件的写权限。

实例: 下面命令将所有用户(包括所有者、同组用户和其他用户)对文件的访问权限改为读、写:

```
$ chmod a=rw myfile [Return]......................改变 myfile 的权限
$_................................................命令提示符
```

现在,所有用户可以读写 myfile(同样,可以用 ls 命令来验证这一改变)。字母 a 指示所有用户,rw 指示读写访问权限。

实例: 下面命令取消同组用户和其他用户对文件的所有访问权限:

```
$ ls -l myfile [Return]...........................查看 myfile 的权限
-rwxrw-r-- 1 david student 64 Oct 18 15:45 myfile
$ chmod go=  myfile [Return]......................改变 myfile 的权限。注意,在 = 与 myfile
                                                  之间必须有空格
$ ls -l myfile [Return]...........................查看 myfile 的权限
-rwx------ 1 david student 64 Oct 18 15:45 myfile
$_................................................命令提示符
```

所有者是唯一有权访问文件 myfile 的用户。ls 命令验证了这一改变。go 指示同组用户和其他用户,所以 go= 表明取消他们对该文件的所有访问权限。

实例: 回到 shell 脚本 won,将它改成可执行文件:

```
$ ls -l won [Return]..............................检查 won 文件的权限
-rw-rw-r-- 1 david student 64 Oct 18 15:45 won
$ chmod u+x won [Return]..........................改变权限
$ ls -l won [Return]..............................验证改变
-rwxrw-r-- 1 david student 64 Oct 18 16:45 won
$_................................................命令提示符
```

现在 won 脚本文件是一个可执行文件了。要执行它并不需要调用另一个 shell 程序,而像所有其他命令(可执行文件)一样,只需要输入该文件的名字,然后接回车键。

```
$ won [Return]....................................执行 won
6.................................................输出表明有 6 个用户
$_................................................命令提示符
```

12.2 编写更多的 shell 脚本

shell 编程相当简单,但其却是功能很强大的工具。用户可以将任何命令按任何顺序放在一个文件中,将该文件变成可执行文件,然后在$命令提示符下输入其文件名来执行。

表 12.2　shell 内部命令

命令	内键于		
	Bourne Shell	Korn Shell	Bourne Again Shell
exit	sh	ksh	bash
for	sh	ksh	bash
if	sh	ksh	bash
let		ksh	bash
read	sh	ksh	bash
test	sh	ksh	bash
until	sh	ksh	bash
while	sh	ksh	bash

说明： 1. 绝大多数 UNIX 系统包含多个 shell。本书中的命令和脚本文件(程序)应当可以在 sh、ksh 和 bash 中执行。但是，系统安装会有一些细小的区别。因此，注意使用 man 命令来了解当前 shell 版本中的特定命令应如何使用。

2. 可以通过输入 sh、ksh 或 bash 来分别调用 Bourne shell、Korn Shell 或 Bourne Again shell 三者之一，以改变当前工作 shell，但这并不会改变用户的登录 shell。输入 exit 可以终止当前 shell，并返回用户登录 shell。

3. 标准变量 SHELL 用来设定用户的登录 shell。输入以下命令行可以知道用户的登录 shell：

$ **echo $SHELL [Return]** ....显示 SHELL 变量的内容

现在修改 won 文件以增加一些命令。图 12.3 给出的 won2 是 won 脚本文件的修改版本。

```
$ cat -n won2
    1 #
    2 # won2
    3 # won version 2
    4 # Displays the current date and time, # of users currently
    5 # logged in, and your current working directory
    6 #
    7 date              # displays current date
    8 who | wc wc -l    # displays # of users logged in
    9 pwd               # displays current working directory
$_
```

图 12.3　shell 脚本示例 won2

假定 won2 文件的访问权限已经修改，该文件已是一个可执行文件。图 12.4 给出 won2 文件的运行结果。

```
$ won2
Wed Nov 30 14:00:52 EDT 2005
    14
/usr/students/david
$
```

图 12.4　won2 程序的输出

won2 程序的输出结果含义模糊,当然可以进行改进。可以使用一些 echo 命令来使这些输出内容更加有意义。图 12.5 给出了第三版 won 脚本 won3。

```
$ cat -n won3
   1 #
   2 # won3
   3 # won version 3 - The user-friendly version
   4 # Displays the current date and time, # of users currently
   5 # logged in, and your current working directory
   6 #
   7 echo                    # skip a line
   8 echo "Date and Time: \ c"
   9 date                    # displays current date
  10 echo "Number of users on the system: \ c"
  11 who | wc -l             # diaplays # of users logged in
  12 echo "Your current directory: \ c"
  13 pwd                     # displays your your current directory
  14 echo                    # skip a line
$_
```

图 12.5 shell 脚本示例 won3

没有参数的 echo 命令可以产生空行。echo 命令以一个新行终止其输出。

图 12.6 给出了 won3 程序的输出。其输出结果现在看起来更有意义。

```
$ won3

Date and time:Wed Nov 30 15:00:52 EDT 2005
Number of users on the system:14
Your current directory:/usr/students/david

$_
```

图 12.6 won3 程序的输出

12.2.1 使用特殊字符

正如第 9 章中提到的,echo 命令识别被称为扩展符的特殊字符。它们都以反斜杠打头,可以将这些扩展符当做 echo 命令参数串的一部分来使用。这些字符使用户可以更好地控制输出格式。例如,下面命令产生 4 个新行:

$ **echo "\n\n\n" [Return]**..............................产生 4 个空行

3 个空行由 3 个 \n 字符产生,另一个空行由 echo 命令产生。

表 12.3 总结了这些扩展符。下面的命令序列给出了使用这些扩展符的例子。

表 12.3 echo 命令的特殊字符

扩展符	含义
\b	退格
\c	在输出串结尾不产生新行([Return]键)
\n	回车并产生一个新行([Return]键)
\r	回车但不产生新行
\t	制表符
\0*n*	0 后面跟 1、2 或 3 位八进制数,代表字符的 ASCII 码

说明: 如果这些命令不起作用,确认已使用-e 选项来使 echo 命令识别扩展字符。例如,可以按如下方式输入前述命令:

```
$ echo -e "\n\n\n"[Return].............................使用-e 选项
```

本说明对后续程序中使用扩展字符的(如 \c、\b 等)echo 命令均有效。

实例: 使用扩展符 \n:

```
$ echo "\nHello\n"[Return].................使用 \n 扩展符
      ......................................第 1 个 \n 产生一个空行
hello.......................................字 hello
      ......................................第 2 个 \n 产生一个空行
      ......................................echo 命令自身产生一个空行
$_..........................................命令提示符
```

响铃:[Ctrl-G]会在绝大多数终端上产生一个响铃声,该响铃声对应的 ASCII 码是八进制数 7。可以使用 \0n 格式在终端产生一个响铃声。

实例: 使用 \0n 扩展符产生响铃声。

```
$ echo "\07\07WARNING"[Return].....................用 \07 产生响铃
WARNING
$_.................................................命令提示符
```

说明: 用户将会听到终端发出两声响铃,随后,WARNING 信息显示在终端上。

清屏:在编写脚本程序特别是编写交互式脚本时,通常需要在进行下一步操作前先清屏。清屏的方法之一是使用 echo 命令的 \0n 扩展符将清屏码送往终端。清屏码与终端有关,因此,用户可能需要询问系统管理员或查询终端技术手册。

实例: 假设用户终端的清屏码为[Ctrl-z](八进制 32),使用 echo 命令清屏:

```
$ echo "\032"[Return]...............................清屏
$_..................................................命令提示符
```

说明: 1. 这时屏幕被清空,命令提示符出现在屏幕左上角。

2. 若该命令不能清空终端屏幕,说明[Ctrl-z]不是用户终端的清屏码。对大多数 shell,可以简单地输入 clear 并按[Return]键来清屏。

12.2.2 退出系统的方式

通常,用户使用[Ctrl-d]或 exit 命令结束会话并退出系统。假如现在用户希望改变退出系统的方式:输入 bye 来退出系统。

实例: 编写一个名为 bye 的脚本,只包含一条命令 exit:

```
$ cat bye [Return]..............................显示 bye 的内容
exit ...........................................只有一条命令
$_..............................................命令提示符
```

实例: 将 bye 改为可执行文件,然后运行它以退出系统:

```
$ chmod u+x bye [Return] .......................改变文件权限
$ bye [Return]..................................退出
$_..............................................用户还在 UNIX 系统中
```

为什么 exit 命令没有起作用呢? 当用户向 shell 提交一个命令时,它创建一个子进程来执行该命令(见第9章)。用户登录 shell 是父进程,脚本文件 bye 是子进程。子进程(bye)在取得系统控制权后执行 exit 命令,结果终止了子进程(bye)。当子进程死亡后,控制权回到父进程(用户登录 shell),因此显示命令提示符。

要想使 bye 脚本起作用,用户必须阻止 shell 创建子进程(使用下节描述的"."命令)。这样,shell 在自身环境中运行用户程序。然后 exit 命令终止当前 shell(用户登录 shell),于是退出系统。

12.2.3 执行命令:点(.)命令

点(.)命令是一个 shell 内部命令,它可以使用户在当前 shell 中执行程序,而不创建子进程。这对用户测试脚本程序(如启动文件.profile 等)非常有用。文件.profile 保存在用户的主目录中,其中包含用户希望每次登录时执行的命令。不必先退出系统然后再登录来激活.profile文件。使用.命令可以执行.profile 文件,并将它的执行结果直接作用于当前 shell——用户登录 shell。

实例: 现在回到 bye 脚本程序并再次运行它,这次使用.命令:

```
$ . bye [Return]................................使用"."命令
UNIX System V Release 4.0
login:_.........................................登录命令提示符
```

注意: 与运行 UNIX 的其他命令一样,在.与其参数(本例中是 bye 程序)之间必须有一个空格。

现在尝试一下另一个版本的 bye 脚本,这个版本不需要.命令,因此可以简单地输入 bye,然后按回车键即可退出系统。

在第9章中,我们学习了 kill 命令。下述命令放在 bye 脚本程序中会终止所有进程,包括登录 shell。

```
$ cat bye [Return]..............................新版本的 bye 脚本
kill -9 0 ......................................该命令终止所有进程
$_..............................................命令提示符
```

现在只剩下一个问题——使用 bye 脚本而不考虑当前所处的目录。如果 bye 存放在用户主目录中,要么每次执行 bye 时将当前目录改为用户主目录,要么输入 bye 的完整路径名。

路径修改:可以修改 shell 变量 PATH,将用户主目录加入其中。这样在执行命令时,shell 也会搜索用户主目录来查找要执行的命令。

实例: 改变 PATH 变量,将用户主目录加入其中。

```
$echo $PATH [Return]........................查看 PATH 变量
PATH=:/bin:/usr/bin
$PATH = $PATH:$HOME [Return]................加入用户主目录
$echo $PATH [Return] .......................再次查看 PATH 变量
PATH=:/bin:/usr/bin:/usr/students/david
$_..........................................命令提示符
```

现在一切都准备好了,在$ 命令提示符下输入 bye,然后按[Return]键,用户就会退出系统。

说明: 要想使 PATH 变量的改变长期有效,可将改变后的 PATH 放到 .profile 文件中。这样,每次登录后,PATH 变量就被设置为用户需要的路径。

命令置换:在 UNIX 中可以将一个命令的输出用做另一个命令的参数。shell 将执行用重音符号(`)括起来的命令,并用该命令的输出作为传送给 echo 命令的参数串。例如:

```
$echo Your current directory:`pwd` [Return]
```

输出结果将会是:

```
Your current directory:/usr/students/david
```

说明: 在这种情况下,pwd 被执行,它的输出(即用户当前目录的路径名)被放在 echo 命令参数串中 `pwd` 的位置,并替换掉 `pwd`。

12.2.4 读取输入:read 命令

给变量赋值的一种方法是使用赋值号——等号(=)。也可以将从标准输入设备读取的字符串存入变量中。

可以使用 read 命令读取用户输入,并将其值存入用户自定义变量中。这是用户定义变量的最常用方法之一,特别是在交互式程序中,程序提示用户输入信息,然后读取用户的输入。执行 read 时,shell 将一直等待,直到用户输入一行文本,然后将输入的文本存入到一个或多个变量中。这些变量列在命令行的 read 命令之后,按[Return]键表示输入结束。

图 12.7 是一个说明 read 命令如何工作的脚本,名为 kb_read。

read 命令通常与 echo 命令结合使用。echo 命令提示用户需要输入什么,read 命令等待用户输入。

实例: 调用 kb_read 脚本:

```
$kb_read [Return]...................................运行

Enter your name: ................................... 提示用户输入
```

```
david [Return]..........................................输入名字
Your name is david......................................名字被回显
$_......................................................命令提示符
```

```
$ cat -n kb_read
    1 #
    2 # kb_read
    3 # A sample program to show the read command
    4 #
    5 echo                              # skip a line
    6 echo "Enter your name: \ c"       # prompt the user
    7 read name                         # read from keyboard and save it in name
    8 echo "Your name is $ name"        # echo back the inputted data
    9 echo                              # skip a line
$_
```

图 12.7　shell 脚本示例 kb_read

说明：1. 用户输入的字符串被存入变量 name 中，然后显示出来。

2. 将变量用引号括起来是一个好想法，因为无法预料用户会输入什么字符，因此要防止 shell 解释特殊字符，如[*]、[?]等。

read 命令从输入设备读取一行。输入的第一个字存入第一个变量中，第二个字存入第二个变量中，依次类推。如果输入串中包含的字数多于变量数，则所有剩余字将存入最后一个变量中。

说明：shell 变量 IFS 的值确定(见第 9 章)字间分隔符，大多数情况下，使用空格做分隔符。

图 12.8 给出了一个名为 read_test 的简单脚本，它读取用户的响应并显示在终端上。在本例中，输入串由 5 个字组成。read 命令有 3 个参数(变量 Word1、Word2 和 Rest)保存用户输入。输入的前 2 个字存入前 2 个变量中，输入串中的其他内容存入第 3 个变量 Rest 中。如果本例中的 read 命令只有一个参数，假设是变量 Word1，则整个输入串都存入变量 Word1 中。

```
$ cat -n read_test
    1 #
    2 # resd_test
    3 # A sample program to test the read command.
    4 #
    5 echo                                       # skip a line
    6 echo "Type in a long sentence: \ c"        # prompt user
    7 read Word1 Word2 Rest                      # read user input
    8 echo " $ Word1 \n $ Word2 \n $ Rest"       # display the contents of the variables
    9 echo "End of my act! : - )"                # signal the end of the program
   10 echo                                       #skip a line
$_
```

图 12.8　简单脚本 read_test 测试 read 命令

实例：现在运行脚本 read_test：

```
$ read_test [Return] ................................ 假设 read_test 是一个可执行文件

Type in a long sentence:............................ 显示提示信息
Let's test the read command. [Return]............... 用户输入
Let's .............................................. $ Word1 中的内容
test ............................................... $ Word2 中的内容
the read command.................................... $ Rest 中的内容
End of my act! :-)

$_.................................................. 命令提示符
```

12.3 探索 shell 编程基础

现在，读者已经掌握了将一定顺序的命令放在一个文件中来创建一个简单的脚本文件。让我们进一步研究 shell 脚本编程，以利用这一具有强大功能的编程语言来编写应用程序。

与任何完备的编程语言一样，shell 提供了命令和结构以使用户写出具有良好结构的、易读的并且可维护的程序。本节介绍这些命令和结构的语法。

12.3.1 注释

注释对编写计算机程序很重要，编写 shell 脚本程序也不例外。注释用来解释程序的目的和逻辑，在程序中使用意图不明显的命令时也需要注释。注释是写给程序员自己或其他任何阅读程序的人看的。如果在自己写完程序一周后再去读它，就会发现竟然有那么多代码不记得了。

说明：shell 将 # 看做注释符号，因此将忽略 # 后的字符。

实例：下面命令显示注释行的使用：

```
#.................................................. 这是一个注释
# program version 3................................ 这也是一个注释行
date # show the current date....................... 这是一个在行中间的注释
```

12.3.2 变量

与其他编程语言一样，UNIX shell 允许用户建立变量以存储数据。为了将值存入变量，只需要输入变量名，后跟等号和希望存入该变量的值，如下所示：

```
variable=value
```

注意：等号两边不允许有空格。

与其他编程语言不同，UNIX shell 不支持数据类型(如整数型、字符型、浮点类型等)。它将任何赋给变量的值都解释为一串字符。例如，count=1 意味着将字符 1 存入变量 count 中。

变量名遵守与文件名同样的语法和规则(见第 5 章)。简言之，变量名只能以字母或下画线(_)开头,其后部分可以使用字母或数字。

shell 是一种解释型语言,用户放在脚本文件中的命令和变量可以在$ 提示符下直接输入。当然,这种方法是一次性过程;如果想再次执行命令序列就得再次输入那些命令。

实例:下面例子是有效的变量赋值,除非用户改变它们或退出系统,否则它们将一直有效。

$ **count=1 [Return]**.................................将字符 1 赋给 count
$ **header="The Main Menu"[Return]**..................将该字符串赋给 header
$ **BUG=insect [Return]**.............................将字串 insect 赋给 BUG

注意:如果值串中包含空格,则必须用引号括起来。

shell 脚本中的变量将保存在内存中,直到该 shell 脚本结束或终止。也可以用 unset 命令清除变量,方法是:输入 unset 命令并指定要删除的变量名,然后按[Return]键。例如,下面命令删除名为 XYZ 的变量:

$ **unset XYZ [Return]**

显示变量

从第 9 章我们知道,用 echo 命令可以显示变量的内容,格式如下:

echo $variable

实例:现在看一下上例中赋值的 3 个变量的值:

$ **echo $count $header $BUG [Return]**.................显示存在这些变量的值

1 The Main Menu insect
$_...命令提示符

命令替换

可以将一个命令的输出存入一个变量中。当用一对重音符号(\`)括住一个命令时,shell 执行该命令,然后用该命令的输出替换该命令,如下所示:

$ **DATE=\`date\` [Return]**...................将 date 命令的输出存入变量 DATE 中
$ **echo $DATE [Return]**....................现在查看一下 DATE 的值
Wed NOV 29 14:30:52 EDT 2001
$_...命令提示符

说明:date 命令的输出存在变量 DATE 中,echo 命令用来显示 DATE 的内容。

12.3.3 命令行参数

shell 脚本可以从命令行读取最多 10 个命令行参数存入特殊变量(也称为位置变量或参数)。命令行参数是用户输入命令后所跟的数据项,通常用空格分隔。这些参数被传递给程序,改变程序的行为或使程序按特定的顺序执行。这些特殊变量(位置变量)按顺序从 0 至 9 计数(没有 10),并被命名为$0、$1、$2,等等。表 12.4 给出了位置变量列表。

表 12.4 shell 的位置变量

变量	含义
$0	包含脚本文件名,与命令行上输入的脚本文件名一样
$1, $2,..., $9	分别包含第 1 个到第 9 个命令行参数
$#	包含命令行参数的个数
$@	包含所有命令行参数: $1 $2... $9
$?	包含最后一个命令的退出状态
$ *	包含所有命令行参数: $1 $2... $9
$$	包含正在执行进程的 ID(PID)

使用 shell 特殊变量

现在看一下有助于理解这些特殊变量使用和安排的例子。假定有一个名为 BOX 的脚本文件,其权限已用 chmod 命令改变为可执行。图 12.9 给出了该脚本文件。

1. 特殊变量 $0 总是记录命令行输入的脚本文件名。
2. 特殊变量 $1、$2、$3、$4、$5、$6、$7、$8 和 $9 分别保存参数 1 至参数 9。命令行上 9 个以后的参数被忽略。
3. 特殊变量 $ * 包含传送给程序的所有命令行参数,将所有参数保存在一个串中。它可以包含多于 9 个参数。
4. 特殊变量 $@与 $ * 一样包含所有命令行参数。但是,它将每个参数用引号括起来的形式保存。
5. 特殊变量 $ # 保存命令行参数的个数。
6. 特殊变量 $? 保存脚本文件 exit 命令的退出状态。如果脚本文件中没有 exit 命令,则该变量保存脚本文件中最后一个执行的非后台命令的状态。
7. 特殊变量 $$ 保存当前进程的进程 ID。

```
$ cat -n BOX
    1 #
    2 # BOX
    3 # A sample program to show the shell variables
    4 #
    5 echo # skip a line
    6 echo "The following is output of the $0 script: "
    7 echo "Total number of command line arguments: $#"
    8 echo "The first parameter is: $1"
    9 echo "The second parameter is: $2"
   10 echo "This is the list of all parameters: $ *"
   11 echo   # skip a line
$_
```

图 12.9 shell 脚本文件 BOX

下面各命令显示对 BOX 程序的不同调用(有或没有命令行参数)以及运行结果。

实例：无命令行参数调用 BOX，只输入文件名：

```
$ BOX [Return]....................................命令行没有参数

The following is output of the BOX script:
Total number of command line arguments: 0
The first parameter is:
The second parameter is:
This is the list of all parameters:

$_................................................命令提示符
```

变量 $0 包含被调用脚本的名字。在本例中，BOX 被存入变量 $0 中。由于没有命令行参数，因此，$ # 的值为 0，并且 $1、$2 和 $ * 中的值为空。echo 命令显示提示信息。

实例：调用 BOX，包含 2 个命令行参数。

```
$ BOX IS EMPTY [Return]...............................命令行有 2 个参数

The following is output of the BOX script:
Total number of command line arguments: 2
The first parameter is: IS
The second parameter is: EMPTY
This is the list of all parameters: IS EMPTY

$_................................................命令提示符
```

变量 $0 包含被调用脚本的名字。在本例中，BOX 被存入变量 $0 中。第 1 个参数保存在特殊变量 $1 中，第 2 个参数保存在 $2 中，依次类推。在本例中，IS 是命令行的第 1 个参数(保存于 $1 中)，EMPTY 是第 2 个参数(保存于 $2 中)。$ * 中保存所有命令行参数，本例中为 IS EMPTY。

如果脚本文件有多于 9 个命令行参数，则第 9 个参数之后的参数将被忽略，但可以用特殊变量 $ * 来得到它们。

赋值

给位置变量赋值的另一种方法是使用 set 命令。set 命令中输入的参数被赋给位置变量。

实例：看下面的例子：

```
$ set One Two Three [Return]...................给 3 个参数赋值
$ echo $1 $2 $3 [Return].......................显示赋给变量 $1 至 $3 的值
One Two Three
$ set `date` [Return]..........................另一个例子
$ echo $1 $2 $3 [Return].......................显示位置变量
Wed Nov 30
$_.............................................命令提示符
```

date 命令被执行,其输出作为 set 命令的参数。如果 date 命令的输出为:

```
Wed NOV 30 14:00:52 EDT 2005
```

则 set 命令有 6 个参数(空格是分隔符),$1 保存了 Wed(第 1 个参数),$2 保存了 Nov(第 2 个参数),依次类推。

情景:现在编写一个脚本文件并使用这些位置变量。假设用户想写一个脚本文件,将当前目录下的指定文件保存到用户主目录下的 keep 目录中,然后调用 vi 编辑该文件。完成该工作的命令为:

```
$ cp xyz $HOME/keep [Return] ........................将指定文件 xyz 复制到 keep 目录
$ vi xyz [Return] ...................................调用 vi 编辑器
```

图 12.10 给出了完成上述工作的脚本文件,名为 svi。svi 文件中的命令与前面用户在命令提示符下输入的命令相同。svi 文件中使用了位置变量,这使该程序成为一个通用程序。它保存并编辑任何在其命令行参数指定的文件。

```
$ cat -n svi
    1 #
    2 # svi
    3 # save and invoke vi
    4 # A sample program to show the usage of the shell variables
    5 #
    6 DIR = $HOME/keep       # assign keep pathname to DIR
    7 cp $1 $DIR             # copy specified file to keep
    8 vi $1                  # invoke vi with the specified filename
    9 exit 0                 # end of the program, exit
$_
```

图 12.10 svi 脚本文件

如果 svi 工作,则将 xyz 文件存入 keep 目录,然后调用 vi 编辑器,用户就可以编辑 xyz 文件。用 ls 命令可以查看是否有一个 xyz 的副本在 keep 目录下。

情景:假设 svi 的权限已改为可执行文件,且用户有一个希望编辑的 xyz 文件在当前目录中。

实例:现在运行 svi 并查看运行结果:

```
$ svi xyz [Return]...........................运行 svi 并指定文件名
hello........................................现在在 vi 编辑器中, 文件 xyz 的内容被显示
~............................................显示 vi 编辑器屏幕的其余部分
"xyz" 1 Line, 5 characters...................vi 编辑器的状态行
$_...........................................用户退出 vi 编辑器后,显示命令提示符
```

如果用户的当前目录中没有文件 xyz 会怎么样呢? 如果用户不指定文件名,svi 程序会怎样工作呢? svi 程序仍会工作,但可能不是按用户所希望的那样工作。在第一种情况下,cp 命令无法在当前目录中找到 xyz 文件,然后调用 vi 编辑器并创建一个新的名为 xyz 的文件。在第二种情况下,cp 命令同样会失败,然后不带文件名调用 vi。在这两种情况下,用户都没有看

到 cp 命令的出错信息,因为在出错信息出现之前 vi 即被调用。

需要对该 svi 程序进行修改,使它能识别错误并显示相应的出错信息,如果指定文件不在当前目录中或者用户没有在命令行指定文件,则不调用 cp 或 vi。

在修改 svi 代码解决上述问题前,需要了解 shell 语言的其他一些命令和结构。

终止程序:exit 命令

exit 命令是 shell 内部命令,使用该命令可以立即终止 shell 程序的运行。该命令的格式如下:

```
exit n
```

这里 n 是退出状态,也称返回码(RC,return code)。如果没有提供退出值,则使用 shell 执行的最后一条命令的退出值。为了与其他 UNIX 程序(命令)通常在完成时返回一个状态值的做法一致,可以在编程时使脚本给父进程返回一个退出状态。如同大家知道的,在 $命令提示符下输入 exit 则终止登录 shell,并使用户退出系统。

12.3.4 条件和测试

可以指定某命令的执行依赖于另外命令的执行结果。在编写 shell 脚本时经常需要这种控制结构。

UNIX 系统中运行的每个命令都返回一个数值,可以通过对返回值的测试来控制程序流程。一个命令要么返回 0,表示执行成功,要么返回其他值,表示失败。将这些真或假条件用在 shell 程序结构中,通过对它们的判断来决定程序流程。让我们现在来看一下这些结构。

if-then 结构

if 语句为检验某条件是真还是假提供了一种机制。根据 if 判断的结果,可以改变程序中命令执行的顺序。下面给出了 if 语句(结构)的语法:

```
if [ condition ]
then
   commands
   ...
   last-command
fi
```

说明: 1. if 语句以 fi(将 if 反写的字)结束。

2. 程序中的缩进并不是必需的,但它们可以使程序更易于阅读。

3. 如果条件为真,则执行 then 与 fi 之间的所有代码(也称为 if 体)。如果条件为假,则跳过 if 体,执行 fi 之后的代码。

注意: 条件外面的方括号是必不可少的,条件前后必须加空格(或制表符)。

实例: 修改 svi 脚本文件使之包含 if 语句,如图 12.11 所示(svi2)。用 if 语句为 svi2 的输出增加了一些控制。

```
$ cat -n svi2
    1 # svi2
    2 # save and invoke vi
    3 # A sample program to show the usage of the shell variables
    4 # Version 2: adding the if-then statement
    5 #
    6 DIR= $HOME/keep          # assign keep pathname to DIR
    7 if [ $#=1 ]              # check for number of command line arguments
    8 then
    9    cp $1 $DIR            # copy specified file to keep
   10 fi                       # end of the if statement
   11 vi $1                    # invoke vi with the specified filename
   12 exit 0                   # end of the program, exit
$_
```

图 12.11　svi2 脚本文件

如果命令行参数个数($#)为 1(即指定了一个文件),则条件为真,执行 if 体(cp 命令),接着调用 vi 编辑器编辑指定的文件,与前面 svi 程序最后一次执行结果相同。

如果命令行参数个数($#)为 0(即未在命令行指定文件),则条件为假,跳过 if 体(cp 命令),而 vi 以未指定文件名方式调用。

实例:输入下述命令行以运行 svi2 程序:

$ **svi2 [Return]**..................不带参数运行 svi2
$ **svi2 myfirst [Return]**...........带一个文件名运行 svi2

if-then-else 结构

通过给 if 结构增加 else 子句,可以在条件为假时执行相应的命令。这种更复杂的 if 结构的语法如下:

```
if [ condition ]
then
   true-commands
   ...
   last-true-command
else
   false-commands
   ...
   last-false-command
fi
```

说明:1. 如果条件为真,则执行 then 与 else 之间的所有命令(即 if 体)。
　　2. 如果条件为假,则跳过 if 体执行 else 与 fi 之间的命令,即执行 else 体。

实例:修改 svi2 脚本文件以包括 if 和 else 语句。图 12.12 给出了这次修改的情况,称为 svi3。

```
$ cat -n svi3
     1 #
     2 # svi3
     3 # save and invoke vi
     4 # A sample program to show the usage of the shell variables
     5 # Version 3: adding the if-then-else statement
     6 #
     7 DIR= $HOME/keep    # assign keep pathname to DIR
     8 if [  $#=1 ]        # check for the number of command line arguments
     9 then
    10   cp $1 $DIR      # copy specified file to keep
    11   vi $1           # invoke vi with the specified filename
    12 else
    13   echo "You must specify a file name.  Try again." #display error message
    14 fi                  # end of the if statement
    15 exit 0              # end of the program, exit
$_
```

图 12.12　svi3 脚本文件

如果命令行参数的个数($#)为 1(即指定了一个文件),则条件为真,并执行 if 体(cp 和 vi 命令)。然后跳过 else 体执行 exit 命令,与前面 svi2 执行的结果一样。

如果命令行参数的个数($#)不是 1,则条件为假,跳过 if 体(cp 和 vi 命令),执行 else 体(echo 命令)。echo 命令显示错误信息,然后执行 exit 命令。

实例: 现在运行程序 svi3。

```
$ svi3 [Return]............................无命令行参数
You must specify a filename. Try again.
$_.........................................命令提示符
```

说明: 1. 必须在命令行指定文件名,否则会出现错误信息,并且不会调用 vi。
2. 如果未指定文件名,则参数个数(位置变量 $#的值)为 0。因此,if 条件为假并且跳过 if 体,而执行 else 体(echo 命令)。

在该版本中,svi3 并不检查文件是否存在。如果指定的文件名并不存在于指定目录中,则复制命令会出错,但仍会调用 vi,vi 用指定的文件名创建一个新文件。

if-then-elif 结构

当脚本文件中用到嵌套 if-then-else 结构时,可以使用 elif(else if 的缩写)语句。elif 是 else 和 if 语句的结合。完整的语法形式如下:

```
if [ condition_1 ]
then
     commands_1
elif [ condition_2 ]
then
```

```
    commands_2
elif [ condition_3 ]
then
    commands_3
...
...
else
    commands_n
fi
```

图 12.13 中的脚本文件 greetings1 根据一天的不同时间显示不同的问候语。在中午前显示 Good Morning，在 12:00 至 18:00 之间显示 Good Afternoon 等。使用 if-then-elif 结构来决定早上、中午或晚上时间。

说明： 1. 将 date 命令作为 set 命令的参数以设置位置变量。

2. hour:minute:second 是日期时间串(date 命令输出的)中的第 4 个字段，它被赋给了位置变量 $4。

3. 必须使用标准 shell(sh)，该版本的 greetings1 脚本才能正常工作。如果用户的登录 shell 是 ksh 或 bash，则输入 sh 然后回车来调用 sh 的副本，之后执行 greetings1 文件。可以输入 exit 返回登录 shell。

```
$ cat -n greetings1
     1 #
     2 # greetings
     3 # greetings program version 1
     4 # A sample program using the if-then-elif construct
     5 # This program displays greetings according to the time of the day
     6 #
     7 # echo
     8 set `date`            # set the positional variables to the date string
     9 hour = $4             # store the part of the date string that shows the hour
    10 if [ "$hour"-lt 12 ]          # check for the morning hours
    11 then
    12      echo "GOOD MORNING"
    13 elif [ "$hour"-lt 18 ]        # check for the afternoon hours
    14 then
    15      echo "GOOD AFTERNOON"
    16 else                          # it must be evening
    17      echo "GOOD EVENING"
    18 fi                            # end of the if statement
    19 echo
    20 exit                          # end of the program, exit
$_
```

图 12.13　使用 if-then-elif 结构的示例：greetings1

实例：为了运行该程序，应输入下述命令行。注意，这里假定用户已将 greetings1 程序变为可执行文件。

$ **greetings1 [Return]**............................运行 greetings1

可以根据自己所掌握和希望使用的 shell 命令的不同，以多种形式编写 greetings 程序。例如，可以不使用 set 命令和位置变量，而利用 date 命令的功能只从其输出中获得小时(hour)字段。

图 12.14 给出了另一个版本的 greetings 程序，称为 greetings2。

```
$ cat -n greetings2
   1 #
   2 # greetings2
   3 # greetings program version 2
   4 # A sample program using the if-then-elif construct
   5 # This program displays greetings according to the time of the day
   6 # Version2: using the date command format control option
   7 #
   8 echo                          # skip a line
   9 hour = `date + %H`            # store the part of the date string that shows the hour
  10 if [ "$hour" -le 12 ]         # check for the morning hours
  11 then
  12   echo "GOOD MORNING"
  13 elif [ "$hour" - le 18 ]      # check for the afternoon hours
  14 then
  15   echo "GOOD AFTERNOON"
  16 else                          # it must be evening
  17   echo "GOOD EVENING"
  18 fi
  19 echo                          # skip a line
  20 exit 0                        # end of the program, exit
$_
```

图 12.14 使用 if-then-elif 结构的示例：greetings2

程序中的 hour = `date + %H` 一行需要额外解释。%H 限制 date 命令的输出仅为日期字符串中的小时部分。

实例：使用 date 命令的功能：

```
$ date [Return]..................................显示日期和时间
Wed NOV 30 14:00:52 EDT 2005
$ date +%H [Return]..............................只显示小时部分
14
$ ...............................................命令提示符
```

date 命令有多个字段描述符，使用这些描述符可以控制该命令的输出格式。在参数的开始位置输入 +，某后紧跟字段描述符如 %H、%M 等。可以用 man 命令来获得字段描述符的全部列表。下面多看几个例子。

实例：使用 date 命令字段描述符：

```
$ date '+DATE: %m-%d-%y' [Return]............显示用连字符分隔的日期
DATE: 05-10-99
```

```
$ date '+TIME: %H:%M:%S'[Return]..............显示用冒号分隔的时间
TIME: 16:10:52
```

说明: 1. 参数必须以加号开始,意思是输出格式由用户控制。每个字段描述符前面有一个百分号(%)。

2. 如果参数包含空格,则必须用引号括住。

3. 可以将 greetings2 程序加入到自己的.profile 文件中,这样,每次登录时系统会显示相应的问候语。

真或假:test 命令

test 是 shell 内部命令,它计算作为其参数的表达式是真还是假。如果表达式为真,则 test 返回 0,否则返回非 0 值。表达式可能很简单,如比较两个数值是否相等;也可能很复杂,如判断用逻辑运算符连接起来的多个命令。test 命令对编写脚本程序特别有用。实际上,if 语句中括住条件的方括号是 test 命令的一种特殊形式。图 12.15 给出了一个用 test 命令判断 if 条件的示例脚本。

```
$ cat -n check_test
     1 #
     2 # check_test
     3 # A sample program using the test command
     4 #
     5 echo                                        # skip a line
     6 echo "Are you OK?"
     7 echo "Input Y for yes and N for no: \c"     # prompt user
     8 read answer                                 # store user response in answer
     9 if test "$answer" = Y                       # test if user entered Y
    10 then
    11     echo "Glad to hear that!"               # display the message
    12 else                                        # user entered N
    13     echo "Go home!"                         # display the message
    14 fi
    15 echo                                        # skip a line
    16 exit 0                                      # end of the program, exit
$_
```

图 12.15　脚本文件 check_test

说明: 1. check_test 脚本提示用户输入 Y(是)或 N(否),然后读取用户的输入。

2. 如果用户响应 Y,则 test 命令返回 0,这时 if 条件为真,于是执行 if 体,显示信息 Glad to hear that!,其后的 else 体被跳过。

3. 用户的任何非 Y 输入都会使 if 条件为假,于是跳过 if 体而执行 else 体,显示信息 Go home!。

用方括号调用 test 命令:shell 提供了另外一种调用 test 命令的方法,即用方括号([ ])来代替单词 test。因此,if 语句可以写成如下形式:

```
if test "$variable" = value
```

或

```
if [ "$variable" = value ]
```

12.3.5 不同类型的判断

使用 test 命令可以进行多种判断,包括:数值、字符串和文件。下面将分别介绍这些内容。

数值

使用 test 命令可以判断(比较)2 个整数值,也可以用逻辑运算符组合比较表达式。其格式如下:

```
test expression_1 logical operator expression_2
```

逻辑运算符有:

- 逻辑与运算符(-a):如果 2 个表达式都为真,则 test 命令返回 0(条件码为真)。
- 逻辑或运算符(-o):如果 2 个表达式中的 1 个或 2 个都为真,则 test 命令返回 0(条件码为真)。
- 逻辑非运算符(!):如果表达式为假,则 test 命令返回 0(条件码为真)。

可以用来比较(保存数值的)变量的操作符在表 12.5 中总结。

表 12.5 test 命令的数值判断操作符

操作符	示例	含义
-eq	*number1* -eq *number2*	*number1* 与 *number2* 是否相等
-ne	*number1* -ne *number2*	*number1* 与 *number2* 是否不相等
-gt	*number1* -gt *number2*	*number1* 是否大于 *number2*
-ge	*number1* -ge *number2*	*number1* 是否大于或等于 *number2*
-lt	*number1* -lt *number2*	*number1* 是否小于 *number2*
-le	*number1* -le *number2*	*number1* 是否小于或等于 *number2*

情景:假设用户想写一个脚本,该脚本读取 3 个数作为输入,然后显示最大的一个数。使用 cat 命令可以查看 largest 程序,图 12.16 为该程序的一种实现方法。

```
$ cat -n largest
     1 #
     2 # largest
     3 # A sample program using the test command
     4 # This program accepts three numbers and shows the largest of them
     5 #
     6 echo                              # skip a line
     7 echo "Enter three numbers and I will show you the largest of them>> \c"
     8 read num1 num2 num3
     9 if test "$num1"-gt "$num2"-a "$num1"-gt "$num3"
    10 then
    11   echo "The largest number is:  $num1"
    12 elif test "$num2"-gt " $num1" -a " $num2"-gt "$num3"
```

图 12.16 shell 程序文件 largest

```
    13 then
    14   echo "The largest number is: $num2"
    15 else
    16   echo "The largest number is: $num3"
    17 fi
    18 echo "Done! : - )"              # end of the program message
    19 echo                            # skip a line
    20 exit 0                          # end of the program, exit
$_
```

图 12.16　shell 程序文件 largest(续)

说明：1. 运行程序 largest 时，它会等待用户输入 3 个数。然后，用户的输入被传送给 if-then-elif 结构以找出最大值。

2. 如果输入的前 2 个数中没有最大值，则第一个 if 语句失效，接着 elif 也失效，该程序执行 else 语句。这里并不需要更多比较；如果最大值既不是第 1 个数也不是第 2 个数，则它一定是第 3 个数。

实例：试运行 largest 程序：

```
$ chmod +x largest [Return]............将其变为可执行文件
$ largest [Return].....................运行该程序
Enter three numbers and I will show you the largest of them>>_
100 10 400 [Return]....................输入 3 个数
The largest number is: 400
Done! : - )
$_.....................................命令提示符
```

现在考虑一下如何改进 largest 程序。例如，能否使代码行更少些？（比如是否需要在 if、elif 和 else 体中都重复 echo 命令？）能否进行错误检验？（比如只输入 2 个数该怎么办？）

字符串

也可以用 test 命令比较(判断)字符串。test 命令为字符串比较提供了一组操作符。这些操作符在表 12.6 中总结。后面的例子说明了带字符串参数的 test 命令的使用。

表 12.6　test 命令字符串比较操作符

操作符	示例	含义
=	*string1* = *string2*	*string1* 是否与 *string2* 相同
!=	*string1* != *string2*	*string1* 是否与 *string2* 不相同
-n	-n *string*	*string* 是否包含字符(长度非 0)
-z	-z *string*	*string* 是否为空串(长度为 0)

实例：使用空串的第 1 个试验：

```
$ STRING [Return]..................说明一个空串
$ test -z $STRING [Return]..........判断长度是否为 0
test: Argument expected.............错误信息
$_..................................命令提示符
```

说明: 1. shell 用空字符串替换了$STRING,因此出现错误信息。

2. 即使字符串中包含空格或制表符,用引号将字符串变量括起来即可以保证正确的判断。

实例: 现在将 $STRING 用引号括起来再试一下:

$ **test -z "$STRING"** [Return]..................判断长度是否为 0

说明: 这次 test 命令将返回 0(真),说明变量$STRING 包含一个长度为 0 的字符串。

实例: 在下面例子中,直接在$命令提示符下输入命令。如果命令未输入完,shell 将显示次命令提示符(>)以等待用户输入完命令:

$ **DATE1 = \`date\`** [Return]......................初始化 DATE1
$ **DATE2 = \`date\`** [Return]......................初始化 DATE2
$ **if test " $DATE1" = " $DATE2"** [Return]........判断是否相等
> **then** [Return]..........................因为 if 命令并未结束,
shell 显示次命令提示符
> **echo "STOP! The computer clock is dead!"** [Return]
> **else** [Return]..........................else 体开始
> **echo "Everything is fine."** [Return]
> **fi** [Return]..........................if 语句结束,按[Return]键后命令立即被执行
Everything is fine..........................程序输出
$_..命令提示符

说明: 该 test 命令(if 条件)结果为假。因此,执行 else 体并显示相应的信息。保存在 DATE1 与 DATE2 中的值会相等吗?

文件

可以用 test 命令检测文件属性,如文件长度、文件类型和文件权限等。可以检测的文件属性超过 10 个,这里仅介绍其中的一部分。表 12.7 总结了文件检测操作符。后面的例子说明 test 命令在检测文件中的用法。命令均在$ 提示符下输入。

表 12.7 test 命令文件检测操作符

操作符	示例	含义
-r	-r *filename*	文件 *filename* 是否存在并且可读
-w	-w *filename*	文件 *filename* 是否存在并且可写
-s	-s *filename*	文件 *filename* 是否存在并且长度非 0
-f	-f *filename*	文件 *filename* 是否存在并且是普通文件
-d	-d *filename*	文件 *filename* 是否存在并且是一个目录

实例: 假设用户有一个名为 myfile 的文件,其权限为只读。现在输入下述命令并查看其输出结果:

$ **FILE =myfile** [Return]..........................初始化 FILE 变量
$ **if test -r "$FILE"** [Return]....................检测 myfile 是否可读
> **then** [Return]..................................次命令提示符

```
> echo "READABLE"[Return]........................显示信息
> elif test -w "$FILE"[Return]...................检测 myfile 是否可写
> then [Return]
> echo "WRITABLE"[Return]........................显示信息
> else [Return]
> echo "Read and Write Access Denied"[Return]
> fi [Return]....................................if 语句结束
READABLE
$_...............................................命令提示符
```

实例：1. 用户一旦输入 fi，if 命令的结尾，shell 即执行该命令，产生输出并显示$提示符。

2. 第一个 if 检测 myfile 的读访问权限。由于用户有读权限，因此 test 命令返回 0(真)，if 条件为真。因此，只有第一个 if 体被执行，显示信息 READABLE。

3. 如果用户对 myfile 有写权限，则信息 WRITABLE 也会显示。

4. 如果用户对 myfile 既没有读权限也没有写权限，则信息 Read and Write Access Denied 将被显示，这时 if 条件和 elif 条件都为假。

图 12.17 给出了 svi 脚本文件。在该版本中(svi4)，将检验指定文件是否存在。当指定文件存在时，cp 和 vi 命令才会执行。

```
$ cat -n svi4
     1 #
     2 # svi4
     3 # save and invoke vi
     4 # A sample program to use the test command and file test operators
     5 # Version 4: This version checks for the existence of the file
     6 #
     7 DIR = $HOME/keep             # assign keep pathname to DIR
     8 if test $# = 1               # check for number of command line arguments
     9 then
    10   if test -f $1              # check for the existence of the file
    11   then
    12     cp $1 $DIR               # copy specified file to keep
    13     vi $1                    # invoke vi with the specified filename
    14   else
    15     echo "File not found. Try again."
    16   fi
    17 else
    18     echo "You must specify a filename. Try again."
    19 fi                           # end of the if statement
    20 exit 0                       # end of the program, exit
$_
```

图 12.17　svi4 脚本文件

实例：运行 svi 程序的新版本 svi4：

```
$ svi4 xyz [Return].....................运行它，指定一个不存在的文件 xyz
File not found.Try again.
```

```
$ svi4 [Return]........................再次运行它,不指定文件
You must specify a filename. Try again.
$_.....................................命令提示符
```

说明:1. 判断 if 条件时,使用 test 命令来代替方括号。
2. 该程序使用了嵌套 if 结构(一个 if 包含在另一个 if 中)。
3. 如果未找到指定文件,则显示 File not found. Try again. 信息。
4. 如果找到了指定文件,则将该文件复制到 keep 目录中,并调用 vi 编辑器。
5. 如果命令行未指定文件名,则第一个 if 条件为假,于是显示 You must specify a filename. Try again. 信息。

12.3.6 参数替换

shell 提供了参数替换功能,使用户可以检验参数的值并根据选项改变它的值。如果用户在编程时希望检查某一变量是否设置为某值时,这一功能非常有用。例如,用户在脚本文件中写了一个 read 命令,希望确认使用者在进行下一动作之前已经输入了一些信息。

参数替换的格式为一个美元符号($)、一对花括号({ })、一个变量、一个冒号(:)、一个选项字符和一个字,如下所示:

```
${parameter:option character  word}
```

选项字符(option character)决定用户希望如何处理字(word)。有 4 个选项字符:-、+、?和=。这 4 个选项根据变量是否为空串完成不同的动作。

如果变量的值是一个空串,则这个变量是一个空变量(null 变量)。例如,下面 3 个变量值都被设置为空,因而是空变量。

```
EMPTY=................................名为 EMPTY 的空变量
EMPTY="".............................名为 EMPTY 的空变量
EMPTY=''.............................名为 EMPTY 的空变量
```

注意:在创建空变量时,引号之间不能有空格符。

表 12.8 总结了 shell 变量替换(赋值)选项。每个选项都有一个简单的解释。

表 12.8 shell 变量赋值选项

变量选项	含义
$*variable*	保存在变量中的值
${*variable*}	保存在变量中的值
${*variable*:-*string*}	如果 *variable* 有一个非空值,则值为 *variable*,否则值为 *string*
${*variable*:+*string*}	如果 *variable* 有一个非空值,则值为 *string*,否则值为空
${*variable*:=*string*}	如果 *variable* 有一个非空值,则值为 *variable*,否则值为 *string* 且 *variable* 的值设置为 *string*
${*variable*:?*string*}	如果 *variable* 有一个非空值,则值为 *variable*,否则显示 *string* 并退出

${parameter}:将变量(参数)放入花括号中可以防止因变量名后面紧跟字符而引起的错误。下述例子清楚地解释了这一问题。

实例: 假设用户想将文件memo的文件名改变为memoX,并且文件名memo已经存入变量FILE中。

```
$ echo $FILE [Return]............................查看FILE中存了什么
memo
$ mv $FILE $FILEX [Return].......................将memo改为memoX
Usage:mv
$_...............................................命令提示符
```

该命令没有工作,因为shell认为$FILEX是一个变量的名字,而这个变量并不存在。

```
$ mv $FILE ${FILE}X [Return]........................将memo改为memoX
$_..................................................完成了改名,返回命令提示符
```

这一次命令正确工作,因为shell认为 $FILE是变量名,并将它替换为该变量的值,在本例中是memo。

${parameter:-*word*}:-(连字符)选项意味着,如果列出的变量(参数)有一个非空值,则使用该变量的值。否则,如果该变量为空或未设置,用*word*替换它的值。例如:

```
$ FILE = [Return] ....................................这是一个空变量
$ echo ${FILE: - /usr/david/xfile} [Return]..............显示FILE的值
/usr/david/xfile
$ echo " $FILE"[Return] ..............................查看FILE变量
  ....................................................其值仍为空
$_....................................................命令提示符
```

说明: 1. shell对FILE变量进行判断,该变量值为空,因此-选项导致变量替换,即用/usr/david/xfile代替FILE变量送往echo命令并显示。
2. FILE变量仍为空变量。

${parameter: + *word*}: +选项与-选项相反。它意味着,如果列出的变量(参数)有一个非空值,则用*word*代替它的值。否则,该变量的值保持不变。例如:

```
$ HELP = "wanted "[Return]..............................设置HELP变量
$ echo ${HELP: + "Help is on the way"} [Return]
Help is on the way
$ echo $HELP [Return]...................................查看变量HELP的值
wanted .................................................值不变
$_......................................................命令提示符
```

说明: 1. shell判断变量HELP的值,其值已设置为wanted。于是+选项导致变量替换,即用Help is on the way来代替HELP的值送往echo命令显示。
2. HELP的值保持不变。

${parameter: = *word*}: =选项意味着,如果列出的变量(参数)未设置或值为空,则用*word*替换它。否则,如果变量值非空,则保持不变。例如:

$ **MESG= [Return]**....................................空变量

$ **echo ${MESG: ="Hello There!"} [Return]**..................显示 MESG 的值

Hello There!

$ **echo $MESG [Return]**....................................查看 MESG 变量

Hello There!..已经设置为指定字符串

$_..命令提示符

注意: *word* 可以是包含空格的字符串,但要用引号括起来。

说明: 1. shell 判断 MESG 的值为空,所以=选项将 MESG 的值设置为 Hello There!。替换完成后,echo 命令显示保存在 MESG 中的值。

2. MESG 的值已改变,并且不再是空变量。

${parameter:? *word*}:?选项意味着,如果列出的变量(参数)有一个非空值,则取其值。否则,如果该变量为空,则显示 *word* 并退出该脚本。如果 *word* 省略,则显示预设置信息 parameter null or not set。例如:

$ **MESG =[Return]**....................................MESG 是一个空变量

$ **echo ${MESG:?"ERROR!"} [Return]**........................根据选项完成替换

ERROR!

$_..命令提示符

说明: shell 判断 MESG 的值为空,于是?选项导致用 ERROR 代替 MESG 变量送往 echo 命令并显示。

当用户只是简单地用[Return]来响应 read 命令时,可以使用该选项来显示一个错误信息,然后终止该 shell 脚本。图 12.18 给出了一个名为 name 的脚本例子。

```
$ cat -n name
    1 # name
    2 # Read a name from keyboard
    3 # A sample program to use the shell parameter substitutions
    4 #
    5 echo                                  # skip a line
    6 echo "Enter your name: \c"            # prompts the user
    7 read name
    8 echo ${name:?"You must enter your name"}
    9 echo "Thank you. That's all."
   10 echo                                  # skip a line
   11 exit 0                                # end of the program, exit
$_
```

图 12.18 脚本文件 name

实例: 运行 name 脚本:

$ **name [Return]**..................................运行 name 脚本文件

Enter your name:_....................................用户提示信息

[Return]...假设程序使用者仅仅只按[Return]键响应

```
You must enter your name.......................系统反馈给使用者的信息
$_.........................................退出脚本,回到命令提示符
```

说明: 1. 如果对 read 命令仅响应一个回车,则 name 变量仍为空。? 选项判断该变量,发现它的值为空,于是显示指定的信息,同时终止 shell 脚本程序。

2. 但是,如果用户输入自己的名字或一个单词,则脚本文件会继续执行,并将信息 Thank you. That's all. 显示出来。

实例: 再次运行 name:

```
$ name [Return]..................................运行 name
Enter your name:_ ...............................用户提示信息
Emma [Return]....................................输入自己的名字
Thank you. That's all.
$_...............................................命令提示符
```

12.4 算术运算

shell 没有提供简单的内部运算符来完成算术运算。例如,若想将一个 shell 变量的值加 1,操作的结果可能并不是用户希望的那样。

```
$ x =10 [Return].................................将 x 初始化为 10
$ echo $x [Return]...............................显示 x 的值
10
$ x = $x + 1 [Return]............................将 x 的值加 1
$ echo $x [Return]...............................显示 x 的值
10 + 1
$_...............................................命令提示符
```

说明: shell 并没有将 x 的值加 1。它只是将字符串 +1 追加到 x 的值之后。

12.4.1 算术运算:expr 命令

使用 expr 命令可以计算表达式的值。该命令提供算术运算功能,并能够对数字或非数字字符串进行计算。expr 命令将参数作为表达式,计算该表达式并将结果显示在标准输出设备上。

算术运算符

下面各命令介绍算术运算符并说明如何使用 expr 命令进行常量计算。

实例: 下面的例子说明常量的加、减运算:

```
$ expr 1 + 2 [Return]............................+号是加运算符
3
$ expr 15 - 6 [Return]...........................-号是减运算符
9
$ expr 6 - 15 [Return]
-9
```

$ **expr 2.4 - 1 [Return]**..............................错误参数(2.4),只能是整数
expr: nonnumeric argument..............................UNIX错误信息
$ **expr 1+1 [Return]**..............................错误参数(1+1)
1+1..............................该命令显示字符串1+1
$_

注意: 表达式的元素之间必须有空格。正确的形式是 expr 1 + 1。注意+号两边都有空格。

实例: 下面例子说明乘、除和取余数运算:

$ **expr 10 / 2 [Return]**..............................`/`号是除运算符
5
$ **expr 10 * 2 [Return]**..............................*号是乘运算符
20
$ **expr 10 \% 3 [Return]**..............................%号是取余运算符
1
$_

注意: 由于字符*(乘)和%(取余)在shell中有特殊含义,因此它们前面必须有前导字符\(反斜杠),以使shell忽略它们的特殊意义。

实例: 下面的例子说明将一个整数与shell变量相加:

$ **x=10 [Return]**..............................初始化x为10
$ **x=\`expr $x + 1\` [Return]**..............................将x加1
$ **echo $x [Return]**..............................显示x
11
$_..............................命令提示符

注意: 必须用重音符号\`将命令括起来,以使expr的执行结果替换为输出。

关系运算符

expr命令提供用于数字和非数字参数的关系运算符。如果两个参数都是数字,则进行数字比较。如果有一个参数是非数字的,则进行非数字比较,并使用ASCII值。关系运算符有:

=..............................相等
!=..............................不等
<..............................小于
<=..............................小于等于
>..............................大于
>=..............................大于等于

说明: 1. 当比较结果为真时,expr命令显示1。
2. 当比较结果为假时,expr命令显示0。

实例: 下面各命令说明expr使用关系运算符的情况:

$ **expr Gabe = Gabe [Return]**..............................字母比较

```
1............................................显示1,表明为真
$expr Gabe = Daniel [Return]...............字母比较
0............................................显示0,表明为假
$expr 10 \< 20 [Return].....................数字比较
1............................................显示1,表明为真
$expr 10 \> 20 [Return].....................数字比较
0............................................显示0,表明为假
$_...........................................命令提示符
```

注意：请读者注意，由于>(大于号)和<(小于号)对shell有特殊含义，因此必须用反斜杠(\)作前导符，以使shell忽略它们的特殊意义。

```
$expr 6 \> A [Return]........................混合比较(数字与字母)
0............................................显示0,表明为假
$_...........................................命令提示符
```

说明：这里expr命令将6看做一个字符参数，并且比较6(54)与A(65)的ASCII值。

12.4.2　算术运算：let命令

可以使用let命令处理整数运算。let命令与expr命令相似，并可互相替换。它包括了expr命令的所有基本算术运算，如加、减、乘和除。例如：

```
$x=100 [Return]...............................初始化x为100
$let x=x+1 [Return]...........................将x加1
$echo $x [Return].............................显示x的值
101
$let y=x*2 [Return]...........................用let命令进行乘法运算
$echo $y [Return].............................显示y的值
202
$_
```

说明：1. let命令自动使用变量的值。在本例中，直接输入x而不需要$x即可获取x的值。
2. let命令将符号*和%分别解释为乘和取余运算符，因而不需要使用*或\%来消除它们的特殊含义。

12.5　循环结构

当程序中需要重复一系列语句或命令时，应当使用循环结构。循环结构可以为程序员节省大量的时间。为了将一个简单信息显示100次就写100行代码是无法想象的。shell提供了三种循环结构：for循环、while循环和until循环。这些循环可以使用户按一定的次数重复执行某些命令，或者重复执行某些命令直到满足某一条件。

说明：正如前面所提到的，本章全部使用cat -n命令来显示脚本文件源代码。读者可以使用vi编辑器在Chapter12/12.5目录中创建这些文件。建议读者将这些文件建立在指定目录中以组织好自己的文件。

12.5.1 for 循环:for-in-done 结构

for 循环用于按指定次数执行一系列命令。其基本格式如下:

```
for variable
in list-of-values
do
  commands
  ...
  last-command
done
```

shell 扫描 list-of-values,将第 1 个 word(值)存到循环变量 variable 中,然后执行 do 与 done 之间的命令(即循环体)。接着,将第 2 个 word 赋给循环变量并再次执行循环体。循环体中命令执行的次数与 list-of-values 中包含值的个数相等。

图 12.19 中给出了脚本 for_in_done 的源代码。该程序说明 for-in-done 循环结构的使用方法。

```
$ cat -n for_in_done
    1 #
    2 # for_in_done
    3 # A sample program to show the for_in_done construct
    4 #
    5 echo                              # skip a line
    6 for count in 1 2 3                # start of the loop
    7 do
    8     echo "In the loop for $count times"
    9 done                              # end of the for loop
   10 echo                              # skip a line
   11 exit 0                            # end of the program
$_
```

图 12.19 脚本文件 for_in_done

实例: 下述各命令说明 for 循环如何工作。这是 for_in_done 程序的命令行版本。注意用户在命令行输入程序时,shell 会用符号>提示用户直至用户输入 done 结束循环命令。该程序的源代码请参见图 12.19。

```
$ for count in 1 2 3 [Return] ........................... 设置循环头
> do [Return] ............................................ 等待用户输入完命令
> echo "In the loop for $count times"[Return].......... 显示信息
> done [Return]........................................... for 循环结束
In the loop for 1 times
In the loop for 2 times
In the loop for 3 times
$_..................................................... 命令提示符
```

说明：1. 在本例中，count 是循环变量，list-of-values 由三个数字(1、2 和 3)组成，循环体只有一个 echo 命令。
2. 由于 list-of-values 中列出了三个值，因此，循环体总共执行了 3 次。
3. list-of-values 中的值依次赋给变量 count，每执行一次循环，就给循环变量赋一个新值，直到 list-of-values中的值全部赋完为止。

情景：假设用户希望将打印文件的名字和打印时间保存在一个文件中，则可以编写一个名为 slp(super line printer)的脚本文件，该程序打印用户的文件并将文件的信息保存在一个名为 pfile 的文件中。图 12.20 给出了 slp 脚本的一种实现方式。

```
$ cat -n slp
    1 #
    2 # slp
    3 # super line printer
    4 # A sample program to show the for_in_done construct
    5 #
    6 echo                                          # skip a line
    7 echo "Enter the name of the file(s) >> \c"    # prompt the user
    8 read filename                                 # read input
    9 for FILE in $filename                         # start of the for loop
   10 do
   11   echo "\nFile name: $FILE \n Printed:`date`" >>pfile "# save in pfile
   12   lp $FILE                                    # print the file
   13 done                                          # end of the for loop
   14 echo "\n\07Job done"                          # inform user
   15 echo                                          # skip a line
   16 exit 0                                        # end of the program, exit
$_
```

图 12.20　脚本文件 slp

说明：1. 用户可以输入多个文件名。变量 filename 中的每个文件名依次赋给循环变量 FILE。echo 命令负责将该文件的信息(被打印文件的名字及打印时间)保存到 pfile 中，lp 命令打印文件。
2. 第一次使用该程序时，echo 命令创建 pfile 文件。此后，新打印文件的信息被追加(>>重定向符)到 pfile 中。

实例：运行 slp 程序：

```
$ slp [Return]...................................运行程序
Enter the name of the file(s) >>.....................等待输入
myfile [Return]..................................输入 myfile
lp:request id is lp 1-9223 (1 file)..................lp 命令的信息
Job done.........................................蜂鸣声和最后显示信息
$_...............................................命令提示符
$ cat pfile [Return]..............................查看 pfile
Filename: myfile
Printed:Mon Dec 5 12:01:35 EST 2005
$_...............................................命令提示符
```

12.5.2 while 循环:while-do-done 结构

这里介绍的第二种循环结构是 while 循环。与 for 循环的不同之处在于:for 循环的重复次数由 list-of-values 中值的个数决定,而 while 循环只要循环条件为真就继续循环。其格式如下:

```
while [ condition ]
do
   commands
   ...
   last-command
done
```

只要循环条件为真(0),循环体(do 与 done 之间部分)中的命令就重复执行。循环条件必须最终变为假(非 0),否则该循环会成为一个无限循环而永远循环下去。因此用户必须了解系统的 kill 键以便终止这样的进程。

图 12.21 给出了脚本文件 carryon 的源代码。该程序说明了循环结构 while-do-done 的使用方法。

```
$ cat -n carryon
     1 #
     2 # carryon
     3 # A sample program to show the while-do-done construct
     4 #
     5 echo                                    # skip a line
     6 carryon =Y                              # initialize the carryon variable
     7 while [  $carryon  =  Y ]               # start the while loop
     8 do
     9   echo "I do the job as long as you type Y:_ \b \c"
    10   read carryon                          # read from keyboard
    11 done                                    # end of the while loop
    12 echo "Job Done!"                        # end of the program message
    13 echo                                    # skip a line
    14 exit 0                                  # end of the program, exit
$_
```

图 12.21 脚本文件 carryon

实例:下面的命令说明 while 循环是如何工作的。这是 carryon 程序的命令行版本。注意用户在命令行输入程序时,shell 会用符号>提示用户直至用户输入 done 结束循环命令。该程序的源代码请参见图 12.21。

```
$ carryon =Y [Return] ................................初始化 carryon
$ while [  $carryon  =  Y ] [Return]....................建立 while 循环
> do [Return]
> echo "I do the job as long as you type Y:_ \b \c"[Return]
> read carryon [Return]
> done [Return]...........................................读取输入
```

```
I do the job as long as you type Y:_....................等待用户输入
Y [Return]..............................................输入 Y 并按[Return]键
I do the job as long as you type Y:_....................再次等待用户输入
N [Return]..............................................输入 N 并按[Return]键
$_......................................................命令提示符
```

说明: 在该程序中,只要用户输入 Y,循环条件即为真,循环体(echo 和 read 命令)就重复执行。要停止该程序只需输入非 Y 的任何字符。

图 12.22 给出了脚本文件 counter1 的源代码。counter1 程序是 while 循环结构的另一个例子,它的功能是显示数字 0 到 9。程序中使用 expr 命令来计算将要显示的下一个数。cat 命令用来显示源代码。

```
$ cat -n counter1
     1 #
     2 # counter1
     3 # Counter: Counts from 1-9 using while loop
     4 #
     5 echo                          # skip a line
     6 count =1                      # initialize the count variable
     7 while [  $count -lt 10 ]      # start the while loop
     8 do
     9    echo $count                # display count value
    10    count =`expr $count + 1`   # increment count
    11 done                          # end of the while loop
    12 echo "End! :-)"               # end of the program message
    13 echo                          # skip a line
    14 exit 0                        # end of the program, exit
$_
```

图 12.22　脚本文件 counter1

说明: 注意命令 expr $count + 1 用一对重音符号(`)括起来。当程序运行时,该命令的输出保存到变量 count 中。

实例: 运行 counter1 程序。

```
$ counter1 [Return]................................运行 counter1 程序

1
2
3
4
5
6
7
8
9
```

```
End! :-)

$_.................................................命令提示符
```

图 12.23 给出了该脚本文件的一个新版本 counter2,其中用 let 命令代替 expr 命令。cat 命令用来显示源代码。

```
$ cat -n counter2
    1 #
    2 # counter2
    3 # Counter: Counts from 1-9 using while loop and the let command
    4 #
    5 echo                        # skip a line
    6 count=1                     # initialize the count variable
    7 while [ $count -lt 10 ]     # start the while loop
    8 do
    9   echo $count               # display count value
   10   let count=count+1         # increment count
   11 done                        # end of the while loop
   12 echo "End! :-)"             # end of the program message
   13 echo                        # skip a line
   14 exit 0                      # end of the program, exit
$_
```

图 12.23 脚本文件 counter2

说明:后续的 counter 程序版本只适用于 ksh shell。

let 命令的缩写

let 命令可以缩写为双括号,即(())。图 12.24 为该脚本文件的另一版本 counter3。在该版本中,用 let 命令的缩写形式来代替 expr 命令。

```
$ cat -n counter3
    1 #
    2 # counter3
    3 # Counter: Counts from 1-9 using while loop and the let command
    4 #          abbreviation (())
    5 #
    6 echo                        # skip a line
    7 count=1                     # initialize the count variable
    8 while (( $count < 10 ))     # start the while loop
    9 do
   10 echo $count                 # display count value
   11 (( count=count+1 ))         # increment count
   12 done                        # end of the while loop
   13 echo "Done! :-)"            # end of the program message
   14 echo                        # skip a line
   15 exit 0                      # end of the program, exit
$_
```

图 12.24 脚本文件 counter3

12.5.3 until 循环:until-do-done 结构

这里介绍的第三种循环结构是 until 循环。until 循环与 while 循环类似,所不同的是 until 循环只要循环条件为假(非 0 值)就执行循环体。在编写其执行取决于其他事件发生的脚本程序时,until 循环非常有用。其格式如下:

```
until [ condition ]
do
  commands
  ...
  last-command
done
```

注意: 如果在第一次执行时循环条件即为真(0),则不会执行 until 循环体。

情景:假设要查看指定用户当前是否登录到系统,如果没有,则在他登录时进行报告。图 12.25给出了脚本文件 uon(User ON)的一种实现方案。

```
$ cat -n uon
     1 #
     2 # uon
     3 # Let me know if xyz is on the system
     4 #
     5 echo                                # skip a line
     6 until who | grep "$1"> /dev/null    # redirect the output of grep
     7 do
     8   sleep 30                          # wait half a minute
     9 done                                # end of the until loop
    10 echo "\07\07$1 is on the system"    # inform user
    11 echo                                # skip a line
    12 exit 0                              # end of the program, exit
$_
```

图 12.25 脚本文件 uon

在 uon 脚本中,只要循环条件为真,until 循环就终止。如果 grep 命令(见第 9 章)未能在 who 命令传送给它的用户列表中发现指定的用户 ID,则循环条件保持为假(非 0 值),并且 until循环继续执行循环体——sleep 命令。一旦 grep 命令在用户列表中找到指定的用户 ID,循环条件即变为真(0),循环终止。接下来,循环语句之后的命令开始执行,即通过两声蜂鸣通知程序使用者,指定的用户已登录到系统上了。

说明: 1. grep 命令的输出被重定向到空设备。也就是说,用户既不想看到该输出,也不想保存它。

2. sleep 命令使该程序暂停 30 秒。其效果就是 grep 命令每半分钟检查一次用户列表。

现在只剩下一个问题。如果用户在前台运行该程序,而指定的用户一直未登录,则用户无法使用该终端,直到指定的用户登录到系统才行。解决的方法是在后台运行 uon 程序。

实例: 后台运行 uon 程序:

$ **uon emma & [Return]**.................. 在后台运行该程序检查 emma 是否登录到系统中
4483................................... 进程 ID
$_..................................... 命令提示符

现在用户可以做自己想做的其他事情。如果 emma 登录,则系统会用两声蜂鸣通知用户。

emma is on the system .... 两声蜂鸣,收到通知

现在用户可以继续做自己的事情。

12.6 调试 shell 程序

在编写冗长复杂的脚本文件时很容易出错。由于用户没有编译脚本文件,所以不会有编译程序进行错误检测。因此,用户只能运行程序并尝试解释屏幕显示的错误信息。但是千万不要绝望。

12.6.1 shell 命令

使用带选项的 sh、ksh 或 bash 命令可以使脚本文件的调试变得简单。例如,-x 选项使 shell 显示它所执行的每条命令。这样跟踪脚本的执行可以帮助用户发现程序中的错误。

shell 选项

表 12.9 总结了 shell 命令的选项,后续例子说明如何使用它们。在后续例子中使用了 sh,但用户也可以使用其他 shell,如 ksh 或 bash。

表 12.9 sh 命令选项

选项	功能
-n	读取命令但不执行
-v	在执行命令时显示 shell 输入行
-x	在执行命令时显示命令及其参数

如果想要调试 BOX 脚本文件,输入如下命令:

$ **sh -x BOX [Return]**

也可以将 sh 选项作为命令放入脚本文件中。使用 set 命令并且将下面的命令放到脚本文件的开始或用户希望开始调试的任何位置:

set -x

-x 选项:-x 选项显示参数及命令替换完成后脚本文件中的命令。现在使用带-x 选项的 sh 命令执行 BOX 脚本文件,并探索一下可能的情况。

实例: 带-x 选项运行 BOX 脚本,但不带命令行参数:

$ **sh -x BOX [Return]**................................ 使用-x 选项
\+ echo The following is the output of the BOX script.
The following is the output of the BOX script.

```
+ echo Total number of command line arguments: 0
Total number of command line arguments: 0
+ echo The first parameter is:
The first parameter is:
echo The second parameter is:
The second parameter is:
+ echo This is the list of all parameters:
This is the list of all parameters:
$_............................................命令提示符
```

说明: 1. 以加号(+)开头的行是 shell 执行的命令行,它下面的行是命令的输出。
2. 所显示的 echo 命令是变量替换完成之后的 echo 命令。

实例: 用带-x 选项的 sh 运行 BOX,并在命令行上给出一些参数:

```
$ sh -x BOX of candy [Return]......................使用-x 选项
+ echo The following is the output of the BOX script.
The following is the output of the BOX script.
+ echo Total number of command line arguments: 2
Total number of command line arguments: 2
+ echo The first parameter is: of
The first parameter is: of
echo The second parameter is: candy
The second parameter is: candy
+ echo This is the list of all parameters: of candy
This is the list of all parameters: of candy
$_..............................................命令提示符
```

-v 选项: -v 选项与-x 选项相似。但是,它显示变量替换前的命令行和命令的执行结果。

实例: 带-v 选项运行 BOX 程序,并给出一些命令行参数。

```
$ sh -v BOX is full of gold nuggets [Return]...............使用-v 选项
echo "The following is the output of the $0 script."
The following is the output of the BOX script.
echo "Total number of command line arguments: $#"
Total number of command line arguments: 5
echo "The first parameter is: $1"
The first parameter is: is
echo "The second parameter is: $2"
The second parameter is: full
echo "This is the list of all parameters: $*"
This is the list of all parameters: is full of gold nuggets
$_..............................................命令提示符
```

说明: 1. 一行显示 shell 将执行的命令,下面一行显示该命令的输出。
2. 在进行变量替换前显示 echo 命令(这与-x 选项不同,-x 选项显示变量替换完成后的命令)。

可以在一个命令行中同时使用-x 和-v 选项。同时使用 2 个选项使用户能够查看文件中命令执行前后的形式以及其输出结果。下面的命令行给出了带这两个选项的 sh 命令:

```
$ sh -xv BOX [Return]
```

-n 选项:-n 选项用来检查脚本文件中的语法错误。使用该选项,用户可以在运行程序前先检查所写的程序是否有语法错误。

例如,假设现有一个名为 check_syntax 的脚本文件。图 12.26 给出了该程序的源代码,其中有意包含了语法错误。

```
$ cat -n check_syntax
     1 #
     2 # check_syntax
     3 # A sample program to show the output of the shell -n option
     4 #
     5 echo                              # skip a line
     6 echo "$0: checking the program syntax"
     7 if [ $# -gt 0 ]                   # start of the if
     8 # then                            # this line is intentionally commented out
     9     echo "Number of the command line arguments: $#"
    10 else
    11     echo "No command line arguments"
    12 fi                                # end of the if
    13 echo "Bye!"                       # end of the program message
    14 exit 0                            # end of the program, exit
$_
```

图 12.26 脚本文件 check_syntax

实例: 带-n 选项运行 check_syntax 程序,观察其输出结果:

```
$ sh -n check_syntax [Return]..............................运行
check_syntax: syntax error at line 10 'else' unexpected
$_.........................................................命令提示符
```

说明: 1. 使用-n 选项不执行程序中的任何命令。该选项只是找到并指出语法错误。

2. 如果使用-x 或-v 选项,程序将执行至出现语法错误的地方。然后显示错误信息并终止程序。

在第 10 行出现了什么错误呢?必须在 if 语句后面增加 then 以改正程序中的 if-then-else 结构。在上述例子程序中,then 被注释掉了,只要删除 then 前面的#号即可。

纠正该错误后 check_syntax 的输出会是什么呢?位置变量 $0 包含该程序的名字,本例中为 check_syntax。$#包含命令行参数的个数。如果有命令行参数,则执行 if 体,否则执行 else 体。

实例：再次运行 check_syntax：

```
$ check_syntax one two three [Return].................使用 3 个命令行参数
check_syntax: checking the program syntax
Number of the command line arguments: 3
$_.............................................命令提示符
$ check_syntax [Return]..............................无命令行参数
check_syntax: checking the program syntax
No command line arguments
$_.............................................命令提示符
```

在编写冗长复杂的 shell 程序时，sh 调试选项通常是很有用的。它们使读者在探索第 13 章中出现的脚本文件时倍感便利。

命令小结

本章中讨论了如下命令及其选项。

chmod
该命令改变选项字母指定的用户类型对某特定文件的访问权限。用户类型有：u(代表用户/所有者)、g(代表同组用户)、o(代表其他用户)和 a(代表所有用户)。访问权限有：r(读)、w(写)和 x(执行)。

.（点）
该命令使用户在当前 shell 环境中执行命令，而不允许 shell 创建子进程来运行命令。

exit
该命令终止当前 shell 程序。它也可以返回一个状态码(RC)来指示程序执行的成功与否。如果用户在$提示符下输入该命令，它将终止用户登录 shell 并使用户退出系统。

expr
该命令是一个内部的算术运算操作符，提供算术和逻辑运算。

let
该命令提供算术运算。

read
该命令从标准输入设备读取输入，并将输入串存入一个或多个命令参数指定的变量中。

sh、ksh 或 bash
该命令调用一个新的 shell 副本。可以使用该命令运行脚本文件。本章只介绍了 3 个选项。

选项	功能
-n	读取命令但不执行
-v	当 shell 读取命令时显示 shell 输入命令
-x	当执行命令时显示命令行及参数。该选项多用于程序调试

test
该命令判断作为其参数的条件表达式，根据表达式的状态返回真或假。它提供了不同类

型表达式的判断功能。

习题

1. 如何执行一个 shell 脚本文件?
2. 什么命令使一个文件成为可执行文件?
3. 什么时候使用 . (点)命令?
4. 什么命令从键盘读取输出?
5. 解释命令行参数。
6. 什么是 shell 位置变量?
7. 位置变量与命令行参数如何相关联?
8. 如何调试 shell 脚本?
9. 说出能终止 shell 脚本的命令。
10. shell 语言有哪些结构?
11. 循环结构的用途是什么?
12. while 循环与 until 循环的区别是什么?
13. 实现算术运算的命令是什么?
14. 两个整数相加的命令是什么?
15. 两个变量相乘的命令是什么?
16. 什么是 shell 内部程序设计语言?
17. 改变文件存取权限的命令是什么?
18. 将文件 xyz 的权限改为所有用户(文件所有者、同组用户和其他有户)都能访问的命令是什么?
19. 什么时候要使用 sh(ksh、bash)来执行一个命令?
20. 什么时候使用 chmod 命令?
21. 命令 sh -n 提供什么功能?
22. 命令 sh -v 提供什么功能?
23. 命令 sh -x 提供什么功能?
24. 从键盘读的命令是什么?
25. test 命令的功能是什么?
26. let 命令的功能是什么?
27. 如何在脚本(程序)中写一个命令行?
28. 如何比较两个字符串?
29. 如何比较两个数值?
30. 以 mm/dd/yy 格式显示当前日期的命令是什么?

上机练习

实例: 在本次练习中,读者需要编写几个脚本文件,以改进本章中出现的部分脚本文件。

1. 创建一个名为 LL 的 shell 脚本,以长格式列出用户目录。

a. 用sh命令运行LL。

b. 将LL变为一个可执行文件。

c. 再次执行LL。

2. 创建一个脚本文件完成如下功能:

a. 清屏。

b. 空2行。

c. 显示当前日期和时间。

d. 显示当前系统中的用户数。

e. 发出几声蜂鸣声,然后显示信息:Now at your service。

3. 修改本章中的largest脚本文件,使之能够识别输入的数字并显示适当的信息。

4. 写一个与largest相似的脚本文件,计算从键盘读入的三个整数的最小值。要求脚本文件能够识别出某些输入错误。

5. 为本章中在$提示符下输入的脚本例子创建一个相应的脚本文件。必要时做相应修改,然后运行它们。使用带-x和其他选项的sh命令进行调试。并研究shell脚本执行的方式。

6. 写一个脚本文件,对命令行传给它的数字参数求和并显示结果。程序中要求使用for循环。例如,若该程序名为SUM,且用户输入:

```
$ SUM 10 20 30 [Return]
```

则程序显示如下:

```
10 + 20 + 30 = 60
```

7. 用while循环重写SUM脚本。

8. 用until循环重写SUM脚本。

9. 修改largest脚本,使之从命令行接收数字。例如,输入largest 1 2 3,程序显示:

```
The largest numbers is: 3
```

10. 修改本章中的脚本文件greetings1,其中用cut命令来计算小时。

11. 建立一个脚本文件file_checker,该程序读输入的文件名并输出文件属性,如文件存在、可读等。

12. 写一个名字为d的脚本文件以显示当前日期。

13. 写一个名字为t的脚本文件以显示当前时间。

14. 写一个名字为s的脚本文件以显示当前shell名称。

15. 写一个脚本文件检查用户的主目录中是否有文件.profile,根据检查结果显示相关信息。

第 13 章　shell 脚本:编写应用程序

以第 12 章的命令和概念为基础,本章讨论其他的 shell 编程命令和技巧。通过简单的应用程序实例说明使用 shell 语言开发程序的过程,并介绍 shell 脚本中使用的一些新命令。

13.1　编写应用程序

第 12 章介绍了 shell 编程基础,并提到用 shell 命令编写应用程序。本章介绍开发应用程序的过程。本章中的例子是一个完整的程序,还将根据需要介绍和使用新的命令和语法结构。

表 13.1 列出了本章使用的 shell 内部命令及其在不同 shell 下的可用性。

表 13.1　shell 内部命令

命令	内键于		
	Bourne Shell	Korn Shell	Bourne Again Shell
trap	sh	ksh	bash
case	sh	ksh	bash

13.1.1　程序 lock1

情景:若用户希望锁定对终端的访问(假如需要离开终端几分钟),但不想退出并再次登录,则可以编写一个脚本文件。当调用该脚本时,屏幕上显示信息,直到用户输入正确的密码才退出。用户真的想要锁定终端吗?其实这里的目的只是学习编程命令和技巧,并将其应用到脚本文件中,而不考虑是否真要锁定终端。

图 13.1 给出了一个名为 lock1(lock 版本 1)的脚本,通过锁定键盘来实现其功能。

```
$cat -n lock1
     1 #
     2 # lock1 (lock version 1)
     3 # This program locks keyboard, and you must type the
     4 # specified password to unlock it.
     5 # logic:
     6 #       1- Ask the user to enter a password.
     7 #       2- Lock the keyboard until the correct password is entered.
     8 #
     9 # DO NOT RUN THIS PROGRAM IF YOU DO NOT KNOW WHAT YOU ARE DOING!!
    10 # Please read the first part of chapter 13.
    11 #
    12 echo "\032"                                   # can be replaced by tput clear
    13 echo "\n\nENTER YOUR PASSWORD>"               # ask for password
```

图 13.1　lock1 脚本文件

```
    14 read pword_1                           # read password
    15 echo "\032"                            # clear screen again
    16 echo "\n\n THIS SYSTEM IS LOCKED...."
    17 pword_2 =                              # declare an empty variable
    18 until [ "$pword_1" = "$pword_2"]       # start of the loop
    19 do
    20 read pword_2                           # body of the loop
    21 done                                   # end of the until loop
    22 exit 0                                 # end of the program, exit
$_
```

图 13.1 lock1 脚本文件(续)

说明: 1. 本章使用 cat -n 命令来显示脚本文件源代码。-n 选项给出行号,当要对某行代码进行解释时使用行号标识一行。

2. 可以使用 vi 编辑器在目录$HOME/Chapter13/13.1 中建立这些脚本文件。

3. 在指定的目录下创建这些文件将有助于用户文件的组织,特此极力推荐。

让我们逐行分析程序 lock1 是如何工作的。

行 1 到行 11:这些行以#号开始,是文档说明。

行 12 和行 15:这两行是清屏命令。这两行对用户终端屏幕可能不起作用。可以查找用户终端的清屏代码或使用 tput clear 命令代替。tput 命令将在本章稍后介绍。

行 13:本行提示用户输入口令。字符、数字和嵌入空白字符的任何序列都可以接受。这里输入的口令与用户的登录口令无关。

行 14:本行读取键盘输入。接回车键后,用户输入的口令被保存到变量 pword_1 中。

行 16:该行在屏幕上显示相应的信息。可以改成任何用户喜欢的信息。

行 17:该行说明变量 pword_2,它将用来存储键盘输入的信息。

行 18 到行 21:这几行构成 until 循环。循环条件是比较变量 pword_1(口令)和变量 pword_2 的内容(键盘输入)。第一次循环时,两个变量的内容不同(pword_1 包含口令,而 pword_2 为空)。因此,执行 until 循环体。注意,当循环条件为假时执行 until 循环体。循环体为 read 命令,等待从键盘读取输入。这里没有显示任何提示信息,仅显示光标(用户毕竟不希望告诉入侵者系统正等待口令)。如果输入不正确的口令,until 循环继续,并读取键盘。read 命令的重复有效地锁定了键盘。它读取输入、比较、比较失败,然后继续读取。当用户输入了正确的口令后,循环条件为真(pword_1 与 pword_2 相等)。循环停止,解除键盘锁定。

行 22:该行以 0 状态退出 lock1 脚本,表明程序正常结束。

程序 lock1 的问题

lock1 程序运行良好,但存在一些小问题。有一些改进方法,下面进行说明。

lock1 并非一个很安全的程序:

- 当键盘锁定时,如果用户按[Del](中断键),lock1 脚本终止,显示$提示符,系统等待接收命令。为了有效避免他人入侵系统,lock1 程序必须能够忽略正常的中断信号。
- 明文显示口令。通常,口令不应该显示在屏幕上。在第 13 行,当要求用户输入口令时,用户输入的口令都回显在屏幕上,任何人都可以看到。必须避免在输入口令时回显用户的输入。

- 提示信息是固定的,总是显示 This system is locked。若能在命令行指定提示信息就会更好。

为了解决这些问题,需要先介绍另外几个命令。

13.2 UNIX 内核:信号

如何终止一个进程?可以通过产生一个中断信号来终止进程。什么是信号?信号向进程报告特定状况。例如,[Del]键、[Break]键和[Ctrl-c]键用来向进程发送中断信号以终止进程。

注意,进程只认为在与文件打交道,并不知道用户终端。那么,从键盘输入的中断信号如何才能终止进程呢?其实,中断信号被送到 UNIX 内核而非用户进程。内核了解设备信息,当用户按下任何中断键时,信息送到了内核。然后 UNIX 发送一个信号给进程,告诉它发生了中断。为了响应这个信号,用户进程终止或进行其他操作。

有几类不同的事件导致内核向进程发送信号。信号编号表明它们代表的事件。表 13.2 总结了脚本文件中常用的一些信号。用户系统中的信号编号有可能与这里列出的不同。若希望深入了解,可以请教系统管理员或者查看系统参考手册。

表 13.2 shell 的一些信号

信号编号	信号名	含义
1	挂起	丢失终端连接
2	中断	按下任一中断键
3	退出	按下任一退出键
9	杀死	发出 kill -9 命令
15	终止	发出 kill 命令

挂起信号:信号 1 用来通知进程系统已经与终端失去联系。当用户终端和计算机的连线断开,或者电话线(用调制解调器相连)断开时,产生该信号。在某些系统中,如果用户关闭终端,系统也会产生挂起信号。

中断信号:当按下任何一个中断键时,产生信号 2。中断键可以是[Ctrl-c]、[Del]或者[Break]。

注意:用户系统的中断键可能不同。每个藤定系统中只有一个键起作用。

退出信号:当按下[Ctrl-\]键时,产生信号 3。在进程终止之前,将进行内存信息转储(core dump)。

终止信号:信号 9 和 15 由 kill 命令(见第 9 章)产生。信号 15 是默认的信号,当 kill 命令带参数-9 时,产生信号 9。两者都使收到信号的进程终止。

13.2.1 捕捉信号:trap 命令

当进程接收到任何信号时,其默认处理功能是立刻终止。使用 trap 命令可以改变进程的默认处理功能,执行指定的处理功能。例如,用户能指示进程忽略中断信号,或执行指定命令来代替终止。下面来说明其使用方法。trap 命令的格式如下：

```
trap "optional commands" signal numbers
```

commands 部分是可选的。如果有这一部分，当进程收到任一指定捕捉的信号时，执行这些命令。

注意： trap 指定的命令必须用单引号或者双引号括起来。

说明： 1. 可以指定捕捉多个信号。
2. 信号编号是与用户希望用 trap 命令捕捉的信号相联系的数字。

实例： 下面的命令说明 trap 命令如何工作：

```
trap "echo I refuse to die!" 15
```

当进程收到 kill 命令发来的信号(信号 15)时，进程执行 echo 命令，显示 I refuse to die! 信息，而脚本会继续运行。

```
trap "echo Killed by a signal! ; exit" 15
```

如果进程收到 kill 命令发来的信号(信号 15)，echo 命令执行，显示 Killed by a signal! 信息。接着执行 exit 命令，脚本终止。

```
trap " " 15
```

没有指定命令。现在，如果进程收到 kill 命令发来的信号(信号 15)。就会忽略它，继续运行。

注意： 即使没有指定命令也必须有引号。如果没有引号，trap 将复位指定信号。

13.2.2　捕捉复位

在脚本中使用 trap 命令能改变进程收到信号后的默认处理功能。而使用不带命令选项的 trap 命令时，又恢复指定信号的默认处理功能。当希望在脚本的一部分捕捉信号，而在另一部分不捕捉信号时，该命令很有用。

例如，在脚本文件中输入如下命令：

```
$trap " " 2 3 15
```

则忽略中断、退出和终止信号，如果按下这些键中的任一个，脚本将继续运行。如果输入如下命令：

```
$trap 2 3 15
```

复位指定的信号，也就是说，恢复了中断、退出和终止键。如果按下其中任何一个键，正在运行的脚本就会终止。

13.2.3　设置终端参数：stty 命令

stty 命令用来设置和显示终端属性。用户可以控制终端的各种属性，例如波特率(终端与计算机之间的传输速率)和特定键(杀死、中断等)的功能。不带参数的 stty 命令显示指定的一组设置。用-a选项可以列出所有终端设置。

图13.2给出了一个终端设置的例子。用户系统的设置可能与此不同。

```
$stty
speed 9600 baud;-parity
eras = '^h'; kill = '^u';
echo
$_
```

图13.2 终端设置示例

终端性能变化很大,stty支持100多种不同设置的修改。有些设置改变终端的通信方式,有些设置改变指定的键值,有些设置具有组合效果。

表13.3列出了可用参数中的一小部分,也是最常用的部分。使用man命令可以得到更详细的参数列表和功能说明。

表13.3 终端参数的简单列表

参数	功能
echo[-echo]	回显[不回显]输入字符;默认为回显
raw[-raw]	禁止[启用]元字符的特殊意义;默认为启用
intr	产生中断信号;通常用[Del]键
erase	[Backspace]擦除前一个字符;通常用#键
kill	删除整行;通常用@或[Ctrl-u]键
eof	从终端产生(文件结束)信号;通常用[Ctrl-d]键
ek	用#和@分别复位erase和kill键
sane	用合理的默认值设置终端属性

说明:1. 默认设置对大多数参数来说通常是最佳的。

2. 某些参数可以通过输入参数名启用,在参数名前加连字符禁用。

实例:下面看一些例子:

$**stty -echo [Return]**............................关闭回显

$**stty echo [Return]**............................打开回显

注意:stty echo命令并不显示在终端上,因为前面的stty -echo命令已经起作用了。

实例:将kill键设置为[Ctrl-u]:

$**stty kill \^u [Return]**........................现在[Ctrl-u]是kill键

$_..命令提示符

注意:要设置一个特殊键,可以通过输入三个字符([\ ]、[^]和指定字符)或者直接输入组合键。在本例中,可以输入\^u或者按[Ctrl-u]键。

$**stty sane [Return]**............................恢复参数的默认值

$_..命令提示符

说明： 如果参数改变了很多次，以至于不知道现在的状态了，可以用 sane 参数来恢复。

实例： 将 kill 和 erase 键恢复成默认值：

```
$stty ek [Return]...........................设置 kill 和 erase 键
$_..........................................命令提示符
```

此命令将 kill 键设置成@，erase 键设置成＃。

13.3　对终端的进一步讨论

UNIX 操作系统支持多种终端类型，每类终端都有各自的性能和特性。终端用户/技术手册中记录了这些性能，一组转义字符使用户得以操纵终端的这些特性。每种终端类型有各自的一组转义字符。在第 12 章中，转义字符 \032 用来清屏。 \032 是 vt100 型终端的清屏代码。可以输入以下命令清屏：

```
$echo "\032"[Return] .........................在 vt100 型终端上清屏
```

终端功能并不限于清屏。还有许多其他特性，例如粗体字、闪烁、下画线，等等。利用这些特性能使屏幕显示更有意义、组织更好或更美观。

13.3.1　终端数据库：terminfo 文件

系统支持的每一类终端在终端数据库(文件)terminfo(terminal information)中都有一个条目。terminfo 数据库是一个文本文件，其中包含各种终端类型的描述。数据库里的每一类终端都有一个功能列表。

13.3.2　设置终端功能：tput 命令

任何具有 terminfo 数据库的系统中都有 tput 实用程序，它允许用户打印出任一功能的值。这样就可以在 shell 编程中使用终端的功能。例如，为了清屏可输入：

```
$tput clear [Return]
```

说明： 无论哪种终端类型，这条命令都能工作，只要用户系统中包含 terminfo 数据库，并且终端类型在数据库中。

表 13.4 给出了一些可以用 tput 命令激活的终端功能。terminfo 数据库和 tput 命令允许用户选择特定的终端性能，显示它们的值或者将其值保存在 shell 变量中。默认情况下，tput 假设用户使用的终端类型设置在 shell 变量 TERM 中。用-T 选项可以覆盖它。例如，输入如下命令可以指定终端类型：

```
$tput -T ansi [Return]
```

说明： 1. 通常情况下，如果启动一种模式，它将一直起作用直到用户改变它为止。
2. 可以将字符串保存在变量中，然后使用这些变量。

注意： 可以使用 sgr 0 参数关闭所有用户定义的终端属性。这是一个非常重要的选项，因为它是关闭某些属性(比如闪烁)的唯一方法。

表13.4 终端功能的简单列表

参数	功能
bel	回显终端的响铃字符
blink	闪烁显示
bold	粗体显示
clear	清屏
cup *r c*	将光标移到*r*行*c*列
dim	使显示变暗
ed	从光标位置到屏幕底清屏
el	清除从光标位置到行末的字符
smso	启动突显模式
rmso	结束突显模式
smul	启动下画线模式
rmul	结束下画线模式
rev	反色显示,白底上显示黑色
sgr 0	关闭所有属性

下面的命令使用tput命令改变终端属性。

实例:使用tput命令先清屏,然后在10行20列的位置显示信息"The terminfo database"。

```
$tput clear [Return]..........................清屏
$tput cup 10 20 [Return]......................设置光标位置
$echo "The terminfo database"[Return].........显示信息
The terminfo database
```

说明:在echo命令之前设定光标位置,信息就显示在光标指定的位置处。

几条命令可以放在一行。命令之间用分号隔开,如下:

```
$tput clear; tput cup 10 20; echo "The terminfo database"[Return]
```

实例:将字符串保存在一个变量中,然后用它来控制屏幕显示。

```
$bell = `tput bel` [Return]......................将响铃设置信息保存在bell变量中
```

shell执行反撇号之间的命令,将命令输出(这里是终端响铃的字符序列)赋给变量bell。

```
$s_uline = `tput smul` [Return]..................保存启用下画线的代码
$e_uline = `tput rmul` [Return]..................保存禁用下画线的代码
$tput clear [Return].............................清屏
$tput cup 10 20 [Return].........................设置光标位置
$echo $bell [Return].............................响铃
$echo $s_uline [Return]..........................启用下画线显示
$echo "The terminfo database"[Return]............显示带下画线的信息
The terminfo database
$echo $e_uline [Return]..........................禁用下画线显示
```

echo 命令能够将已赋值的变量结合到一个命令中。如下:

```
$echo "$bell ${s_uline}The terminfo database $e_uline"[Return]
```

注意: ${s_uline}的花括号是必须的,shell 用它来识别变量名(见第 12 章,变量替换)。

13.3.3　解决 lock1 程序的问题

现在使用 stty、trap 和 tput 命令来解决 lock1 脚本中存在的问题,并建立一个更好的用户接口。图 13.3 给出了 lock 脚本的新版本,随后解释修改及增加的行。

```
$cat -n lock2
     1 #
     2 # lock2 (lock version 2)
     3 # This program locks keyboard, and you must type the
     4 # specified password to unlock it.
     5 # logic:
     6 #   1- Ask the user to enter a password.
     7 #   2- Lock the keyboard until the correct password is entered.
     8 #
     9 # DO NOT RUN THIS PROGRAM IF YOU DO NOT KNOW WHAT YOU ARE DOING!!
    10 # Please read the first part of chapter 13.
    11 #
    12 trap "" 2 3                                        # ignore the listed signals
    13 stty -echo                                         # prohibit echoing the input
    14 tput clear                                         # clear the screen
    15 tput cup 5 10; echo "ENTER YOUR PASSWORD> \c"      # ask for password
    16 read pword_1                                       # read password
    17 tput clear                                         # clear screen again
    18 tput cup 10 20; echo "THIS SYSTEM IS LOCKED...."
    19 pword_2=                                           # declare an empty variable
    20 until [ "$pword_1" = "$pword_2"]                   # start of the loop
    21 do
    22   read pword_2                                     # body of the loop
    23 done                                               # end of the until loop
    24 stty echo                                          # enable echo of input characters
    25 tput clear                                         # clear screen
    26 exit 0                                             # end of the program, exit
$_
```

图 13.3　脚本文件 lock2

行 12:该行捕捉信号 2 和信号 3。这意味着当用户按下中断键(interrupt)和退出键(quit)键时,脚本忽略它们并继续运行。

行 13:该行禁用终端回显功能。因此后续输入字符(这里是口令)将不会显示。

行 14、行 17 和行 25:这些行清屏。用 tput 命令代替了 echo 命令及清屏代码。

行 15:该行有两个命令,用分号(;)隔开。第一个命令(tput cup 5 10)在 5 行 10 列设置光标,第二个命令在光标位置显示信息。

行 18:该行与行 15 类似,有两个用分号(;)分隔的命令。前一个命令(tput cup 10 20)在

10 行 20 列设置光标,第二个命令在光标位置显示信息。

行 24:该行恢复终端回显功能。当用户输入正确的口令解锁键盘后恢复回显功能。

现在,如果希望将 lock2 改成可执行文件并执行,可以输入如下命令:

$**chmod +x lock2 [Return]**..........................修改程序访问权限

$**lock2 [Return]**....................................执行

这时用户屏幕如图 13.4 所示,提示用户输入口令。

```
Enter your password>_
```

图 13.4 lock2 程序的提示

输入字符或数字序列(不显示)作为口令。用户必须记住该口令以解锁键盘。随后清屏,用户屏幕如图 13.5 所示。

```
THIS SYSTEM IS LOCK....
```

图 13.5 lock2 程序的显示信息

现在键盘已锁定,只有用户的口令才能将其解锁。如果用户忘了口令会怎样呢?此时不能用[Del]键、[Ctrl-c]键或者其他键终止 lock2 程序。trap 命令忽略这些信号,程序继续保持键盘锁定状态。程序没有捕捉 kill 信号(9 和 15),但是用户不能使用键盘执行 kill 命令。该问题的解决办法很简单:从另一个终端登录,执行 kill 命令以结束这个终端的 lock2 程序。

设定显示信息:如前所述,我们可以改进 lock2 程序,给用户更多的自由以设定屏幕上的提示信息,或者选择默认的信息。指定信息必须通过命令行传递给程序。例如,输入:

$**lock3 Coffee Break. Will be back in 5 minutes [Return]**

用户要修改 lock2 程序以适应新的改变。新版本中(称为 lock3),用户可以在命令行输入信息,或者和以前一样不指定信息执行程序。程序必须能识别这两种情况,显示合适的信息。图 13.6 给出了 lock3 程序的源代码,后面解释它如何工作。

```
$cat -n lock3
     1 #
     2 # lock3 (lock program version 3)
     3 # This program locks keyboard, and you must type the
     4 # specified password to unlock it.
     5 # logic:
     6 #    1- Ask the user to enter a password.
     7 #    2- Lock the keyboard until the correct password is entered.
     8 #
     9 # DO NOT RUN THIS PROGRAM IF YOU DO NOT KNOW WHAT YOU ARE DOING!!
    10 # Please read the first part of chapter 13.
    11 #
    12 trap " " 2 3 4                                    # ignore the listed signals
    13 stty -echo                                        # prohibit echoing the input
```

图 13.6 脚本文件 look3

```
    14 if [  $# -gt 0 ]                              # online message is specified
    15 then
    16   MESG = " $@"                                # store the specified message
    17 else
    18   MESG = "THIS SYSTEM IS LOCKED"              # set to default message
    19 fi
    20 tput clear                                    # clear the screen
    21 tput cup 5 10; echo "ENTER YOUR PASSWORD> \c" # ask for password
    22 read pword_1                                  # read password
    23 tput clear                                    # clear screen again
    24 tput cup 10 20; echo "$MESG"
    25 pword_2 =                                     # declare an empty variable
    26 until [ "$pword_1" = "$pword_2"]              # start of the loop
    27 do
    28   read pword_2                                # body of the loop
    29 done                                          # end of the until loop
    30 stty echo                                     # enable echo of input characters
    31 tput clear                                    # clear screen
    32 exit 0                                        # end of the program, exit
$_
```

图 13.6　脚本文件 look3(续)

行 14 到行 19：这几行是 if-then-else 结构。if 条件检查记录参数个数的特殊变量$#的值。如果$ #大于 0，表明用户在命令行给出了参数信息，则执行 if 体。特殊变量$@保存命令行参数信息，这些信息将存入变量 MESG 中。

如果$#不大于 0，则执行 else 体，变量 MESG 中保存默认的信息。

行 24：该行显示变量 MESG 的内容，其内容或者是用户在命令行指定的信息或者是默认的信息。

其余行与 lock2 程序相同，实现同样的功能。和前面一样，用户要先改变 lock3 程序的访问权限为可执行，然后在命令行上以带参数或不带参数的方式执行该命令。

13.4　其他命令

下一节将所有的 shell 编程技巧放到一起，编写由多个脚本组成的应用程序。然而，在描述这个应用程序之前，有必要先介绍几个命令。

13.4.1　多路分支：case 结构

shell 提供了 case 结构，用来从命令列表中有选择地执行一组命令。使用 if-elif-else 结构可以达到同样目的，但当需要使用许多 elif 语句(例如超过 2 个或 3 个)时，用 case 结构更好。采用 case 结构而非多个 elif 语句是更好的编程选择。case 结构的语法如下：

```
case variable in
  pattern_1)
    commands_1;;
  pattern_2)
```

```
    commands_2;;
  ...
  ...
    *)
  default_commands;;
esac
```

case、in 和 esac(case 的反序)是保留字(关键字)。case 和 esac 之间的语句称为 case 结构体。

shell 执行 case 语句时,将变量的内容与每一个模式比较,直到发现一个匹配或者 shell 到达关键字 esac。shell 执行与匹配模式相关联的命令。默认情况用 *)表示,必须是程序的最后一种情况。每一种情况用两个分号(;;)结束。

让我们通过一个简单的菜单程序来了解 case 的应用。菜单系统提供了一种简单方便的用户接口,大多数计算机用户都熟悉菜单系统,用 shell 脚本很容易实现菜单。

用户通常希望菜单程序具有下述功能:

- 显示可能的选项
- 提示用户选择一个功能
- 读取用户输入
- 根据用户输入调用其他程序
- 如果输入有误,显示错误信息

用户输入一个选择,菜单程序必须能识别出用户的选择,并做出相应的动作。使用 case 结构很容易实现这种识别。例如,假设有个名为 MENU 的脚本,其源代码如图 13.7 所示。后续命令显示程序的运行和输出。

```
$cat -n MENU
     1 #
     2 # MENU
     3 # A sample program to demonstrate the use of the case construct.
     4 #
     5 echo
     6 echo "0: Exit"
     7 echo "1: Show Date and Time"
     8 echo "2: List my HOME directory"
     9 echo "3: Display Calendar"
    10 echo "Enter your choices: \c"                # display the prompt
    11 read option                                  # read user answer
    12 case $option in                              # beginning of the case construct
    13     0) echo Good bye;;                       # display the message
    14     1) date;;                                # show date and time
    15     2) ls $HOME;;                            # display the HOME directory
    16     3) cal;;                                 # show the current month calendar
    17      *) echo "Invalid input. Good bye.";;    # show error message
    18 esac                                         # end of the case construct
    19 echo
    20 exit 0                                       # end of the program, exit
$_
```

图 13.7 MENU 程序的源代码

实例: 运行 MENU 程序:

```
$MENU [Return]..............................执行 MENU 程序
0: Exit
1: Show Date and Time
2: List my HOME directory
3: Display Calendar
Enter your choice: ............................等待输入
```

菜单显示,并提示用户进行选择。用户输入保存在变量$option 中。将变量$option 传递给 case 结构,它识别用户选择并执行相应的命令。

如果输入 0:变量$option 包含 0,它与 case 结构中的模式 0 匹配。因此执行 echo 命令显示信息 Good bye。没有其他模式匹配,程序结束。

如果输入 1:变量$option 包含 1,它与 case 结构中的模式 1 匹配。因此执行 date 命令显示当天的日期和时间。没有其他模式匹配,程序结束。

如果输入 2:变量$option 包含 2,它与 case 结构中的模式 2 匹配。因此执行 ls 命令显示用户主目录的内容。没有其他模式匹配,程序结束。

如果输入 3:与前面的选择相似。变量$option 匹配模式 3,显示 calendar 命令的输出。

如果输入 5:如果用户错输了 5 或者 7 会怎样呢? 如果 case 结构有默认情况(* 匹配其他所有的情况),当其他情况匹配失败时,就会匹配默认情况并执行与之相关的命令。这里,显示"Invalid input. Good bye."。

13.4.2　回顾 greetings 程序

现在来编写另一个版本的 greetings 程序(第 12 章介绍过)。在此新版本中,用 case 结构代替 if-elif-else。图 13.8 给出了程序的一种编写方法。

```
$cat -n greetings3
     1 #
     2 # greetings3
     3 # greeting program version 3
     4 # This version is using the case construct to check the hour of
     5 # and the day and to display the appropriate greetings.
     6 #
     7 # echo
     8 bell = `tput bel`                    # store the code for the bell sound
     9 echo $bell $bell                     # two beeps
    10 hour = `date + %H`                   # obtain hour of the day
    11 case $hour in
    12   0?| 1[0-1] ) echo "Good Morning";;
    13      1[2-7])    echo "Good Afternoon";;
    14       * )       echo "Good Evening";;
    15 esac                                 # end of the case
    16 echo
    17 exit 0                               # end of the program, exit
$_
```

图 13.8　greetings 程序的新版本

该版本的输出与前一个版本相同。响铃两次,并根据时间显示合适的问候。hour 变量(包含小时数)传递给 case 结构。保存在 hour 中的值与 case 语句的模式进行匹配,直到匹配成功。下面进一步解释这些模式。第 11 行到第 15 行构成了 case 结构。

第一种模式 0? |1[0-1]检查上午的小时数(从 00 点到 11 点)。0? 代表着 0 和另一个数字(0 到 9)组成的两位数。因此 0? 匹配从 00 到 09。1[0-1]代表 1 和另一个数字(0 到 1)组成的两位数。因此,1[0-1]匹配 10 和 11。|(管道)符号表示逻辑或,因此如果两个模式中的任何一个与变量 hour 的值相匹配,整个表达式为真。如果 hour 的值在 00 到 11 之间,echo 命令显示 Good Morning。

第二种模式 1[2-7]检查下午的小时数(从 12 点到 17 点)。它表示 1 和范围在 2 到 7 的另一个数字组成的两位数。因此,1[2-7]匹配 12 到 17。如果 hour 在 12 到 17 之间取值,echo命令显示 Good Afternoon。

第三种模式 *(默认)匹配任何值。如果 hour 的值在 18 到 23 之间,前两种模式都不匹配,echo 命令显示 Good Evening。

13.5 菜单驱动应用程序

情景:假设用户要编写一个菜单驱动的应用程序以管理 UNIX 书籍。用户希望能够更新图书列表,了解指定的图书是否在库中,是否借出,谁以及何时借出。

当然,这是一个典型的数据库应用,但是我们的目标是练习使用一些 UNIX 命令,给用户一些如何将命令组成有用程序的感受。

说明: 1. 如前所述,本章使用 cat -n 命令来显示脚本文件的源代码。选项-n 给出行号,当要对某行代码进行解释时使用行号标识。

2. 根据用户 shell 的不同,程序中的 echo 命令可能不能识别转义字符。在这种情况下,使用带-e 选项的 echo 命令(echo -e)。也可以使用 alias 命令,如下所示:

```
alias echo = 'echo -e'
```

3. 可以使用 vi 编辑器将本节的脚本文件建立在 $HOME/Chapter13/13.5 目录中。

4. 在指定的目录下创建这些文件将有助于用户文件的组织,特此极力推荐。

层次图

图 13.9 给出了菜单驱动的 UNIX 图书库程序(称为 ULIB)的层次图。当调用 ULIB 时,它显示主菜单并等待用户输入选择。每一个菜单项将用户带入另一级菜单。如同大多数菜单驱动的用户接口一样,ULIB 层次图的顶层代表用户接口。这里,ULIB、EDIT 和 REPORTS 三个程序显示合适的菜单,并等待用户选择菜单项。

层次图中的每一个方框代表一个程序。让我们先来看第一个程序,图顶层的 ULIB。

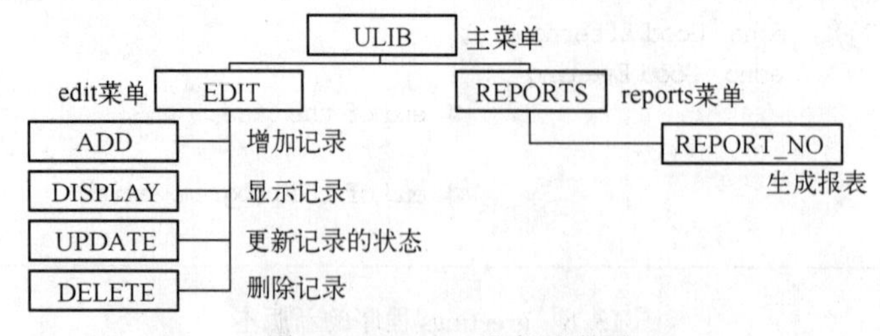

图 13.9 ULIB 程序层次图

13.5.1　ULIB 程序

ULIB 程序是菜单驱动图书库程序的启动程序。该程序显示初始屏幕（欢迎信息），然后显示主菜单。主菜单提供了退出程序或进入下一级菜单（EDIT 和 REPORTS）的途径。

图 13.10 给出了该程序的一种编写方法。行号并不是源代码的一部分。必要时，行号方便对程序的命令或逻辑进行解释。

```
$cat -n ULIB
     1 #
     2 # UNIX library
     3 # ULIB: This program is the main driver for the UNIX library application
     4 # program. It shows a brief startup message and then displays the main menu.
     5 # It invokes the appropriate program according to the user selection.
     6 #
     7 BOLD = `tput smso`                    # store code for bold mode in BOLD
     8 NORMAL = `tput rmso`                  # store code for end of the bold mode in NORMAL
     9 export BOLD NORMAL                    # make them recognized by subshells
    10 #
    11 # show the title and a brief message before showing the main menu
    12 #
    13 tput clear                            # clear screen
    14 tput cup 5 15                         # place the cursor on line 5, column 15
    15 echo "${BOLD}Super Duper UNIX Library"  # show the title in bold
    16 tput cup 12 10                        # place the cursor on line 12, column 10
    17 echo "${NORMAL}This is the UNIX library application"# the rest of the title
    18 tput cup 14 10 ; echo "Please enter any key to continue..._ \b \c"
    19 read answer                           # read user input
    20 error_flag = 0                        # initialize the error flag, indicating no error
    21 while true                            # loop forever
    22 do
    23 if [ $error_flag -eq 0 ]              # check for the error
    24 then
    25   tput clear                          # clear screen
    26   tput cup 5 10
    27   echo "UNIX Library - ${BOLD}MAIN MENU ${NORMAL}"
    28   tput cup 7 20 ; echo "0: ${BOLD}EXIT ${NORMAL} this program "
    29   tput cup 9 20 ; echo "1: ${BOLD}EDIT ${NORMAL} Menu"
    30   tput cup 11 20 ; echo "2: ${BOLD}REPORTS ${NORMAL} Menu"
    31   error_flag = 0                      # reset error flag
    32 fi
    33 tput cup 13 10 ; echo "Enter your choice>_ \b \c"
    34 read choice                           # read user choice
    35 #
    36 # case construct for checking the user selection
    37 #
    38 case $choice in                       # check user input
    39   0 ) tput clear ; exit 0 ;;
    40   1 ) EDIT ;;                         # call EDIT program
```

图 13.10　ULIB 程序源代码

```
    41  2 ) REPORTS ;;                          # call REPORT program
    42  * ) ERROR 20 10                         # call ERROR program
    43  tput cup 20 1 ; tput ed                 # clear the reset of the screen
    44  error_flag=1;;                          # set error flag to indicate error
    45  esac                                    # end of the case construct
    46 done                                     # oind of the while construct
    47 exit 0                                   # exit the program
$_
```

图 13.10　ULIB 程序源代码(续)

行 1 到行 6:以#开始,是注释行。

行 7:将粗体显示的终端代码保存在变量 BOLD 中。

行 8:将正常显示的终端代码保存在变量 NORMAL 中。

行 9:使变量 BOLD 和 NORMAL 在子 shell 程序中也可以使用。

行 10 到行 12:以#开始,是注释行。

行 13:清屏。

行 14:置光标于第 5 行第 15 列。

行 15:在屏幕上显示信息 Super Duper UNIX Library。BOLD 变量使信息以粗体显示。

行 16:置光标于第 12 行第 10 列。

行 17:在屏幕上显示其余信息 This is the UNIX library application。NORMAL 变量取消了终端的粗体模式,以正常方式显示信息。

注意: 终端模式设置后,直到被撤销之前模式一直有效。因此,如果使用了命令 tput smso,终端将显示粗体文本,直到用户输入命令 tput rmso 才撤销粗体模式。

行 18:此行有两个命令。tput 命令设置光标于第 14 行第 10 列,echo 命令显示提示信息。

行 19:等待键盘输入。按任意一键后程序继续。

现在暂停逐行解释,先运行程序以看看这一部分(行 1 到行 19)的输出。输入如下命令时,ULIB 程序显示初始屏幕,等待用户输入以继续执行程序。

```
$ ULIB [Return]
```

图 13.11 描绘了初始屏幕。在显示初始屏幕之后,程序显示主菜单,并等待用户从菜单中选择。根据用户选择,本程序激活其他程序。显示菜单的过程一直继续,直到用户从菜单中选择退出。

```
        Super Duper UNIX Library
    This is the UNIX library application
    Please enter any key to continue... >_
```

图 13.11　ULIB 程序初始屏幕

行 20:将 error_flag 初始化为 0,表明现在还没有错误。这个标志的作用是指示用户是否有输入错误。程序根据这个标志的值显示整个菜单或者所需要的一部分。这样可以避免每次用户犯错时都清屏,使得用户不知所措。

行21、行22和行46:这几行实现了while循环。while循环条件设置为恒真。恒真条件总是真值,因此,while一直循环,也就是说循环体永远执行。在选择退出前,它会不断显示主菜单。

行23、行24和行32:这几行实现if结构。if条件检查error_flag的状态。如果error_flag为0,说明没有错误,条件为真,因此if体执行。如果error_flag不为0,if条件为假,跳过if体。

行25:清屏显示主菜单。注意,初始屏幕在主菜单显示之前显示。

行27到行30:显示主菜单。

行31:重置error_flag为0,为下次循环做初始化。

行33和行34:显示提示文字,等待用户选择。

继续运行该程序。图13.12显示主菜单和提示信息,程序等待用户输入。

```
UNIX Library - MAIN MENU

    0:EXIT this program
    1:EDIT Menu
    2:REPORTS Menu

Enter your choice>_
```

图13.12 ULIB程序的主菜单屏幕

说明:屏幕上的粗体文字是因为显示了(使用echo命令)保存在BOLD变量中的代码。

用户的输入保存在choice变量中,choice被传送给case结构,根据输入确定下面的动作。

行35到行37:以#开始,是文档行。

行38到行45:实现case结构。

如果用户选择0:choice变量值为0;它匹配模式0并执行相关的命令。这里执行清屏并退出程序功能。从主菜单中选择0是结束程序的正常途径。

如果用户选择1:choice变量值为1;它匹配模式1并执行相关的命令。这里执行名为EDIT的程序。当EDIT程序终止时,控制权回到该程序,接着执行后续语句。行45指示case结构的结束。行46指示while循环的结束;因此,它回到行21检查while循环条件。条件为真;因此,执行循环体,再次显示主菜单。这一过程不断重复,直到用户在主菜单选择0。

如果用户选择2:choice变量值为2;它匹配模式2并执行相关的命令。这里执行名为REPORTS的程序。与选择1时的解释相同,当执行完REPORTS程序后,控制权回到本菜单程序,显示主菜单,等待用户的下一次输入。

如果用户输入有错误:若用户输入了0、1或者2以外的错误值,则choice变量值匹配默认模式(星号)并执行与之相关的命令。这里执行程序ERROR。ERROR程序在屏幕的指定行列显示错误信息。行列值可以在命令行设定。因此,ERROR 20 10意味着在第20行第10列显示错误信息。和前面的解释相同,当ERROR程序结束后,控制权返回本菜单程序。

行43:由两个tput命令组成。tput cup 20 1将光标置于第20行第1列,tput ed清除从光标位置到屏幕底部的部分。这里,行20到行24被清除。这样擦除了错误信息,但是主菜单仍然保持在屏幕上。

行44:设置error_flag为1,表明有错误发生。

说明：error_flag 在 if 条件中被检查。因为它的值是 1，if 条件失败，if 体被跳过。这意味着主菜单文本已经在屏幕上了；不需要重新显示。

图 13.13 给出了用户选择出错时的屏幕。错误信息和提示文字是 ERROR 程序的输出。用户按任意一键继续执行程序，然后错误信息被擦除，程序提示用户从菜单中进行选择（如图 13.12所示）。

```
            UNIX Library - MAIN MENU

                 0:EXIT this program
                 1:EDIT Menu
                 2:REPORTS Menu

            Enter your choice>_6
        Wrong Input. Try again.
    Press any key to continue...>_
```

图 13.13　ULIB 程序的错误信息屏幕

13.5.2 ERROR 程序

ERROR 程序显示固定的（硬编码）错误信息。它从命令行接收指定光标位置（行和列）的值。图 13.14 给出了该程序的源代码。随后的解释提供了该程序中指定行的更详细信息。

```
$cat -n ERROR
    1 #
    2 # ERROR: This program displays an error message and waits for user
    3 #        input to continue. It displays the message at the specified
    4 #        row and column.
    5 #
    6 tput cup $1 $2                         # place the cursor on the screen
    7 echo "Wrong Input. Try again."         # show the error message
    8 echo "Press any key to continue...>_\b\c"# display the prompt
    9 read answer                            # read user input
   10 exit 0                                 # indicate normal exit
$_
```

图 13.14　ERROR 程序的源代码

行 6：在屏幕的指定位置设置光标。行列值保存在两个位置变量$1 和$2 中。这些变量包含从命令行传递给程序的前两个参数。因此，如果调用该程序时输入：

```
$ERROR 10 15 [Return]
```

则位置变量$1 和$2 的值分别为 10 和 15，相应的错误信息将显示在第 10 行第 15 列。如果用户输入有错误，ULIB 程序（见图 13.10）调用 ERROR 程序，在第 20 行第 10 列显示错误信息。

行 7：显示错误信息。

行 8：显示提示。

行 9：读用户输入。对用户输入不进行错误检查，按任何键都满足 read 命令。因此，用户可以控制程序，按下任意一键继续运行程序。

13.5.3　EDIT 程序

当用户从主菜单选择了 1，则 EDIT 程序激活。该程序与主菜单程序相似，驱动编辑菜单。它显示 edit 菜单，然后根据用户选择激活相应的程序。整个程序由一个 while 循环构成。while 循环体由 edit 菜单显示代码和一个 case 语句组成，case 语句确定执行什么命令来满足用户选择。事实上，这是一般菜单程序的常用结构：显示菜单、读取选择，然后根据选择完成动作。

图 13.15 给出了 EDIT 程序的源代码。这个程序与上一节详细解释的主程序（ULIB）相似。图 13.16 显示了 EDIT 菜单。当用户从主菜单选择了 1 时，显示 EDIT 菜单。

```
$cat -n EDIT
     1 #
     2 # UNIX library
     3 # EDIT: This program is the main driver for the EDIT program.
     4 #        It shows the EDIT menu and invokes the appropriate program
     5 #        according to the user selection.
     6 #
     7 error_flag = 0                    # initialize the error flag, indicating no error
     8 while true                        # loop forever
     9 do
    10 if [  $error_flag -eq 0 ]         # check for the error
    11 then
    12   tput clear ; tput cup 5 10      # clear screen and place the cursor
    13   echo "UNIX Library -  ${BOLD}EDIT MENU ${NORMAL}"
    14   tput cup 7 20                   # place the cursor
    15   echo "0:  ${BOLD}RETURN ${NORMAL}To the Main Menu"
    16   tput cup 9 20; echo "1:  ${BOLD}ADD ${NORMAL}"
    17   tput cup 11 20; echo "2:  ${BOLD}UPDATE STATUS ${NORMAL}"
    18   tput cup 13 20; echo "3:  ${BOLD}DISPLAY ${NORMAL}"
    19   tput cup 15 20; echo "4:  ${BOLD}DELETE ${NORMAL}"
    20 fi
    21 error_flag = 0                    # reset error flag
    22 tput cup 17 10; echo "Enter your choice>_ \b\c"
    23 read choice                       # read user choice
    24 #
    25 # case construct for checking the user selection
    26 #
    27 case $choice in                   # check user input
    28    0) exit 0;;                    # return to the main menu
    29    1) ADD;;
    30    2) UPDATE;;                    # call UPDATE program
    31    3) DISPLAY;;                   # call DISPLAY program
    32    4) DELETE;;                    # call DELETE program
    33    * ) ERROR 20 10                # call ERROR program
    34    tput cup 20 1; tput ed         # clear the rest of the screen
```

图 13.15　EDIT 程序的源代码

```
    35   error_flag=1;;                  # set error flag to indicate
    36 esac                              # end of the case construct
    37 done                              # end of the while construct
    38 exit 0                            # exit the program
$_
```

图 13.15 EDIT 程序的源代码(续)

```
UNIX Library - EDIT MENU

    0: RETURN To the Main Menu
    1: ADD
    2: UPDATE STATUS
    3: DISPLAY
    4: DELETE

Enter your choice>_
```

图 13.16 EDIT 菜单

13.5.4 ADD 程序

当用户从 EDIT 菜单中选择 ADD 功能时,激活该程序并向图书库文件中增加一个记录。它提示用户输入信息,将新记录增加到图书库文件尾,然后询问是否继续增加更多记录。若回答 yes,将继续执行程序并向文件中增加记录。若回答 no,将终止程序,控制权返回到调用它的程序,这里是 EDIT 程序。这样,用户返回到 EDIT 菜单,等待下次选择。本程序假设记录所有 UNIX 图书信息的库文件名为 ULIB_FILE;同时还假设在 ULIB_FILE 中每本书按照记录格式保存下面的信息。每一项作为记录中的一个字段保存,下面列出各字段名及每个字段的示例信息。使用本教科书的数据作为例子说明各字段的可能取值。

- Title(书名):UNIX Unbound
- Author(作者):Afzal Amir
- Category(种类):Textbook

假设有三种有效的类别:

  - System books(系统书):简写为 sys
  - Reference books(参考书):简写为 ref
  - Textbooks(教科书):简写为 tb

- Status(状态):

状态表明书被借出还是在库中。图书的状态由程序决定,当增加一本书时,状态字段自动设置成 in。当有人借走该书时,状态改成 out。

- Borrower's name(借阅者姓名):

若指定书籍在库中(状态字段设置为 in)时,该字段保持为空。如果状态字段为 out(借出),该字段设置成借阅者的姓名。

- Date(日期):

若状态字段显示指定书籍在库中(状态字段设置为 in)时,该字段为空。如果状态字段为 out(借出),该字段设置成借出的时间。

说明: 1. 当一本书的记录第一次添加到 ULIB_FILE 时,状态字段设置成 in,借阅者姓名和日期字段都为空。

2. 接下来,当有人借书时,选择主菜单中的 UPDATE 功能更新图书库。然后,用户输入借书者的姓名,该程序将状态字段改成 out(借出),date 字段设置为当前时间。

图 13.17 给出了该程序的源代码,下面逐行对该程序进行解释。

```
$cat -n ADD
   1 #
   2 # UNIX library
   3 # ADD: This program adds a record to the library file (ULIB_FILE). It asks the
   4 # title, author, and category of the book. After adding the information to
   5 # the ULIB_FILE file, it prompts the user for the next record.
   6 #
   7 answer = y                          # initialize the answer to indicate yes
   8 while [ "$answer" = y ]             # as long as the answer is yes
   9 do
  10 tput clear
  11 tput cup 5 10 ; echo "UNIX Library - ${BOLD}ADD MODE"
  12 echo "${NORMAL}"
  13 tput cup 7 23 ; echo "Title:"
  14 tput cup 9 22 ; echo "Author:"
  15 tput cup 11 20 ; echo "Category:"
  16 tput cup 12 20 ; echo "sys: system, ref: reference, tb: textbook"
  17 tput cup 7 30 ; read title
  18 tput cup 9 30 ; read author
  19 tput cup 11 30 ; read category
  20 status = in                         # set the status to indicate book is in
  21 echo "$title: $author: $category: $status: $bname: $date" >> ULIB_FILE
  22 tput cup 14 10 ; echo "Any more to add? (Y)es or (N)o>_ \b \c"
  23 read answer
  24 case $answer in                     # check user answer
  25   [Yy] * )    answer = y ;;         # any word starting with Y or y is yes
  26        * )    answer = n ;;         # any other word indicates no
  27     esac                            # end of the case construct
  28 done                                # end of the while loop
  29 exit 0                              # exit the program
$_
```

图 13.17 ADD 程序的源代码

行 1 到行 6:以#开始,是注释行。

行 7:用字母 y 初始化 answer 变量,表示 yes。只要这个变量表示 yes,while 循环将继续执行,每次循环向 ULIB_FILE 文件中增加一个记录。

行 8、行 9 和行 28:实现 while 循环。只要循环条件为真(这里 answer 保存着字符 y),就执行循环体。

行 10:清屏。

行 11:在指定光标位置显示屏幕标题。

行 12 到行 14:在指定光标位置显示提示信息。

行 15:显示帮助信息,解释用户在图书种类字段可以填写什么缩写。

行 16 到行 19:将光标置于指定的位置(跟在提示信息后),读取用户输入,存储在相应的变量中。

行 20:设置状态变量为 in,表示书在库中。

到这里为止,所有必需的信息都已经获得,下一步将这些信息保存在 ULIB_FILE 文件中。如果从 EDIT 菜单中选择 ADD,则 ADD 程序被激活。图 13.18 显示 ADD 程序产生的屏幕。

```
UNIX Library - ADD MODE

      Title:
      Author:
    Category:
    sys:system, ref: reference, tb: textbook
```

图 13.18 ADD 程序的屏幕格式

光标置于 Title 字段。用户输入书名后按回车键,再将光标移动到 Author 字段。当用户输入了最后一个字段时,程序保存信息并询问用户是否还要添加另一个记录。以本书为例,图 13.19给出了信息已经输入且记录已经保存后的屏幕。

```
UNIX Library - ADD MODE
      Title:UNIX Unbounded
     Author:Afzal Amir
    Category:tb
    sys:system,ref:reference,tb:textbook

    Any more to add? (Y)es or (N)o>_
```

图 13.19 添加信息的 ADD 屏幕示例

行 21:将信息保存到 ULIB_FILE 文件。在 ADD 程序执行到该行之前,变量包含如下值:

- title 变量包含 UNIX Unbounded
- author 变量包含 Afzal Amir
- category 变量包含 tb
- status 变量包含 in
- bname(借阅者姓名)变量为空
- date(借出日期)变量为空

默认情况下,echo 命令将输出显示在终端屏幕上。但是,行 21echo 命令的输出重定向到了 ULIB_FILE 文件。因此,存储在指定变量中的信息保存到了 ULIB_FILE 文件中。

说明: 1. 当仅增加一个记录时,变量 bname(借阅者姓名)和 date(借出日期)都为空。

2. 追加符号(>>)用来将信息写到文件 ULIB_FILE 中。必须使用该符号,以将新记录追加到文件末尾,文件中的其他记录保持不变。

分隔符

每条记录中的各字段按顺序保存。但是,当用户想要读取和显示一个记录时,这种保存方法难以检索每个字段。必须确定一个字段分隔符,再用选定的分隔符隔开每个字段。使用UNIX的字段分隔符([Tab]、[Return]和空格键)不是好的做法。需要注意,书名和作者名都可能包含空格。如果选择空格键作为分隔符,那么作者姓和名之间的空格会使程序将作者名看成两个字段,尽管用户希望程序将它们看成是一个字段。

可以选择符号~或者^作为分隔符。在 ULIB 程序中,":"用做分隔符。

UIIB_FILE 是文本文件,可以用 cat 命令显示其内容,或者用 vi 编辑器更改。如果刚才保存的记录是文件中唯一的记录,ULIB_FILE 文件的内容看起来如图 13.20。

```
$cat ULIB_FILE
    UNIX Unbounded:Afzal Amir:tb:in::
$_
```

图 13.20　ULIB_FILE 文件的内容

说明: 1. 文件中的每条记录是一行,字段之间用冒号分隔。
2. 行尾的两个冒号是变量 bname(当它不为空时包含借阅者姓名)和 date(当它不为空时包含借出日期)的占位符。

行 22 和行 23: echo 命令显示提示信息,read 命令等待用户的输入,输入保存在 answer 变量中。

行 24 到行 27: 实现 case 结构。case 语句检查用户的回答 answer 是否和 case 的模式匹配。

第一个模式是[Yy]*。该模式与所有以 Y 或者 y 打头的字符串匹配。用户可以输入任何以字母 Y 或 y 打头的单词,程序都解释成 yes 回答。answer 变量被设置成 y,循环条件(第 8 行)为真,程序继续。

第二个模式是[*]。该模式与所有不以字母 Y 或者 y 打头的字符串匹配,程序解释成 no 回答。answer 变量被设置成 n,循环条件(第 8 行)为假,程序终止。

13.5.5　记录检索

在图书库应用程序的其余程序中,都包含了在屏幕上显示现存记录的代码。为了显示记录,必须说明需要显示哪些记录。例如,指定作者名,程序检索库文件中是否有指定的作者名。如果发现了指定作者名,则读取记录并显示。如果没有发现记录,则显示错误信息。

13.5.6　DISPLAY 程序

DISPLAY 程序将 ULIB_FILE 文件中的指定记录显示在屏幕上。当用户从 EDIT 菜单中选择 DISPLAY 功能时,激活该程序。程序先提示用户输入书名或作者名,然后从ULIB_FILE 中查找指定的书籍。如果找到了指定书籍,则使用合适的格式显示该记录。如果没有找到指定书籍,则显示错误信息并提示用户进行下一次输入。该过程一直继续,直到用户退出该程序为止。当 DISPLAY 程序结束时,控制权返回到调用它的程序,这里是 EDIT 程序,用户返回到 EDIT 菜单进行下一次选择。

图 13.21 给出了 DISPLAY 程序的源代码。下面逐行解释该程序。

```
$cat -n DISPLAY
   1 #
   2 # UNIX library
   3 # DISPLAY: This program displays a specified record from the ULIB_FILE.
   4 #        It asks the Author/Title of the book, and displays the specified
   5 #        book is not found in the file.
   6 #
   7 OLD_IFS = "$IFS"                              # save the IFS settings
   8 answer = y                                    # initialize the answer to indicate yes
   9 while [ "$answer" = y ]                       # as long as the answer is yes
  10 do
  11 tput clear ; tput cup 3 5 ; echo "Enter the Author/Title>_ \b \c"
  12 read response
  13 grep -i "$response" ULIB_FILE>TEMP            # find the specified book in the library
  14 if [ -s TEMP ]                                # if it is found
  15 then
  16   IFS = ":"                                   # set the IFS to colon
  17   read title author category status bname date < TEMP
  18   tput cup 5 10
  19   echo "UNIX Library - ${BOLD}DISPLAYMODE ${NORMAL}"
  20   tput cup 7 23 ; echo "Title: $title"
  21   tput cup 8 22 ; echo "Author: $author"
  22   case $category in                           # check the category
  23              [Tt][Bb]) word = textbook ;;
  24              [Ss][Yy][Ss]) word = system ;;
  25              [Rr][Ee][Ff]) word = reference ;;
  26               * ) word = undefined ;;
  27   esac
  28   tput cup 9 20 ; echo "Category: $word"      # display the category
  29   tput cup 10 22 ; echo "Status: $status"     # display the status
  30   if [ "$status" = "out"]                     # if it is checked out
  31   then                                        # then show the rest of the information
  32     tput cup 11 14 ; echo "Checked out by: $bname"
  33     tput cup 12 24 ; echo "Date: $date"
  34   fi
  35  else                                         # if book not found
  36     tput cup 7 10 ; echo " $response not found"
  37 fi
  38 tput cup 15 10 ; echo "Any more to look for? (Y)es or (N)o>_ \b \c"
  39 read answer                                   # read user's answer
  40 case $answer in                               # check user's answer
  41   [Yy] * ) answer = y ;;                      # any word starting with Y or y is yes
  42         * ) answer = n ;;                     # any other word indicates no
  43 esac                                          # end of the case construct
  44 done                                          # end of the while loop
  45 IFS = "$OLD_IFS"                              # restore the IFS to its original value
  46 exit 0                                        # exit the program
$_
```

图 13.21 DISPLAY 程序的源代码

行1到行6:以#开始,是注释行。

行7:将环境变量IFS的值赋给OLD_IFS。在给该变量赋新值之前要保存原来的值,以后可将变量IFS恢复为其初始设置。

行8:用字母y初始化变量answer。于是可以进入while循环。

行9、行10和行44:while循环。循环体在行10和行44之间。只要while循环条件为真(answer为字母y),就执行循环体。

行11:该行由三个命令组成。清屏,置光标于第3行第5列,然后显示提示信息让用户输入书名或作者名。

行12:等待用户输入,将输入保存在变量response中。

行13:用grep命令(见第9章)从文件ULIB_FILE中寻找包含response变量(用户输入)所保存模式的所有行,并将输出重定向到TEMP文件中。如果TEMP文件不空,表明存在指定书籍的记录;如果TEMP为空,说明没找到指定的书籍。

行14、行15、行35和行37:if-then-else结构。if条件测试TEMP文件长度是否非0。如果条件为真(TEMP存在且其中有内容),执行if体(行16到行34)。如果条件为假(TEMP是空文件),执行else体(行36)。

行16:设置分隔符为冒号(:)。在这个程序中,冒号是分隔记录字段的符号。

行17:从TEMP文件中读取指定书籍的每个字段。

行18和行19:将光标置于指定位置,显示记录头。

行20:该行由两个命令组成。置光标于第7行第23列,然后显示书名。title变量保存着从TEMP文件中读出来的书名。

行21:该行由两个命令组成。置光标于第8行第22列,然后显示作者名。author变量保存着从TEMP文件中读出来的作者名。

行22到行27:case结构。case语句检查书籍的种类(保存在category变量中),并将书籍种类简写改为完整的单词。例如,将种类简写sys改为system。

模式[Tt][Bb]与表示种类缩写tb的任何大小写字母的组合相匹配。字符串textbook保存在word变量中。

模式[Ss][Yy][Ss]与表示种类缩写sys的任何大小写字母的组合相匹配。字符串system保存在word变量中。

模式[Rr][Ee][Ff]与表示种类缩写ref的任何大小写字母的组合相匹配。字符串reference保存在word变量中。

如果不是以上种类,则匹配默认情况(星号),字符串undefined保存在word变量中。

行28:置光标于第9行第20列,显示指定书籍的种类字段(word变量的内容)。

行29:置光标于第10行第22列,显示指定书的状态字段(status变量的内容)。

行30和行34:实现if-then结构。如果if条件为真(书被借出),执行if体(行31到行33)。否则,如状态显示书在库中,则跳过if体。

行32:置光标于第11行第14列,显示借阅者姓名(bname变量的内容)。

行33:置光标于第12行第24列,显示借出日期(date变量的内容)。

行36:当TEMP为空(没找到指定书籍)时执行该行。置光标于7行10列,显示错误信息。

和ADD程序类似,余下的代码检查用户是否还要显示其他记录或者返回EDIT菜单。

实例：如果运行 ULIB 程序，并选择 EDIT 菜单中的 DISPLAY 功能，则显示提示信息。图 13.22 显示此时的屏幕。

```
Enter the Author/Title>_
```

图 13.22 DISPLAY 程序的提示信息屏幕

可以输入书名或作者名来指定希望显示的记录。假设输入了 UNIX Unbounded，图 13.23 为指定记录的显示屏幕。该屏幕和图 13.19 增加记录的屏幕类似。程序询问用户是继续查看记录还是退出 DISPLAY 程序。当该程序结束时，控制权返回到 EDIT 程序，重新显示 EDIT 菜单，用户可以继续选择下一个功能。

```
UNIX Library - DISPLAY MODE

   Title: UNIX Unbounded
   Author: Afzal Amir
Category:textbook
   Status: in

Any more to look for? (Y)es or (N)o>_
```

图 13.23 DISPLAY 程序的屏幕显示

如果没有发现指定的记录，显示错误信息。例如，如果没有名为 XYZ 的书，图 13.24 显示错误信息和提示信息。

```
Enter the Author/Title>XYZ

      XYZ not found
      Any more to look for? (Y)es or (N)o>_
```

图 13.24 显示错误信息的屏幕

13.5.7 UPDATE 程序

UPDATE 程序更改 ULIB_FILE 中指定记录的状态。当用户从 EDIT 菜单中选择 UPDATE STATUS 功能时，激活该程序。当借出书籍或归还书籍时，选择该项功能。UPDATE 程序首先提示用户输入(想要修改状态的)书籍名或作者名。然后从 ULIB_FILE 文件中查找指定的书籍。如果找到了满足条件的记录，则以合适的格式显示该记录。如果没有找到记录，显示错误信息并提示用户进行下一次输入。该过程一直继续，直到用户表明要退出程序。当 UPDATE 程序结束时，控制权返回到调用程序，即 EDIT 程序，用户返回到 EDIT 菜单进行下一次选择。

图 13.25 给出了 UPDATE 程序的源代码，随后对程序进行了逐行解释。UPDATE 程序的源代码比前面的程序都长，但大多数代码是从 DISPLAY 程序复制过来的。DISPLAY、UPDATE 和 DELETE 程序的开头和结尾类似。这些程序提示用户指定要查找书籍的作者名或书名。若程序找到记录就显示该记录；若没有找到记录就显示错误信息。在程序结尾，询问

用户是继续执行程序还是结束程序。因此,这里只解释新增加的代码行或改变了的代码行。

```
$cat -n UPDATE
     1 #
     2 # UNIX library
     3 # UPDATE: This program updates the status of a specified book. It asks the
     4 #         Author/Title of the book, and changes the status of the specified
     5 #         book from in (checked in) to out (checked out), or from out to in.
     6 #         If the book is not found in the file, an error message is displayed.
     7 #
     8 OLD_IFS="$IFS"                       # save the IFS settings
     9 answer=y                             # initialize the answer to indicate yes
    10 while [ "$answer" = y ]
    11 do
    12   new_status= ; new_bname= ; new_date=   # declare empty variables
    13   tput clear                         # clear screen
    14   tput clear ; tput cup 3 5 ; echo "Enter the Author/Title>_ \b\c"
    15   read response
    16   grep -i "$response"ULIB_FILE>TTEMP   # find the specified book
    17   if [ -s TTEMP ]                    # if it is found
    18   then                               # then
    19     IFS=":"                          # set the IFS to colon
    20     read title author category status bname date < TTEMP
    21     tput cup 5 10
    22     echo "UNIX Library - ${BOLD}UPDATESTATUSMODE${NORMAL}"
    23     tput cup 7 23 ; echo "Title:  $title"
    24     tput cup 8 22 ; echo "Author:  $author"
    25     case $category in                # check the category
    26       [Tt][Bb]) word=textbook ;;
    27       [Ss][Yy][Ss]) word=system ;;
    28       [Rr][Ee][Ff]) word=reference ;;
    29           *) word=undefined ;;
    30   esac
    31   tput cup 9 20 ; echo "Category:  $word"       # display the category
    32   tput cup 10 22 ; echo "Status:  $status"      # display the status
    33   if [ "$status" = "in"]                        # if it is checked in
    34   then                                          # then show the rest of the information
    35     new_status=out                              # indicate the new status
    36     tput cup 11 18 ; echo "New status:  $new_status"
    37     tput cup 12 14 ; echo "Checked out by:_ \b\c"
    38     read new_bname
    39     new_date=`date +%D`
    40     tput cup 13 24 ; echo "Date:  $new_date"
    41   else
    42     new_status=in
    43     tput cup 11 14 ; echo "Checked out by:  $bname"
    44     tput cup 12 24 ; echo "Date:  $date"
    45     tput cup 15 18 ; echo "New status:  $new_status"
    46   fi
```

图 13.25 UPDATE 程序的源代码

```
    47  grep -iv "$title: $author: $category: $status: $bname: $date" ULIB_FILE>TEMP
    48  cp TEMP ULIB_FILE
    49  echo "$title: $author: $category: $new_status: $new_bname: $new_date≫ULIB_FILE
    50 else                                          # if book not found
    51  tput cup 7 10 ; echo "$response not found"
    52 fi
    53 tput cup 16 10 ; echo "Any more to update? (Y)es or (N)o>_\b\c"
    54 read answer                                   # read user answer
    55 case $answer in                               # check user answer
    56   [Yy]*) answer=y ;;                          # any word starting with Y or y is yes
    57    *) answer=n ;;                             # any other word indicates no
    58 esac                                          # end of the case construct
    59 done                                          # end of the while loop
    60 IFS="$OLD_IFS"                                # restore the IFS to its original value
    61 rm TEMP TTEMP                                 # delete files
    62 exit 0                                        # exit the program
$_
```

图 13.25 UPDATE 程序的源代码(续)

行 12:说明三个空变量。当书籍的状态从 in 改变为 out(借出)时,这些变量保存新值;当书籍的状态从 out 改变为 in(归还)时,它们被初始化为空。

- 变量 new_status 保存新状态,其值为 in 或 out。
- 变量 new_bname 保存借阅者姓名或为空。
- 变量 new_date 保存现在的时间或为空。

行 33 到行 46:实现 if-then-else 结构。如果 if 条件为真(status 变量保存着 in,表明书籍在库中),那么执行 if 体(行 35 到行 40)。如果 if 条件为假(status 变量保存着 out,表明书籍被借出),则执行 else 体(行 42 到行 45)。

行 35 到行 40:构成 if 体,将记录状态从 in 改成 out。需要的信息是借阅者的姓名。

行 35:在变量 new_status 中保存 out,表明书籍被借出。

行 36:置光标于指定位置,显示新状态。这里新状态是 out。

行 37:提示用户输入借阅者姓名。

行 38:读用户输入,并将其保存在变量 new_bname 中。

行 39:将当前日期保存在变量 new_date 中,参数%D 说明时间字符串中只记录日期,不记录时间(参见第 12 章)。

行 42 到行 45:构成 else 体,将记录状态从 out 改成 in。

行 42:在变量 new_status 中保存 in,表明书籍已归还。

行 43:置光标于指定位置,显示 bname 的内容,即借阅者姓名。

行 44:置光标于指定位置,显示 date 的内容,即借出时间。

行 45:置光标于指定位置,显示 new_status 的内容,这里是 in,表明书籍已归还入库。

行 47:除了正在显示的指定记录之外,将 ULIB_FILE 文件中的每个记录复制到 TEMP 中。用带 i 和 v 选项的 grep 命令(见第 9 章)实现该功能,并将 grep 的输出重定向到 TEMP 文件。选项 i 使 grep 命令忽略大小写差别。选项 v 使 grep 命令挑出与指定模式不匹配的所有行。

行 48：用 cp 命令（见第 5 章）将 TEMP 文件复制到 ULIB_FILE。现在 ULIB_FILE 文件包含除了状态改变记录之外的所有记录。

行 49：该行将修改过的记录附加到文件 ULIB_FILE 中。现在，ULIB_FILE 包含更新状态后的指定记录。

实例：继续运行这个程序。终端的显示有助于用户将前面的解释与实际输出联系起来。

假设从 EDIT 菜单中选择了 UPDATE STATUS 功能，且指定的书籍是 UNIX Unbounded，则 UPDATE 程序的显示如图 13.26。

```
UNIX Library - UPDATE STATUS MODE

          Title: UNIX Unbounded
         Author: Afzal Amir
       Category: textbook
         Status: in
     New status: out
 Checked out by: Steve Fraser
           Date: 12/12/05

Any more to update? (Y)es or (N)o>_
```

图 13.26 UPDATE 程序的显示

说明：1. 通过显示旧状态和新状态字段，在屏幕上反映状态的改变。

2. 系统提示用户输入借阅者的姓名。假设用户在提示 Checked out by:_后输入 Steve Fraser。

图 13.27 给出了状态改变后的 ULIB_FILE。如果与图 13.20 进行比较，可以注意到几个字段的改变。

```
$cat ULIB_FILE
    UNIX Unbounded:Afzal Amir:tb:out:Steve Fraser:12/12/05
$_
```

图 13.27 ULIB_FILE 文件的内容

图 13.28 为程序 DISPLAY 产生的屏幕显示，显示的是同一记录。

```
UNIX Library - DISPLAY MODE

          Title: UNIX Unbounded
         Author: Afzal Amir
       Category: textbook
         Status: out
 Checked out by: Steve Fraser
           Date: 12/12/05
Any more to look for?  (Y)es or (N)o>_
```

图 13.28 示例记录的显示

说明：比较本图（status 显示书已借出）和图 13.23 的显示（status 显示书在库中）。

13.5.8 DELETE 程序

DELETE 程序从 ULIB_FILE 文件中删除指定的记录,当用户从 EDIT 菜单中选择 DELETE 功能时激活该程序。程序首先提示用户输入书籍名或作者名。然后,在ULIB_FILE文件中查找与指定书籍匹配的记录。如果找到了匹配记录,则用合适的方式显示记录,并显示确认提示信息。用户可以确认该记录是否为用户想删除的记录。如果没有找到记录,则显示错误信息,并提示用户进行下一次输入。该过程一直继续到用户准备退出程序为止。当 DELETE 程序结束时,控制权返回到调用程序 EDIT,用户回到 EDIT 菜单后可以进行新的选择。

图 13.29 给出了 DELETE 程序的源代码。程序尽管较长,但 DELETE 程序的开头和结尾部分与 DISPLAY 和 UPDATE 程序基本相同。主要差别在于删除记录前的确认代码和从 ULIB_FILE 文件中实际删除指定记录的代码。

```
$cat -n DELETE
     1 #
     2 # UNIX library
     3 # Delete: This program deletes a specified record from the ULIB_FILE.
     4 #     It asks the Author/Title of the book, and displays the specified
     5 #     book, and deletes it after confirmation, or shows an error message
     6 #     if the book is not found in the file.
     7 #
     8 OLD_IFS = "$IFS"                          # save the IFS setting
     9 answer = y                                # initialize the answer to indicate yes
    10 while [ "$answer" = y ]                   # as long as the answer is yes
    11 do
    12   tput clear ; tput cup 3 5 ; echo "Enter the Author/Title>_\b\c"
    13   read response
    14   grep -i "$response" ULIB_FILE>TEMP      # find the specified book in the library
    15   if [ -s TEMP ]                          # if it is found
    16   then                                    # then
    17     IFS = ":"                             # set the IFS to colon
    18     read title author category status bname date < TEMP
    19     tput cup 5 10
    20     echo "UNIX Library - ${BOLD}DELETE MODE${NORMAL}"
    21     tput cup 7 23 ; echo "Title: $title"
    22     tput cup 8 22 ; echo "Author: $author"
    23     case $category in                     # check the category
    24           [Tt][Bb]    ) word = textbook ;;
    25         [Ss][Yy][Ss]) word = system ;;
    26         [Rr][Ee][Ff]) word = reference ;;
    27                   * ) word = undefined ;;
    28     esac
    29     tput cup 9 20 ; echo "Category: $word" # display the category
    30     tput cup 10 22 ; echo "Status: $status"# display the status
    31     if [ "$status" = "out"]               # if it is checked out
    32     then                                  # then show the rest of the information
    33     tput cup 11 14 ; echo "Checked out by: $bname"
    34     tput cup 12 24 ; echo "Date: $date"
    35     fi
```

图 13.29 DELETE 程序的源代码

```
36      tput cup 13 20 ; echo "Delete this book? (Y)es or (N)o>_ \b \c"
37      read answer
38      if [ $answer = y -o $answer = Y ]       # test for Y or y
39      then
40      grep -iv "$title: $author: $category: $status: $bname: $date" ULIB_FILE>TEMP
41      mv TEMP ULIB_FILE
42   fi
43 else                                       # if book not found
44   tput cup 7 10 ; echo "response not found"
45 fi
46 tput cup 15 10 ; echo "Any more to delete? (Y)es or (N)o>_ \ b \ c"
47 read answer                                # read user answer
48 case $answer in                            # check user answer
49    [Yy] * ) answer = y ;;                  # any word starting with Y or y is yes
50        * ) answer = n ;;                   # any other word indicates no
51 esac
52 done                                       # end of the while loop
53 IFS = "$OLD_IFS"                           # restore the IFS to its original value
54 rm TEMP                                    # delete the TEMP file
55 exit 0                                     # exit the program
$_
```

图13.29 DELETE程序的源代码(续)

找到并显示记录以后,出现确认提示。此刻,程序在第36行。

行36:置光标于指定行列,并显示提示信息。

行37:读用户回答,并将回答信息保存在变量answer中。

行38到行42:构成if结构。如果if条件为真,执行if体(行40和行41)。如果if条件测试为Y或者y,则记录被删除。任何其他字母都使判断结果为假,if体被跳过,不删除记录。

行40:除了正在显示的指定记录外,将ULIB_FILE文件中的每个记录复制到TEMP中。用带i和v选项的grep命令实现该功能,然后将grep的输出重定向到TEMP文件。

行41:用mv命令将TEMP文件重命名为ULIB_FILE。现在ULIB_FILE文件包含除被删除记录之外的所有记录。

假设从EDIT菜单选择了DELETE功能,且ULIB_FILE文件中存在指定书籍,图13.30给出了DELETE程序输出的例子。

```
UNIX Library - DELETE MODE

        Title: UNIX Unbounded
       Author: Afzal Amir
     Category: textbook
       Status: out
Checked out by:    Steve Fraser
         Date: 12/12/05

Delete this book? (Y)es or (N)o>Y

Any more to delete? (Y)es or (N)o>_
```

图13.30 DELETE程序的显示

13.5.9 REPORTS 程序

层次图(见图 13.9)的另一个分支是利用 ULIB_FILE 文件中的信息生成报表。当用户从主菜单中选择功能 2 时,REPORTS 程序被激活。和 EDIT 程序类似,该程序生成REPORTS菜单。它显示 REPORTS 菜单,根据用户选择激活对应的程序来生成需要的报表。一个 while 循环构成了整个程序。while 循环体由 REPORTS 菜单和 case 语句组成,case 语句确定执行什么命令来满足用户选择。

图 13.31 给出了 REPORTS 程序的源代码。现在不需要逐行解释了,因为读者已经了解一切。但是,这里调用了另一个程序,该程序称为 REPORT_NO,用来生成所需要的报表。根据每次选择的不同,在命令行中设定不同的报表号。报表号(1、2 或 3)保存在位置变量$ 1 中,由程序 REPORT_NO 访问以识别所需的报表。

```
$cat -n REPORTS
     1 #
     2 # UNIX library
     3 # REPORTS: This program is the main driver for the REPORTS menu.
     4 #          It shows the reports menu and invokes the appropriate
     5 #          program according to the user selection.
     6 #
     7 error_flag = 0                    # initialize the error flag, indicating no error
     8 while true                        # loop forever
     9 do
    10   if [ $error_flag -eq 0 ]        # check for the error
    11   then
    12     tput clear ; tput cup 5 10    # clear screen and place the cursor
    13     echo "UNIX Library - ${BOLD}REPORTSMENU ${NORMAL}"
    14     tput cup 7 20                 # place the cursor
    15     echo "0: ${BOLD}RETURN ${NORMAL}To the Main Menu"
    16     tput cup 9 20 ; echo "1: Sorted by ${BOLD}TITLES ${NORMAL}"
    17     tput cup 11 20 ; echo "2: Sorted by ${BOLD}AUTHOR ${NORMAL}"
    18     tput cup 13 20 ; echo "3: Sorted by ${BOLD}CATEGORY ${NORMAL}"
    19     fi
    20     error_flag = 0                # reset error flag
    21     tput cup 17 10 ; echo "Enter your choice> _ \b \c"
    22   read choice                     # read user choice
    23   #
    24   # case construct for checking the user selection
    25   #
    26   case $choice in                 # check user input
    27   0) exit 0;;                     # return to the main menu
    28   1) REPORT_NO 1;;                # call REPORT_NO program, passing 1
    29   2) REPORT_NO 2;;                # call REPORT_NO program, passing 2
    30   3) REPORT_NO 3;;                # call REPORT_NO program, passing 3
    31    *) ERROR 20 10                 # call ERROR program
    32      tput cup 20 1 ; tput ed      # clear the rest of the screen
    33      error_flag = 1;;             # set error flag to indicate error
    34   esac                            # end of the case construct
    35   done                            # end of the while construct
    36   exit 0                          # exit the program
$_
```

图 13.31　REPORTS 程序的源代码

假设从主菜单中选择了报表功能,图 13.32 显示了 REPORTS 菜单。

```
UNIX Library - REPORTS MENU

        0: RETURN To The Main Menu
        1: Sorted by TITLE
        2: Sorted by AUTHOR
        3: Sorted by CATEGORY
Enter your choice>_
```

图 13.32　REPORTS 菜单

13.5.10　REPORT_NO 程序

当用户从 REPORTS 菜单中选择了一个报表号后,REPORT_NO 程序被激活。该程序检查位置变量$1 的值,并根据这个值对 ULIB_FILE 进行排序。如果$1 的值为 1,ULIB_FILE 根据记录的第 1 个字段(即书名)排序。如果$ 1 的值为 2,ULIB_FILE 根据记录的第 2 个字段(即作者名)排序,依次类推。

排好序的记录保存在文件 TEMP 中,该文件传递给 pg 或 pr 命令(见第 8 章)进行显示。然而如图 13.27 所示,记录中的各字段用冒号分隔,这样的报表不够美观。为了使输出更加美观,从 TEMP 文件中读出的记录经过格式化后存储到 PTEMP 文件中,再将 PTEMP 文件传递给 pg 命令显示。

图 13.33 给出了 REPORT_NO 程序的源代码,下面逐行解释程序中的一些新代码。

```
$cat -n REPORT_NO
    1 #
    2 # UNIX library
    3 # REPORT_NO: This program produces report from the ULIB_FILE file.
    4 #         It checks for the report number passed to it on the
    5 #         command line, sorts and produces reports accordingly.
    6 #
    7 IFS = ":"                                              # set delimiter to:
    8 case $1 in                                             # check the contents of the $1
    9   1 ) sort -f -d -t : ULIB_FILE > TEMP ;;              # sort on title field
   10   2 ) sort -f -d -t :  +1 ULIB_FILE > TEMP ;;          # sort on author field
   11   3 ) sort -f -d -t :  +2 ULIB_FILE > TEMP ;;          # sort on category field
   12 esac                                                   # end of the case
   13 #
   14 # read records from the sorted file TEMP. Format and store them in
   15 # PTEMP.
   16 #
   17 while read title author category status bname date    # read a record
   18 do
   19   echo "Title: $title">> PTEMP                         # format title
   20   echo "Author: $author">> PTEMP                       # format author
   21   case $category in                                    # check the category
   22      [Tt][Bb]   ) word = textbook ;;
```

图 13.33　REPORT_NO 程序的源代码

```
    23  [Ss][Yy][Ss] ) word=system ;;
    24  [Rr][Ee][Ff] ) word=reference ;;
    25          * ) word=undefined ;;
    26 esac
    27 echo "Category: $word"≫PTEMP                    # format category
    28 echo "Status: $status \ n"≫ PTEMP               # format status
    29 if [ "$status" = "out"]                         # if it is checked out
    30 then                                            # then
    31   echo "Checked out by: $bname"≫ PTEMP  # format bname
    32   echo "Date: $date \ n"≫ PTEMP                 # format date
    33 fi
    34 echo ≫ PTEMP
    35 done < TEMP
    36 #
    37 # ready to display the formatted records in the PTEMP
    38 #
    39 pg -c -p "Page %d:" PTEMP                       # display PTEMP page by page
    40 rm TEMP PTEMP                                   # remove files
    41 exit 0                                          # exit the program
$_
```

图 13.33 REPORT_NO 程序的源代码(续)

行 9、行 10 和行 11:这几行是 case 结构体。每一行执行一个 sort 命令(见第 9 章),根据指定字段对 ULIB_FILE 排序。sort 命令的输出保存在 TEMP 文件中。下面来看看 sort 命令的选项:

- -f 选项将小写字母都看成是大写字母。
- -d 选项忽略所有空格及非字母数字字符。
- -t 选项指出使用哪个字符作为字段分隔符。在本程序中,指定冒号(:)作为字段分隔符。
- 数字选项(+1 和 +2)按指定字段号的下一个字段对文件进行排序。在 ULIB_FILE 中,字段 1 是 title 字段,字段 2 是 author 字段,字段 3 是 category 字段。这些是 REPORT_NO程序感兴趣的三个字段。如果没有指定字段号,默认字段是 1。如果指定 +1,表示跳过字段 1,即按字段 2 排序。如果指定 +2,表示跳过字段 1 和字段 2,即按字段 3 排序,其他情况依次类推。

行 9:没有指定字段,因此默认字段是第 1 个字段,文件按 title 字段排序。

行 10:指定字段位置为+1,因此按第 2 个字段 author 排序。

行 11:指定字段位置为+2,因此按第 3 个字段 category 排序。

-k 选项可以用来替代字段位置。这里,-k 后面跟随的数字指明实际的字段号。例如,可以使用下述带-k 选项的行来替换 REPORT_NO 程序中的行 9 到行 11:

1) sort -f -d -t : -k 1 ULIB_FILE>TEMP;; # sort on title field
2) sort -f -d -t : -k 1 ULIB_FILE>TEMP;; # sort on author field
3) sort -f -d -t : -k 1 ULIB_FILE>TEMP;; # sort on category field

行 17 到行 36:构成 while 循环,将 TEMP 文件中的所有记录都读取出来。这里测试 read

的返回状态:只要文件 TEMP 中有记录则返回 0,到达文件尾部则返回 1。循环体和 DISPLAY 程序相似,但是 echo 命令的输出重定向到文件 PTEMP。

行 36:while 循环的结尾,<TEMP 将标准输入重定向至文件 TEMP,称为循环重定向,shell 在子 shell 中运行循环重定向。当循环结束后,PTEMP 中存储了经过排序和格式化的报表,这些报表可以用几种命令来显示,这里使用 pg 命令显示。

行 40:显示 PTEMP 文件。pg 命令一次显示一屏报表信息,还可以用 pg(参见第 8 章)选项扫描报表。

下面来看用于 pg 命令中的选项:

- -c 选项在显示每页之前清屏。
- -p 选项在屏幕底部用指定的字符串代替默认的冒号提示。这里,指定的字符串是 Page %d:。字符串 %d 代表当前是第几屏。

行 41:删除 TEMP 和 PTEMP 这两个文件。

图 13.34 给出了从 REPORTS 菜单中选择 2 时生成的报表例子。报表根据第 2 个字段 author 进行排序。

```
          Title: UNIX Unbounded
         Author: Afzal Amir
       Category: textbook
         Status: out
 Checked out by: Steve Fraser
           Date: 1/12/05

          Title: UNIX For All
         Author: Brown David
       Category: reference
         Status: in

          Title: A Brief UNIX Guide
         Author: Redd Emma
       Category: reference
         Status: out
 Checked out by: Steve Fraser
           Date: 1/12/05
 Page 1:
```

图 13.34 REPORT_NO 生成的报表示例

说明:屏幕底部的提示显示页号。用户可以按[Return]键显示下一页,或者输入其他 pg 操作命令查看需要的部分。

命令小结

下面是本章介绍的命令。

stty

该命令用来设置终端参数,有 100 种以上的不同设置,下表仅列出一些参数。

选项	功能
echo [-echo]	回显[不回显]输入字符;默认为回显
raw [-raw]	禁止[启用]特殊意义的元字符;默认为启用
intr	产生中断信号;通常用[Del]键
erase	[Backspace],擦除前一个字符;通常用#键
kill	删除整行;通常用@或[Ctrl-u]
eof	从终端产生文件结束(eof)信号;通常用[Ctrl-d]
ek	用#和@分别复位 erase 和 kill 键
sane	用合理的默认值复位终端属性

tput

该命令与包含终端特性的 terminfo 数据库连用,便于进行终端属性(如粗体、清屏等)的设置。

选项	功能
bel	回显终端的响铃字符
blink	闪烁显示
bold	粗体显示
clear	清屏
cup *r* *c*	将光标移到第 *r* 行第 *c* 列
dim	显示变暗
ed	清除从光标位置到屏幕底的显示内容
el	清除从光标位置到行末的字符
smso	启动突显模式
rmso	结束突显模式
smul	启动下画线模式
rmul	结束下画线模式
rev	反色显示,白底黑字
sgr 0	关闭所有属性

trap

该命令设置和复位中断信号。下表列出了一些用来控制程序终止的信号。

信号编号	信号名	含义
1	hang up	丢失终端连接
2	interrupt	按下任一中断键
3	quit	按下任一退出键
9	kill	发出 kill -9 命令
15	terminator	发出 kill 命令

习题

1. trap命令的作用是什么?
2. 如何终止进程?
3. trap命令用在哪里?
4. 显示终端设置的命令是什么?
5. 什么是terminfo数据库? 里面存储了什么信息?
6. 用户系统中的kill键是什么?
7. 用户系统中的erase键是什么?
8. 使用什么命令将终端字符设置成默认值?
9. 将erase键和kill键分别设置成#和@的命令是什么?
10. case结构用在哪里?

上机练习

下面的上机练习提供了使用本章介绍的终端命令编写/修改本章程序的机会。

1. 用户终端是什么类型?
2. 显示终端设置的部分列表。
3. 显示终端设置的完全列表。
4. 改变kill键的设置。检查是否确实改变了。
5. 改变erase键的设置。检查是否确实改变了。
6. 分别将erase和kill键恢复成#和@。
7. 检查用户系统是否有tput工具。
8. 用tput命令清屏。
9. 写一个名为CLS的脚本文件,其功能为清屏。
10. 编写一个与MENU程序相似的脚本文件。该程序的菜单给出一些常用命令,这些命令是用户经常不记得确切语法或懒得输入的长命令。
11. 修改本章的UNIX图书库程序,以存储更多信息,如价格、出版日期等。
12. 改进REPORTS程序。例如,用户可以选择打印或者显示报表。
13. ULIB程序有许多可改进之处。比如,目前不能解决同一个作者有多本书,或者不同作者的书具有相同的书名等问题。如何解决这些问题?
14. UNIX图书库程序可以作为其他类似程序的原型。例如,可以改成保存朋友的姓名、地址和电话号码的通信簿,或者建立一个数据库来管理音乐CD和磁带。请发挥想象,编写代码实现一个与UNIX图书库相似的应用工具。

第14章 告别UNIX

前面已讨论了UNIX系统的基本内容,了解了如何进行shell编程,现在可以讨论一些UNIX系统的独特之处。本章讨论的命令包括磁盘命令、文件管理命令和拼写检查命令。我们已经学习了一些文件管理命令,本章介绍的文件管理命令是对以前章节内容的补充,最后还要讨论一些权限控制命令和系统管理命令,以帮助用户深入理解UNIX系统,感受UNIX系统的方便之处。

14.1 磁盘空间

磁盘或文件系统中可以保存的文件数目是有限的。此限制由以下两个因素决定:

- 未用存储空间大小
- 用于保存索引节点的存储空间大小

文件系统中每个文件都有一个索引节点(在第8章中有详细讨论),这些索引节点保存在索引节点表中。每个索引节点包括特定文件的信息,如文件在磁盘上的存储位置、文件大小等。

14.1.1 显示未用磁盘空间:df命令

使用df(disk free)命令可以获得指定文件系统的磁盘空间总量或未用空间量。若命令行中没有指定文件系统,df命令就报告所有文件系统的未用空间量。

实例:显示未用磁盘空间数量:

```
$df [Return]........................... 未指定文件系统
/      (/dev/dsk/c0d0s0).    14534  blocks    2965 i-nodes
/usr   (/dev/dsk/c0d0s2).    203028 blocks    51007 i-nodes
$_..................................... 命令提示符
```

命令输出说明本系统中有两个文件系统。第一个值表示空闲磁盘块数目,第二个值表示空闲索引节点数目。每个磁盘块大小通常为512字节,有些系统中使用1024字节块显示该报表。

-t选项:在df命令中使用-t选项可使命令输出中包括文件系统的磁盘块总数。

实例:使用带-t选项的df命令:

```
$df -t [Return]........................ 使用-t选项
/     (/dev/dsk/c0d0s0).       14534 blocks     2965 i-nodes
                     total:    31552 blocks     3936 i-nodes
/usr (/dev/dsk/c0d0s2).        203028 blocks     51007 i-nodes
                     total:    539136 blocks     65488 i-nodes
$_..................................... 返回提示符
```

说明： 1. 使用 man 命令可以获得 df 命令的可用选项列表。
2. 对于 Linux 用户，使用--help 选项来查看帮助页。
3. 可以在用户的 .profile 文件中加入 df 命令。这样，用户每次登录时就可以看到磁盘空间使用情况报告。

14.1.2　统计磁盘空间使用情况：du 命令

使用 du(disk usage)命令可以获得文件系统中每个目录和文件占用磁盘块数情况的报告。当希望了解一个文件系统的存储空间使用情况时，该命令非常有用。

图 14.1 给出了一个目录结构，该结构用在说明 du 命令的实例中。

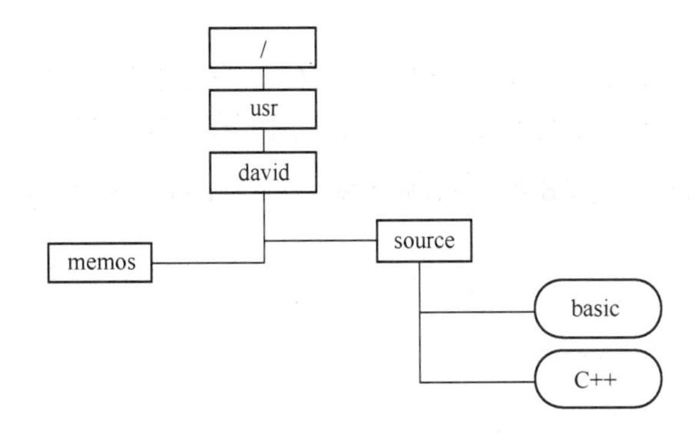

图 14.1　du 命令实例中的目录结构

实例： 查询当前目录及其子目录的存储空间使用情况，假设当前目录为 david。

```
$du
4        ./memos
12       ./source
20       .
$_
```

当前目录用 . 表示。这里 ./memos 占用 4 个存储块，./source 占用 12 个存储块，. 占用 20 个存储块。

说明： du 命令可用于查询任何目录的存储空间使用情况。

du 命令的选项

表 14.1 列出了 du 命令的选项。使用 man 命令可以获得 du 命令可用选项的详细列表。

表 14.1　du 命令的选项

选项		功能
UNIX	Linux 对应选项	
-a	--all	显示目录和文件大小
-b	--byte	以字节为单位显示目录和文件大小
-s	--summarize	只显示指定目录占用的存储块数目，不列出子目录
	--help	显示帮助信息
	--version	显示版本信息

-a 选项:-a 选项显示指定目录中每个文件和目录占用的存储空间。

实例:假设当前目录为 david,下述命令行给出了带-a 选项的 du 命令的使用:

```
$du -a
4        ./memos
4        ./source/basic
4        ./source/c++
12       ./source
20       ./
$_
```

这里,显示了目录(./memos、./source 和 .)和文件(./source/basic 和 ./source/c++)的大小。

-b 选项:-b 选项以字节为单位显示每个文件占用的存储空间量。

实例:假设当前目录为 david,下述命令行说明了带-b 选项的 du 命令的使用:

```
$du -b
4096     ./memos
12288    ./source
20480    .
$_
```

这里,目录(./memos、./source、.)的大小以字节为单位显示。

-s 选项:-s 选项以块为单位显示目录或文件的大小。例如,下述命令行以块为单位显示当前目录的大小:

```
$du -s [Return]..................... 以块为单位显示当前目录的大小
20 ................................. 当前目录(.)占用 20 块
$_ ................................. 命令提示符
```

实例:假设当前目录为 david,下述命令行说明了带-s 和-b 选项的 du 命令的使用:

```
$du -bs ./source
12288        ./source
$_
```

这里,以字节为单位显示 source 目录(./source)的大小。

练习 Linux 对应命令选项

实例:使用 Linux 中 du 命令的对应选项,如下述命令行所示:

```
$du --all [Return] ........................ 与命令 du -a 相同
$du --byte [Return] ....................... 与命令 du -b 相同
$du --summarize [Return] .................. 与命令 du -s 相同
$du --help [Return] ....................... 显示帮助页
$du --versin [Return] ..................... 显示版本信息
```

说明： 阅读帮助信息并自己熟悉 du 命令的其他可用选项。

14.2　其他 UNIX 命令

本节介绍一些新命令，帮助用户操作 UNIX 环境、制作大标题、查询程序状态信息等。

说明： 1．正如本书其他章节多次提到的，使用 man 命令来学习命令的更多内容。
2．对 Linux 用户，使用--help 获得指定命令的帮助信息，使用--version 获得指定命令的版本信息。

14.2.1　显示标题：banner 命令

banner 命令可在标准输出设备上输出大字符。该命令在标准输出设备上显示它的命令行参数（不多于 10 个字符），每个参数占一行。该命令可用于制作标语、符号、标题等。

实例： 制作一个生日快乐标语：

```
$banner happy birthday | lp [Return] ........... 生成一个标语并输出到打印机
$_ ........................................... 命令提示符
```

管道命令（|）将输出传送到打印机。每个单词（参数）打印成一行。用引号可以将两个或多个单词作为一个参数。

实例： 制作一个回家标语，两个单词打印在一行上。

```
$banner "GO HOME" | lp [Return]
$_ .......................................... 命令提示符
```

14.2.2　在指定时间执行程序：at 命令

使用 at 命令可以在指定的时间开始执行一个或一组程序。当用户希望在计算机不忙时执行自己的程序或在指定时间发送电子邮件时，该命令十分有用。用户可以使用多种格式来说明命令中的日期和时间，其语法十分灵活。

注意： 在某些 UNIX 系统中，可能会严格限制用户使用 at 命令。系统管理员可以限制只有少数用户能使用 at 命令。用户可以试试该命令；如果没有权限使用 at 命令，系统会在用户使用它时显示如下信息：

```
at:You are not authorized to use at . Sorry.
```

说明： 1．要在命令行中指定希望系统执行用户程序蹬日期和时间。
2．当系统在指定的时间执行程序时，不需要用户登录系统。

指定时间

当 at 命令中的时间参数为 1 个或 2 个数字时（HH 格式），表示整点时间，如 04 和 4 都表示凌晨 4 点整。如果时间参数为 4 个数字时（HHMM 格式），表示小时和分钟；如 0811 表示 8 点 11 分。也可用 noon（中午）、midnight（午夜）或 now（现在）来表示时间。

说明： UNIX 系统默认使用 24 小时制，除非使用 am（上午）或 pm（下午）后缀。如 2011 表示下午 8 点11 分。

指定日期

at 命令中的日期参数可以为星期几，如 Wednesday 或 Wed（三字符缩写，星期三）；也可以为月日年格式,如 Aug 10,2005(2005 年 8 月 10 日);还可用 today(今天)或 tomorrow(明天)表示日期。下面是 at 命令中的一些合法日期和时间格式:

```
$at 1345 Wed [Return] ...................... 在星期三下午 1 点 45 分执行一个作业
$at 0145 pm Wed [Return] ................... 在星期三下午 1 点 45 分执行一个作业
$at 0925 am Sep 18 [Return] ................ 在 9 月 18 日上午 9 点 25 分执行一个作业
$at 11:00 pm tomorrow [Return] ............. 在明天晚上 11 点整执行一个作业
```

下面命令序列说明如何使用 at 命令和各种指定日期及时间的格式。

实例:在明天凌晨 4 点开始执行一个作业:

```
$at 04 tomorrow [Return] ............... 指定日期和时间
sort BIG_FILE [Return] ................. 对文件 BIG_FILE 的内容进行排序
[Ctrl-d] ............................... 表示输入结束
user = david........75969600.a.........Wed Jan 26 14:32:00
$_ ..................................... 命令提示符
```

sort 命令将在明天凌晨 4 点开始执行,作业标识号为(75969600.a)。

at 命令将如何处理在指定时间执行用户程序时可能产生的输出信息——如在上面例子中 sort 命令的输出信息?如果没有指定输出文件,系统会通过电子邮件将输出信息传送给用户,用户可以在自己的邮箱中见到结果。

实例:使用输出重定向运行一个作业:

```
$at 04 tomorrow [Return] ................ 指定日期和时间
sort BIG_FILE > BIG_SORT [Return]....... 输出结果保存在文件 BIG_SORT 中
[Ctrl-d]................................ 表示输入结束
user = david........75969600.a..........Wed Jan 26 14:32:00
$_ ..................................... 命令提示符
```

sort 命令的输出被重定向到文件 BIG_SORT。

说明:可以利用 cat、vi 或任何分页显示命令来查看 BIG_SORT 文件的内容。

实例:使用输入重定向运行一个作业:

```
$at noon Wed [Return] .................. 在星期三中午执行
mailx david < memo [Return] ............ 通过电子邮件将 memo 文件传送给 david
[Ctrl-d]................................ 表示输入结束
user = david........75969600.a..........Wed Jan 26 14:32:00 2005
$_ ..................................... 命令提示符
```

该命令在星期三中午通过电子邮件将 memo(备忘录)传送给 david。星期三中午前,用户当前目录中必须存在一个名为 memo 的文件。

实例:星期五下午 3 点 30 分执行一个名为 cmd_file 的脚本文件。

```
$at 1530 Fri < cmd_file [Return] ......... 从文件 cmd_file 读入命令
user = david.........75969601.a .......... Fri Jan 28 14:32:00 2005
$_ ..................................... 命令提示符
```

at 命令选项

表 14.2 列出了 at 命令的选项。

表 14.2　at 命令的选项

选项	功能
-l	列出所有用 at 命令提交的作业
-m	作业完成时向用户发送一个简短的确认信息
-r	从 at 作业调度队列中删去指定的作业号

实例：显示用 at 命令提交的未执行作业列表：

```
$at-l [Return] .......................... 列出所有未执行作业
75969601.a.............................. at Fri Jan 26 14:32:00 2005
$_ ..................................... 命令提示符
```

实例：从 at 命令的作业队列中删除一个作业：

```
$at -r 75969601.a [Return] ................ 删除指定作业
$at -l [Return] .......................... 检查 at 命令的作业队列
$_ ....................................... 作业队列为空
```

用户必须指定要从队列中删除的作业号。通过在命令行输入多个用空格隔开的作业号，可以一次删除多个作业。

14.2.3　显示命令类型：type 命令

当希望更详细地了解一个命令时，type 命令非常有用。它可以判断一个命令是 shell 程序还是 shell 内部命令。shell 内部命令是 shell 命令解释程序的一部分，在调用内部命令时不产生子进程。

让我们来观察一些实例：

```
$type pwd [Return] .......................... 查询 pwd 命令的类型
pwd is a shell build-in
$type ls [Return] ........................... 查询 ls 命令的类型
ls is /bin/ls
$type cd [Return] ........................... 查询 cd 命令的类型
cd is a shell built-in
$_ .......................................... 命令提示符
```

14.2.4　计时程序：time 命令

利用 time 命令可得到命令执行所用的计算机时间，如实际时间（real time）、用户态时间（user time）和系统态时间（system time）。time 命令的参数为需要计时的命令名。

实际时间是指从用户按命令行的[Return]键开始到命令执行完毕的时间间隔。实际时间包括 I/O 时间、等待其他用户的时间等。实际时间可能比命令执行占用的 CPU 时间长几倍。

用户态时间是指执行用户命令中的用户态代码所花的 CPU 时间。

系统态时间是指为了完成用户命令而执行 UNIX 系统例程的时间。

CPU 时间是指执行用户命令所花费的 CPU 时间(即用户态时间与系统态时间之和),以秒为单位。

实例:输出对文件 BIG_FILE 排序所花的时间:

```
$time sort BIG_FILE > BIG_FILE.SORT [Return]
60.8 real    11.4 user    4.6 sys
$_ ..................................命令提示符
```

结果显示执行该命令占用的实际时间为 60.8 秒,用户态时间为 11.4 秒,系统态时间为 4.6 秒,共计占用 CPU 时间为 16 秒。

14.2.5　提醒服务:calendar 命令

可以使用 calendar 命令提醒用户约会或做某事的时间。要使用提醒服务,必须在用户的主目录或当前目录中创建一个名为 calendar 的文件。该命令显示 calendar 文件中今明两天的日程安排。如果设置自动运行 calendar 命令,则系统会将 calendar 文件中相应日期的日程安排用电子邮件通知用户。也可以在 $命令提示符下直接输入 calendar 命令,以显示 calendar 文件中的日程安排。

日历文件中的日期有多种表示格式。图 14.2 是一个 calendar 文件的例子,其中各行的时间格式是不同的。

```
$cat calendar
1/20 Call David
Meet with your advisor on January 22.
1/22 You have a dental appointment.
The BIG MEETING is on Jan. 23.
3/21 Time to clean up your desk.
$_
```

图 14.2　calendar 文件示例

实例:假设当前日期为 1 月 22 日,执行 calendar 命令:

```
$calendar [Return] .......................运行该命令
1/22 You have a dental appointment.
Meet with your advisor on January 22.
The BIG MEETING is on Jan.23.
$_ ....................................命令提示符
```

该命令显示 calendar 文件中所有日期为 1 月 22 日或 1 月 23 日的行。

说明:1. 可以将 calendar 命令放在 .profile(启动文件)中。这样,用户在每次登录时可见到相应的日程安排。

2. 并非所有系统中都可使用该命令。在将该命令放入 .profile 文件中之前检查系统中是否可以使用该命令。

14.2.6　显示用户的详细信息：finger 命令

who 命令(第 3 章介绍)可以显示系统中当前用户的信息，而 finger 命令可得到当前用户更详细具体的信息。默认时，finger 命令按多列格式显示用户信息。图 14.3 给出了一个 finger 命令输出显示的实例。

- Login 列显示用户的登录名。
- Name 列显示用户全名。
- TTY 列显示用户所用终端的设备名。终端名前的星号(如 * console)表示向该终端发送的消息被阻塞(参见第 10 章 mesg 命令)。
- Idle 列显示用户最后一次敲击键盘至今的时间。
- When 列显示用户本次登录的时间。
- Where 列显示用户所用终端的地址。

```
$finger
Login     Name            TTY         Idle     When         Where
dan       Daniel Knee     * console    5:08    Mon 14:14
gabe      Gabriel Smart   * p0         1:33    Mon 17:15    205.130.70
emma      Emma Good       p2           8:21    Mon 11:02    205.130.71
$_
```

图 14.3　finger 命令

如果 finger 命令后有一个作为用户名的参数，不论该用户是否正在使用系统，都显示该用户的相关信息。图 14.4 显示用户 gabe 的相关信息。

```
$finger gabe
 Login name: gabe   (message off)    In real life: Gabriel Smart
 Directory: /home/students/gabe      shell:/bin/ksh
 On since July 30 18:45:38 On p0
 Mail last read Tue Jul 23 09:08:06 2005
 No Plan.
$_
```

图 14.4　带参数的 finger 命令

.plan 和 .project 文件

上面显示信息中有一行奇怪的内容"No plan."。finger 命令会显示用户 HOME 目录中的两个隐含文件 .plan 和 .project 的内容。在上面例子中，"No plan."表示在用户 gabe 的主目录中没有文件 .plan。假设在 gabe 的 HOME 目录中有文件 .plan 和 .project，图 14.5 给出了这时 finger 命令的输出。

```
$finger gabe
Login name: gabe    (message off)     In real life: Gabriel Smart
Directory: /home/students/gabe        shell:/bin/ksh
On since July 30 18:45:38 On p0
Mail last read Tue Jul 23 09:08:06 2005
Project: C++ Application Project
Plan:
Hi,
I am all smiles these days!
Gabe:-)
$_
```

图 14.5 finger 命令输出显示文件 .project 和 .plan 的内容

用户 Gabe 主目录中文件 .project 的内容为:

```
C++ Application Project
This project is assigned to the Gold Team.
For more information about this Project contact Gabe Smart.
```

用户 Gabe 主目录中文件 .plan 的内容为:

```
Hi,
I am all smiles these days!
Gabe:-)
```

说明: 如果用户 HOME 目录中有文件 .project 和 .plan,则 finger 命令将显示文件 .project 的第 1 行和文件 .plan 的全部内容。

finger 命令选项

finger 命令选项主要用于控制输出格式。表 14.3 列出了一些输出格式控制选项。

表 14.3 finger 命令选项

选项	功能
-b	不在长格式中输出主目录和 shell 程序名
-f	不在短格式中输出标题行
-h	不在长格式中输出文件 .project 的内容
-l	强制使用长格式输出
-p	不在长格式中输出文件 .plan 的内容
-s	强制使用短格式输出

说明: 长格式选项采用类似于图 14.4 中单个用户信息的格式来显示所有用户的信息。

14.2.7 存档和分发文件:tar 命令

用 tar 命令(tape archiver)可将一组文件复制到一个文件中,称为存档文件(tarfile)。存档文件通常保存在磁带上,但也可保存在软盘等其他介质上。tar 命令将多个文件打包在一起,以 tar 格式存放在一个存档文件中;tar 格式的存档文件可用 tar 命令来解包,还原成多个文件。例如:可用下述命令将当前目录及其子目录中的所有文件打包成一个存档文件。

```
$tar -cvf /dev/ctape1 . [Return]
```

在上面的例子中,命令行的最后一个参数(.)表示要打包的对象是当前目录;生成的存档文件送至设备"/dev/ctape1"。

tar 命令选项

表 14.4 列出了 tar 命令的一些常用选项。

表 14.4　tar 命令的选项

选项		功能
UNIX	Linux 对应选项	
-c	--create	(create)创建一个新的存档文件,从该存档文件头开始写操作。
-f	--file	(file)使用下一个参数作为存档文件的存放位置
-r	--concatenate	(replace)添加文件到存档文件尾
-t	--list	(table of contents)列出存档文件中所有被打包的文件
-x	--extract 或--get	(extract)从存档文件中还原被打包文件
-v	--verbose	(verbose)提供打包文件的附加信息
	--help	显示帮助信息
	--version	显示版本信息

实例: 下面的命令行给出了如何利用 tar 命令对一组文件进行存档的例子。

假设当前目录为 projects,其中包括两个文件和一个子目录,文件名分别为 head 和 tail,子目录名为 tarfiles。下面的命令行将当前目录打包成一个存档文件 projects.tar 并存放在目录 tarfiles 中。

```
$tar -cvf ./tarfiles/projects.tar . [Return]......... 对当前目录进行存档
```

选项 c 表示创建一个新的存档文件,选项 v 表示在 tar 命令打包的过程中显示详细信息,选项 f 说明下一个参数为存档文件的路径。

```
$tar -cvf ./tarfiles/projects.tar.
  a  ./projects/        0K
  a  ./projects/head    3K
  a  ./projects/tail    6K
$_
```

选项 v 提供打包文件的一些附加信息。这些信息分成 3 部分:第一项为表示存档的字母 a,第二项为打包文件的路径,第三项为打包文件的大小。

说明: 存档文件的名字可为任何有效的 UNIX 文件名。这里的后缀 .tar 是为了表示文件的类型,后缀不是必需的。

下面的示例是不带 v 选项的 tar 命令输出。注意,没有显示信息。

```
$tar -cf ./tarfiles/projects.tar .
$_
```

实例: 下述命令行给出的例子说明如何利用 tar 命令查看存档文件中的内容。

假设目录 tarfiles 中有一个存档文件 projects.tar。下面的命令显示文件 projects.tar 中的打包文件列表。

$tar -tvf ./tarfiles/projects.tar [Return].... 列出文件 projects.tar 中的内容

选项 t 表示列出存档文件中的内容,选项 v 显示与打包时一样的详细目录,选项 f 表示下一个参数为存档文件的路径:

```
$tar -tvf ./tarfiles/projects.tar
  drwxr--r--  2029/1005  0     Sep 3 10:33  2005  ./tarfiles/project/
  -rw-r--r--  2029/1005  2350  Sep 3 10:33  2005  ./tarfiles/project/head
  -rw-r--r--  2029/1005  5374  Sep 3 10:33  2005  ./tarfiles/project/tail
$_
```

说明: 上面的输出格式与带-l 选项的 ls 命令类似。

输出中各列的含义如下:

第 1 列	第 2 列	第 3 列	第 4 列	第 5 列
-rw-r--r-- 文件的访问权限	2029/1005 文件的用户 ID/组 ID	2350 文件大小(字节)	Sep 3 10:33 2005 文件修改时间	./tarfiles/project/head 文件名

现在可用如下命令行还原存档文件中的所有文件:

$tar -xvf ./tarfiles/projects.tar . [Return]........ 从 projects.tar 中还原文件到当前目录中

选项 x 表示还原存档文件 projects.tar 中的被打包文件;选项 v 表示在还原过程中显示详细信息。

```
$tar -xvf ./tarfiles/projects.tar.
    x ./projects, 0 bytes, 0 tape blocks
    x ./projects/head, 2350 bytes, 5 tape blocks
    x ./projects/tail, 5374 bytes, 11 tape blocks
$_
```

说明: 上面的显示输出提供了每个文件的字节数和占用的存储块数。

通过在命令行指定文件名,tar 命令也可以只从备份介质中还原指定文件。例如:

$tar -xvf ./tarfiles/projects.tar tail [Return] ..... 从 projects.tar 中还原文件 tail 到当前目录

```
$tar -xvf ./tarfiles/projects.tar tail
    x ./projects/tail, 5374 bytes, 11 tape blocks
$_
```

练习 Linux 对应的命令选项

实例: 使用 Linux 中 tar 命令的对应选项,如下述命令行所示:

$tar --create --verbose --file ./tarfiles/projects.tar . [Return] .... 与命令 tar -cvf 相同

$tar --create --file ./tarfiles/projects.tar . [Return] .... 与命令 tar -cf 相同

```
$tar --list --verbose --file ./tarfiles/projects.tar . [Return] ...... 与命令 tar -tvf 相同
$tar --help [Return] ................................................ 显示帮助信息
$tar --version [Return] ............................................. 显示版本信息
```

说明：阅读帮助信息并自己熟悉 tar 命令的其他可用选项。

14.3　拼写错误更正

使用 spell 命令可以检查用户文档中的拼写错误。该命令将指定文件中的单词与字典文件进行比较，显示在字典文件中没有找到的单词。用户可指定多个要比较的文件，但在没有指定比较文件时，spell 命令会从默认输入设备(键盘)读入要比较的内容。下面是一些 spell 命令的应用实例。

实例：运行没有指定比较文件的 spell 命令：

```
$spell [Return] ................................ 没有指定任何参数
lookin goood [Return] .......................... 从键盘进行输入
[Ctrl-d] ....................................... 输入结束
lookin
goood
$_ ............................................. 命令提示符
```

在新行的开始处按[Ctrl-d]键表示输入结束。spell 命令并不支持拼写错误的更正，而仅仅显示可疑的单词，输出中每个单词占一行。

spell 对大小写敏感，它认为 David 是正确的，而 david 是错误的。

实例：假定有一个名为 my_doc 的文件，检查它的拼写错误，并将输出结果保存在另一个文件中：

```
$spell my_doc > bad_words [Return]................ 对文件 my_doc 的内容进行拼写检查
$_ ............................................... 命令提示符
```

上例中，spell 命令的输出被重定向到文件 bad_words 中，可以使用 cat 命令查看该文件的内容。用户可利用 spell 命令的参数来指定多个要进行拼写检查的文件，文件名用空格分开。

实例：假设在 vi 文本编辑器中调用拼写检查命令：

```
:!spell [Return] ............................... 调用拼写检查命令
pervious........................................ 输入被怀疑可能有错的单词
[Ctrl-d] ....................................... 表示输入结束
pervious........................................ 拼写可能有错的单词
[Hit return to continue]
```

说明：通过在冒号提示符下输入感叹号(!)和命令名，可以在 vi 文本编辑器中调用任何命令(参见第 12 章)。

14.3.1　spell 命令选项

表 14.5 列出了 spell 命令的选项，随后给出相应解释和实例。

表 14.5 spell 命令选项

选项	功能
-b	按英国英语进行检查
-v	显示字典及其派生词汇中没有的单词
-x	显示被查单词的原形

-b 选项:该选项使 spell 命令按英国英语进行单词检查。在英国英语中,colour、centre、programme 等拼写都是正确的。

-v 选项:该选项可显示字典及其派生词汇中没有精确对应的单词。派生方法用一个加号和词缀表示。

实例:运行带-v 选项的 spell 命令,从键盘输入被检查单词列表:

```
$spell -v [Return] ................................ 要求从键盘输入被检查单词列表
appointment looking worked preprogrammed [Return]
[Ctrl-d] ........................................ 表示输入结束
+ ment              appointment
+ ing               looking
+ ed                worked
+ pre               preprogrammed
$_ .............................................. 命令提示符
```

-x 选项:该选项显示单词匹配时的原形查找过程,每个匹配单词前有一个等号。

实例:运行带-x 选项的 spell 命令,从键盘输入被检查单词列表:

```
$spell -x [Return] ............................. 要求从键盘输入被检查单词列表
appointment looking worked preprogrammed [Return]
[Ctrl-d] ....................................... 表示输入结束
= appointment
= appoint
= looking
= looke
= look
= worked
= worke
= work
= preprogrammed
= programmed
$_ ............................................. 命令提示符
```

14.3.2 创建用户词汇文件

在大多数 UNIX 系统中,用户都可创建自己的词汇文件,用于补充标准字典中词汇的不足。例如,可创建一个包括用户专业领域的专用单词和术语正确拼写的词汇文件。利用加号选项,可在命令行指定用于拼写检查的用户词汇表。spell 命令先用系统的标准字典进行检查,再与用户词汇表对比。可用 vi 文本编辑器创建用户词汇文件。

说明: 1. 用户词汇文件必须一个单词占一行。
2. 用户词汇文件必须按字母顺序排序。

实例: 假定用户词汇文件名为 my_own,使用加号选项指定使用该用户词汇文件进行拼写检查:

```
$spell +my_own BIG_FILE > MISSPELLED_WORDS [RETURN]
$_ ........................................... 命令提示符
```

这里的 + my_own 表示要使用一个名为 my_own 的用户词汇文件。spell 命令将显示系统标准字典文件和用户词汇文件中都没有的单词。命令输出被重定向到文件 MISSPELLED_WORDS。

情景: 默认的标准字典文件中不包括 shell 命令及其他的 UNIX 词汇。因此,如果被查文本中包括 grep 和 mkdir 等单词,系统会将它们视为可疑单词显示出来。

可以创建一个类似于图 14.6 所示的文件作为用户词汇文件,其中列出各 shell 命令和 UNIX 单词。

```
$cat U_DICTIONARY
grep
i-node
ls
mkdir
pwd
```

图 14.6　用户词汇文件示例

实例: 分别运行带指定用户词汇文件的 spell 命令和不带指定用户词汇文件的 spell 命令:

```
$spell +U_DICTIONARY [Return] ................. 带用户词汇文件的 spell 命令
grep pwd mkdir ls [Return] ..................... 被检查单词列表
$_ ............................................ 没有拼写错误,返回命令提示符
$spell [Return]................................ 不带用户词汇文件的 spell 命令
grep pwd mkdir ls [Return] ..................... 被检查的单词列表,与前一个命令相同
grep
ls
mkdir
pwd
$_ ............................................ 命令提示符
```

14.4　UNIX 系统安全

信息和计算机机时都是需要保护的有价资源。系统安全是多用户系统的重要组成部分。

需要考虑的系统安全问题如下:

- 确保未经授权用户不能得到系统的访问权限。
- 确保授权用户不能修改系统或其他用户的文件。
- 授予某些用户一定的特权。

在 UNIX 系统中,可通过简单的命令来实施系统安全控制,可按用户的要求采用严格的或宽松的系统安全管理。下面介绍几种 UNIX 系统安全控制手段。

14.4.1 口令保护

系统管理需要的用户信息保存在文件/etc/passwd 中。该文件中包括加密的用户口令,所采用的加密算法保证破解用户口令是十分困难的(本节后面将介绍加密的更详细信息)。

每个系统用户在 passwd 文件中有一条对应记录,每条记录由 7 个用冒号分隔的字段构成,在文件中占 1 行。下面介绍 passwd 文件中每行的格式,并解释每个字段的含义。

```
login-name:password:user-ID:group-ID:user-info:directory:program
```

login-name: 这是用户的登录名,在登录提示符下输入登录名作为对系统的响应。

password: 这是加密的用户口令。在 SVR4 中,加密的用户口令并未保存在 passwd 文件中,而是存储在文件/etc/shadow 中;password 文件中的口令字段仅填一个字母 x 作为占位符。

说明: *所有用户都可以读/etc/passwd 文件,但普通用户不能读文件/etc/shadow。*

user-ID: 该字段为用户标识号。系统为每个用户分配一个唯一的用户标识号,用户标识号 0 指超级用户。

group-ID: 该字段为组标识号。组标识号表示该用户是相应用户组的成员。

user-info: 该字段用于进一步描述用户信息,通常包含用户的全名。

directory: 该字段表示用户主目录的绝对路径。

program: 该字段指定用户登录后要运行的程序,通常是一个 shell 程序。如果在该字段中没有指定要运行的程序,默认运行的程序为/usr/bin/sh。通过修改该字段为/usr/bin/chs,可将 C Shell 作为用户登录后的 shell 程序,也可以改变该字段为用户希望登录时运行的其他程序。

图 14.7 给出了 passwd 文件中的部分内容,系统中任何用户都可看到该文件的内容。

```
$cat /ect/passwd
root:x:0:1:admin:/:/usr/bin/sh
david:x:110:255:David Brown:/home/david:/usr/bin/sh
emma:x:120:255:Emma Redd:/home/emma:/usr/bin/sh
steve:x:130:255:Steve Fraser:/home/steve:/usr/bin/csh
$_
```

图 14.7 passwd 文件实例

14.4.2 文件保护

文件保护就是控制各用户对文件的访问权限。UNIX 系统为用户提供了控制文件访问权限的命令,这些命令指定可访问文件的用户,以及允许用户进行访问操作的种类。

第 12 章讨论过 chmod 命令,现在我们介绍另一种设置文件访问权限的方法。当使用带-l 选项的 ls 命令(参见第 5 章)时,可以列出用户目录的详细信息,每一行信息中的一部分是代表访问权限的 rwx 信息。chmod 命令可用于修改文件的访问模式(权限)。例如,要允许所有用户拥有文件 myfile 的执行权限,可输入如下命令行:

```
$chmod a = x myfile [Return]
```

也可以用一个 3 位八进制数来设置新的文件访问权限,每个八进制数由与访问权限等价的数加在一起形成。表 14.6 列出了与各种访问权限等价的数。

表 14.6　文件访问权限的等价整数

所有者	同组用户	其他用户
r w x	r w x	r w x
4 2 1	4 2 1	4 2 1

假设当前目录中有一个文件 mayflies,下面的例子说明如何使用 chmod 命令修改文件访问权根,用 ls -l 命令可验证修改结果是否正确。

实例: 将文件 mayflies 的访问权限修改为允许所有用户读、写和执行。

```
$chmod 777 mayflies [Return] ................ 修改文件 mayflies 的访问权限
$_ ...................................... 完成修改,返回命令提示符
```

说明: 数 777 是将每一列(文件所有者、同组用户和其他用户)权限值加在一起的结果。其中每个数对应一列。

实例: 修改文件 mayflies 的访问权限,使所有用户有读权限,但只有所有者有写和执行权限。

```
$chmod 744 mayflies [Return] ................ 修改文件 mayflies 的访问权限
$_ ......................................完成修改,返回命令提示符
```

数字 7 表示所有者有读、写和执行权限,第一个 4 表示同组用户只有读权限,第二个 4 表示其他用户只有读权限。

实例: 允许所有者和同组用户拥有读、写和执行权限,但只允许其他用户有执行权限。

```
$chmod 771 myfile [Return] ................... 修改文件的访问权限
$_ ......................................完成修改,返回命令提示符
```

数字 1 表示其他用户只有执行权限。

14.4.3　目录访问权限

目录的访问权限控制与文件类似,但目录访问权限具有不同含义:

读: 目录的读权限(r)表示用户可用 ls 命令列出目录中的文件名。

写: 目录的写权限(w)表示用户可在目录中添加和删除文件。

执行: 目录的执行权限(x)表示用户可用 cd 命令进入该目录或使用该目录作为路径名的一部分。

实例: 允许所有用户拥有目录 mybin 的读、写和执行权限。

```
$chmod 777 mybin [Return] ...................... 修改目录的访问权限
$_ ............................................. 完成修改,返回命令提示符
```

与文件访问权限相同,命令中每个数字代表一类用户(所有者、同组用户和其他用户)。数字 7 表示允许相应的用户群体对目录进行读、写和执行操作。

14.4.4 超级用户

本章中的一些命令只有系统的超级用户可以使用,那么谁是超级用户呢?超级用户是一个拥有特权的用户,他不受文件访问权限的限制。系统管理员必须是超级用户,以便进行创建用户账号以及修改口令等管理工作。超级用户通常以登录名 root 进行登录,可读、写和删除系统中的任何文件,甚至可关闭系统。超级用户身份通常分配给系统管理人员。

14.4.5 文件加密:crypt 命令

系统允许超级用户忽视文件访问权限设置而访问任何文件。如何保护用户的敏感文件不被其他用户(包括超级用户)访问?UNIX 系统提供了 crypt 命令,该命令可以对文件进行加密,从而使其他用户无法读出该文件。crypt 命令按一种可逆方式对用户文件中的每一个字符进行变换,使用户以后可以还原出原来的文件。加密机制基于简单的置换方法,如将文件中的字符 A 置换成字符~。crypt 命令利用一个加密键来启动从标准输入到密文的变换,变换后的密文被送到标准输出。

crypt 命令既可用于加密,也可用于解密。解密时,必须使用与加密时相同的键。下面是一些实例。

实例: 加密当前目录中的文件 names。

```
$cat names [Return] ................................ 显示文件 names 的内容
David   Emma   Daniel   Gabriel   Susan   Maria
$crypt xyz < names > names.crypt [Return] .......... 加密键为 xyz
$cat names.crypt [Return]........................... 显示加密后的文件 names.crytp
<<güé^>>ZQX _∂å £ ë Áò7ÂpgŒYñÅÍ[ĬrÂ/Æ
$_
$rm names [Return] ................................. 删除文件 names
$crypt xyz < names.crypt > names [Return]........... 对文件 names.crypt 解密
$cat names [Return]................................. 检查文件 names 的内容
David   Emma   Daniel   Gabriel   Susan   Marie
$_ ................................................. 命令提示符
```

xyz 是加密文件时使用的加密键,这个加密键是以后解密时需要的口令。

当文件加密时,使用了输入/输出重定向,命令的输入来自文件 names,输出保存在文件 names.crypt 中。当文件解密时,再次使用 crypt 命令,命令的输入来自文件 names.crypt,输出保存在文件 names 中。

在对文件进行加密后，通常要删除明文，而只保留密文。这样可保证只有知道加密键的人才可得到文件中的信息。

实例：对文件 names 进行加密，但不在命令行指定加密键。

```
$crypt < names > names.crypt [Return] ................ 没有在命令行指定加密键
Key............................................... 提示输入加密键
$_ ............................................... 命令提示符
```

说明：如果在命令行没有输入加密键，crypt 会提醒用户输入加密键。加密键不会在屏幕上回显，这种方法比在命令行指定加密键要安全。

注意：如果在对文件进行加密时输入了错误的加密键，以后将无法将加密文件还原。为了保险起见，最好先尝试对密文进行解密，在确保可正确解密后再删除明文。

14.5 使用 FTP

文件传输协议(FTP，File Transfer Protocol)是 UNIX 系统提供的最常用服务之一。使用 FTP 命令可以将文件从一台机器传送到另一台机器。虽然用户要指定文件是二进制文件还是 ASCII 文件，但 FTP 传送的文件可为任何类型。

说明：1.FTP 不仅是一个协议的名字，它同时还是一个程序名或命令名。
　　2.FTP 是 Internet 上流行的一种信息共享方法。

FTP 命令格式为先输入 ftp，再输入另一台机器的地址并按[Retrun]键。

```
$ftp server2 [Return] ................ 发出 ftp 命令
```

接下来，系统会提示输入用户名和口令。用户必须在 server2 系统上有登录权限。

```
Username: daniel...................... 输入用户名，这里使用的用户名为 daniel
Password: ............................ 输入口令，这里没有回显口令
```

如果用户在 server2 系统中有一个登录名，则可在当前系统与 server2 系统间传送文件。FTP 提供一组用于从一个系统向另一个系统传输文件的命令，包括列目录和任意方向的文件复制等。

14.5.1 FTP 的工作原理

FTP 以客户/服务器方式工作。可按下述方式使用带一个远程机器地址的 ftp 命令：

```
$ftp server2 [Return] .................. 发出与 server2 系统通信的 ftp 命令
```

这里，server2 是用户要进行通信的远程机器名。ftp 程序立即尝试与用户在命令行中指定的 FTP 服务器建立连接，例子中的 FTP 服务器在 server2 系统上。

用户发出 ftp 命令时，在本地系统上执行的 FTP 进程是一个客户进程，它与 server2 系统上的 FTP 服务器进程相对应。用户从 FTP 客户进程向 FTP 服务器进程发出命令，由服务器进程做出适当的响应。

说明：在一个 FTP 会话中，用户使用的本地系统称为本地主机，与用户建立连接的系统称为远程主机。

可用FTP的交互模式与远程主机建立连接。如果没有指定FTP服务器的名字,则ftp客户进程进入交互模式并提示用户输入下一步命令。例如:

$ftp [Return] .... 没有指定要通信的远程主机

$ftp> .... ftp客户进程进入交互模式并显示相应提示符

为查看全部ftp命令列表,可在一个FTP会话期间输入问号(?)并按[Retrun]键。例如:

ftp> .... 提示符表示正在进行一个FTP会话

ftp> **?[Return]** .... 列出所有可用命令

在FTP会话中输入bye命令可终止当前会话,回到shell命令提示符。例如:

ftp> **bye [Return]** .... 终止FTP会话

用户也可使用quit命令,如下所示:

ftp> **quit [Return]** .... 终止FTP会话

在这两种方式下,系统都会显示会话结束信息。

221 Goodbye

图14.8给出了在ftp会话中使用?命令时显示的命令列表。

```
ftp> ?

Commands may be abbreviated. Commands are:
  !       cr           macdef     proxy        send
  $       delete       mdelete    sendport     status
account   debug        mdir       put          struct
append    dir          mget       pwd          sunique
ascii     disconnect   mkdir      quit         tenex
bell      form         mls        quote        trace
binary    get          mode       recv         type
bye       glob         mput       remotehelp   user
case      hash         nmap       rename       verbose
cd        help         ntrans     reset          ?
cdup      lcd          open       rmdir
close     ls           prompt     runique

ftp>
```

图14.8 ftp命令列表

在使用FTP时,通常只需要很少的几个命令。下面表格分类列出了大多数ftp命令。

FTP连接命令

与FTP连接相关的命令用于与远程主机建立连接和在FTP会话结束时终止连接。表14.7列出了这些命令。

表 14.7　FTP 的连接命令

命令	说明
open *remote-host name*	与指定主机上 FTP 服务器建立一个连接。该命令提示用户输入用于登录远程主机的用户名和口令
close	关闭当前已建立的连接，返回本地 FTP 命令。这时可发出与另一台远程主机进行连接的 open 命令
quit(bye)	关闭与远程主机进行的当前 FTP 会话，退出 ftp 客户进程。也就是返回 UNIX 的 shell 进程

FTP 文件传输命令

与 FTP 文件传输相关的命令用于在本地主机和远程主机间相互传送文件。有两种常用的文件传输模式：文本模式和二进制模式，默认传输模式为文本模式。用文本模式可传输任何文本(ASCII)文件，而目标文件或可执行文件等二进制文件必须用二进制模式进行传输。表 14.8 列出了这些命令。

表 14.8　FTP 的文件传输命令

命令	说明
ascii	设置传输模式为文本模式。这是系统的默认文件传输模式
binary	设置文件传输模式为二进制模式
bell	当文件传输完成时响铃
get *remote-filename* [*local-filename*]	从远程主机复制一个文件到本地主机。如果没有指定本地文件名，则复制到本地主机的文件名与远程文件名相同
mget *remote-filenames*	从远程主机复制多个文件到本地主机
put *local-filename* [*remote-filename*]	从本地主机复制一个文件到远程主机。如果没有指定远程文件名，则复制到远程主机的文件名与本地文件名相同
mput *local-filenames*	从本地主机复制多个文件到远程主机

FTP 文件和目录控制命令

与 FTP 文件和目录控制相关的命令用于在 FTP 会话期间对文件进行管理和控制，这些命令与 UNIX 文件和目录控制命令类似。表 14.9 列出了这些命令。

表 14.9　FTP 的文件和目录控制命令

命令	说明
cd *remote-directory-name*	改变远程主机上的当前目录为指定目录
lcd *local-directory-name*	改变本地主机上的当前目录为指定目录
dir	列出远程主机上的当前目录
pwd	显示远程主机上的当前目录名
mkdir *remote-directory-name*	在远程主机上创建一个目录。要求用户必须在远程主机上拥有相应权限
delete *remote-filename*	删除远程主机上的一个指定文件
mdelete *remote-filename*	删除远程主机上的多个文件

其他命令

问号(?)命令可提供 FTP 命令的帮助信息。感叹号(!)是 shell 出口命令，可用于在本地主机上运行 shell 命令。hash 命令可在文件传输过程中提供反馈信息，该命令在传送大文件时十分有用。表 14.10 列出了这些命令。

表 14.10 其他 FTP 命令

命令	说明
? 或 help	显示指定命令的解释信息。如果没有指定参数,显示所有命令列表
!	临时切换到 shell 命令方式
hash	每传送一个数据块显示一个#号作为反馈信息。这里数据块的大小为 8192 字节

下面通过一些 FTP 会话实例说明 ftp 命令的使用方法。

创建一个 FTP 会话

ftp open 命令用于创建一个与远程主机的 FTP 会话。下面命令序列说明如何创建与远程主机 server2 的 ftp 会话。

```
$ftp [Return] ................................. 发出 ftp 命令
ftp>........................................... 显示 ftp 提示符
ftp> open [Return] ........................... 发出 open 命令
(to) .......................................... 显示 ftp open 提示符
(to) server2 [Return] ........................ 输入远程主机名
Responses from FTP server on the remote host (server2)
Connected to server2
220 server2 FTP server (UNIX(r) System V Release 4.0) ready.
Name (server2:gabe): ......................... 显示登录名输入提示
Name (server2:gabe): gabe [Return] ........... 输入远程主机上的登录名
331 password requires for gabe
password: ..................................... 显示口令输入提示
password: [Return] ............................ 输入口令(没有回显)
230 User gabe logged in.
ftp> bye [Return] ............................. 结束 FTP 会话
221 Goodbye.................................... ftp 会话结束信息
```

也可在命令行指定远程主机名。例如,要创建与远程主机server2 的FTP 会话,可输入:

```
$ftp server2 [Return] ........................ 在命令行指定远程主机名
Connected to server2.
220 server2 FTP server (UNIX(r) System V Release 4.0) ready.
```

与前面的 FTP 会话实例类似,在建立 FTP 会话前系统会提示用户输入远程主机上的登录名和口令。

下面命令序列说明如何使用帮助信息和其他 ftp 命令。这里假设用户已与远程主机 server2 建立了 FTP 会话。

实例: 使用 bell 命令。

```
ftp> help bell [Return] .................... 显示 bell 命令的描述信息
```

```
bell          beep when command completed
ftp>_ ..................................... 显示 ftp 提示符
ftp> bell [Return] ........................ 显示响铃设置
Bell mode on.
ftp> bell [Return] ........................ 关闭响铃
Bell mode off.
ftp>_ ..................................... 显示 ftp 提示符
```

实例：使用 hash 命令。

hash 命令用于在文件传输过程中每传送完一个数据块就给出一个反馈信息，数据块的大小为 8192 字节。如下所示，每传送完一个数据块，系统会显示一个＃号。

```
#####
```

通常在传送大文件前要设置 hash 模式。

```
ftp> help hash [Return] .... 显示 hash 命令的描述信息
hash          toggle printing '#' for each buffer transferred
ftp>_ ..................... 显示 ftp 提示符
ftp> hash [Return] ......... 设置 hash 模式
Hash mark printing on (8192 bytes/hash mark).hash
ftp> hash [Return] ........ 关闭 hash 模式
Hash mark printing off.
ftp>_ ..................... 显示 ftp 提示符
```

实例：使用文件传送模式命令。

```
ftp> help bin [Return] ...... 显示 bin 命令的描述信息
binary        set binary transfer type
ftp> bin [Return] ........... 设置文件传送模式为二进制模式
200 Type set to I.
ftp> ascii [Return] ......... 设置文件传送模式为文本模式
200 Type set to A.
ftp>_ ...................... 显示 ftp 提示符
```

实例：从远程主机复制文件

假设已创建了与远程主机 server2 的 FTP 会话，并且在远程主机的目录 Memos 中有一个文件 Notes。下面命令序列说明如何从远程主机获得文件 Notes。当用户发出命令后，可收到服务器给出的一些反馈信息，表示它正在执行用户命令。

cd 命令用于将远程主机上的当前目录修改为 Memos：

```
ftp> cd Memos [Return] .............. 改变当前目录为 Memos
ftp>
```

dir 命令用于列出远程主机(server2)上当前目录的文件列表，检查是否有文件 Notes：

ftp> **dir [Return]** .... 列出当前目录的文件列表

-rwx --x --x 1 tuser other 3346 Aug 9 11:51 Notes

ftp>

也可用ls命令来列出文件名：

ftp> **ls [Return]** .... 列出当前目录的文件列表

ftp> **get [Return]**..................... 发出get命令

(remote) file .... 提示输入远程文件名

(remote-file) **Notes [Return]** .... 输入远程主机上的文件名

(local-file) .... 提示输入本地文件名

(local-file) **Notes [Return]** .... 输入本地主机上的文件名

远程主机传送文件到本地主机的当前目录中，且用户可收到一些关于传送字节数和传送速率的反馈信息。

200 PORT command successful.

150 ASCII data connection for Notes

(192.246.52.166,37175).

226 Transfer complete.

ftp>_

实例：其他命令

如前所述，? 命令可列出所有ftp命令。通过指定一个命令名作为? 命令的第一个参数，我们也可用? 命令获得一个ftp命令的帮助信息。例如：

ftp> ? **close [Return]** ....close命令的帮助信息

Close Terminate FTP session.

shell出口命令(!)可在本地主机上启动一个子shell进程。如果用户在与一个远程ftp服务器通信时要在本地主机上执行其他操作，该命令非常有用。当用户完成本地主机上的操作并退出子shell时，系统会返回原来的FTP会话。下面的命令序列说明了! 命令的用法。

假设用户正在进行一个FTP会话，下列命令可启动一个子shell进程：

ftp> **! [Return]** .... 发出shell出口命令

$_ .... 本地主机的命令提示符

现在位于本地主机的当前目录下，用户使用的任何命令都在本地主机上执行。可使用任何有效的UNIX命令，这些命令作用于本地主机上的文件。例如：

$**cd [Return]** .... 改变本地主机的当前目录为主目录

$_ .... 本地主机的命令提示符

该命令修改本地主机的当前目录为用户主目录。可输入exit命令来终止子shell进程，并返回原来的FTP会话。例如：

$**exit [Return]** ....终止子shell进程并返回FTP会话

ftp>_ ....返回FTP会话

14.5.2　匿名 FTP

匿名 FTP 使用 ftp 程序和远程主机上的特殊受限账号 anonymous。利用匿名 FTP 可在 Internet 上访问和共享文档、源代码和可执行文件等。匿名 FTP 是一个允许匿名访问远程主机文件的特殊账号。下面讨论的匿名 FTP 使用步骤与其他 FTP 账号的使用类似。

1. 用户需要知道允许使用匿名 FTP 的主机名或地址。
2. 使用 anonymous 作为用户名。
3. 输入一个非空字符串作为口令。一些系统要对匿名登录进行口令验证，这时需要用电子邮件地址作为口令。

一旦用匿名 FTP 登录成功，可获得远程主机上匿名 ftp 子目录的有限访问能力，本小节描述的所有命令都可使用。

FTP 站点通常将任何人都可访问的文件放在目录/public 中。一些站点的 ftp 目录下还有一个称为 incoming 的目录，可用于匿名 FTP 文件的上传。

实例：匿名 FTP 会话

下面的命令序列是一个匿名 FTP 会话的实例，给出了 FTP 命令和相应反馈信息。

假设匿名 FTP 站点为 ftp.xyz.net，要下载的文件为 pub/services/example.tar。

```
$ftp .xyz.net [Return]...... 发出与远程主机 ftp.ryz.net 创建 FTP 会话的命令
220 ftp.xyz.net FTP server (Version 1.1 Nov 17 2005) ready.
Name (ftp.xyz.net: xyz): anonymous [Return]......... 用 anonymous 作为用户名
331 Guest login ok, send ident as password.
Password: [Return] ................. 输入电子邮件地址作为口令(没有回显)
230 Guest login ok, access restrictions apply.
ftp> cd /pub/services [Return] ..... 进入要访问的目录
250 CWD command successful.
ftp> get examples.tar [Return] ..... 下载文件
200 PORT command successful.
266 Transfer complete.
```

说明： 1. 许多匿名 FTP 站点都有一个名为 README 的文件，其中包含了可用文件的信息。下述命令可在不完全下载文件的情况下阅读 README 文件或任何文本文件的内容。

```
ftp> get README/pg [Return]
```

2. 一旦以匿名 FTP 账号成功登录，可使用本小节所讲的所有 FTP 命令。

help 命令可用来获得 get 命令的联机功能简述：

```
ftp> help get [Return] ...............get 命令的功能描述信息
get   receive file
ftp>
```

下面的 get 命令可从远程主机上下载文件 Notes：

ftp> **get [Return]** .... 发出 get 命令

(remote-file) .... 提示输入文件名

(remote-file) **Notes [Return]** .... 输入远程主机上的文件名

(local-file) .... 提示输入文件名

(local-file) **Notes.txt [Return]** ...... 输入本地主机上的文件名

系统将远程主机上的文件传送到本地主机的当前目录中,传输完成后还会显示传送的字节数和传送速率信息:

```
200 PORT command successful.
150 ASCII data connection for Notes.txt (192.246.52.166,37176)(0 bytes).
226 ASCII Transfer complete.
```

也可以在命令行输入文件名,例如:

ftp> **get Notes Notes.txt [Return]** .... 下载文件 Notes

系统将远程主机上的文件 Notes 传送到本地主机的当前目录中,下载后本地主机上的文件名为 Notes.txt。

实例:传送文件到另一个系统

使用 ftp 的 put 命令可以将用户系统(本地主机)上的文件传送到另一个系统(远程主机)上。假设用户已建立了一个与远程主机 server2 的 FTP 会话,现在要将本地主机当前目录下的子目录 Reports 中的文件 november.rpt 传送到远程主机上。下面命令序列说明如何从本地主机传送文件 november.rpt。用户发出命令后会收到服务器的一些响应信息,表明它正在执行命令。

为了将本地主机当前目录的子目录 Reports 中的文件 november.rpt 传送到远程主机,可先建立一个与远程主机的 FTP 的会话,再执行下面的步骤。

使用 lcd 命令修改用户系统(本地主机)的当前目录:

ftp> **lcd reports [Return]** .... 修改当前目录

help 命令获得 put 命令的联机功能简述:

ftp> **help put [Return]** ....put 命令的帮助信息

```
put     send one file
```

使用 put 命令将本地主机上的文件 november.rpt 传送到远程主机:

ftp> **put [Return]** .... 发出 put 命令

(local-file) .... 提示输入文件名

(local-file) **november.rpt [Return]** .... 输入本地主机上的文件名

(remote-file) .... 提示输入文件名

(remote-file) **november.rpt [Return]** .... 输入远程主机上的文件名

系统将本地主机上的文件 november.rpt 传送到远程主机的当前目录中,传输完成后显示以下信息:

```
200 PORT command successful.
150 ASCII data connection for november.rpt (137.161.110.77,1386).
```

```
226 ASCII Transfer complete.
ftp: 19456 bytes sent in 0.00Seconds 19456000.00Kbytes/sec.
ftp>_
```

14.6　使用压缩文件

在匿名 FTP 站点上，大的文件或软件包通常要进行压缩，以节约存储空间。这些压缩文件的格式通常为 tar 格式，相应文件名后缀为 .tar.Z，下载时必须用二进制模式。在使用前要首先对这些文件进行解压缩，再用 tar 命令还原出原来的文件。

14.6.1　compress 和 uncompress 命令

用 compress 命令可减少文件的大小，以节约存储空间。当用 compress 命令压缩一个文件时，被压缩文件会被一个后缀为 .Z 的同名文件代替。作为一种安全措施，压缩命令也可与加密命令一起使用。在这种情况下，先对文件进行压缩，后用 crypt 命令进行加密。下面的命令序列说明 compress 命令的用法。

实例： 假设当前目录中有一个名为 important 的文件：

```
$compress important [Return] ...................... 发出压缩命令
$ls important* [Return] ........................... 显示文件名
important.Z ....................................... 文件已被压缩
$_
```

可使用 compress 命令的-v 选项来显示文件的压缩比：

```
$compress -v important [Return] ......................... 使用-v 选项
important: compression: 49.18%-replaced with important.Z
$_
```

用 uncompress 命令可将压缩文件还原成原来的文件，该命令对压缩文件进行解压缩，并删除压缩文件。继续上面的例子，假设在当前目录中有一个名为 important.Z 的压缩文件：

```
$uncompress important [Return] ........................ 对文件 important.Z 进行解压缩
$_ ................................................... 命令提示符
```

14.7　telnet 命令

使用 telnet 命令可以登录到远程服务器，就像直接连接到远程服务器及其所有资源那样工作，例如远程服务器上的资源可以是一台功能强大的 CPU 或某些特殊设备，如扫描仪、CD 存储设备、CD 刻录机。该命令可以帮助用户从家中的 PC 机上访问自己有账号的 UNIX 服务器。

当用户连接到远程服务器时，远程服务器会提示用户输入用户名及口令；若远程系统验证用户合法，则显示 shell 提示符，这时用户已登录到远程系统中。然后就可以输入命令，与远程系统交互。

使用 telnet 只需要知道希望连接机器的主机名或 IP 地址。例如，假设主机名是 university.unc.edu，下述命令尝试连接远程主机：

```
$telnet university.unc.edu [Return]...................... 连接到 university.unc.edu
```

如果调用 telnet 时没带主机名参数,则系统进入 telnet 命令模式并显示命令提示符 telnet>,然后系统就可以接收并执行用户输入的命令。例如,下述命令将进入 telnet 命令模式:

```
$telnet [Return] .............................. 调用 telnet
telnet>........................................telnet 命令提示符
telnet> open university.unc.edu [Return]........ 使用 open 命令
```

图 14.9 给出了执行 telnet 命令并连接到该主机时的屏幕示例。若等了很长时间都不能登录,则可能丢失了到远程主机的连接,这时需要再次执行 telnet 命令。

```
Connected to unix3.university.edu.
ESCAPE character is 'Ctrl + ]'.

*******************************************
System: unix3.university.edu (backup)
Notes: This system is a property of University. Any illegal
       access or activity will be reported to authority and prosecuted.
*******************************************
login:

Connection to host lost.
Press any key to continue...
```

图 14.9　login 屏幕示例

注意 ESCPE 字符是 Ctrl +]。该字符组合[Ctrl-]用于从远程主机切换回用户本地的 telnet 命令。telnet 的登录与其他登录类似,用户必须在远程系统中有一个有效的用户名及口令。

```
Login: david [Return] ......................... 输入登录名 david
Password: xxxxxx [Return] ..................... 输入口令并按[Return]键
```

接下来用户登录到远程系统,系统显示 UNIX 的欢迎信息,最后出现如图 14.10 所示的 $ 提示符。现在,用户可以在远程主机系统中使用所有 UNIX 命令完成自己的工作,当然用户需要有使用相应命令的权限。

```
    Last login: Mon May 3 17:21:13 from 10.0.40.27

        ****** Welcome to the University ******

You have mail
$_
```

图 14.10　UNIX 登录屏幕示例

说明: telnet 的主要优点是允许用户远程在其他系统上工作,而不需要真正在这些系统主机旁。注意,使用 telnet 登录到远程机器时,是在远程系统上运行了一个 shell。应确认在远程系统上的 shell 启动文件中(如 .profile 或 .login)有相应的配置设置,特别是在用户使用命令别名或本地系统其他的配置时。

从 Windows 中执行 telnet

Windows 中包含 telnet 应用程序，其功能类似于 UNIX 上的 telnet。若用户在 Windows 系统且希望登录到网络上的 UNIX 系统时，该命令非常有用。从 Windows 的开始菜单中选择运行，然后输入 telnet 就可以启动 telnet 程序，如图 14.11 所示。在 Internet 上也有 Windows 系统的增强版 telnet 程序。

下述命令序列说明如何使用 telnet 命令登录到远程系统，还说明了其他一些相关命令的使用方法。

在连接到远程主机并登录后，可以使用出口字符[Ctrl-]从远程主机切换回用户本地的 telnet 命令，以完成某些检查。例如，可以检查连接状态。命令 status 显示连接状态是已连接还是未连接，如图 14.12 所示。

```
Welcome to Microsoft Telnet Client

Escape Character is 'Ctrl + ] '

Microsoft Telnet>
```

图 14.11　Windows telnet 屏幕显示示例

```
telnet>status
Connected to unix3.university.edu
Negotiated term type is ANSI
telnet>
```

图 14.12　telnet>status 命令屏幕显示示例

切换回本地的 telnet 屏幕并没有与远程主机断开连接，按[Return]键通常又切换回远程主机屏幕。

telnet>display 命令给出显示操作参数，如图 14.13 所示。

```
telnet>display
won't map carriage return on output.
will recognize certain control characters.
won't turn on socket level debugging.
won't print hexadecimal representation of network traffic.
echo            [^E]
escape          [^]]
rlogin          [ \377]
quit            [^\]
eof             [^D]
erase           [^H]
kill            [^U]
start           [^Q]
stop            [^S]
telnet>_
```

图 14.13　telnet>display 命令的部分输出

使用 close 命令可以断开并中止 telnet 连接：

telnet> **close [Return]**...................... 结束 telnet 会话(断开连接)

14.8 远程计算

除 telnet 及 ftp 命令之外，UNIX 还提供了其他一些与 telnet 功能类似的命令，包括 rcp、rsh 和 rlogin。表 14.11 列出了这些命令，后续小节说明如何使用这些命令。

表 14.11 远程命令列表

命令	功能
rcp	远程复制程序
rsh	远程 shell 程序
rlogin	远程登录程序

14.8.1 远程访问命令：rcp

使用 rcp 命令可以在两个系统之间复制文件。该命令的功能与 cp 类似，但使用 rcp 可以从其他系统复制文件，其语法格式也与 cp 一样：

rcp *source-file destination-file*

这里源文件名及目标文件名要么是"主机名：路径名"的远程文件名形式，要么是本地文件名的形式。例如，下述命令从远程主机 unix3.university.edu 复制文件/usr/home/student/report 到本地目录中：

$**rcp unix3.university.edu:/usr/home/student/report [Return]** .... 使用 rcp 命令

下述命令复制本地文件 report 到远程主机 unix3.university.edu 的指定目录中：

$**rcp report unix3.university.edu:/usr/home/student [Return]** .... 使用 rcp 命令

说明： 1. 冒号(:)分隔远程主机名及文件名。
2. 也可以从一台远程主机复制文件到另一台远程主机。
3. 必须在远程主机及本地系统上具有有效账号和相同的用户名。

14.8.2 远程访问命令：rsh

使用 rsh 命令可以在远程主机上运行一个 shell，以执行用户从命令行传送过去的命令。例如，下述命令登录到远程系统 unix3.university.edu，并使用远程系统上的 shell 执行 whoami 命令。

$**rsh unix3.university.edu "whoami" [Return]** ... 登录到 unix3.university.edu 并执行 whoami 命令

david.................................. who am i 命令执行结果

$**rsh unix3.university.edu [Return]** .... 不带命令参数运行 rsh

$**exit [Return]** .... 断开连接

rlogin: connection closed

说明： 1. 本地机器上来自标准输入的任何数据将传送给远程主机，作为其上执行命令的标准输入。

2. 来自远程主机的任何输出都将传送给本地机器，作为本地机器的标准输出。
3. 上述两条合在一起，使得远程命令就像在本地系统上执行一样。
4. 若不传送命令给 rsh，则它像使用 rlogin 一样登录到远程系统。

14.8.3 远程访问命令：rlogin

可以使用 rlogin 命令登录到远程主机。rlogin 命令功能很像 telnet，但它使用不同的协议。例如，下述命令登录到远程系统 unix3.university.edu。-l 选项告诉 rlogin 使用用户名 david 登录。若没指定登录远程系统的用户名，则 rlogin 使用本地用户名登录。

```
$rlogin -l david unix3.university.edu [Return] .... 以用户名 david 登录到 unix3.university.edu
password: ......................................... 已连接，输入口令
$_ ................................................ 远程主机命令提示符
$whoami [Return] .................................. 在该 shell 下可以运行任何命令
david.............................................. whoami 的输出
$_ ................................................ 远程系统命令提示符
$exit [Return] .................................... 断开连接
rlogin: connection closed
$_ ................................................ 本地系统命令提示符
```

命令小结

下面对本章所讨论的命令进行小结。

at
该命令在指定时间运行一个命令或一组命令。

选项	功能
-l	列出 at 命令提交的所有任务
-m	任务完成时向用户发一个简短的确认信息
-r	从未完成任务队列中删除指定任务

banner
该命令用大号字符显示它的参数——一个指定的字符串。

calendar
该命令是一种提醒服务，可以从当前目录的 calendar 文件中取出日程安排。

compress
该命令用于压缩指定文件，以减少文件大小并节约存储空间。uncompress 命令可还原出压缩前的文件，并删除压缩文件。

crypt
该命令用来加密和解密文件。该命令以可逆方式改变文件中的每个字符，因此用户以后能够将文件还原。

df

该命令可显示指定文件系统的磁盘空间总量或未用磁盘空间量。

du

该命令可统计每个目录、子目录和文件占用的存储空间。

选项		功能
UNIX	Linux 对应选项	
-a	--all	显示目录和文件大小
-b	--byte	以字节为单位显示目录和文件大小
-s	--summarize	只显示指定目录占用的存储块数,不列出子目录
	--help	显示帮助信息
	--version	显示版本信息

finger

该命令显示详细的用户信息。

选项	功能
-b	不在长格式中输出用户主目录和 shell 程序名
-f	不在短格式中输出标题行
-h	不在长格式中输出文件 .project 的内容
-l	强制使用长格式输出
-p	不在长格式中输出文件 .plan 的内容
-s	强制使用短格式输出

FTP

该命令(程序)可将文件从一个系统传送到另一个系统。可以传送任何类型的文件,用户可以指定被传送文件是 ASCII 文件还是二进制文件。输入 ftp 可启动一个 FTP 会话。

FTP 的访问命令

命令	说明
open *remote-hostname*	创建一个与指定主机上 FTP 服务器的连接。该命令将提示用户输入用户名和密码以登录到远程主机上
close	关闭已创建的当前连接并返回本地 FTP 命令。这时可发出与另一台远程主机连接的 open 命令
quit(bye)	关闭与远程主机进行的当前 FTP 会话并退出 ftp。也就是返回 UNIX 系统的 shell 程序

FTP 的文件和目录命令

命令	说明
cd *remote-directory-name*	改变远程主机上的当前目录为指定目录
lcd *local-directory-name*	改变本地主机上的当前目录为指定目录
dir	列出远程主机上当前目录的文件列表
pwd	显示远程主机上的当前目录名
mkdir *remote-directory-name*	在远程主机上创建一个目录。要求用户在远程主机上拥有相应权限
delete *remote-filename*	删除远程主机上的一个文件
mdelete *remote-filenames*	删除远程主机上的多个文件

其他 FTP 命令

命令	说明
? 或 help	显示指定命令的解释信息。如果没有指定参数，显示所有命令列表
!	切换到临时 shell 命令方式
hash	每传送一个数据块显示一个 # 号作为反馈信息。这里数据块的大小为 8192 字节

spell

该命令检查指定文档或键盘输入单词中的拼写错误。它只显示在字典文件中没有找到的单词，但不提供更正建议。

选项	功能
-b	按英国英语进行检查
-v	显示字典及其派生词汇中没有的单词
-x	显示被查单词的原型

tar

该命令可将一组文件复制到一个称为存档文件的文件中。存档文件通常保存在磁带上，但也可保存在软盘等其他介质上。它将多个文件打包成一个可解包的 tar 格式文件。

选项		功能
UNIX	Linux 对应选项	
-c	--create	(create)创建一个新的存档文件，从该存档文件头开始写操作
-f	--file	(file)使用下一个参数作为存档文件的存放位置
-r	--concatenate	(replace)添加一个新的文件到存档文件尾
-t	--list	(table of contents)列出存档文件中所有被打包的文件名
-x	--extract 或--get	(extract)从存档文件中还原被打包文件
-v	--verbose	(verbose)提供打包文件的附加信息
	--help	显示帮助信息
	--version	显示版本信息

time

该命令提供与程序执行所用计算机时间有关的信息。它显示一个指定命令执行需要的实际时间、用户态时间和系统态时间。

type

该命令显示另一个命令的更详细信息，如指定命令是 shell 命令还是 shell 内部命令。

telnet

该命令允许用户登录到远程服务器，并使用远程服务器上的资源——如扫描仪、CD 存储设备或 CD 刻录机。还允许用户从本地系统访问自己有账号权限的 UNIX 服务器。

远程计算

UNIX 提供了一组登录到远程服务器的命令，就像直接连接到远程服务器及其所有资源一样。

命令	说明
rcp	远程复制程序
rsh	远程 shell 程序
rlogin	远程登录程序

习题

1. 解释 UNIX 系统的安全机制。用什么方法来保护文件系统?
2. 超级用户可删除其他用户的文件吗?
3. 超级用户可读取其他用户的加密文件吗?
4. cd 是 shell 内部命令吗? 你是如何知道的?
5. 解释实际时间、用户态时间和系统态时间。
6. 用什么命令可获得磁盘空间信息?
7. 在 vi 中可调用 spell 命令吗? 如果可以,怎么调用?
8. 如果要在以后的某时刻运行一个程序,用什么命令?
9. 文件和目录的访问权限含义相同吗?
10. tar 命令有什么用?
11. 什么是存档文件?
12. 用 tar 命令可将一组文件备份到磁带以外的介质上吗?
13. 用什么命令可列出一个名为 save.tar 的存档文件中的文件列表?
14. compress 命令有什么用?
15. FTP 表示什么?
16. 用什么命令创建一个 FTP 会话?
17. 用什么命令关闭一个 FTP 会话?
18. 用什么命令来减小文件大小?
19. 用什么命令保护用户的文件免遭他人破坏?
20. 用什么命令来检查拼写错误?
21. telnet 命令有什么用?
22. 如何使用 telnet 命令,使用该命令之前需要知道什么?
23. 从 telnet 切换回本地系统使用什么命令? 如何返回到 telnet?
24. 处于 telnet 状态时,命令 display 显示什么内容?
25. 什么命令终止 telnet 运行?
26. rcp 命令有什么用?
27. 远程登录命令是什么?
28. 使用远程 shell 的命令是什么?
29. 什么命令终止 rlogin?

上机练习

在用户的 UNIX 系统上练习下列命令。

1. 明天 13:00 对一个文件排序。
2. 星期三下午 6 点向另一个用户发送一个电子邮件。
3. 用 time 命令统计 sort、spell 等命令的运行时间信息。
4. 修改用户目录的访问权限为只有所有者有读、写和执行权限。

5. 检查一个文本文件的拼写错误。
6. 创建一个用户词汇文件,使 spell 命令用它作为附加词汇表。
7. 查询磁盘上的可用空间。
8. 查询用户的主目录及其中的文件和子目录占用的存储块数。
9. 在初始化脚本文件 .profile 中加入 df 和 du 命令,以在每次登录时统计磁盘的使用情况。
10. 如果有相应权限,请对一个文件进行加密。先在终端上显示加密后的文件,再对该文件进行解密和显示。
11. 在屏幕上作一条标语,显示自己的姓名。
12. 在打印机上打印一条标语,内容为自己的姓名。
13. 能让系统在用户登录时显示用户姓名吗?
14. 修改第 13 章中的 greetings 程序,用大号字符显示欢迎词。
15. 在主目录中创建一个日历文件,输入日程安排。
16. 用 calendar 命令显示现在的日程安排。
17. 在文件 .profile 中加入 calendar 命令,在登录时观察日程安排。
18. 用 tar 命令将当前目录中的文件备份到另一个名为 my_tar_files 的目录中。
19. 使用 tar 命令的-t 和-v 选项,观察其输出信息。
20. 用 tar 命令的-x 选项从存档文件中还原出一个指定的文件。
21. 用 compress 命令压缩一个大文件,观察显示压缩比的反馈信息,列出文件并检查其扩展名。
22. 解压缩该文件,并检查压缩文件是否被删除。
23. 创建一个用户 PC 机与学校计算机的 FTP 会话。连接建立后完成下述命令操作:
    a. 列出可用命令。
    b. 获得指定命令的帮助信息。
    c. 设置 bell 和 verbose 为打开模式。
    d. 设置文件的传输模式为 ASCII。
    e. 在远程主机上创建一个目录。
    f. 删除远程主机上的一个文件。
    g. 从用户 PC 机上传输一个文件到远程主机上。
    h. 从远程主机上传输一个文件到用户 PC 机上。
24. 了解远程访问另一台 UNIX 机器所需的信息,然后使用下述命令(需要了解的信息是机器的主机名或 IP 地址)。
    a. 使用 telnet 命令登录。
    b. 使用 rcp 命令,并从远程服务器上复制一个文件到本地机器上。
    c. 使用 rlogin 命令登录。

附录A 命令索引

本附录是本书所介绍的命令的快速索引。命令按字母顺序排列。

alias	为命令创建别名
at	在将来的指定时间执行程序
banner	显示标题(用大字体)
cal	提供日历服务
calendar	提供日程提示服务
cancel	删除(终止)打印请求
cat	连接/显示文件
cd	改变当前目录
chmod	改变文件/目录权限
compress	压缩文件
cp	复制文件
crypt	文件加密和解密
cut	从文件中选择指定字段/列
date	显示日期和时间
df	显示空闲磁盘空间大小
.(点)	在当前 shell 环境中运行进程
du	报告磁盘使用情况
echo	显示(回显)参数
ed	UNIX 行编辑器
emacs	emacs 编辑器
ex	标准 UNIX 行编辑器
exit	终止当前 shell 程序
export	向其他 shell 传送变量
expr	提供算术运算操作
fc	显示 history 文件中的命令
find	查找指定文件并执行
finger	显示用户信息
ftp	从一个系统传输文件到另一个系统
grep	在文件中查找指定字符串
head	显示指定文件的第 1 部分
help	调用菜单驱动帮助系统工具
history	显示所有已输入命令的清单

kill	终止进程
learn	调用课程/学习系统工具
let	提供算术运算操作
ln	链接文件
lp	在行打印机上打印文件
lpr	打印指定文件
lpstat	提供打印请求的状态
ls	显示目录内容
mailx	提供电子邮件处理系统(E-mail)
man	从用户手册中查找信息
mesg	允许/拒绝来自 write 命令的消息
mkdir	创建目录
more	分屏显示文件
mv	移动/重命名文件
news	查看本机系统的新闻
nohup	用户退出系统后,保持后台命令继续执行
passwd	修改登录口令
paste	按将两个文件每一对应行合并为一行的方式合并文件
pg	显示文件,每次一屏
pr	在打印前格式化文件
ps	提交进程状态报告
pwd	显示当前/工作目录名
r(redo)	重复 history 文件中的命令
rcp	提供远程复制程序
read	从输入设备读取输入
rm	移去(删除)文件
rmdir	移去(删除)空目录
rsh	提供远程 shell 程序
rlogin	提供远程登录程序
set	设置/显示 shell 变量
sh	调用另一个 shell
sleep	使进程等待指定的时间(按秒计)
sort	按特定的顺序对文件排序
spell	提供拼写检查
stty	设置终端选项
tail	显示指定文件的最后部分
talk	提供终端到终端通信
tar	将一系列文件存档到磁带上的一个磁带文件上
tee	分离输出

telnet	允许登录一个远程服务器
test	判断表达式为真/假
time	统计命令执行时间
tput	提供对 terminfo 数据库的访问
trap	设置/取消中断信号
type	显示指定命令的类型
unset	删除 shell 变量
vi	调用标准 UNIX 全屏编辑器
view	调用只读 vi 编辑器
wall	给当前所有登录的终端发消息(write all)
wc	计算指定文件的行数、字数或字符数
who	显示哪些用户登录到系统上
write	提供终端到终端通信

附录 B　分类命令索引

索引 B 是本书中所介绍的命令的快速索引。本索引中的命令根据功能进行分类，然后按字母顺序排列。

文件与目录命令

命令	说明
<　>　≪　≫	重定向操作符
¦	管道操作符
cat	连接/显示文件
cd	改变当前目录
chmod	改变文件/目录权限
compress	压缩文件
cp	复制文件
cut	从文件中选择指定字段/列
ln	链接文件
ls	列出目录内容
mkdir	创建目录
mv	重命名/移动文件
paste	按将两个文件每一对应行合并为一行的方式合并文件
pwd	显示当前/工作目录名
rm	移去(删除)文件或者目录
rmdir	移去(删除)空目录
tar	将一系列文件存档到磁带上的一个磁带文件上

通信命令

命令	说明
mailx	提供电子邮件服务
mesg	允许/拒绝来自 write 命令的消息
news	查看本机系统的新闻
talk	提供终端到终端通信
wall	给当前所有登录的终端发消息(write all)
write	提供终端到终端通信

帮助命令

命令	说明
help	调用菜单驱动帮助系统工具
learn	调用课程/学习系统工具
man	从用户手册中查找信息

进程控制命令

alias	为命令创建别名
at	在以后的指定时间执行程序
fc	显示 history 文件中的命令
kill	终止进程
nohup	用户退出系统后,保持后台命令继续执行
ps	提交进程状态报告
r(redo)	重复 history 文件中的命令
sleep	使进程等待指定的时间(按秒计)

行打印机命令

cancel	删除(终止)打印请求
lp	在行打印机上打印文件
lpstat	提供打印请求的状态
pr	在打印前格式化文件

信息处理命令

df	显示空闲磁盘空间大小
du	报告磁盘使用情况
expr	提供算术运算操作
find	查找指定文件并执行
finger	显示用户信息
grep	在文件中查找指定字符串
head	显示指定文件的第 1 部分
history	显示所有已输入命令的清单
let	提供算术运算操作
more	分屏显示文件
ps	提交进程状态报告
pwd	显示当前/工作目录名
set	设置/显示 shell 变量
sort	按特定的顺序对文件排序
spell	提供拼写检查
tail	显示指定文件的最后部分
time	统计命令执行时间
type	显示指定命令的类型
unset	删除 shell 变量
wc	计算指定文件的行数、字数或字符数
who	显示哪些用户登录到系统上

终端命令

more	分屏显示文件
pg	显示文件,每次一屏
stty	设置终端选项
tput	提供对 terminfo 数据库的访问

安全命令

chmod	改变文件/目录权限
crypt	文件加密和解密
passwd	改变用户登录口令

开始/结束会话

[Ctrl-d]	结束会话
exit	结束会话(退出系统)
login	登录提示
passwd	改变用户登录口令

UNIX 编辑器

ed	UNIX 行编辑器
emacs	Emacs 编辑器
ex	标准的 UNIX 行编辑器
vi	标准的 UNIX 全屏编辑器
view	只读模式的 vi 编辑器

远程登录和处理

telnet	登录一个远程服务器
rcp	提供远程复制程序
rsh	提供远程 shell 程序
rlogin	提供远程登录程序

附录C　命令小结

下面是按字母顺序排列的 UNIX 命令(实用工具)。为了强化记忆,图 C.1 中再重复一下命令行格式。

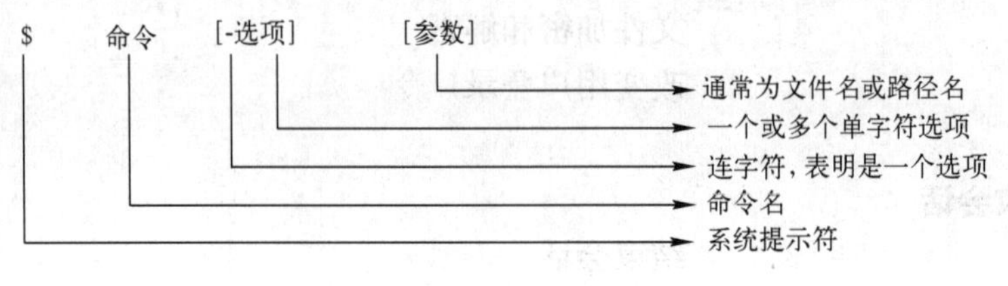

图 C.1　命令行格式

alias

为命令创建别名。

at

该命令在将来的某个时间运行某一命令或命令序列。

选项	功能
-l	列出 at 命令提交的所有任务
-m	任务完成后给用户发一个简短的确认信息
-r	从 at 任务队列中删除指定任务

banner

该命令以大号字符显示其参数——指定字符串。

cal

该命令显示指定年或月的日历。

calendar

该命令提供提醒服务,可从当前目录的 calendar 文件中读取日程安排。

cancel (cancel print requests)

该命令取消打印队列中等待打印或正在打印的打印请求。

cat (concatenate)

该命令显示文件/将文件连在一起。

cd (change directory)

该命令将当前目录改为另一个目录。

chmod

该命令改变选项字母指定的用户类对某文件的访问权限。用户类别有:u(用户/所有者)、

g(同组用户)、o(其他用户)和 a(所有用户)。访问权限有:r(读)、w(写)和 x(执行)。

compress

该命令用来压缩指定文件,以减小文件大小并节省存储空间。uncompress 命令用来恢复原来的文件并删除压缩文件。

cp

该命令将文件从当前目录或某个目录复制到另一个目录。

选项		功能
UNIX	Linux 对应选项	
-b	--backup	如果文件存在则建立一个文件备份
-i	--interactive	如果目标文件存在则请求确认
-r	--recursive	复制目录到新目录
	--verbose	说明正在进行的工作
	--help	显示帮助信息并退出

crypt

该命令用来对文件进行加密和解密。它以可逆方式改变文件中的每个字符,因此用户以后可以还原出原来的文件。

cut

该命令用来从文件中"切掉"指定的列或字段。

选项		功能
UNIX	Linux 对应选项	
-f	--fields	指定字段位置
-c	--characters	指定字符位置
-d	--delimiter	指定字段分隔符
	--help	显示帮助信息并退出
	--version	显示版本信息并退出

date

该命令显示星期、月份、日期和时间。

df

该命令报告指定文件系统的磁盘空间数量或可用空间数量。

.(点)

该命令允许用户在当前 shell 环境中运行进程,而不为之创建子进程。

du

该命令可统计目录、子目录和文件占用的存储空间。

选项		功能
UNIX	Linux 对应选项	
-a	--all	显示目录和文件大小
-b	--byte	以字节为单位显示目录和文件大小
-s	--summarize	只显示指定目录占用的存储块数,不列出子目录
	--help	显示帮助信息
	--version	显示版本信息

echo

该命令在输出设备上显示(回显)其参数。

扩展字符	含义
\a	声音报警(响铃)
\b	退格
\c	禁止换行
\f	换页
\n	回车换行
\r	回车但不换行
\t	水平制表
\v	垂直制表

exit

该命令终止当前 shell 程序。它也可以返回一个状态码(RC)来指示程序执行的成功与否。如果用户在 $提示符下输入该命令,它将终止用户的登录 shell,使用户退出系统。

export

该命令使指定变量列表可为其他 shell 使用。

expr

该命令是一个进行算术运算的内部命令,提供算术运算和逻辑运算。

find

该命令在目录层次结构中查找与给定条件匹配的文件。动作选项指示 find 命令找到文件后如何操作。

查找选项	功能
-name *filename*	按给定名字 *filename* 查找文件
-size +*n*	查找大小为 *n* 的文件
-type *file type*	按给定文件类型 *file type* 查找文件
atime +*n*	查找 *n* 天以前访问过的文件
-mtime +*n*	查找 *n* 天以前修改过的文件
-newer *filename*	查找比指定文件 *filename* 更近修改过的文件
动作选项	**功能**
-print	显示每个已找到文件的路径名
-exec *command* \ ;	对查找到的文件执行指定命令 *command*
-ok *command* \ ;	执行命令 *command* 前请求确认

finger

该命令显示用户的详细信息。

选项	功能
-b	不在长格式中输出用户主目录和 shell 程序名
-f	不在短格式中输出标题行
-h	不在长格式中输出文件 .project 的内容
-l	强制使用长格式输出
-p	不在长格式中输出文件 .plan 的内容
-s	强制使用短格式输出

FTP

该命令(实用程序)可将文件从一个系统传送到另一个系统。可以传送任何类型的文件,用户可以指定被传送文件是ASCII文件还是二进制文件。输入ftp可启动一个FTP会话。

FTP的访问命令

命令	功能
open *remote-hostname*	创建一个与指定主机上FTP服务器的连接。该命令将提示用户输入用户名和密码以登录到远程主机上
close	关闭已创建的当前连接并返回本地FTP命令。这时可发出与另一台远程主机连接的open命令
quit(bye)	关闭与远程主机进行的当前FTP会话并退出ftp。也就是返回UNIX系统的shell程序

FTP文件和目录命令

命令	功能
cd *remote-directory-name*	改变远程主机上的当前目录为指定目录
lcd *local-directory-name*	改变本地主机上的当前目录为指定目录
dir	列出远程主机上当前目录的文件列表
pwd	显示远程主机上的当前目录名
mkdir *remote-directory-name*	在远程主机上创建一个目录。要求用户在远程主机上拥有相应权限
delete *remote-filename*	删除远程主机上的一个文件
mdelete *remote-filename*	删除远程主机上的多个文件

其他FTP命令

命令	功能
? 或 help	显示指定命令的解释信息。如果没有指定参数,显示所有命令列表
!	切换到临时shell命令方式
hash	每传送一个数据块显示一个#号作为反馈信息。这里数据块的大小为8192字节

grep (Global Regular Expression Print)

该命令在文件中查找指定模式。如果找到了指定模式,则在用户终端上显示包含指定模式的行。

选项		功能
UNIX	Linux对应选项	
-c	--count	显示每个文件中包含匹配模式的行数
-i	--ignore-case	匹配时忽略大小写
-l	--files-with-matches	显示包含匹配模式的文件名,不显示具体的行
-n	--line-number	在每个输出行前显示行号
-v	--revert-match	显示与模式不匹配的行
	--help	显示帮助信息并退出
	--version	显示版本信息并退出

head

该命令显示指定文件开头部分的内容,这是用户快速查看文件内容的一种方法。可以通过选项指定显示的行数,也可以在命令行指定多个文件。

选项		功能
UNIX	Linux 对应选项	
-l	--lines	按行计数,这是默认选项
-c	--chars=num	按字符计数
	--help	显示帮助信息并退出
	--version	显示版本信息并退出

help

该命令提供一系列菜单和问题来引导用户找到常见 UNIX 命令的说明信息。

history (ksh)

该命令是 Korn Shell 和 Bourne Again shell 所特有的,它保存用户会话期间输入的所有命令。

kill

该命令终止进程。用户必须指定进程标识号。使用进程标识号 0 将终止与用户终端关联的所有进程。

learn

该计算机辅助教学程序包含一系列课程。它显示课程菜单,然后由用户选择所希望的课程。

let

该命令提供算术运算。

ln

该命令在一个已存在文件和一个新文件名之间建立连接,这使一个文件有多个文件名。

lp (line printer)

该命令打印指定文件。

选项	功能
-d	在指定的打印机上打印
-m	完成打印请求后向用户邮箱发送邮件
-n	打印指定份数
-s	取消反馈信息

lpr (line printer)

该命令打印指定文件。如果没有指定文件名,则 lpr 从标准输入读信息。

选项	功能
-p	在指定的打印机上打印
-#	打印指定份数
-T	在输出的标题页中打印指定标题
-m	完成打印请求后向用户邮箱发送邮件

lpstat (line printer status)

该命令用来获得与打印请求相关的信息,其中包括打印请求号,可以使用打印请求号来取消打印请求。

选项	功能
-d	打印系统默认的打印机名

ls (list)

该命令用来显示当前目录或指定目录的内容。

选项 UNIX	Linux 对应选项	功能
-a	--all	列出所有文件,包括隐藏文件
-C	--format=vertical --format=horizontal	以多列格式列文件,按列排序
-F	--classify	如果是目录则文件名后加斜杠(/);如果是可执行文件则文件名后加星号(*)
-l	--format=single-column	按长格式列文件,显示文件的详细信息
-m	--format=commas	按页宽列文件,以逗号分隔
-p		如果是目录则在文件名后加斜杠(/)
-r	--reverse	以字母反序列表
-R	--recursive	循环列出子目录的内容
-s	--size	以块为单位显示文件大小
-x	--format=horizontal --format=across	以多列格式列文件,按行排序
	--help	显示帮助信息

mailx

该实用程序为用户提供电子邮件功能。可以给系统中的其他用户发送邮件,而不考虑该用户是否登录。

选项	功能
-f *filename*	从指定文件中而不是系统邮箱中读取邮件。如果没有指定文件名,就从 mbox 中读取
-H	显示消息头列表
-s *subject*	设置邮件主题 *subject*

mailx 的命令模式

调用 mailx 读邮件时,它将处于命令模式。该模式的命令提示符是问号(?)。

命令	功能
!	允许用户执行 shell 命令(shell 转义)
cd *directory*	将当前目录改为指定目录,若没有指定目录则改为用户主目录
d	删除指定消息
f	显示当前消息的标题
q	退出 mailx 并删除系统邮箱中的消息
h	显示活动消息头
m *users*	发送邮件给指定的用户 *users*
R *messages*	回复消息 *messages* 的发送者
r *messages*	回复消息的发送者和同一消息的其他接收者
s *filename*	保存消息到指定的文件 *filename* 中
t *messages*	显示指定的消息 *messages*
u *messages*	恢复被删除的消息 *messages*
x	退出 mailx,不将消息从系统邮箱中删除

mailx ~转义命令

调用 mailx 给其他用户发送邮件时,它处于输入模式,等待用户编辑消息。在这种模式下使用命令要以符号~打头,称为~转义命令。

命令	功能
~?	显示所有转义命令列表
~! 命令	在编辑邮件时,可以调用指定的 shell 命令
~e	调用编辑器编辑邮件,编辑器的名字可以用邮件变量 EDITOR 定义
~q	退出输入模式。将编辑了的消息保存到文件 dead.letter 中
~r 文件名	读取指定文件并将它的内容插入到消息中
~< 文件名	读取指定的文件(使用重定向符号),将它的内容插入到消息中
~ <! 命令	执行指定的命令,并将它的输出结果插入到消息中
~v	调用默认的 vi 编辑器,或使用邮件变量 VISUAL 指定的其他编辑器
~w 文件名	将正在编辑的消息写到指定的文件中

man

该命令显示联机系统文档信息。

mesg

如果不想接收 write 消息则设置为 n,如果接收消息则设置为 y。

mkdir (make directory)

该命令在工作目录或指定目录下创建一个新的子目录。

选项	功能
-p	在一个命令行中创建多层目录

more

一次一屏显示文件。该命令对于查看大文件很有用。

选项		功能
UNIX	Linux 对应选项	
-*lines*	--num *lines*	每屏显示指定行数 *lines*
+ *line-number*		从指定行号 *line-number* 开始
+/*pattern*		从包含指定模式 *pattern* 的行前面的两行开始
-c	-p	在显示每页之前清屏而不滚屏,这样会快一些
-d		显示提示信息[Hit space to continue, Del to abort]
	--help	显示帮助页并退出

mv

该命令重命名文件,或将文件从一个位置移动到另一个位置。

选项		功能
UNIX	Linux 对应选项	
-b	--backup	如果文件已存在,则备份指定文件
-i	--interactive	如果目标文件已经存在则请求确认
-f	--force	如果文件已经存在则删除目标文件,不请求确认
-v	--verbose	说明正在进行的操作
	--help	显示帮助页并退出
	--version	显示版本信息并退出

news

该命令用来查看系统中最近的新闻。系统管理员可以使用它来通知用户发生某个事件。

选项	功能
-a	显示所有的新闻,无论是新的还是旧的
-n	仅列出新闻名(标题)
-s	显示当前新闻条数

nohup

该命令使得用户退出系统后,后台命令继续执行。

passwd

该命令改变用户的登录密码。

paste

该命令用于将文件一行接一行地连接在一起,或者将两个或多个文件的字段连接到一个新文件中。

选项		功能
UNIX	Linux 对应选项	
-d	--delimiters	指定字段分隔符
	--help	显示帮助页并退出
	--version	显示版本信息并退出

pg

一次一屏显示文件内容。当 pg 显示提示符时,可以输入选项或其他命令。

选项	功能
-n	不需要回车键来结束单字符命令
-s	用反视频显示信息和提示
-*num*	设置每一屏的行数为 *num*,默认值是 23 行
-p*str*	将提示符:(冒号)改为指定的字符串 *str*
+ *line-num*	从指定行 *line-num* 开始显示文件
+ /*pattern*	从第一处包含指定模式 *pattern* 的行开始显示

pg 命令的关键操作符

当 pg 显示提示符时,使用这些关键操作符。

关键字	功能
+*n*	前进 *n* 屏,这里 *n* 是整数
-*n*	后退 *n* 屏,这里 *n* 是整数
+*n*l	前进 *n* 行,这里 *n* 是整数
-*n*l	后退 *n* 行,这里 *n* 是整数
n	跳到第 *n* 屏,这里 *n* 是整数

pr

在打印或显示之前格式化的文件。

选项		功能
UNIX	Linux 对应选项	
+*page*	--pages= *page*	从指定页开始显示。默认是第 1 页
-*columns*	--columns= *columns*	以指定列数显示输出。默认是第 1 列
-a	--across	以横跨页面的方式显示输出,每列一行

(续表)

选项		功能
UNIX	Linux 对应选项	
-d	--double-space	双倍行距显示输出
-h *string*	--header= *string*	用指定的字符串 *string* 代替标题中的文件名
-l *number*	--length= *number*	用指定行数 *number* 设置页长。默认值是 66 行
-m	--merge	用多列显示所有指定文件
-p		在每页末暂停,并响铃
-*character*	--separator= *character*	用单个指定字符 *character* 分隔列。如果没有指定字符,使用[Tab]键
-t	--omit-header	取消 5 行页眉和 5 行页脚
-w *number*	--width= *number*	用指定字符数 *number* 设置行宽。默认值为 72
	--help	显示帮助页并退出
	--version	显示版本信息并退出

ps (process status)

该命令显示所有与终端关联的进程状态信息。

选项	功能
-a	显示所有活动进程的状态,而不仅仅是用户的进程
-f	显示完整信息列表,包括完整的命令行

pwd (print working directory)

该命令显示用户当前目录或任何指定目录的路径。

r (redo)

这是一个 Korn Shell 命令,重复最后一次执行的命令或 history 文件中的命令。

read

该命令从输入设备读取输入,并将输入字符串保存到一个或多个命令行参数指定的变量中。

远程计算

UNIX 提供了一组登录到远程服务器的命令,就像直接连接到远程服务器及其所有资源一样。

命令	功能
rcp	远程复制程序
rsh	远程 shell 程序
rlogin	远程登录程序

rm (remove)

该命令从当前目录或指定目录中删除文件。

选项		功能
UNIX	Linux 对应选项	
-i	--interactive	在删除文件前请求确认
-r	--recursive	删除指定目录及其中的所有子目录和文件
	--help	显示帮助信息

rmdir (remove directory)

该命令删除指定目录。指定目录必须为空。

set

该命令在输出设备上显示环境/shell变量。unset命令清除不想要的变量。

sh、ksh或bash

该命令调用一个新的shell副本。可以使用该命令运行脚本文件,下面只介绍了3个选项。

选项	功能
-n	读取命令但不执行
-v	在shell读取输入时显示输入
-x	在命令执行时显示命令行及其参数。该选项多用于程序调试

sleep

该命令使进程休眠(等待)指定时间(按秒计)。

sort

按指定顺序对文本文件排序。

选项	功能
-b	忽略前导空格
-d	按字典顺序排序。忽略标点符号和控制字符
-f	忽略大小写
-n	数字按数值大小排序
-o	将输出保存到指定文件
-r	改变排序的顺序,从升序变为降序

spell

该命令检查指定文档或键盘输入单词中的拼写错误。它只显示在字典文件中没有找到的单词,但不提供更正建议。

选项	功能
-b	按英国英语进行检查
-v	显示字典及其派生词汇中没有的单词
-x	显示被查单词的原形

stty

该命令设置控制终端属性的参数。有一百多种不同的设置,下面仅列出一些参数。

参数	功能
echo[-echo]	回显[不回显]输入字符;默认为回显
raw[-raw]	禁止[启用]元字符的特殊含义;默认为启用
intr	产生中断信号;通常用[Del]键
erase	(回退)擦除前一个字符;通常用#键
kill	删除整行;通常用@或[Ctrl-u]键
eof	从终端产生文件结束信号;通常用[Ctrl-d]键
ek	用#和@分别复位erase和kill
sane	用合理的默认值设置终端属性

tail

该命令显示指定文件尾部的内容。这是一种快速查看文件内容的方法。使用选项可以灵活地设定查看方式。

选项		功能
UNIX	Linux 对应选项	
-l	--line	以行为单位计算。这是默认选项
-c	--chars=num	以字符为单位计算
	--help	显示帮助页并退出
	--version	显示版本信息并退出

talk

该命令用来进行终端到终端的通信。接收方必须已经登录到系统。

tar

该命令可将一组文件复制到一个称为存档文件的文件中。存档文件通常保存在磁带上,但也可保存在软盘等其他介质上。它将多个文件打包成一个可解包的 tar 格式文件。

选项		功能
UNIX	Linux 对应选项	
-c	--create	(create)创建一个新的存档文件,从该存档文件头开始写操作
-f	--file	(file)使用下一个参数作为存档文件的存放位置
-r	--concatenate	(replace)添加文件到存档文件尾
-t	--list	(table of contents)列出存档文件中所有被打包的文件名
-x	--extract 或-get	(extract)从存档文件中还原被打包文件
-v	--verbose	(verbose)提供打包文件的附加信息
	--help	显示帮助信息
	--version	显示版本信息

tee

分离输出。一个副本显示在用户终端(输出设备)上,另一个副本保存在文件中。

选项	功能
-a	将输出追加到一个文件中,不覆盖已有文件内容
-i	忽略中断,不响应中断信号

telnet

该命令允许用户登录到远程服务器,并使用远程服务器上的资源——如扫描仪、CD 存储设备或 CD 刻录机。还允许用户从本地的系统访问自己有账号权限的 UNIX 服务器。

test

该命令判断作为其参数的表达式值是真还是假,并返回相应值。它使得用户能够判断不同类型的表达式。

time

该命令统计系统执行用户程序所花时间的信息。它报告指定程序所用的实际时间、用户态时间和系统态时间。

tput

该命令与包含终端特性的 terminfo 数据库连用,方便进行终端属性的设置(如粗体、清屏等)。

选项	功能
bel	回显终端的响铃字符
blink	闪烁显示
bold	粗体显示
clear	清屏
cup *r c*	将光标移到第 *r* 行第 *c* 列
dim	显示变暗
ed	清除从光标位置到屏幕底的显示内容
el	清除从光标位置到行末的字符
smso	启动突显模式
rmso	结束突显模式
smul	启动下画线模式
rmul	结束下画线模式
rev	反色显示,白底黑字
sgr0	关闭所有属性

trap

该命令设置和复位中断信号。下表列出了一些用来控制程序终止的信号。

信号编号	信号名	含义
1	hang up	丢失终端连接
2	interrupt	按下了任一中断键
3	quit	按下了任一退出键
9	kill	发出 kill -9 命令
15	terminator	发出 kill 命令

type

该命令可给出某一命令的更详细信息,如指定命令是 shell 命令还是 shell 内部命令。

wall

该命令一般被系统管理员用来通知大家一些紧急事件。

wc

该命令统计指定文件的字符数、字数和行数。

选项		功能
UNIX	Linux 对应选项	
-l	--lines	报告行数
-w	--words	报告字数
-c	--chars	报告字符数
	--help	显示帮助页并退出
	--version	显示版本信息并退出

who

该命令列出当前登录到系统中的所有用户的登录名、终端号和登录时间。

选项	Linux	功能
-q	--count	快速的 who,仅显示各用户名和用户总数
-H	--heading	显示各列信息的标题
-b		显示系统启动的日期和时间
	--help	显示帮助信息

write

该命令用来进行终端到终端的通信。接收方必须已经登录到系统中。

附录 D　vi 编辑器命令小结

附录 D 是包含了本书中介绍的所有 vi 编辑器命令的小结。要获得更多信息，参见第 4 章和第 6 章。图 D.1 回忆了 vi 编辑器的工作模式。

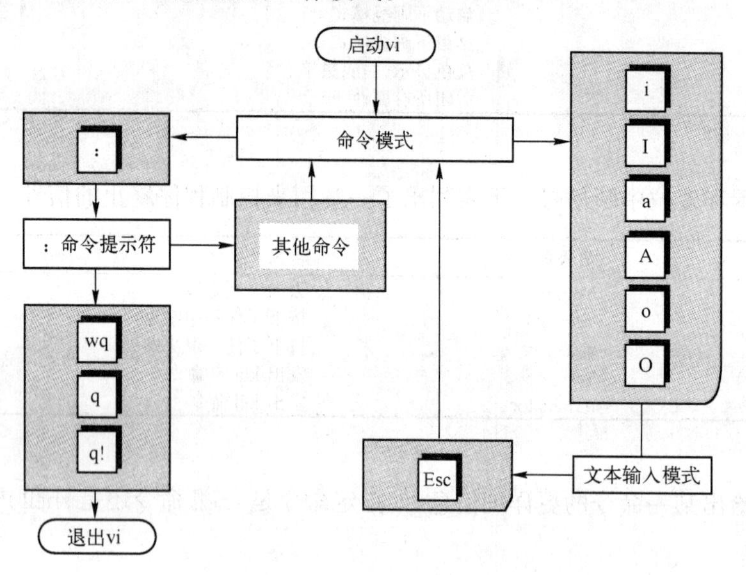

图 D.1　vi 编辑器的工作模式

vi 编辑器

vi 是屏幕编辑器，用户可以用它创建文件。vi 有两种模式：命令模式和文本输入模式。启动 vi，需输入 vi，按[Spacebar]键并输入文件名。有几个键可使 vi 进入文件输入模式，而按[Esc]键使 vi 回到命令模式。

切换模式键

这些键使 vi 从命令模式切换到文本输入模式。每个键以不同的方式使 vi 进入文本输入模式。按[Esc]键 vi 回到命令模式。

命令键	功能
i	在光标左侧输入正文
I	在光标所在行的开头输入正文
a	在光标右侧输入正文
A	在光标所在行的末尾输入正文
o	在光标所在行的下一行增添新行，并且光标位于新行的开头
O	在光标所在行的上一行增添新行，并且光标位于新行的开头

文本修改键

这些键只适用于命令模式。

按键	功能
x	删除光标位置指定的字符
nx	删除多个字符
dd	删除光标所在的行
u	撤销最近的修改
U	撤销对当前行做的所有修改
r	替换光标位置上的一个字符
R	替换从光标位置开始的字符,同时改变 vi 到文本输入模式
.(点)	重复上一次的修改

光标移动键

在命令模式下,这些键可以在文档中移动光标。

按键	功能
h 或[←]	将光标向左移动一格
j 或[↓]	将光标向下移动一行
k 或[↑]	将光标向上移动一行
l 或[→]	将光标向右移动一格
$	将光标移到当前行的行尾
w	将光标向右移动一个字
b	将光标向左移动一个字
e	将光标移到字尾
0(零)	将光标移到当前行的行首
[Return]键	将光标移到下一行的行首
[Spacebar]键	将光标向右移动一位
[Backspace]键	将光标向左移动一位

退出命令

除了 ZZ 命令外,这些命令都以:开始,用[Return]键结束命令行。

按键	功能
wq	保存文件,退出 vi 编辑器
w	保存文件,但不退出 vi 编辑器
q	退出 vi 编辑器
q!	不保存文件,退出 vi 编辑器
ZZ	保存文件,退出 vi 编辑器

搜索命令

用户用这些键在文件中向前或向后搜索指定的字符串。

按键	功能
/	向前搜索指定的字符串
?	向后搜索指定的字符串

剪切和粘贴键

这些键用来重新安排用户文件中的文本,在 vi 的命令模式下可用。

按键	功能
d	删除指定位置的文本,并保存到临时缓冲区中。可以使用 put 操作符(p 或 P)来访问这个缓冲区
y	复制指定位置的文本到临时缓冲区。可以使用 put 操作符来访问这个缓冲区
P	将指定缓冲区的内容放到当前光标位置之上
p	将指定缓冲区的内容放到当前光标位置之下

域控制键

使用 vi 命令结合域控制键可以使用户更多地控制编辑任务。

域	功能
$	标识域为从光标位置开始到当前行尾
0(零)	标识域为从光标位置前到当前行首
e 或 w	标识域为从光标位置开始到当前字尾
b	标识域为从光标位置前到当前字首

翻页键

翻页键用来大块滚动用户的文件。

按键	功能
[Ctrl-d]	将光标向下移动到文件尾,通常每次移动 12 行
[Ctrl-u]	将光标向上移动到文件头,通常每次移动 12 行
[Ctrl-f]	将光标向下移动到文件尾,通常每次移动 24 行
[Ctrl-b]	将光标向上移动到文件头,通常每次移动 24 行

设置 vi 的环境

用户通过设置 vi 的环境选项可以定制 vi 编辑器的行为。用 set 命令改变选项值。

选项	缩写	功能
autoindent	ai	将新行与前一行的行首对齐
ignorecase	ic	在搜索选项中忽略大小写
magic		允许在搜索时使用特殊字符
number	nu	显示行号
report		通知用户上一个命令影响的行号
scroll		设定[Ctrl-d]命令翻动的行数
shiftwidth	sw	设置缩进的空格数,与 autoindent 选项一起使用
showmode	smd	在屏幕的右角显示 vi 编辑器的模式
terse		缩短错误信息
wrapmargin	wm	设置右边界为指定的字符数

附录 E　Emacs 编辑器命令小结

附录 E 是包含了本书介绍的所有 Emacs 编辑器命令的小结。要获得更多信息，参见第 7 章。

Emacs 编辑器

Emacs 是一个流行的基于屏幕的文本编辑器，它并不是随每个 UNIX 版本发布。有些版本的 Emacs 是可用的，包括由自由软件基金会（FSF，Free Software Foundation）发布的 UNIX。

Emacs 模式行字段

模式行出现在回显行的上一行，即屏幕倒数第二行。Emacs 启动后，模式行显示状态信息。例如：在窗口中什么缓冲区被显示，使用什么样的主模式，缓冲区中是否包含修改未保存的内容等。通常情况下，模式行包括以下几个字段，其显示如下：

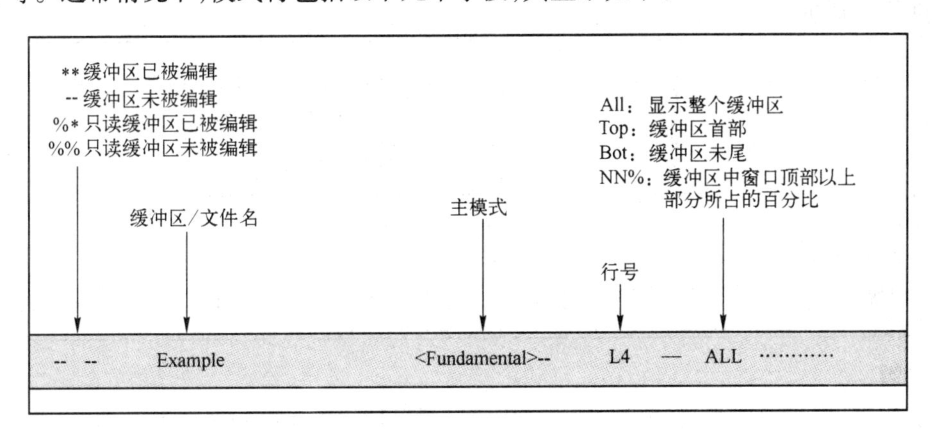

Emacs 保存和退出命令

键	功能
Ctrl-x　Ctrl-s	保存文件（当前缓冲区的内容）并退出 Emacs
Ctrl-x　Ctrl-c	退出 Emacs 编辑器，并放弃文件的内容
Ctrl-x　Ctrl-w	保存文件（当前缓冲区的内容）到文件 *filename*

帮助命令

Emacs 编辑器包含一个帮助系统，如果用户需要一些说明或忘记了众多的 Emacs 命令，可以调用该系统。

键	功能
Ctrl-h	调用 Emacs 的帮助（按下[Ctrl]键不放，再输入 h）
Ctrl-h　t	调用简短的 Emacs 指南（按下[Ctrl]键不放，再输入 h、t）
Ctrl-h　k	解释特定键的功能
Ctrl-h　i	载入 info 文档读本
Ctrl-h　Ctrl-c	显示 Emacs 通用公共许可证
Ctrl-h　Ctrl-d	显示从 FSF 购买 Emacs 的信息

光标移动键

Emacs 设计了很多命令,用于在屏幕上定位文本。大多数情况下 Emacs 将四个光标移动命令映射到了键盘上的箭头按键。

键	功能
Ctrl-f 或[→]	将光标向前移动一个字符
Ctrl-b 或[←]	将光标向后移动一个字符
Ctrl-p 或[↑]	将光标移动到上一行
Ctrl-n 或[↓]	将光标移动到下一行
Ctrl-a	将光标移到当前行的行首
Ctrl-e	将光标移到当前行的行尾
Ctrl-v	将光标向前移动一屏
Meta-v	将光标向后移动一屏
Meta-f	将光标向前移动一个单词
Meta-b	将光标向后移动一个单词
Meta-<	将光标移动到文本开头
Meta->	将光标移动到文本末尾

删除文件按键

键	功能
Backspace 或 Delete	删除光标前的一个字符
Ctrl-d	删除光标下的字符
Ctrl-k	kill 从光标到该行行尾的所有字符
Meta-d	kill 光标后的一个单词
Meta-Del (Delete 键)	kill 光标前的一个单词
Meta-k	kill 光标所在的句子
Ctrl-x Del	kill 前一句
Ctrl-w	kill 两个位置之间的所有文本

恢复键

一般而言,当用户使用命令删除大量文本时,可以使用 kill 缓冲区恢复文本。

键	功能
Ctrl-y	恢复(移出)kill 的文本
Meta-y	用在[Ctrl-y]后,插入前面 kill 的文本
Ctrl-x u	撤销先前的编辑工作

设置标记键

用户必须指定要重排文件的文本段(section)的边界。标记用来标志文本段的开始。光标点的位置指定被选定的文本段的结束。

光标点: 光标在文本中的位置。

标记: 文本中标记的位置。

键	功能
Ctrl-SPC	在当前点位置设置标记([Ctrl]键后跟[Space]键)
Ctrl-x Ctrl-x	互换光标点和标记的位置。该命令可以用来显示标记的位置

大小写转换键

Emacs 提供命令,可以以大写字母写单词,将单词或是选定的文本区从大写转换成小写,或是从小写转换为大写。

按键	功能
Meta-u	将后一单词转换为大写
Meta-l	将后一单词转换为小写
Meta-c	以大写字母写后一单词
Ctrl-x Ctrl-u	将指定区域转换成大写
Ctrl-x Ctrl-l	将指定区域转换成小写

搜索命令

Emacs 提供在文本中向前或向后搜索字符串的命令。文本字符串可以描述为一组连续的字符或单词。Emacs 搜索命令不同于大多数编辑器的搜索命令,例如 vi。Emacs 搜索是递增的。也就是说,只要用户输入搜索字符串的第一个字符,Emacs 便开始搜索,并显示搜索字符串(用户当前已经输入的字符串)在文本中的位置。

按键	功能
Ctrl-s	向前递增搜索
Ctrl-r	向后递增搜索

替换命令和确认选项

查找并替换文本的命令是:[Meta-%]。该命令需要两个参数:搜索字符串和替代字符串。该命令的格式:

```
Meta-% search-string [Return] replace-string [return]
```

键	功能
SPC(空格键) 或 y	确认用替代字符串替换搜索字符串
Del(delete 键)或 n	跳到搜索字符串的下一个实例
,	显示替换的结果
[Return] 或 q	退出替换
.	替换当前的实例并退出
!	不询问,直接替换剩下的所有实例
^	回到前一实例

窗口命令

Emacs 提供将一个窗口分割为多个窗口的命令。多个窗口可以显示不同缓冲区部分,或者同一缓冲区的不同部分。

键	功能
Ctrl-x 2	将当前窗口水平分割为两个窗口
Ctrl-x 3	将当前窗口垂直分割为两个窗口
Ctrl-x >	向右滚动当前窗口
Ctrl-x <	向左滚动当前窗口
Ctrl-x o	将光标放置到其他窗口
Ctrl-x 0	删除当前窗口
Ctrl-x 1	删除当前窗口外的所有窗口

附录 F　ASCII 表

字符/键	十进制	十六进制	八进制	二进制
CTRL-1(空)	0	00	000	0000 0000
CTRL-A	1	01	001	0000 0001
CTRL-B	2	02	002	0000 0010
CTRL-C	3	03	003	0000 0011
CTRL-D	4	04	004	0000 0100
CTRL-E	5	05	005	0000 0101
CTRL-F	6	06	006	0000 0110
CTRL-G(响铃)	7	07	007	0000 0111
CTRL-H(回退)	8	08	010	0000 1000
CTRL-I(制表)	9	09	011	0000 1001
CTRL-J(新行)	10	0A	012	0000 1010
CTRL-K	11	0B	013	0000 1011
CTRL-L	12	0C	014	0000 1100
CTRL-M(回车)	13	0D	015	0000 1101
CTRL-N	14	0E	016	0000 1110
CTRL-O	15	0F	017	0000 1111
CTRL-P	16	10	020	0001 0000
CTRL-Q	17	11	021	0001 0001
CTRL-R	18	12	022	0001 0010
CTRL-S	19	13	023	0001 0011
CTRL-T	20	14	024	0001 0100
CTRL-U	21	15	025	0001 0101
CTRL-V	22	16	026	0001 0110
CTRL-W	23	17	027	0001 0111
CTRL-X	24	18	030	0001 1000
CTRL-Y	25	19	031	0001 1001
CTRL-Z	26	1A	032	0001 1010
CTRL-[(转义)	27	1B	033	0001 1011
CTRL-\	28	1C	034	0001 1100
CTRL-]	29	1D	035	0001 1101
CTRL-^	30	1E	036	0001 1110
CTRL-_	31	1F	037	0001 1111
SP(空格)	32	20	040	0010 0000
!(感叹号)	33	21	041	0010 0001
"(双引号)	34	22	042	0010 0010
#(数字号)	35	23	043	0010 0011
$(美元符)	36	24	044	0010 0100
%(百分号)	37	25	045	0010 0101
&(and 号)	38	26	046	0010 0110
'(单引号)	39	27	047	0010 0111

（续表）

字符/键	十进制	十六进制	八进制	二进制
((左圆括号)	40	28	050	0010 1000
)(右圆括号)	41	29	051	0010 1001
*(星号)	42	2A	052	0010 1010
+(加号)	43	2B	053	0010 1001
,(逗号)	44	2C	054	0010 1100
-(连字符)	45	2D	055	0010 1101
.(点)	46	2E	056	0010 1110
/(斜杠)	47	2F	057	0010 1111
0	48	30	060	0011 0000
1	49	31	061	0011 0001
2	50	32	062	0011 0010
3	51	33	063	0011 0011
4	52	34	064	0011 0100
5	53	35	065	0011 0101
6	54	36	066	0011 0110
7	55	37	067	0011 0111
8	56	38	070	0011 1000
9	57	39	071	0011 1001
:(冒号)	58	3A	072	0011 1010
;(分号)	59	3B	073	0011 1011
<(小于号)	60	3C	074	0011 1100
=(等号)	61	3D	075	0011 1101
>(大于号)	62	3E	076	0011 1110
?(问号)	63	3F	077	0011 1111
@(at 号)	64	40	100	0100 0000
A	65	41	101	0100 0001
B	66	42	102	0100 0010
C	67	43	103	0100 0011
D	68	44	104	0100 0100
E	69	45	105	0100 0101
F	70	46	106	0100 0110
G	71	47	107	0100 0111
H	72	48	110	0100 1000
I	73	49	111	0100 1001
J	74	4A	112	0100 1010
K	75	4B	113	0100 1011
L	76	4C	114	0100 1100
M	77	4D	115	0100 1101
N	78	4E	116	0100 1110
O	79	4F	117	0100 1111
P	80	50	120	0101 0000
Q	81	51	121	0101 0001
R	82	52	122	0101 0010
S	83	53	123	0101 0011
T	84	54	124	0101 0100
U	85	55	125	0101 0101
V	86	56	126	0101 0110
W	87	57	127	0101 0111

(续表)

字符/键	十进制	十六进制	八进制	二进制
X	88	58	130	0101 1000
Y	89	59	131	0101 1001
Z	90	5A	132	0101 1010
[(左方括号)	91	5B	133	0101 1011
\(反斜杠)	92	5C	134	0101 1100
](右方括号)	93	5D	135	0101 1101
^(发音符)	94	5E	136	0101 1110
_(下画线符)	95	5F	137	0101 1111
`(重音符号)	96	60	140	0110 0000
a	97	61	141	0110 0001
b	98	62	142	0110 0010
c	99	63	143	0110 0011
d	100	64	144	0110 0100
e	101	65	145	0110 0101
f	102	66	146	0110 0110
g	103	67	147	0110 0111
h	104	68	150	0110 1000
i	105	69	151	0110 1001
j	106	6A	152	0110 1010
k	107	6B	153	0110 1011
l	108	6C	154	0110 1100
m	109	6D	155	0110 1101
n	110	6E	156	0110 1110
o	111	6F	157	0110 1111
p	112	70	160	0111 0000
q	113	71	161	0111 0001
r	114	72	162	0111 0010
s	115	73	163	0111 0011
t	116	74	164	0111 0100
u	117	75	165	0111 0101
v	118	76	166	0111 0110
w	119	77	167	0111 0111
x	120	78	170	0111 1000
y	121	79	171	0111 1001
z	122	7A	172	0111 1010
{(左花括号)	123	7B	173	0111 1011
¦(管道符)	124	7C	174	0111 1100
}(右花括号)	125	7D	175	0111 1101
~(波浪号)	126	7E	176	0111 1110
DEL(删除键)	127	7F	177	0111 1111